九十九课通俗易懂的超常思维让你人生更有价值
九十九个超常思维的通俗简图让你事业更大成功
九十九条超常思维的人生建议让你生活更加美好
这是一本值得珍藏和摆放办公室案桌或床头
——启迪 激励 指导你的必读书

赢在超常思维
To win in the paranormal thinking

践行者·九溪翁 著

什么叫超常思维？
　　即遵循规律，稳重长久，接地气，正能量，有别于超强，
胜过超前，超出一般，不同寻常。

光明日报出版社

图书在版编目（CIP）数据

赢在超常思维 / 践行者·九溪翁著 . –– 北京：光明日报出版社，2017.6
ISBN 978-7-5194-3070-2

Ⅰ.①赢… Ⅱ.①践… Ⅲ.①思维方法 Ⅳ.① B804

中国版本图书馆 CIP 数据核字（2017）第 158187 号

赢在超常思维

著　　者：践行者·九溪翁	
责任编辑：郭玫君	责任印制：曹　诤
封面设计：久恒林	责任校对：傅泉泽

出版发行：光明日报出版社

地　　址：北京市东城区珠市口东大街 5 号，100062

电　　话：010-67017249（咨询），67078870（发行），67019571（邮购）

传　　真：010-67078227，67078255

网　　址：http://book.gmw.cn

E – mail：gmcbs@gmw.cn　guomeijun@gmw.cn

法律顾问：北京德恒律师事务所龚柳方律师

印　　刷：北京文昌阁彩色印刷有限责任公司

装　　订：北京文昌阁彩色印刷有限责任公司

本书如有破损、缺页、装订错误，请与本社联系调换

开　　本：185×260 1/16	
字　　数：715 千字	印　张：35.5
版　　次：2017 年 7 月第 1 版	印　次：2017 年 7 月第 1 次印刷
书　　号：ISBN 978-7-5194-3070-2	
定　　价：精装 1999.90 元	

悟懂《赢在超常思维》一书
你将会得到需要的五千万

一、千万长寿；

二、千万富贵；

三、千万康宁；

四、千万好德；

五、千万善终！

在即将进入六十岁之际

谨以《赢在超常思维》一书

献给

勤奋努力的学习者！

人生志向的追求者！

经营产业的践行者！

各行各业的管理者！

追求幸福的思维者！

——九溪翁

手机：13811323452

赢在超常思维
学则心路光明

宋自福书

　　九溪翁与中奥伍福集团公司董事长、伍福文化学者、中国长城学会常务理事、北京科技大学度学院董事宋自福先生留影。

践行人生争朝夕，超常思维度输赢

——九溪翁

践行者·九溪翁，原名宋会鸣，1957年出生于湘西南偏僻小县，18岁作为"知青"下放到农村，以超常思维的理念经历学、农、工、警、党、政、企、商等多行业，多层次，多领域，多岗位，多地点，多职务，多方位的工作。50岁时以超常思维的胆略进入深山老林，创建了绥宁县黄桑神龙洞生态产业基地。55岁从原始山林进入京城。

42年来，一直站在超常思维的高度，勇于实践，笔耕不辍，主要作品有：《农村工作探索报告文集》、《怎么样筹建好小企业》、《经历无悔》、《创业践行录》、《神龙洞景观录》、《揭开娃娃鱼的神秘面纱》、《快乐工作访谈录》、《人生定理》、《再崛起——中国乡村农业发展道路与方向》。

目前主要职务：中国休闲农业联盟执行主席，《休闲农业》内参总编辑，《乡土观察》总编辑，中国高科技产业化研究会营养源分会春元有机生活俱乐部副理事长，北京邵阳企业商会副会长，北京华易创远农业科技发展有限公司董事长，北京中奥伍福集团公司副总裁，北京和平旅游管理有限公司总经理，绥宁黄桑神龙洞生态产业发展有限公司董事长，绥宁黄桑大鲵驯养繁殖专业合作社法人，绥宁黄桑生姜百合专业合作社法人。

声明·承诺

时下，各行各业读书的和不读书的，都喜欢装潢门面，在办公室或住房内摆放堆集众多书籍刊物，真正阅读者甚少！

每次我看到写书作者戴着老花眼镜，在各种场合对熟与不熟的"求书者"写上"请雅正惠存"、"求指教"之类的谦谦恭语，赠送一本又一本自己孜孜以求、结集成册的大作。"求书者"亦毕恭毕敬双手接过免费的书说："谢谢赐教，一定好好拜读！"

现实中又有几人细细拜读，大不了看看序言、目录，翻翻中间、后记则不错了。随后就甩在沙发上，放入书柜里，有的成为了收藏饰品，有的则在清理打扫中进入了废品店。

这也怪不得读者，当今，进入互联网飞速发展时代，网上阅读愈益方便，读书人越来越少，书却越出越多。加上人们生活、工作压力，忙忙碌碌，又有几人能悠哉悠哉慢慢品读多如牛毛的书呢？

由此，我提出：阅万卷书不如品一本书，品一本书必须读有价值的书！

什么叫做有价值呢？

我的回答是：看完后不后悔，值得！

当然，有价值的书不可能是"万金油"，对某人来说很有价值！而对另一人来说也许没有价值！

这也不要紧，大千世界，各有所需，一本书不可能成为救世主。每一本书呈现在读者面前，总有它的意义和作用。

《赢在超常思维》这本书的原意是写给

勤奋努力的学习者！

人生志向的追求者！

经营产业的践行者！

各行各业的管理者！

追求幸福的思维者！

我创作的初意就不是一本进入千家万户老幼皆知的普及知识书籍，而是限量出版，志同道合者品之，"以书交心，以学会友。"

所以，我声明：《赢在超常思维》一书三不：不免费赠送，不题词签字，不中间转卖。

但是，我承诺：凡拥有《赢在超常思维》一书的同仁志者，可以为你提高十倍以上的价值！

提高什么样的价值呢？

我的回答是：每人都有自己的需求，按需所求，当你认为值的时候，我深信你会需要《赢在超常思维》；当你和我交往，能使你增值的时候，我则心满意足了。

就此声明并承诺！

——践行者·*九溪翁*

超常思维九问

一、你起步的源头在哪里？

二、你到底需要什么？

三、为什么说富不过三代？

四、在人生路上你付出了多少？

五、为什么当官和赚钱到一定时候和一定程度，心反而虚了？

六、对自己对父母对妻子（丈夫）对子女活下去最重要的是什么？

七、一个人的10年能干点什么事？

八、你行业的根在哪里？你事业的根在哪里？你个人及家里的根在哪里？

九、一百年后你的家及你的家人是什么状况？

——践行者·九溪翁

为什么叫九溪翁

一、我50岁进入深山老林养殖娃娃鱼，开始在一个叫九溪冲的下游，建有九溪山庄，山庄下有两口小塘，九溪冲的水流经此处，名九溪源，我在小塘边修建草舍，自称九溪翁；

二、娃娃鱼需要水，我以九条小溪的水养殖娃娃鱼，深信一定会养活养好；

三、"九"是一个大数字，我用九溪的水养殖娃娃鱼，一定会养很多；

四、我进入深山老林，不是头脑一热，决定一切；头脑一凉，匆忙收场。首次就定下打拼10年时间，"九"谐音为"久"，即天长地久（九）！

五、"翁"，是老人的意思，南宋诗人陆游号放翁，茶圣陆羽号桑苎翁，北宋文学家欧阳修号醉翁，我50岁进入深山老林，也称得上"翁"了！

六、无所畏则无所惧！我到了50岁敢于将姓名改为"**九溪翁**"，可想我到深山老林养殖娃娃鱼下了多大的决心！

七、我为什么要养娃娃鱼？娃娃鱼是三亿五千万年的生物活化石，是水中大熊猫，是世界上现存最大的也是最珍贵的两栖野生动物。我不能改变世界，我也不能改变环境，但我能改变自己，"翁"字上为"公"，下为"羽"或两个"习"字，我属鸡，为了保护娃娃鱼资源，我走上规模化人工养殖之路，今后也将在这条路上学习再学习！

——践行者·九溪翁

九溪翁运用超常思维有以下九奇

一、奇人：50 岁孤身进入深山老林挖洞 5 年，以超常思维理念挖出 6 层计 1500 米长的山洞，修建佛道神龙大殿，创建四星级乡村旅游景区。

二、奇志：超常思维两次立志：一是 18 岁立志到 50 岁干成了三件事；二是 50 岁立志进入深山老林打拼 10 年，干成了三件事。

三、奇事：5 次到企业打拼，5 次回行政事业单位。

四、奇能：55 岁从深山老林到京城，担任《休闲农业》内参与《乡土观察》两本杂志的总编辑。

五、奇行：42 年的人生征途经历学、农、工、警、党、政、企、商等 46 个岗位。

六、奇险：一是医师诊断、算命推断活不到 30 岁却活到如今；二是 50 岁下岗负债 200 万，至今拥有数千万资产且无债务。

七、奇思：一是超常思维写出 12 本书；二是 42 年以来不间断撰写 600 本日记。

八、奇迹：60 年来不酗酒，不抽烟，不打牌，宠辱不惊、宁静平淡，品味沉浮上下的人生。

九、奇书：《赢在超常思维》。

序 言

赢字由五个汉字组成：

亡、口、月、贝、凡。

包容着"赢"必备的五种意识与能力：

1. 亡：危机意识，时刻牢记。

警知：存亡安危，魂亡胆落；

警醒：亡在旦夕，亡国败家！

2. 口：沟通能力，处世技能。

对个人要求：你是笨口拙舌，还是出口成章；

对行动要求：你是口不应心，还是心口如一；

对人生要求：你是养家糊口，还是口碑载道。

3. 月：时间观念，自主选择。

海底捞月，空度；

镜花水月，虚度；

披星戴月，苦度；

峥嵘岁月，难度；

清风明月，乐度。

4. 贝：取财有道，择利而行。

珍贵：心肝宝贝，

珍爱：珠宫贝阙，

珍惜：梵册贝叶。

5. 凡：平常心态，超常思维。

凡事预则立，不预则废。不论做什么事，事先有准备，就能得到圆满，不然就会荒废！

凡心入则成，无心则败。不论做什么人，人先有心入，就能得到成功，否

赢

在起常思维

学则必须光明

则就会失败！

一个"赢"字！

紧系一个人的命运；

联结一个家庭的兴旺；

牵动一个团队的成败；

关系一个公司的存亡；

影响各行各业的发展；

带来一个国家的崛起！

怎么才能"赢"？

有的人说：赢在平台！

请问：历朝历代有多少人子承父业、占天时、居地利，为什么不赢呢？

有的人说：赢在贵人！

请问：数千年以来，为什么碰上贵人而赢的人那么少呢？

有的人说：赢在学习！

请问：无论穷富，每个人出生后谁不在学习呢？为什么赢的人始终是极少数？

有的人说：赢在激情！

请问：从古至今，汹涌澎湃、豪情万丈的英雄好汉就能赢吗？

有的人说：赢在舍得！

请问：你"得"都没有，你怎么去"舍"呢？

有的人说：赢在包容！

请问：光是包容你就能赢吗？

有的人说：赢在执行！

请问：没有目的？没有方向？没有方法？你执行能赢吗？

有的人说：赢在细节！

请问：没有大局？没有战略？你在细节上能赢吗？

有的人说：赢在团队！

请问：无论战争或和平年代，各行各业，只要是干事业的人，谁没有团队呢？三国时期曹操、刘备、孙权他们中谁没有团队呢？为什么谁也赢不了谁？

有的人说：赢在坚持！

请问：你开始都"生存"不了，那里还有"坚持"二字呢？

有的人说：赢在勤奋！

请问：光是勤奋就能赢吗？

有的人说：赢在诚信！

请问：当个老实人，说话算数就能赢吗？

有的人说：……

好！不管有多少个赢在……

我认为：赢在超常思维！

"超常"不是"超前"，所谓"超前"者，走在别人前面，干在别人前面，超越目前正常条件的，争第一，当第一，有逞能好胜之意。

"超常"也不是"超强"，所谓"超强"者，一是争强好胜，使用强力，强加，强干，二是强人所难，强词夺理，强使，强迫，有性格倔强，对人倔强，强弩之末，强暴凶狠之意。

"常"者：意思是长久，经久不变；规律，准则；时时，不止一次；但又是普通的，一般的，接地气的。而"超常"者，不一定非要走在别人前面，也不一定非要干在别人前面，更不是强制，强占，强逼，强辩的行为，而是所走的路和所干的事不同寻常，高于平常，超出一般，有别于超强，胜过于超前，遵循规律准则，接地气。由此，我提出：赢在超常思维。

为什么这么说呢？

有了超常思维，就会有平台；

有了超常思维，就会有贵人；

有了超常思维，就会自觉学习；

有了超常思维，就会有激情；

有了超常思维，就有得有舍；

有了超常思维，就能包容；

有了超常思维，就敢于执行；

有了超常思维，就会注重细节；

有了超常思维，就会有团队；

有了超常思维，就能够坚持；

有了超常思维，就会努力勤奋；

有了超常思维，就会有诚信；

有了超常思维，就会追求"伍福"；

有了超常思维，就一定会赢！

人的一生成长，离不开超常思维：

童年进入幼儿园，为了开发智力，锻炼超常思维能力，所以，有三岁看老的说法；

少年开始学习，为了获取知识，培养超常思维能力，所以，有出类拔萃的行为；

青年走上社会，选择不同的行业，运用超常思维能力，所以，有选择比努力更重要的区别；

壮年事业发展，成功与失败，全在于超常思维能力，所以，有繁荣与衰落的原因；

老年健康快乐，回顾往事得与失，赢在超常思维！所以，有后悔和不后悔的心情。

历史人物的成功，离不开超常思维：

为什么秦始皇能统一六国，成为第一代皇帝？

因为以秦始皇为首的集团，超常思维走在其他六国前面，举一小例，其中有一条采用了耕占制。

为什么刘邦能得天下？

主要原因是确立了"以关中为根据地，进则争雄天下，退则据关而守"的超常战略思维。

为什么三国时期曹操的势力最后变得最为庞大？

曹操迈出的最关键一步是在公元196年，拥有超常思维，他把汉献帝迎到了许昌，"挟天子以令诸侯""奉天子以令不臣"，垄断资源，号令天下，巧取豪夺，扩大市场，奠定了曹魏立国的基础。

为什么朱元璋能够从弱到强统一天下？

因为朱元璋征求学士朱升对他平定天下战略方针的意见，朱升超常思维地提出"高筑墙，广积粮，缓称王。"全句可解释为：巩固根据地防守，储备充足的粮草，不先出头称王，避开群雄的矛头，蓄积力量，后发制人，争霸天下。

文化艺术的传承，离不开超常思维：

战国时期屈原的《离骚》《九歌》《九章》《天问》是超常思维的"风骚"之作。

明代道士陆西星所著的神魔小说《封神演义》、明代吴承恩所著的神话小说《西游记》，是超常思维的极致构思。

唐朝诗人李白写的"飞流直下三千尺，疑是银河落九天。"是超常思维的浪漫情怀。

在中国乃至世界绘画史上都是独一无二的《清明上河图》，其实是一幅带有超常思维忧患意识的"盛世危图"。

科学技术的发展，离不开超常思维：

中国古代对世界具有很大影响的四种发明，即：造纸术、指南针、火药、印刷术都是超常思维的发明。

牛顿观察苹果从树上落到地下，超常思维发明了地球引力定律。

爱因斯坦的相对论，是近代科学技术在超常思维方面的最重大成果，它导致了古老物理学第三次理论大综合，进一步奠定了现代物理学发展的基石。

爱迪生超常思维的构想，一生中的创造发明有1328种，其中重要的有：

电灯、电车、电影、发电机、电动机、电话机、留声机等。

　　莱特兄弟发明飞机，也是从小看到飞螺旋、"蝴蝶"玩具、鸟能飞，而产生强烈的超常思维，认为人也可以想办法飞起来，立下恒志，达到目的。

　　宗教学派的传播，离不开超常思维：

　　儒家思想也称为儒教或儒学，由孔子创立，提倡德政、礼治和人治，强调道德感化，实际上就是超常思维的思想教育方法。

　　道教是中国汉民族中的土生教，对中国的历史、文化、医学等方面的发展有过重大的影响，超常思维地提出：修心炼性，保养"精、气、神"，延年养生，肉体成仙。

　　佛教是世界三大宗教之一。佛教重视人类心灵和道德的进步和觉悟。佛教信徒修习佛教的目的即在于用超常思维的方式依照悉达多所悟到修行方法，发现生命和宇宙的真相、超越生死和苦难、断尽一切烦恼，得到最终解脱。

　　基督教信仰以耶稣基督为中心，以《圣经》为蓝本，核心思想是超常思维的福音，即上帝耶稣基督的救恩，充分彰显了上帝对全人类和整个宇宙舍己无私的大爱。

　　伊斯兰教原意为"顺从"、"和平"，超常思维提出顺从和信仰创造宇宙的独一无二的主宰安拉及其意志，以求得世界的和平与安宁。

　　西医中医，离不开超常思维：

　　西医学，是通过科学或技术的手段超常思维地处理人体的各种疾病或病变的学科。它是生物学的应用学科，从超常思维预防到治疗疾病的系统学科。

　　中医学，春秋战国扁鹊发明了中医超常思维独特的辨证论治，并总结为"四诊"方法，即"望、闻、问、切"。

　　"伍福临门"，即：长寿、富贵、康宁、好德、善终，需要超常思维！中国三千多年前的《书经》记载的"五福"，比佛教早七百多年，比儒家早六百多年，比道教早一千四百多年，比基督教早一千二百多年，比伊斯兰教早一千八百多年，集医者、学者、智者于一身的宋自福先生，从古老的中华传统文化浩瀚海洋里，传承创新了以人为本、天人合一的"伍福智慧正能量文化"，实际上也是超常思维的发扬光大。

　　宇宙中的所有一切都蕴含着能量，超常思维就是正能量和暗能量的统一体！

　　……

　　写到这里，大家对《赢在超常思维》应该有一个清晰而深刻地认识了。

　　我不是一个超常思维理论派的学者，而是一名几十年以来体验学、农、工、警、党、政、企、商的超常思维的人生经历践行者！其中有我的生活阅历、学习进步、能力提高的成长过程，也有我遇到磨难、挫折、失败的日子，还有我超常思维的信念、传奇、成功的秘诀。可以这么说，我没有42年的人生磨砺，就没有《赢在超常思维》这本书。

回顾我六十年人生，归纳一句话：

经历无悔平生事，超常思维有践行。

体现在以下十点：

一、超常思维践行之早：

1975年12月2日，我已经满了18岁，第一次有重大的超常思维，立志到50岁时争取完成三件事：

1. 经历工、农、商、学、兵、政、党岗位；
2. 从生产队到公社、到县里、到省城工作；
3. 至少到10个省以上城市游览。

50岁以后写回忆录。

二、超常思维践行之多：

1. 当过"知青"，扫过马路，干过刑警、交通，坐过办公室，理过人事，管过食品厂、化工厂、锰品厂，下过乡镇，任职县局，入省城，摆过地摊，卖过服装，开过快餐店、日杂店、五金店，联办电器公司，组织外来件，商场推销，中介洽谈，管理三产、工程、装饰装修、经营宾馆，下岗，写书，打工，办场，办厂，办公司，办合作社，挖山洞，建大殿，搞旅游，特色养殖，进京城，主编杂志，休闲农业、创意城镇、小城镇建设，农场，培训，传统文化，有机产业，健康产业……

2. 任过办公室主任，人秘股长，厂长，所长，总经理，董事长；也任过团委负责人，党支部书记，党总支书记，乡镇党委书记，机关党组书记；实实在在经历不同行业、不同层次、不同领域、不同岗位、不同地点、不同职务的多方位工作。

三、超常思维践行之变：

1. 5次到企业闯荡，5次回行政事业单位；
2. 从生产队到县里，又从县里下乡里，再从乡里返县里；然后从县里上省城，再从省城返县里；
3. 从原始山林到京城。

四、超常思维践行之险：

1. 下到瘫痪破产的企业任厂长；
2. 由医师诊断、算命推断活不过30岁；

3. 50 岁下岗负债 200 万元；

4. 进入原始山林挖洞养娃娃鱼；

5. 从原始山林到京城"北漂"。

五、超常思维践行之业：

1. 一个四星级乡村生态产业旅游景区；

2. 一个山洞和两本主编杂志；

3. 三个专利证书；

4. 四个专业合作社和四个实业；

5. 五个公司和五个基地；

6. 十二本书：

（1）《怎么筹建好小企业》；

（2）《农村工作探索报告文集》；

（3）《乡镇领导艺术一百图》；

（4）《三十年工作集锦》；

（5）《经历无悔》；

（6）《创业践业录》；

（7）《神龙洞景观录》；

（8）《揭开娃娃鱼的神秘面纱》；

（9）《快乐工作访谈录》；

（10）《人生定理》；

（11）《再崛起》；

（12）《福缘和平寺》；

……

六、超常思维践行之经：

1. 德商；

2. 善商；

3. 儒商。

七、超常思维践行之福：

1. 身体健康！

2. 写出《赢在超常思维》；

3. 传播运用伍福。

八、超常思维践行之路：

行万里路，读千卷书，纳百家言，交八方友，干一件事。

九、超常思维践行之乐：

1. 实现 18 岁和 50 岁两次的超常思维志向；
2. 带出 10 名大学生；
3. 帮助了 100 家公司和个人创业兴旺；
4. 健康活在当下。

十、超常思维践行之忧：

1. 有那么多人忙忙碌碌不知赢在超常思维的重要作用！
2. 有那么多部门、企业、公司不知赢在超常思维的重要性！

早在几年前，我来到京城，逐渐接触各行各业的人士，在没有熟悉以前，还没有什么感觉，当逐渐熟悉了解以后，凡是和我打交道的人，都认为我是一位带传奇色彩的践行者，称我为中华超常思维践行第一人！

一年前，也算是偶然加必然的原因吧，我在京城王府井书店和宋自福先生初次见面，也就是十分钟左右，他介绍的"伍福"文化使我豁然开朗，我几十年来的经历践行，不就是在践行"伍福"吗！说长寿，我虽然在人生的历程中，坎坎坷坷，曲曲折折，但我在警界、政界、商场、娱乐场摸滚爬打，当这个长或那个长的一把手，"出污泥而不染"，几十年以来始终如一坚持不酗酒，不抽烟，不赌博，不吃槟榔等不好的习俗，生活上保持良好的生活习惯，经历上无论怎样变化职务、岗位、行业，我始终是到什么山上唱什么歌，进入就是实地的"长寿"生活习惯！说富贵，我有车有房有基地有产业，虽然不是很富，但按小富即安的说法，自我感觉已经不错了。尤其是贵根，几十年以来，不恋权位，不贪钱财，自有"威武不能屈，富贵不能淫，贫贱不失志"的气节，自我体会生活生存很自足很充实。说康宁，我更是有一个好心态，随遇而安，从人生的 50 岁开始，我能到深山老林挖洞 5 年，住山洞 5 年，吃野菜 5 年，没有健康的体魄和淡定宁静的心怀，是一般人难做得到的。说好德，几十年以来是好知青、好社员、好工人、好警察、好干部、好厂长、好乡长、好书记、好局长、好经理、好主任、好男人、好丈夫、好父亲等等。所以，我才敢于写一百万字的人生自传《经历无悔》，我也才敢于提出做三种商人，即德商、善商、儒商。

由此回顾，"伍福"即是我所思，"伍福"即是我所求，"伍福"即是我所为。什么叫幸福？我深深体会到：你行业的根在哪里？你事业的根在哪里？你个人及家里的根在哪里？其实，就是一个"福"字。追求"伍福"就是最大的幸福！践行"伍福"就是最好的幸福！拥有"伍福"就是最多的幸福！

就这样，认同的吸引力法则将我和宋自福先生粘到一起，心悟的量子纠缠将我和"伍福智慧正能量文化"融合一体，超常的"伍福"思维使我心路大开，愿意当一名"伍福"正能量的搬运工。

我亲身经历 42 年发生的故事，感染激励着大多数人，相当一部分人要我写《赢在超常思维》这本书，我思虑再三，前面是 99 篇超常思维的文章和 99 个超常思维的简易设计图，99 条超常思维的人生建议，后面是我在人生历程中拐点转弯超常思维的一次又一次践行。

值得说明的是，书中超常思维名言是李德彪先生的钢笔书法。说起李德彪先生的书法，我们俩还有一段超常思维的践行佳话，2004 年，我们都在政府部门招待所任职，亦称星级宾馆，我任所长及总经理，管全责，李德彪先生任书记，主管党内工作。岂料碰上企业改制，我们俩都面临下岗，我和李德彪先生商议，要求逼迫每人都干一件事，我立志在一年时间内写一百万字的《经历无悔》自传，他立志考上书法艺术研究生班。

2004 年是我和李德彪先生只争朝夕奋起努力的一年，我不懂电脑，我也不懂拼音，我把自己关进二楼临街的一间房子里，我印象最深的是：楼下楼上、左边县政协的酒店内、临街对面原乡镇企业局一楼门面一线都是麻将馆，我就在上下左右前后麻将声中用手写下《经历无悔》上卷实践人生，52 万字；下卷感悟人生，48 万字。我写出第一遍，预计有 110 万字；誉写修改第二遍，预计有 105 万字；再抄写修改第三遍，预计有 102 万字，责任编辑是我，责任设计是我，责任校对是我，封面设计是我，从头至尾都是我，开机印刷，从 2004 年 2 月开始写到 2005 年 2 月 20 日印刷出来，恰好一年，我写的稿子装了两个包装纸箱，从早到晚停不下笔，写完 12 瓶英雄牌钢笔墨水，手写得抽筋酸痛，右手食指和中指握笔处隆起老茧，至今已过来 12 年，我右手食指和中指握笔处仍有厚厚的老茧，写完的两大箱文稿纸和用完的 12 个空墨水瓶现仍保存着。

李德彪先生也不轻松，2004 年他已有 30 多岁了，参加正规高考的研究生，第一难关就是英语。李德彪先生租住在沿河街一栋居民楼顶层五楼，夏热冬冷，我记得他太投入了，6 月天发寒发热，一会儿盖两床棉被还冷，一会儿又发烧发热，躺在竹靠椅上，用毛巾淋湿冷水盖在额头上，还是起早贪黑，坚持看书，终于功夫不负有心人，考上山西师范大学书法研究生班，毕业后安排在武岗师范担任书法系主任。已出版字帖 3 本，大中专书法教材 2 本。耗时 3000 小时完成"德彪钢笔行楷字库"，被央视等电视台采用为字幕。写秃 600 管毛笔，完成各种风格书法作品《金刚经》180 幅，《心经》书法 1000 余幅，学生书法长卷 108 幅，学生"五百罗汉"剪纸 500 幅。培养了大批书法专业学生考上研究生。

此次，我写《赢在超常思维》，又一次和李德彪先生商议，我们俩人一拍

即合，我写《赢在超常思维》的名言名句内容，书中字由李德彪先生用钢笔写出来，使《赢在超常思维》这本书成为升值珍藏的艺术作品，也是我们事隔13年后再度以超常思维的践行方式，让有限的读者一边学习，一边欣赏书法艺术，亦不失为超常思维的一种合作模式。

综上所述，根据我42年来的工作经历、处事方法、成败经验、感悟得失和我国的国情以及每个人的不同行业、不同的心情、不同的环境，我写出99种超常思维的方式及方法，设计99个超常思维简易图，总结归纳99条超常思维的人生建议。

事实上，成功的人，并不是一开始就知道自己会成功，而是逐渐有了成功的超常思维而成功；

失败的人，并不是一开始就知道自己会失败，而是没有掌握成功的超常思维方法而失败。

成不了富人，并不是你不能变富，而是你没有成为富人的超常思维；

成不了贵人，并不是你不能变贵，而是你没有成为贵人的超常思维。

人一生中要看很多书，但真正能摆在你办公室案桌或床头对你人生选择和创业及保健身体的书太少太少啦！

在和平年代，形形色色的书籍太多太多了，在互联网飞速发展的年代，纸媒书籍越来越少了，我为什么下这么大决心，有这样的自信出版《赢在超常思维》一书，我深信：**《赢在超常思维》一书值得出版，值得摆在你面前指导你的长寿人生、富贵人生、康宁人生、好德人生、善终人生，值得代代珍藏。**

是为序！

践行者·九溪翁

2017年1月1日于伍福梦（北京）

和平旅游景区龙凤山下

目　录

第一部分　超常的九十九种思维

赢
在超常思维

学
则心路光明

赢

在超常思维

学

则心路光明

第二部分　超常思维的九十九条人生建议

赢
在超常思维
学
则心路光明

赢
在超常思维
学
则心路光明

第三部分　九溪翁超常思维践行录

赢在超常思维

第一部分

超常的九十九种思维

曾经做无品官，实践行有品事；
发奋读百家书，思维成独家言。

——九溪翁

第一课　超常的战略思维

现实生活中已经验证了一句话："三年发展靠机遇，十年发展靠战略。"如果超常规的战略错了，一切都要推倒重来；超常规的战略对了，细节错了，只需要在局部进行修改就可以了。这种运筹帷幄，掌握细节，进而对全局进行战略性部署的思维，就是超常的战略思维。

超常的战略思维是一切着眼全局，即把全局作为观察和处理问题的出发点和落脚点，以全局利益作为最高价值追求。

对于个人来说，关系到幸福的职业规划是他的超常战略重点，提前做好职业规划，就能提前做出必要的知识、技能和其他方面的储备，在激烈的人才市场竞争中抢占先机，保持个人能力、事业成长的连贯性与高速度。

对于一个企业来说，市场发展趋势是它的超常战略重点，通过市场调查、大数据等手段了解并掌握市场的发展方向，提前做出必要的人力储备、技术储备、研发储备、营销储备，紧跟或引领市场需求，才能在未来激烈的市场竞争中长久立于不败之地。

对于一个国家来说，全球一体化是必然的超常战略重点，一体化包括政治一体化、文化一体化、经济一体化、科技一体化和军事一体化。未来的世界，不管是多极还是单极，其政治都必然是民主的，其文化必然是开放的，其经济及科技必然是市场化的，甚至其军事也必然是互通有无的。提前把握这个方向，做好超常规战略布局，才能在全球一体化的进程中占尽先机，牢牢掌握主动权。

在我国，第一个站在国家层面提出超常战略思维的是孙子，孙子曰："兵者，国之大事，死生之地，存亡之道，不可不察也。"表现出对发生国家间战争战略问题的进步观念和慎重态度的超常战略思维，在承认战争不可避免的同时，做到以战止战的目的。"故国虽大，好战必亡，天下虽安，忘战必危。"坚决反对发动战争。达到"合利而功，不合利而至"。一旦战争非打不可，就要有超常的战略思维，做到"重战，慎战，备战。"

而对于一个企业的超常战略思维，让我们先看一看下面这件事吧：第二次世界大战结束后，战胜国决定成立一个处理世界事务的组织——联合国，可是在什么地方建立这个组织总部，一时间颇费思量，地点应当在一座繁华城市，可是在任何一座繁华城市购买建立庞大楼盘的土地都是需要很大一笔资金的，就在各国首脑们商量来商量去的时候，洛克菲勒家族听说了这件事，他们立刻出资 870 万美元在纽约买下了一块地皮，在人们的惊诧中无条件地捐赠给联合国，他们在买下捐赠给联合国的那块地皮时也买下了与这块地皮毗连的全部地皮，等到联合国大楼建起来后，四周的地皮价格立即飞涨起来，现在没有人能够计算出洛克菲勒家族凭借毗连联合国的地皮获得了多少个 870 万美元。从以上事例中你能感觉到什么？是他们具备先见之明，还是他们有过人之处？对他们来说，他们都是有超常的战略思维，不为眼前的小利而患利患失，即从长远的观念来考虑问题，也就是人们现在所说的企业超常规的战略研究和超常规的战略管理去考虑问题。

爱因斯坦对自然界的奥秘充满兴趣，在读书时他思考宇宙，在大学里当助教时他思考宇宙，到专利局当技术员的时候依然在思考宇宙，他把自己当成是宇宙世界的超前探索者，于是他在 23 岁的时候就提出了相对论，成为了 20 世纪最伟大的物理学家之一。

乔布斯在创立苹果公司时，就把自己定位为世界的电脑、手机的改变者，以超常的战略思维，追求创新的极致，其苹果电脑、苹果手机开创并引领电脑和手机消费的新时代，成为 IT 界的王者和神话。

而与这些凭借超常规的战略思维而成就的伟大的个人、伟大的企业、伟大的国家相对应的是——不撞南墙不回头，撞了南墙也未必回头的没头苍蝇。

我们经商的目的是盈利赚钱，开始我们并不知道自己所经营的行业会赚多少钱，只是认为会赚钱，有时还会想到亏本。所以，当你初入一个行业时，必须要有超常规的战略思维，用一句老话说，那就是未雨绸缪，以长远的眼光、全局的观念，对未来早作规划，我说的超常战略思维金三点就是由此而来。

亲爱的读者朋友：请问你有超常的战略思维吗？

超常的战略思维名言

◆ 指挥全局的人，最要紧的，是把自己的注意力摆在照顾战争的全局上面，……如果丢了这个去忙一些次要的问题，那就难免要吃亏了。——（中国现代）革命家、战略家、理论家、政治家、哲学家、军事家、诗人毛泽东

◆ 到目前为止，取得这样的成果，我总结了一条经验：就是预先要把事情想清楚，把战略目的、步骤，尤其是出了问题如何应对，一步步一层层都想清楚；要有系统地想，这不是一个人或者董事长来想，而是有一个组织来考虑。当然，尽管不可能都想得和实际中完全一样，那么意外发生时要很快知道问题所在，情况就很好处理了。——（中国现代）企业家、联想集团主席柳传志

超常的战略思维

长远眼光

全局观念

未来规划

战略思维金三点

第二课　超常的想象思维

想象力就是一切，它是生命将发生之事的预览。

说一个三个人看到一只蜘蛛的想象故事。

雨后，一只蜘蛛艰难地向墙上已经支离破碎的网爬去，由于墙壁潮湿，它爬到一定的高度，就会掉下来，它一次次地向上爬，一次次地又掉下来……

第一个人看到了，他的想象是叹了一口气，自言自语："我的一生不正如这蜘蛛吗？忙忙碌碌而无所得。"于是，他日渐消沉。第二个人看到了，他的想象是："这只蜘蛛真愚蠢，为什么不从旁边干燥的地方绕一下爬上去？我以后可不能像它那样愚蠢。"于是，他变得聪明起来。第三个人看到后的想象是：他立刻被蜘蛛屡败屡战的精神感动了，于是他变得坚强起来。

爱因斯坦说过："想象力比知识更重要，因为知识是有限的，而想象力概括着世界上的一切，推动着进步，并且是知识进化的源泉。"超常的想象思维是人体大脑通过形象化的概括作用，对脑内已有的记忆表象进行加工、改造或重组的思维活动。超常的想象思维可以说是形象思维的具体化，是人脑借助表象进行加工操作的最主要形式，是人类进行创新及其活动的重要超常思维形式。

韩信是我国历史上有名的军事家。传说有一天，刘邦想试一试韩信的智谋，他拿出一块五寸见方的布帛，对韩信说："给你一天的时间，你在这上面尽量画上士兵，你能画多少，我就给你带多少兵。"站在一旁的萧何想：这一小块布帛，能画几个兵？急得暗暗叫苦，不想韩信毫不迟疑地接过布帛就走。第二天，韩信按时交上布帛，上面虽然画了些东西，但一个士兵也没有。刘邦看了却大吃一惊，心想韩信的确是一个胸有兵马万千的人才，于是把兵权交给了他。那么，韩信在布帛上究竟画了些什么呢？原来，韩信在布帛上画了一座城楼，城门口战马露出头来，一面"帅"字旗斜出，虽没见一兵一卒，却可超常想象到千军万马。我们经商，同样也要有超常的、非凡的商业想象思维。

在当今商业社会里，一些充满想象思维的管理术语，一些管理启示警语，总结得越来越多，越来越精辟。我的建议：不在于能记住多少精辟管理名言，而在于理解运用。我经常说：思路决定出路，视界决定境界。顺口说出来并不难，难就难在你需要什么样的出路，去理清自己真正需要的发展思路；难就难在你要进入什么样的境界，找到适合自己的目标视界。

　　我从 2008 年开始到深山老林挖洞挑土，我超常地想象洞口前应该建成什么样的建筑物，在此罗列两个示意图如下：

中国苗乡第一家

神龙大殿

赢
在超常思维
学则心路光明

以上两个图案都是设计师按照我的想象思维设计的。

关于超常的想象思维，我认为要根据我们在商业活动中，经营的具体的行业，具体的环境，突出不同的特征，如形象性、概括性、超越性，以达到实用性、可能性、幻想性、比拟性、假定性、夸张性、单一性、多重性。

同时在我们经商的人生事业途中，超常的想象思维里，出路多了不行，太多了也许一样都干不好，境界太高了也不行，攀登不了的境界也就达不到。所以想象思维中的发展思路要超前、明确、清晰；视界目标要量力而行，牢记超常的想象思维金三点：一是形象性，为形象思维；二是概括性，为逻辑思维；三是超越性，为预见思维。此乃我的亲身体会，以免误害读者。

亲爱的读者朋友：当你的想象成功了，你的故事就是传奇；当你的想象失败了，你的故事就是笑话；当你把想象放弃了，你的故事只是一个案例；当你不去思考想象，你的故事只是一片空白；当你把想象的事全力以赴去干了，你的故事将会是一段美好回忆！

每人一生中唯一的历程，有主见，有目标，有超常的想象思维，才能得到自己想要的，才有成功的希望！如果你连想都不敢想，那么你连输的资格都将没有！

超常的想象思维名言

◆超常的想象力是人类创造创意创新的源泉。——（中国现代）践行者·九溪翁

◆超常想象力的魅力在于他可以将你带入一个虚拟世界，实现现实生活中不可能实现的梦想。——网上摘语

◆超常想象力的作用就是他可以使你享受快乐，享受惊奇，享受自由，享受现实生活中少有的感受。——网上摘语

超常的想象思维

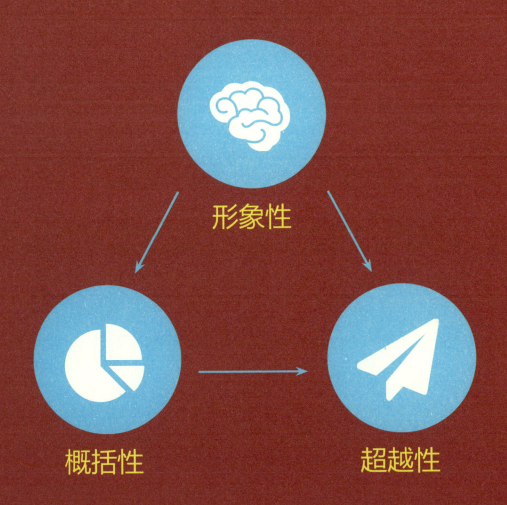

形象性

概括性　　　　超越性

想象思维金三点

第三课　超常的设计思维

　　超常的设计思维，是指在设计和规划领域，对定义不清的问题进行调查，获取多种资讯、分析各种因素，并设定解决方案的方法和处理过程的超常思维。

　　作为一种超常思维的方式，它被普遍认为有综合处理能力的性质，能够理解问题产生的背景，能催生洞察力及解决方法，并能够理性地分析和找出最合适的解决方案。在当代设计和工程技术中，以及商业经营活动和管理学等方面，超常的设计思维已经成为流行词汇的一部分，它还可以更广泛地应用于描述某种独特的在行动中进行超常创意思维的方式，在当今和以后的教育及训导领域中有着越来越大的影响。

　　同时，超常的设计思维，不仅在当今和以后需要，其实古代战争中，双方将帅都在充分运用。如朱元璋虽然是明朝的开国皇帝，但也曾是一介草民。当他起兵攻打下现在的南京后，他采纳了朱升的建议：高筑墙、广积粮、缓称王。简要解释为：高筑墙是做好预防工作，不让别人来进攻自己；广积粮是做好准备工作，准备好兵、马、钱、粮；缓称王是做好舆论工作，不让自己成为别人攻击的目标。因为有这种超常的设计思维，朱元璋经过高筑墙、广积粮后，从"家无立锥地，身如蓬随风"的人，发展生产，扩充军备，徐图缓进，短短20年的功夫，由一个和尚变成明皇帝，建立大明王朝。

　　可以说，朱升在当时元末混乱时期提出九个字，实际上为朱元璋起到全局超常设计大局的作用，没有朱升这九个字，明王朝就不会发展这么快。

　　对于超常的设计思维，我深有体会，可以这么说：

　　没有超常的设计思维，我就没有18岁时立下的志向——即50岁之前完成三件事的目标；

　　没有超常的设计思维，我就不可能经历多行业、多层次、多领域、多岗位、多地点、多职务、多方位的工作；

　　没有超常的设计思维，我就没有机会经历学、农、工、警、党、政、企、商的人生之路；

　　没有超常的设计思维，我就不会写出《实践人生》、《感悟人生》；

没有超常的设计思维，我到了50岁，不可能到深山老林的黄桑重走人生创业路；

没有超常的设计思维，黄桑神龙洞不可能开发出来；

没有超常的设计思维，我养殖繁殖娃娃鱼不可能成功；

没有超常的设计思维，我不会写出《创造人生》系列丛书；

没有超常的设计思维，我更不可能从原始乡村进驻天子脚下的北京城创办公司；

……我的创业，我的打拼，我的人生，我的历程，就是一句话：有了超常的设计思维，才能有行动的超越发展。

有一个小故事，名叫人生设计的秘诀。

据说有一位年轻人离开故乡，开始创造自己的前途。他动身的第一站，是去拜访本族的族长，请求人生设计的指点。老族长正在练字，他听说本族有位后辈开始踏上人生的旅途，就写了3个字："不要怕！"然后抬起头来，望着年轻人说："孩子，人生设计的秘诀只有6个字，今天先告诉你3个字，供你半生受用。"30年后，这个从前的年轻人已是人到中年，有了一些成就，也添了很多伤心事。归程漫漫，到了家乡，他又去拜访那位族长。他到了族长家里，才知道老人家几年前已经去世，家人取出一个密封的信封对他说："这是族长生前留给你的，他说有一天你会再来。"还乡的游子这才想起来，30年前他在这里听到人生设计的一半秘诀，拆开信封，里面赫然又是3个大字："不要悔！"

说明一个人中年以前不要怕，中年以后不要悔。

如何设计自己，我亦有不同的想法，如：我们这一大批50岁到65岁的国家工作人员，有的退出工作岗位，工资照拿，有的虽然领到退休金，身体却还是棒棒的，当过乡镇长，当过党委书记，当过局长处长，退下来无所事事，心里痒痒的，只想找份事做，挣一份外快。一旦介绍到哪里做事，首先问对方每月能开多少工资？很少有人提出我值多少钱？我能为对方创造什么价值？

我认为，挣钱和值钱是两种概念，挣钱的人总是说，我是为老板打工，老板愿意开多少工资是老板的事，老板要我干则干，不要我干则走人；我想干就干，不想干可以随时走。值钱的人则说，我认可老板，认可老板的事业，我有这种能力，我能干好这份事，我能为老板做多少事，我需要的待遇是为自己的价值打工。

为自己价值打工的人，肯定有超常的设计思维，很早之前，一直以来也许就在不断地努力，培养和积累自己值钱的本事。值钱之前，可能是你求别人；值钱之后，则是别人找你了。

我把值钱前后的这一转变叫做"价值转折"的设计思维，也就是一个人的

个人价值从量变到质变的过程。但需要特别指出的是，我这里说的"别人找你"，不是因为你有权有钱，而是因为你有干事的能力。

人生的设计如同开车设计速度，当你比别人快 30 码，你体会到的感受别人无法感知；

人生又如同设计开飞机，当你比别人高三万英尺，你看到的视野和追求的目标自然不同于他人；

当你一开始设计就追求更高更远的美景时，你根本就不会在意他人不屑的眼神，所有的猜疑和议论自然云淡风轻，不再受影响。

由此而论，超常的设计思维有综合方案至洞察方案再到解决方案，归纳为设计思维金三点。

亲爱的读者朋友：在你的人生道路上，请不要忽视超常的设计思维喔！

超常的设计思维名言

◆ 在判断这个人的时候，我们可以看他的设计一贯性，他一贯的设计主张、一贯的设计行为，一贯的设计思维模式，通过一贯的设计行为，我们就能知道这个人是怎么回事。——网上摘语

◆ 人可以改变环境，环境可以影响人，而超常的设计思维则可以改变人和环境。所以，超常的设计思维是一种追求完美的生活态度，也是一种追求高端品质的生活概念。——网上摘语

◆ 超常的设计思维可以拯救你的国家，可以改变世界。所以，创事业为成功而超常的设计思维，超常的设计思维为目标而存在。——网上摘语

超常的设计思维

综合方案

洞察方案

解决方案

设计思维金三点

第四课　超常的布局思维

市场就是没有硝烟的战场，就像下棋一样，为了赢得最后的胜利，必须要懂得布局，这就是超常的布局思维。俗话说"格局决定布局，布局决定结局"，一个没有全局观念，没有超常的布局思维，不懂得布局的人，在开创事业的过程中的麻烦将会应接不暇，事倍功半。相反，一个懂得超常布局的人，在开创事业的过程中将从容不迫，事半功倍。

12年前，牛根生脱离了效力16年的伊利，白手起家，创立蒙牛。仅用8年时间，他就带领蒙牛超越了老东家，做到行业第一，并成为中国的第一个营业收入超过200亿的乳业公司。

然而令牛根生没有想到的是，2008年，全国集中爆发"三聚氰胺"事件，牛根生和蒙牛成为了舆论的众矢之的。除了当年业绩巨亏9.486亿元外，牛根生和蒙牛10来年建立的"公益"正面形象也一并轰塌。

随后，牛根生泪洒"万言书"，为蒙牛集聚了巨额救助资金，最后更是力拉中粮，搭上了国企这艘大船，挽救了蒙牛即将断裂的资金链，将自己亲手建立的乳业帝国从死亡边缘拉了回来。至此，牛根生完成了他在蒙牛最后的使命。

一切都是那么顺其自然，中粮成为蒙牛大股东，入驻董事会。以牛根生为首的一大批"老蒙牛系"元老相继离职，管理层完成大换血，孙伊萍上位，"新蒙牛系"正式接管。

跟牛根生预想的一样，中粮联合厚朴基金以61亿港元收购蒙牛上市公司20.03％的股份，入主蒙牛。牛根生控制的老牛基金全部退出，成功套现9.55亿港元。

时间推移到2016年9月15日，蒙牛发布公告称，执掌蒙牛4年之久的孙伊萍已辞任公司执行董事、总裁，雅士利总裁卢敏放成为蒙牛新总裁。而更引人关注的是，消失在人们视野中多年的老蒙牛元帅牛根生，再次出现在蒙牛乳业新策略委员成员的名单中。

这意味着，离牛根生运筹帷幄重掌蒙牛的5年计划，只差最后一步。老牛曾经说过，从无到有，是件激情的事；而从有到无再到有，心中反而更加平静。他再次走进蒙牛大厦时，依然没有一丝迟疑。这句牛根生毕生信奉的箴言，他用了 5 年时间，完成了对它的诠释。

而这，就是超常布局的成效。同样的，超常的布局思维也出现在任何一个成功的大企业的成长轨迹中。分拆上市、资产重组、借壳上市、全产业链、产业聚焦、开拓国际市场、生产线向低劳动力成本地区转移、资本以风投形式在创业时段介入等等，都是超常的布局思维。

当苹果公司在设计新的产品过程中，为确保零部件的技术储备和充足供应，配套进行的必然是相关技术的收购，以及相关部件的工厂布局。

2014 年，苹果 6 上市，蓝宝石材料生产商 GT Advanced Technologies 突然宣布破产，震惊世界。而 GTAT 刚与苹果在 2013 年 10 月达成协议，GTAT 将为苹果提供低成本、大批量的蓝宝石材料制造服务，苹果则向其预先支付 5.78 亿美元用于新建工厂等相关开支。未料 GTAT 无法在质量、产量和效益上满足苹果公司的要求，苹果 6 最终并未使用蓝宝石玻璃，中止了与 GTAT 的合作，导致 GTAT 的新工厂成为资金黑洞，不得不宣布破产，进行资产重组并起诉苹果。

从这个备受世人瞩目的官司，可以看出苹果公司短、中、长期的布局思维。表面上看，苹果没有使用蓝宝石玻璃，但是，根据双方签订的协议，一旦 GTAT 无法满足苹果公司的需要，苹果公司将获得 GTAT 先进蓝宝石熔炉系统的控制权和拥有权。而这意味着，即便蓝宝石玻璃的生产制造还没有完全成熟，苹果却已经以低廉的方式获得了蓝宝石玻璃的生产技术，只要稍加改进，苹果公司便可在下一代苹果上使用自主技术的蓝宝石玻璃，最大程度地降低成本，控制质量，实现屏幕方面利益的最大化。

所以，超常的布局思维必须记住三局：一是格局；二是布局；三是结局。

亲爱的读者朋友：当你看完此文后，不管你从事那一项产业，你有什么样的格局，你就会有什么样的布局；你有什么样的布局，你也就会有什么样的结局。我期待你有超常的布局思维，相信我，你会做得更好！

超常的布局思维名言

◆思路决定出路，布局决定结局。——（中国现代）企业家牛根生

◆一个人围着一件事转，最后全世界可能会围着你转；一个人围着全世界转，最后全世界可能会抛弃你。——（中国现代）企业首席架构师刘东华

◆尽管每次网到鱼的不过是一个网眼，但要想捕到鱼，就必须要编织一张网。——网上摘语

超常的布局思维

格局

布局

结局

布局思维金三点

第五课　超常的方向思维

俗话说：方向决定成败，细节决定好坏。一个没有方向感、分不清东南西北的人出门是个悲剧，同理，一个干事业的人如果没有超常的方向思维，今天朝东，明天朝西，后天朝北，大后天朝南，一天一个战略方向，将会一事无成。所以，应该有超常的方向思维，时刻把握住目标方向，防止迷路。

从前有一个人，从魏国到楚国去，他带上很多的盘缠，雇佣了最好的马车，请了驾车技术最精湛的车夫，然后就上路了。楚国在魏国的南边，可这个人不问青红皂白让驾车人赶着马车一直向北走。路上有人问他的车是要到哪里去，他大声回答说去楚国。路人告诉他到楚国去应该往南走，你这是在往北走，方向不对。那人满不在乎地说，没关系，我的马快着呢！路人替他着急，拉住他的马，阻止他说，方向错了，你的马再快也到不了楚国呀！那人依然毫不醒悟地说不打紧，我带的盘缠多着呢！路人极力劝阻他说，虽然你的盘缠多，可是你走的不是那个方向，你盘缠多也只能白花呀！那个一心只想着要到楚国去的人有些不耐烦地说，这有什么难的，我的车夫赶车的本领高着呢！路人无奈，只好松开了拉住车把子的手，眼睁睁地看着那个盲目上路的魏国人走了。

那个魏国人，不听别人的指点劝告，仗着自己的马快、钱多、车夫好等优越条件，朝着相反的方向一意孤行，那么，他条件越好，就只会离要去的地方越远，因为他的方向错了。

这个故事，名叫"南辕北辙"，指的就是没有方向思维带来的危害。

既然有没有方向思维而失败的案例，就一定有因方向思维而成功的故事。

这种故事，不论是商业上还是其他领域，比比皆是。不懂计算机的马云超前预见到互联网将改变未来，组织人马坚定不移地投入到互联网领域，牢牢把握住方向，终成中国富豪。乔布斯相信创新能改变世界，聚焦于自己擅长的电脑和手机，成为电脑和智能手机的领袖，让世界为之疯狂。麦哲伦环球航行，靠的是北极星定位，仅通过一颗恒定不动的星，麦哲伦就完成了人类历史上最伟大的航行，向全世界证明地球是个圆的……

10年以前，我进驻到深山老林挖山洞养殖娃娃鱼的成功把握是没有的，我确实是在冒险，只是有目的有方向的冒险。

就此，我摘录《快乐工作访谈录》第41点的对话，题目是："有目的地冒险。"即：

"隆振彪：什么是有目的有方向的冒险？

九溪翁：人们总是只看到成功者的辉煌成就和头上的光环，至于他们在创业之初迈出第一步的冒险和干事业途中被逼上梁山似的一次又一次冒险，大多数人都没有去想。就以我来说，开始养殖娃娃鱼，一无场地，二无资金，三无技术。开始想得很简单，带着人深更半夜到深山老林小溪里捉到一百多条娃娃鱼，寄养在一位老医生家里，后来又搬迁到我曾任宾馆总经理时的一位副总的家里，此段时间里，我开着一台破旧皮卡车四处寻找场地，在县城附近园艺场、村里小学、村委会办公室等处联系空闲房屋，作为养殖娃娃鱼的场所，当我找到离县城三十多公里的黄桑自然保护区，名叫九溪冲的深山老林里有一栋空房子，租整栋楼没有钱，我就租下一间房和前面两个小鱼塘，已经再没有资金了，我就在鱼塘边自己挑砖担土，以少得可怜的微薄资金把鱼塘修建围墙，建成上规模的娃娃鱼养殖场，再在鱼塘边修了栖身的简陋茅房，我个人也改名叫九溪翁。在这期间又闹出我捉的娃娃鱼是二鲵、是蝾螈、是假娃娃鱼，我将所捉的假娃娃鱼全部放入深山老林小溪里。因为没有钱，紧接着我又装扮成落难的老人，留着长发、长胡须，穿着破旧的衣服到千里迢迢的秦岭深处打工偷学娃娃鱼养殖技术。

一路走来，光是以上时间里我冒了三个险：一是无场地就捉了一百多条娃娃鱼；二是到深山老林里租了一间空房、两口小鱼塘就没有后续资金了；三是我在50岁以前没有见过娃娃鱼，对娃娃鱼养殖技术不懂。

按常理，在养殖娃娃鱼道路上，我是不会成功的，我为什么成功了呢？

我归纳为目的明确，方向明确。当我打算从50岁开始到60岁这10年期间打造出一千万的生态产业，养殖娃娃鱼就是我唯一的出路，自古华山一条道，我再没有第二条路可选择。因为我目的明确，方向明确，我就不怕冒险，把每一次的冒险都当做是10年内打造一千万生态产业必要的、必须的、合理的、无悔的经历。既然是创业，冒险在经历过程中是不可缺少的、必有的一部分，我就没有逃避冒险、害怕风险。而是在目的地明确，方向明确的前提下，把冒险分解成审慎而睿智的行动步骤，让自己变得信心十足、勇气百倍。有时口袋里只有几十块钱了，要买水泥，要买砂石红砖，晚饭菜还不知道在哪里？

我就买两块钱一斤的猪皮及猪脖子上割下的纤维肉当荤菜，我没有怯懦感，相反还能主宰命运，一天、两天，一月、两月，一年、两年，坚持下来，5年如一日，毫不动摇，发展10年，我一千万的生态产业就这样一点又一点，一天又一天发展起来了！这不是文学作品描写，而是真实的记载。

隆振彪：您一路走来真的不容易！

九溪翁：也还好吧！"

再说社会逐渐发生的变化，2017年初，网络上评选出以下十大奢侈品：

1. 生命的觉悟与开悟。

2. 一颗自由喜悦与充满爱的心。

3. 走遍天下的气魄。

4. 回归自然。

5. 安稳而平和的睡眠。

6. 享受属于自己的空间与时间。

7. 彼此深爱的灵魂伴侣。

8. 任何时候都有真正懂你的人。

9. 身体健康，内心富有。

10. 能感染并点燃他人的希望。

竟然无一样与物质有关，这里也可以看出社会发展的趋势，人们追求的享受目标和方向在调整改变，回归到人与自然的正确道理上来。

还是那句话，方向决定成败。方向对了，就算过程艰难曲折，也会到达目的地，方向错了，哪怕过程一帆风顺，也只会是离目标越来越远。

所以，超常的方向思维分为三部曲：一是专一；二是目标；三是坚持。我把它归纳为方向思维金三点。

亲爱的读者朋友：千错万错，方向不能错噢！

超常的方向思维名言

◆大道以多歧亡羊，学者以多方丧生。——（中国古代战国时期）思想家列子《歧路亡羊》

◆人生重要的不是所站的位置，而是所朝的方向。——（美国）物理学家爱因斯坦《关于理论物理学基础的考察》

◆只要朝着一个方向努力，一切都会变得得心应手。——（英国）诗人勃朗宁

超常的方向思维

方向思维金三点

第六课　超常的肯定思维

对于各行各业全力以赴干事业的人来说，把事业做成功了，说"我肯定会成功的"，人们都相信，因为事实摆在面前，当然相信。问题是在你创业期间，还没有成功却要你身边的人相信你，那就会有难度，在这个时候，就必须要有超常的肯定思维，自我肯定。

伟人毛泽东是超常肯定思维的典范，我谨在此举两例：

其一，1927 年中国共产党在大革命失败后，党的工作重心由城市转入农村，中国新民主主义革命进入低潮，毛泽东同志领导建立了第一个农村革命根据地——井冈山革命根据地。但是，当时党内有"左"倾思想的人，仍幻想以大城市为中心举行武装起义；而另一部分有悲观主义思想的"右"倾机会主义者，则怀疑革命根据地发展的前途，提出了"红旗到底能打多久"的疑问。他们不相信革命高潮很快就会到来，不愿经过艰苦奋斗创建农村革命根据地，主张用轻便的流动游击方式扩大政治影响，等到全国各地争取群众的工作做好了，再来举行全国武装起义。毛泽东同志在 1930 年 1 月 5 日，以肯定的语气写下了《星星之火，可以燎原》这篇文章，批判当时党内的"左""右"倾思想，其中；这篇文章结尾的几句话我记忆犹新："所谓革命高潮快要到来的'快要'二字作何解释，这点是许多同志的共同的问题。马克思主义者不是算命先生，未来的发展和变化，只应该也只能说出个大的方向，不应该也不可能机械地规定时日。但我所说的中国革命高潮快要到来，绝不是如有些人所谓'有到来之可能'那样完全没有行动意义的、可望而不可及的一种空的东西。它是站在海岸遥望海中已经看得见桅杆尖头的一只航船，它是立于高山之巅远看东方已见光芒四射喷薄欲出的一轮朝日，它是躁动于母腹中的快要成熟了的一个婴儿。"

其二，1954 年 9 月 15 日，毛泽东同志在中华人民共和国第一届全国人民代表大会第一次会议上的开幕词——《为建设一个伟大的社会主义国家而奋斗》一书中写道："我们的事业是正义的。正义的事业是任何敌人也攻不破的。领导我们事业的核心力量是中国共产党。指导我们思想的理论基础是马克思列宁主义。我们有充分的信心，克服一切艰难困苦，将我国建设成为一个伟大的社会主义共和国。我们正在前进。我们正在做我们的前人从来没有做过的极其光

21

荣伟大的事业。我们的目的一定要达到。我们的目的一定能够达到。"

回想起八年前，我在偏僻的深山老林里挖洞子搞生态旅游和养殖娃娃鱼，我没有资本和实力让别人相信我会成功，我聘请他们也只能每月发600-1000元的微薄工资，我除了以身作则，自己带头挖土挑石块外，我在员工面前常说得最多的话是：相信我吧，我会成功的！现在回想起来，这种超常肯定的话语还真管用，员工看我这么拼命干，这么充满信心，无形中也带动了他们，感染了他们，和我一路走了过来。

华罗庚上完初中一年级后，因家境贫困而失学了，只好替父母站柜台，但他仍然坚持自学数学，经过自己不懈的努力，他的《苏家驹之代数的五次方程式解法不能成立的理由》论文，被清华大学数学系主任熊庆来教授发现，邀请他到清华大学；华罗庚被聘为大学教师，这在清华大学的历史上是破天荒的事情。华罗庚仅初中一年级，如果不敢肯定自己，熊庆来教授再怎么提携也没有用。

前事不忘，后事之师。如果因为别人不肯定你，你就不敢肯定自己，进而放弃自己的志向，放弃自己的追求。那么，我相信，这个世界上将不会有那么多伟大的成就和励志的故事。

所以，信心、决心和恒心是超常的肯定思维金三角。

亲爱的读者朋友：所有的压力都是由一个消极的思想和负面的情绪开始的！在困难面前，在逆境时期，要敢于肯定自己！

超常的肯定思维名言

◆有了坚定的信念才是不可战胜的。——（美国）卡通品牌贝蒂语

◆一个人的成功并不在于金钱，而在于你是谁！这就是成功者精神。你的内在首先成功了，然后它才会外在地显示出来。要经历成功的奇迹，请反观你的内在。无论你堕落到何等程度，都依然能登上顶峰。不论你对你自己的看法多么消沉，不论你自己多么厌恶，你都不必停滞不前。——（美国）作家文森特·罗阿齐

◆向自己奋斗目标飞奔的人，才是美好生活的播种者和幸福者。——（中国现代）践行者·九溪翁

超常的肯定思维

信心　　决心　　恒心

肯定思维金三点

第七课　超常的原则思维

　　原则，是指说话、行事所依据的准则。每个人在社会上都不是孤立的，都生活在群体中。社会需要有不同的规则。由于世界观、价值观和人生观的不同，不同的人有不同的原则，如果以个人的原则为原则，那世界就不会有原则，世界会一团稀乱了。因此，出于和谐发展的需要，人类社会发展出了共同的原则，例如自由、民主的社会原则和诚实、守信的商业原则。这里的原则思维，就是指遵从人类共同的原则的思维。

　　在原则里，存在两种极端的原则思维。一种是以自我为中心的原则，一种是以利益为中心的原则。

　　在中国的文化里，原则往往被标新立异，以自我为原则。如金庸小说《笑傲江湖》里的平一指，居住于开封府，人称"杀人名医"，他认为生老病死自有老天的道理，"医一人，杀一人；杀一人，医一人"就是他的原则。最后由于无法医治令狐冲的怪症，口吐鲜血，死于五霸冈上。平一指这种人，在侠客文化盛行的中国颇受敬仰和推崇，甚至记忆犹新。但如果做事业的人都像他们这种搞法，恐怕永远都无法发展起来。当然，也有与平一指完全相反的极端，即无条件地屈从于市场原则，而不顾人类社会良心发展的原则。这方面最典型的案例，当属中国的商业电影。经过 30 年的改革开放，中国已经成为了仅次于美国的第二经济体，但是文化产业却一直发展不起来。作为文化产业的代表性产业——影视界，中国影视界的内涵和深度，却连印度和日韩都赶不上。中国最著名的导演们、编剧们、电视台们，一味地追求宏大场面，或追求迎合观众的胃口，罔顾历史事实，制作各种充斥着勾心斗角甚至脑残的影视剧作品。

　　难道中国的传统文化里，就只有勾心斗角吗？

　　难道中国的传统文化里，就只有无厘头吗？

　　经济，是由市场决定的没错，但是，只有符合人类发展方向超常的原则思维，才是值得尊崇的原则。当全中国的电脑厂商有意识地联合垄断的时候，神舟电脑打破了垄断，以老百姓的利益为原则，用低廉的价格赢得了市场，让老百姓明白了，原来电脑不需要那么贵。因此，廉价的电脑得以走入千家万户，让更多人能够接触到原本高不可攀的信息化服务。神舟电脑也在让老百姓获利的同时，获得了成功。

到底什么是超常的原则思维？我认为：能为自己为社会为人类的进步创造社会价值和经济价值的原则就是超常的原则思维。

苹果手机把为客户生产最好的手机当成自己的原则，生产出风靡全球的苹果手机，获得了世人的尊重，成为了一家伟大的公司；小米手机把屌丝和手机发烧友当成自己的客户，极尽所能生产出最高性价比的手机，获得了世人的尊重，也成为一家伟大的公司；同样的，中国曾有一批生产保健品的公司，把客户当猴耍，通过虚假宣传，通过欺骗获取利益，虽然盛极一时，但最终无一不被市场所淘汰。

所以，不管从事什么行业，什么事可以做，什么事不能做，社会应当是有原则有准则的，而作为在社会上生存的人，也应当自觉遵守原则准则。尊重大的原则，遵守小的规则，既是一个人有教养、有风度、讲道德、讲文明的表现，也是一个有着五千年文明历史的中国人所必备的优秀品格。

前事不忘，后事之师。没有超常的原则思维，而只有一个无原则的开始，就很难有一个美好的未来，所以，要有超常的原则思维。

归纳超常的原则思维有三点：一是发展；二是诚信；三是价值。

亲爱的读者朋友：超常的原则思维是不允许违背的！

超常的原则思维名言

◆如果在原则上发生错误，那就不只是会发生个别的错误，而会发生系统的、一贯的、一系列实际问题上的错误。——（中国现代）政治家、理论家、思想家刘少奇

◆如果没有原则的考验，一个人不知道自己是不是正直，走在人生的道路上就会跌跟头。——（中国现代）践行者·九溪翁

◆什么叫做内方外圆：方是方针、准则，也就是不变的原则。圆是随机应变的变通，就是变得合理。只能够随机应变，绝对不能投机取巧。原则和变通要有切点，否则就是乱变。不可不变也不能乱变，要变得合理。合理地因人、事、地、物，适当变通。——（中国现代）台湾管理大师曾仕强

超常的原则思维

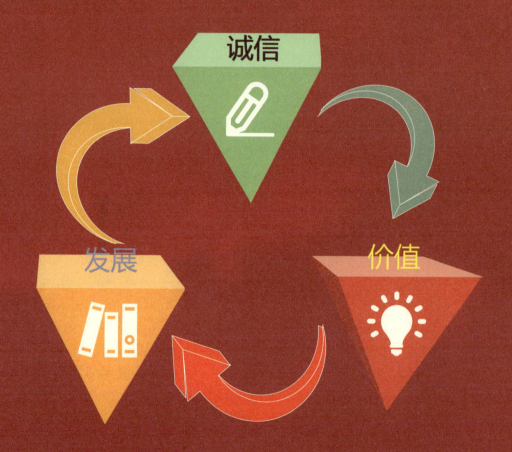

诚信

价值

发展

原则思维金三点

第八课　超常的主见思维

　　超常的主见思维是指人要忠于自己，不必老是顾虑别人的想法，或总是想要取悦他人。生命的可贵之处就在于按自己的想法生活，做好自己。为自己而做，为自己的梦想而乐，为自己的快乐而活，好好为自己生活，这就是超常的主见思维。

　　作为一个具有正常思维的人，谁都不会漠视他人对自己的评价，我们谨言慎行就是不愿意授人以柄。很多时候，他人的议论、他人的说道、他人的观点、他人的态度都会对自己的心情和行为产生极大的影响。赛场上的啦啦队员就算不会影响到运动员的成绩，至少也会影响到运动员的士气。他人的意见往往是我们自己行为的镜子，我们总是在别人的目光中调校着自己的人生坐标。

　　可是，当我们认准了目标，并决心要实现这个目标时，就不能太在意旁人的说法和看法。如果老是被别人的看法左右自己的行动，如果让自己活在别人的目光和唾液里，如果缺乏主见，总是匍匐在别人的脚下，那我们也许一辈子都将一事无成。

　　特别是我们有了比较新奇的想法，要做别人没有做过的事情时，更是需要顶着舆论的强大压力。这时候如果没有超常的主见思维，没有勇往直前的精神，没有旁若无他的执着，没有不达目的誓不罢休的决心，那是无论如何也到达不了理想的彼岸。

　　我们说，自以为是、刚愎自用那是愚蠢；但是唯唯诺诺、随波逐流那是窝囊。纵观中外历史，无论经济还是政治，大凡成功人士都有一个共同的特点，那就是：做人有主见，处事敢决断。胆小怕事的"舵鸟人"和人云亦云的"鹦鹉人"，永远都不会走近成功。

　　遇事有超常规的主见，那是要建立在对客观事物正确的认识和判断的基础之上的。有政治高度的人的主见才会是真知灼见，坚持正确的主见才会取得被社会认可的成功。不论做任何事，都要顺着你心中所想的去做，独立思考，拥有自己的主见，你将获得真正的快乐。

　　英国前首相撒切尔夫人 5 岁生日那天，父亲把她叫到跟前说："孩子，你要记住——凡事要有自己的主见，用自己的大脑来判断事物的是非，千万不要人云亦云啊。这是爸爸赠给你的人生箴言，是爸爸给你的最重要的生日礼物！"

她父亲教育她要拥有自己的主见和理想，特立独行、与众不同最能显示一个人的个性，随波逐流只能使个性的光辉淹没在芸芸众生之中。

撒切尔夫人后来担任英国首相，工作勤恳、政绩卓著，被称为"铁娘子"，和她不随波逐流，敢于坚持自己的主见是有很大关系的。

还有这样一个寓言故事：一群青蛙在高塔下玩耍，其中一只青蛙建议："我们一起爬到塔尖上去玩玩吧。"众青蛙都很赞同，于是它们便聚集在一起相伴着往塔上爬。爬着爬着，其中聪明者觉得不对，"我们这是干嘛呢，这又干渴又劳累的，我们费劲爬它干嘛？"大家都觉得它说得不错。于是青蛙们都停下来了，只剩下一只最小的青蛙还在缓慢地坚持着。它不管众青蛙怎样在下面鼓鼓噪噪地嘲笑它傻，就是坚持不停地爬，过了很长时间，它终于爬到了塔尖。这时，众青蛙不再嘲笑它了，而是在内心里都很佩服它。等到它下来以后呢，大家都敬佩的不得了，就上去问它说，到底是一种什么样的力量支撑着你自己爬上去了？答案让人出乎意外：原来这只小青蛙是个聋子。它当时只看到了所有青蛙都开始行动，但当大家议论的时候它没听见，所以它以为大家都在爬，它就一心在那儿晃晃悠悠不停地爬，最后就成了一个奇迹，它爬上去了。

小青蛙听不见众青蛙的议论和嘲笑，也就是说，它没有被群体的意见所左右。然而，假设小青蛙不是聋子，听到同伴的议论它还会冒着干渴和劳累继续往上爬吗？在同伴的嘲笑声里它还能一如既往地坚持自己的目标吗？

是啊，自己不进行独立思考，却凡事按照别人的意见去办，最后只能自己承担苦果。如果你采纳别人的意见，有人会高兴，但是高兴的不一定是你。一个毫无主见的人只能接受被人欺骗的命运，一个轻信的人同样只能接受失败的苦果。

写到这里，我要在超常的主见思维里延伸一点，持有主见时必须有自信。没有自信的主见，撒切尔夫人不可能担任英国首相，不可能被称为"铁娘子"，没有自信的主见，那只小青蛙不可能使劲往上爬。

综上所述，每一个人生命中所发生的一切，都是自己吸引来的。

以我亲身经历为例，不管别人相信也好，不相信也罢，我不想当官，多次的升迁机会我不惋惜，视同闲云；

我也不想成为富人，多次的房地产赚钱商机我拒绝而不后悔，视同烟云。

我的想法是：人活一辈子，按照自己的志向经历一些事则足矣。

我在经历学、农、工、警、党、政、企、商等岗位的过程中，我深深体会到：要有自信的主见，耐得住寂寞，克服浮躁。我曾经默守过无数个平淡的日子，以忍受寂寞为代价，其中有岗位时好时差的看开心情，也有职务时高时低的看淡心态；有在闹市中、寂寞里静静看书学习的快乐心怀，也有远离酒店、牌场、麻将桌的主见心境。

也许正因为我有自信的主见，不随波逐流，能够甘于平淡，甘于寂寞，使我进入踏实做事，淡泊名利的人生境界，在自信的主见中，在平淡寂寞的默默无闻中实现了个人的志向。

如果要反思的话，一个人假如没有超常的主见思维，究其原因，就是怕丢失，失去的不仅仅是物质，还有虚无的虚荣，自尊。实际上是害怕承担责任，不敢担当。再有，也许是成功的和失败的次数都太少了，已经没有了主见。一个人成功的越多，越有自信，越敢干，越有主见；而且，一个人失败的次数越多，已经陷进去了，拔不出来了，就越知道怎么规避风险，就能总结经验，少走弯路，自己能干什么，不能干什么，自己能干到什么程度，心里就有底，有底就不怕，不怕就有担当。

所以，我提出超常的主见思维金三点：一是判断；二是思考；三是成长。

亲爱的读者朋友：超常规的主见让你进步！超常规的主见使你成长！

超常的主见思维

◆名言学尽百禽语，终无自己声。——（中国北宋 时期）文学家、画家张舜民《百舌》

◆对干事业的人来说，不听劝告固然不好，但若听任何劝告则更不好，还是要有自己的主见，才能干成自己想干的事！——（中国现代）践行者·九溪翁

◆社会犹如一条船，每个人都要有掌舵的准备。——（挪威）戏剧家、诗人易卜生

超常的主见思维

成长

思考

判断

主见思维金三点

第九课　超常的舍得思维

超常的舍得思维，是指有舍才有得的平衡思维，是要想得到就要先付出的因果思维，但舍得的前提是要知道自己想要得到什么，如果不知道自己想要什么，其结局要么是因为不舍得而什么都得不到，要么就乱舍乱得，或乱舍而不得。

世界是公平的，就像一个弹簧，往下压多少，弹起来就有多高。但人生和事业，不像物理定律下的弹簧那般确定，人生和事业虽然总体上遵循舍得规律，但却是有机的，是复杂的，是充满不确定的。弹簧不按下去他一定不会弹起来，按下去就一定会弹起来，而人生和事业，付出了不一定能够得到回报，但不付出就一定不会有回报。

付出金钱是舍得，付出时间是舍得，付出精力也是舍得，放弃机会、拒绝诱惑……都是舍得。有的女性，希望能够青春长驻，于是付出大量的金钱做美容、做保养，最终得到的是衰老的延缓，青春的长驻；有的学者，希望能名垂青史，付出毕生的时间和精力做学问，终成影响千年百年的学术泰斗；有的商人，希望能成就一番事业，拒绝各行各业的诱惑，专注于一个行业、一个领域，终成行业巨头……

也有的人，不知道自己想要得到什么，在不知不觉中荒废了青春、浪费了机会、抵挡不住诱惑……这是另一种舍得，是一种无知的舍得，最终的结果是一无所得。

讲个故事，一位居士向禅师诉苦："我的妻子非常吝啬，不但对慈善事业毫不关心，甚至连亲戚朋友遇到困难也不肯接济。请禅师去我家开导开导她。"禅师就和这位居士来到他家中。果然，居士的妻子十分抠门，仅仅给禅师倒了一杯白开水，连一点点的茶叶也舍不得放。禅师并不计较，不过，不知为什么，他用两个拳头夹着杯子喝水。居士的妻子扑哧一声笑了。

禅师问她笑什么？她说："师父，你的手是不是有毛病？怎么总是攥着拳头？"禅师问："攥着拳头不好吗？我若是天天这样呢？""那就真是毛病了，天长日久，就成了畸形。""哦……"禅师像是幡然大悟，伸开手，却又总是扎煞着五根指头，干什么也不肯合拢。居士的妻子又被他的滑稽模样逗乐了，笑着说："师父哎，你的手总是这样，还是畸形啊！"禅师点点头，认真地说：

"总是攥着拳头或总是伸开巴掌，都是畸形。这就如同我们的钱财，若是只知死死攥在手里，总也不肯松开，天长日久，人的思想就成了畸形；若是大撒手，只知花用不知储蓄，也是畸形。钱，是流通的，只有流转起来，才能实现它的价值。"

居士妻子的脸红了，因为她明白了，禅师所做的一切，都是变相在劝她不要吝啬悭贪。道理虽然她知道，但总觉得受了挫折，想给禅师出个难题，从面子上扳回来。这时，她家养了一只小猴子跑了进来。她灵机一动，将小猴抱起来，对禅师说："大师你看这小猴子多可爱呀，跟我们人类的模样差不多。"禅师开玩笑说："它比人多了一身毛，若肯能舍弃，就可以做人了。"居士的妻子说："您法力无边，请想办法把它变成人吧。"居士一边训斥妻子荒唐，一边向禅师道歉。谁知，禅师认认真真地说："好吧，我可以试试看。不过，能不能变成人，主要看它自己。"禅师于是伸手拔了一根猴毛。小猴子痛得吱吱乱叫，从女主人怀里挣脱出来，逃之夭夭，不见踪影。禅师长长叹了一口气，摇着头说："唉，它一毛不拔，怎么能做人呢？舍得舍得，有舍才有得；丝毫不舍，如何能得？"居士的妻子恍然大悟，心路大开。

为人处事，大抵就如那只猴子，舍不得一身毛，又怎么能够成人？

莲因舍弃牡丹的雍容华贵而圣洁，虹因舍弃磐石的永恒存在而炫彩，山因舍弃水的灵动飘逸而伟岸。孟子曰："鱼，我所欲也；熊掌，亦我所欲也。二者不可兼得，舍鱼而取熊掌者也。"舍与得之间蕴藏着不同的机会，真正有智慧的人就能够"舍"，而有时不"舍"便会"失"，即使有得，也是得不偿失。在佛教中，舍即是得，得即是舍；在道教中，舍是无为，得是有为；儒家曰，舍恶以得仁，舍欲以得圣；而在今人的眼里，舍是付出，是投入，得是收获，是回报。舍得是一种大智慧：孰舍孰得，是大智慧者，在洞悉了大势所趋后的智慧抉择。

在名利场上，有得必有失的道理，绝大部分人都懂。平常在喝酒喝茶的闲谈中，一说起身边的熟人，身边的朋友，在名利场上的沉浮轶事，都能说出一番有得有失的道理出来。一旦牵涉到自己，就云里雾里不清楚了，往往在"得"上多多益善，在"失"上锱铢必较，只求一本万利，唯恐得不偿失。

其实，什么叫做得？什么叫做失？全在于内心感受！当自己认为是"得"，即是"得"；当自己认为是"失"，则是"失"。以古代的例子来说：文王被拘是"失"，而演《周易》是"得"；仲尼郁郁不得志是"失"，而作《春秋》是"得"；屈原遭放逐是"失"，乃赋《离骚》是"得"；左丘失明是"失"，厥有《国语》是"得"；孙子膑脚是"失"，《兵法》修列是"得"；不韦迁蜀是"失"，世传《吕览》是"得"；韩非囚秦是"失"，流传《说难》、《孤愤》是"得"。亦以我个人经历为例，父母离异是"失"，养成吃苦耐劳、勤奋学习的个性是"得"；下乡到农村很苦很累是"失"，立下个人的志向是"得"；招工到养路工班被世人瞧不起是"失"，快乐地工作与自学是"得"；调出公安是"失"，磨炼自己、增长才干是"得"；辛辛苦苦经营亏损企业是"失"，懂得了企业管理经验是"得"；到乡镇任副职及拟任乡长落选是"失"，为以后任正职增加阅历是"得"；调往省城在个人仕途上是"失"，实现个人志向、完成了五十岁之前要做的三件事是"得"；从省城返回县城在经济上是"失"，人生旅途的平安着陆是"得"；宾馆改制下岗是"失"，为我再立志向是"得"；到深山老林挖洞苦累是"失"，打造出一片新天地是"得"；少年、青年时期身体多病瘦弱是"失"，却做到了时刻注意身体、养成好的生活习惯是"得"；从政的职务不高、积攒的金钱不多是"失"，能够无愧无悔地坦述个人的经历是"得"；名利场上，逢年过节，没有门庭若市、客进旺家门的现象是"失"，天天自在做人，睡安稳觉，不怕纪检监察查这查那是"得"。

所以，万物皆为我所用，万物皆不为我所有。我总结舍得思维金三点是：一、付出什么？二、想要什么？三、得到什么？

亲爱的读者朋友：请你记住，有舍必有得，有得必须舍；小舍会小得，大舍将大得。

当然，我也要说明，知道付出就有回报的道理的人比比皆是，但是也有相当部分的人懂得正确付出的不多。一个非常简单的例子可以阐明，授人以鱼，不如授人以渔。很多人热衷于给予，做慈善，可惜的是这种给予和舍得没有让需要帮助的人得到本质的帮助。穷人之所以穷，不是你给他几千元钱就可以解决的，你应该教会他，如何通过努力去改变他的现状。所以，成功路上需要正确的舍得与付出。

超常的舍得思维名言

◆ 将欲取之，必先予之。——（中国古代）军事家孙子

◆ 人啊！来到世上，总是有得有失，有放有收，你不可能什么都得到，所以你应该学会放弃。因而，在人生路上你付出了多少？就是一个"舍"字！——（中国现代）践行者·九溪翁

◆ 上帝在关闭一扇门的同时，一定会为你打开另一扇门。——（美国）格言

超常的舍得思维

想要什么？

得到什么？

拿出什么？

舍得思维金三点

第十课　超常的格局思维

超常的格局思维，是指把握和理解局势、态势的超常思维，即一个人对事物所处的位置（时间和空间）及未来变化的认知程度。所谓"格局同样决定布局，布局迟早决定结局"，可以说，超常的格局思维是欲成事业者超常谋篇布局的必要前提，没有超常的格局，便不懂得超常的布局，不懂得超常的布局，则难以有好的结局。

有一家庭妇女，一天她买了一件衣服，回头习惯性地跟邻居显摆，却发现同样的衣服邻居比她少花了 20 元钱，于是她耿耿于怀数天，这人的格局就值 20 元钱了；有一个乞丐，整天在街上乞讨，对路上衣着光鲜的人毫无感觉，却嫉妒比自己乞讨得多的乞丐，这人估计一直就是个乞丐了；三个工人在工地砌墙，有人问他们在干嘛？第一个人没好气说：砌墙，你没看到吗？第二个人笑笑：我们在盖一幢高楼。第三个人笑容满面：我们正在建一座新城市。10 年后，第一个人仍在砌墙，第二个人成了工程师，而第三个人，是前两个人的老板。有这样一句谚语：再大的烙饼也大不过烙它的锅。这句话的哲理是：你可以烙出大饼来，但是你烙出的饼再大，它也得受烙它的那口锅的限制。我们所希望的未来就好像这张大饼一样，是否能烙出满意的"大饼"，完全取决于烙它的那口"锅"——这就是所谓的"格局"。

什么是格局？格局就是一个人的眼光、胸襟、胆识等心理要素的内在布局！

一个人的发展往往受局限，其实"局限"就是格局太小，为其所限。谋大事者须要超常规划大局，对于人生这盘棋来说，我们首先要学习的不是技巧，而是超常布局。大格局，即以大视角切入人生，力求站得更高、看得更远、做得更大。超常规的大格局决定着事情发展的方向，掌控了大格局，也就掌控了局势。

一个人超常的格局大了，未来的路才能宽广！

如果把人生当做一盘棋，那么人生的结局就由这盘棋的格局决定，想要赢得这盘棋的胜利，关键在于把握住棋局，在人与人的对弈中，舍卒保车、飞象跳马……种种棋招就如人生中的每一次博弈，棋局的赢家往往是那些有着先予后取的度量、超前统筹全局的高度、运筹帷幄而决胜千里的方略与气势的棋手。

赢在超常思维　学则心路光明

于丹说得好：成长问题关键在于自己给自己建立生命格局。为何要有大的格局？局限就是格局太小，为其所限。在今天这个知识不断更新的世界里，我们是在不断刷新自己的知识结构，只有一点最重要，就是尽量酝酿一种大胸怀。大境界才能有大胸怀，大格局才能大有作为。成功者运气的背后隐藏着超常的大格局。

拥有超常的大格局者，有开阔的心胸，没有因环境的不利而妄自菲薄，更没有因为能力的不足而自暴自弃。拥有小格局者，往往会因为生活的不如意而怨天尤人，因为一点小的挫折就一筹莫展，看待问题的时候常常是一叶障目，不见泰山，成为碌碌无为的人。

超常的格局不是先天性的东西，和你日常的人生环境也没有必然的联系，超常的格局是一个人对自己人生坐标的定位，只要我们能够调整心态，就一定能够为自己建立一个大的格局。知识和技能是内力，合适的平台和丰厚的人脉是羽翼，如果你能够充分利用这一切资源，让自己的每一天都处于上升的阶梯上，那么，未来的大格局与大发展将不仅仅只是一个梦想。同时，想要放大自己的格局，需站在不同的位置感受一下。测验一个人的智力是否属于上乘，只看脑子里能否同时容纳两种相反的思想，而无碍于其处世行事，其实这就如中国道家文化中说到的"太极阴阳图"，阴中有阳，阳中有阴，看问题更全面，这是一个超常的全面的格局。

简言之，超常的格局思维我用三个字来概括：一是长；二是大；三是宽。

亲爱的读者朋友：社会的日益更新、飞速发展，我们每一个人也必须要突破格局思维的界限，每发展到一个阶段都要跟上新阶段的理念和思维，如百万元的利润就需要有百万元的思维格局，千万元的利润就需要有千万元的思维格局，亿万元的利润就需要有亿万元的思维格局，不然就很难实现突破，就会落伍衰退。

超常的格局思维名言

◆有一句话说得好，你的心有多宽，你的舞台就有多大；你的格局有多大，你的心就有多宽！放大你的格局，你的人生将不可思议！一个人的发展往往受局限，其实"局限"就是格局太小，为其所限。谋大事者必要布大局，对于人生这盘棋来说，我们首先要学习的不是技巧，而是布局。大格局，即以大视角切入人生，力求站得更高、看得更远、做得更大。大格局决定着事情发展的方向，掌控了大格局，也就掌控了局势。——（中国现代）践行者·九溪翁

◆一颗石榴种子的三种结局：放到花盆里栽种，最多只能长到半米多高！放到缸里栽种，就能长到一米多高！放到庭院空地里栽种，就能够长到四五米高！——网上摘语

超常的格局思维

格局思维金三点

第十一课　超常的谋略思维

超常的谋略思维，就是通过对眼前和长远的问题思考而制定解决对策和方案的超常思维。谋略，是古老而永恒的话题。它源于战争、政治斗争，又关乎人类生活生存的点滴。

所以谋略以社会互动为前提，表现为社会属性；又以客观事物和客观规律为依据，表现为自然属性。超自然和超社会的谋略是不存在的。谋略离不开人，谋略所反映的是人的思想意识和物质意识。

谋略是人们在解决社会矛盾过程中，实现预期目的与效果的高超艺术。本质上，谋略是一种为获取利益和优势的积极的超前思维过程。超常谋略的目的是为了达到某人或某个集团的需求（即有价值的物品、头衔或土地等）而想出的方法。

超常谋略目的所追求的效果就是以最小的代价赢得最大的胜利。宏观上看谋略目的，是指谋略者在运用谋略与解决矛盾的过程中，想要得到的最终结果或最终目标。

超常谋略的本质是解决矛盾，这种矛盾包括：政治、军事、外交、商业等，也包括生活和情感、人际沟通中的各种矛盾。

超常谋略从宏观方面考虑的范围包括政治、军事、外交、文化、体育、科学技术等方面，而从微观方面考虑的范围则从个人所处的客观环境和条件去考虑。

军事科学、经济建设，彼此间存在着血缘关系。军事斗争中"师出有道"、"运筹帷幄"、"战略战术"等，都在经济谋略中有所体现。

干事业，如果没有超常的谋略思维，远看不到未来，近搞不清现状，将会像是无头苍蝇，在残酷的市场经济中碰得头破血流。

三国时代，有个脍炙人口的故事叫"三顾茅庐"，讲的是刘备为了请诸葛亮出山，三次前往拜访的故事。但是，刘备为什么要屈尊大驾，在连吃两次闭门羹后还要继续拜访诸葛亮呢？原因很简单，那就是刘备在打拼了多年后依然一事无成，深觉自己的谋略不够，而诸葛亮有足够的谋略。

刘备三顾茅庐后，终于见到了诸葛亮，见面的第一句话也是问计于诸葛亮，看他是不是像徐庶推崇的那样有谋略。他说："汉室的统治崩溃，奸邪的臣子盗用政令，皇上蒙受风尘遭难出奔。我不能衡量自己的德行能否服人，估计自己的力量能否胜任，想要为天下人伸张大义，然而我才智与谋略短浅，因此失败，弄到今天这个局面。但是我的志向到现在还没有罢休，您认为该采取怎样的办法呢？"

诸葛亮回答说："自董卓独掌大权以来，各地豪杰同时起兵，占据州、郡的人数不胜数。曹操与袁绍相比，声望少之又少，然而曹操最终之所以能打败袁绍，凭借弱小的力量战胜强大的原因，不仅依靠的是天时好，而且也是人的谋划得当。现在曹操已拥有百万大军，挟持皇帝来号令诸侯，这确实不能与他争强。孙权占据江东，已经历三世了，地势险要，民众归附，又任用了有才能的人，孙权这方面只可以把他作为外援，但是不可谋取他。荆州北靠汉水、沔水，一直到南海的物资都能得到，东面和吴郡、会稽郡相连，西边和巴郡、蜀郡相通，这是大家都要争夺的地方，但是它的主人却没有能力守住它，这大概是天拿它用来资助将军的，将军你可有占领它的意思呢？益州地势险要，有广阔肥沃的土地，自然条件优越，高祖凭借它建立了帝业。刘璋昏庸懦弱，张鲁在北面占据汉中，那里人民殷实富裕，物产丰富，刘璋却不知道爱惜，有才能的人都渴望得到贤明的君主。将军既是皇室的后代，而且声望很高，闻名天下，广泛地罗织英雄，思慕贤才，如饥似渴，如果能占据荆、益两州，守住险要的地方，和西边的各个民族和好，又安抚南边的少数民族，对外联合孙权，对内革新政治；一旦天下形势发生了变化，就派一员上将率领荆州的军队直指中原一带，将军您亲自率领益州的军队从秦川出击，老百姓谁敢不用竹篮盛着饭食，用壶装着酒来欢迎将军您呢？如果真能这样做，那么称霸的事业就可以成功，汉室天下就可以复兴了。"

诸葛亮这番话，将天下大势到未来走势，从竞争对手的优劣到刘备的出路，分析得清清楚楚，刘备之后的发展之路，基本上按照诸葛亮的此次部署而来，而且果然成就一番事业，建立了蜀国。

兵法云：上兵伐谋，谋定而动。意思是说要想把一件事情干成，最有效的办法就是通过事半功倍的超常谋略，如果事先没有超常谋划好，就不能轻易行动，否则有可能事倍功半。

古人言：先谋后事者昌。我认为，"昌"还不能保证，但"顺"是能做到的，所以，我改了一个字，叫先谋后事者"顺"。我写《快乐工作访谈录》时写过一封给读者的短信，披载如下：

"尊敬的读者：你好！感谢你看我写的这封信。

当你看到《快乐工作访谈录》这本小册子时，这是我写的创造人生丛书之四；之三是《揭开娃娃鱼的神秘面纱》，这是一本驯养娃娃鱼的实用技术介绍，也是我5年的心血，凭着一点又一点的记载和近两千个日日夜夜的仔细观察得来的宝贵经验；之二是《神龙洞景观

录》，我将黄桑神龙洞内大小景点由浅入深逐一作了说明，正如多次参观过神龙洞的游客们评价：洞还是原来那个洞，可每看一次都有新的内容，愈看愈刺激，愈看愈神奇，原来观察神龙洞只要十几分钟，如今参观一个多小时就不知不觉过去了；之一是《创业践行录》，把我的思路、想法、做法以图文并茂的形式坦率阐述。

从我写的这四本小册子，说明了一个事实，即：先谋后事者顺。

如果没有我预先提出未来10年内要做的三件事。其中第三件事是再写五十万字的《创造人生》，我就不可能有现今写出来的四本小册子。

如果没有我预先提出未来10年带动一百家农户致富的目标，我就不可能将《揭开娃娃鱼的神秘面纱》的实用技术和盘托出。

如果没有先谋，我哪里会有这么顺呢？

其实，不仅仅是我，成功人士都是这样，日复一日，月复一月，年复一年，他们总是清楚自己的目标，清楚自己努力的方向。

他们很清楚，财富的获得，事业的成功，绝不是偶然得来的。面对失败和挫折，面对现实中的困难，他们知道自己的处境，知道自己努力的方向，知道自己最后的目标。所以，他们能临危不惧，坚定不移，始终快乐地、扎实地工作。

这就是谋划的效果！

尊敬的读者：在你的人生路上，你做到了先谋划，后再去做吗？

再会，祝你事业顺利！财源广进！

九溪翁于黄桑神龙洞"

我只是希望各行各业的人士在打拼的人生路上，都要有自己的工作目标，预先谋划好，然后去努力，去落实，这就是我写信的目的。

当然，我要提醒的是，超常的谋略思维应预先想到三点：一是效果；二是需要；三是目的。

亲爱的读者朋友：请你记住，未来的钱不是"挣"来的，而是"谋"来的！天下所有大事，先谋而后顺之。

超常的谋略思维名言

◆利在一身，勿谋也；利在天下，谋之。利在一时，勿谋也；利在万世者，谋之。——（中国清代）学者金缨

◆运筹策帷帐之中，决胜于千里之外。——（中国汉代）《史记》

◆要永远相信：当所有人都冲进去的时候赶紧出来，所有人都不玩了再冲进去。——（中国现代）实业家、慈善家李嘉诚

超常的谋略思维

需要

目的

效果

谋略思维金三点

第十二课　超常的欲望思维

　　超常的欲望思维，是指通过满足别人的欲望来实现自己的欲望思维。欲望思维的起点是自己的欲望，保家卫国、飞黄腾达、富甲一方、幸福生活……这些都是欲望，但实现自己欲望的方法却是满足别人的欲望，如果不能明白这一点，欲望就不足以成为一种超常思维。

　　超常的欲望思维，是对"欲立者立人，欲达者达人"的提炼。所谓"欲立者立人，欲达者达人"，意思是一个人想要把自己立起来，先得把别人立起来，一个人想要达到自己的目的，先要帮助别人达成目的。不管是欲立还是欲达，都是个人的欲望，而通过立人和达人，帮助别人实现欲望的方式实现自己的欲望，就是所谓的超常欲望思维。欲望思维不但要求自己对自己的诉求非常清楚，也要求对别人的欲望诉求非常的清楚。

　　尤其是对于想干一番事业的人来说，超常的欲望思维尤为重要，因为欲望就是需求，需求就是市场，市场经济时代，说穿了就是需求经济，是欲望经济。如果不超前了解消费者的消费欲望，把握不了需求，就掌握不了市场，生产出来的东西卖不出去，其结局是必然的失败。有个鲜活的案例，那就是恒大。恒大本是个精品地产商，但是，随着中国食品安全问题的愈演愈烈，以及中国人希望吃上放心食品的欲望越来越强，眼见着安全食品的市场需求日渐兴盛，恒大依托自身品牌优势强势介入农业领域。2014 年 9 月 1 日，恒大召开粮油全国订货会，订货会公布了首批粮油产品的价格，粮油最高定价为 239 元 / 瓶。恒大粮油、恒大乳业、恒大畜牧三大集团也宣布正式成立，将共计投资超千亿。当日，来自全国 730 个城市的 3500 名经销商共计订购了价值 119 亿元的产品，创造了世界纪录。

　　再说一位个人欲望的故事，茅以升是我国建造桥梁的专家，他小时候，家住在南京，离他家不远有条河，叫秦淮河，每年端午节，秦淮河上都要举行龙船比赛，到了这一天，两岸人山人海，河面上的龙船披红挂绿，船上岸上锣鼓喧天，热闹的景象实在让人兴奋。茅以升跟所有的小朋友一样，每年端午节还没到，就盼望了。可是有一年过端午节，茅以升病了，小伙伴们直到傍晚才回，说秦淮河上有座桥因看热闹的人太多，桥塌了，好多人掉进河里。茅以升病好后，他一个人跑到秦淮河边，默默地看着断桥发呆。他想：我长大一定要做一个造桥的人，造的大桥结结实实，永远不会倒塌！

有了这种强烈的欲望，从此以后，茅以升特别留心各式各样的桥，平的，拱的，木板的，石头的，不管碰上什么样的桥，他都要上下打量，仔细观察，天长日久，他积累了很多造桥的知识，也参加大大小小各种桥梁的建设，终于实现自己强烈的欲望，成为一名建造桥梁的专家。

其实，生命中所发生的一切，都与你的欲望相关联！

当然，欲望好比人的骨头，实不可少，少则人体不健全；欲望又不可过多，多则会变为骨髓增生。欲望可以使人成功，也可以使人失败。如果欲望表现得恰如其分，它可以成为你的动力；要是欲望走偏了，它也许成为你的阻力。生活原本没有痛苦，当你开始计较得失，过度贪求更多时，痛苦便来缠身了。

我曾经不愿意当先进个人、先进工作者有感：不要在人生旅途的翅膀上系着名和利，因为名和利给你带来一些好处，但你也会被其所累。如果你只知进不知退，过分追求名和利，它会使你走不到善终人生的尽头。

故而，欲望要经得起平淡，能看淡得失；欲望要有正能量，能对国家对民众有利。

如果你"对欲望不理解，人就永远不能从桎梏和恐惧中解脱出来。如果你摧毁了你的欲望，可能你也摧毁了你的生活。"

所以，超常的欲望思维分为三个阶段：一是欲立；二是欲达；三是欲成。

亲爱的读者朋友："生死根本，欲为第一。"欲望的组成部分，这是人类与生俱来的。它是本能的一种释放形式，构成了人类行为最内在与最基本的要素。因而，超常的欲望思维是你创业成功的动力！

超常的欲望思维名言

◆欲望是人遭受磨难的根源。诚然，欲望可以使人得到快乐和幸福；但这快乐和幸福的背后却是苦难，乐极是要生悲的；一切欲望实现之后，却也免不了灾难。——（埃及）小说家尤素福·西巴伊

◆顺理则裕，从欲惟危。——（中国宋代）教育家程颐

◆欲望是人类运动之源。——（中国现代）作家钱石昌

43

超常的欲望思维

欲望思维金三点

第十三课　超常的观察思维

　　超常的观察思维是有目的、有计划、比较持久的知觉，包含着积极的思维活动；超常的观察思维可以使我们避免受表面现象的迷惑，而真正地看到事物的本质和变化的趋势；超常的观察思维，可以使一个人变得更加的睿智、严谨，发现许多别人所不能发现的东西。

　　非洲卖鞋的故事很能说明超常、观察和思维三者的关系，故事大致内容是：曾经有个亚洲鞋厂想去开发非洲的市场，他的老板先派了甲去了非洲，甲到了非洲，他看到了非洲人都是赤脚的，他马上给老板打电话，他说非洲人都是赤脚的，不穿鞋，我们这里没有市场。于是他便打道回府了。

　　随后老板又派了乙来开发非洲市场，他同样看到了非洲人都是赤脚的，乙以超前的眼光看到需求鞋子的前景，于是马上给他的老板打电话，他说：老板，赶紧生产鞋子，非洲这边都是不穿鞋子的，这边有很大的市场，你把鞋子运过来肯定会有很大的利润空间。

　　讲到这里我要问尊敬的读者，乙成功了吗？大部分的读者都会觉得乙成功了，也有超前的眼光，乙肯定成功了。在这里我要告诉尊敬的读者，乙非但没有成功，而且是败的一塌糊涂。

　　为什么呢？非洲人长期以来都是赤脚的，根本就没有穿鞋的习惯，况且长期的赤脚使得他的脚趾的间距分开得非常的大，亚洲人设计的鞋子根本就不适合他们穿。所以乙盲目的把鞋子拉到非洲，缺乏睿智、严谨、仔细、全面的思维，鞋子根本就卖不出去，所以乙会一败涂地。

　　随后呢，老板又派了丙去非洲开发市场，丙来到非洲之后，他首先做了一个非常详细的市场调查，他不但了解了非洲人的脚型特征，还了解了非洲人的生活风俗和习惯。随后在他市场调查完之后呢，他给老板打了个电话，他说老板，你照我给你反馈的信息，量脚定制出适合非洲人所穿的鞋子，然后给我运一些样品到非洲。另外他又实施了一系列的营销策略。他在非洲一个非常著名的中央广场上，制作了一个人物的雕像，用一块幕布盖着，他选择了一个非洲很重要的节庆日，请了一个非洲知名的主持人来主持这场揭幕礼，当主持人喊到三、二、一时，幕布揭开。原来是一位非洲人非常崇拜的人的塑像，塑像穿着他们

所设计的鞋子，而且他们身边还有很多人穿着美丽的鞋子在翩翩起舞。于是，鞋厂的鞋子很快就在非洲大畅销。

故事讲到这里就结束了，这个故事告诉我们超常观察思维的重要性。甲、乙、丙三人都是去相同的市场做开发，由于超常、观察、思维三者都只考虑到一点或两点，造成的结果就不同，甲到非洲只观察了表面现象，乙到非洲后，透过现象看本质，以超前的眼光看到这是一个商机，但他没有周密细致的思维，就让厂家生产了一大批鞋子，造成的损失反而更加严重。而丙则考虑到了所有的问题，顺利地完成了任务。所以说，只有把超常、观察、思维三者联系起来，了解需求点，积极行动，才会出现好的结果。

一般的人很少分析自身，更少从行业和市场的角度来分析自身，当你能够从更大的范围，更深的层次，更广的领域看待自己的价值特点时，你会发现超常的观察思维能有效改变你的思维模式。这样，你将能超越周围大多数人和业内同行，而做到迅速地自我提高。

我在42年的闯荡历程中，看到一个又一个由穷到富的伙伴，也看到一个又一个由富到穷的朋友；为什么有成有败，有败有成，成成败败，败败成成。我始终在考虑，进入市场经济打拼的人必须要具备一种精神，即：打破常规，超常思维，勇于面对现实，敢于创新，从失败中寻求成功。也就是说：市场经济是需要创新精神的或者也可以说是探险精神。一切呆板、墨守成规、安于现状、停滞不前的消极观念是适应不了市场经济的。

同时，我又观察到，当我们不认可自己时，我们就开始评判别人；当我们不接纳自己时，我们就开始抗拒别人；当我们没有自己时，我们又开始要求别人。总之，我们内在感觉匮乏时，我们就开始折腾、折磨别人。

所以，超常的观察思维要认清三点：一是迷惑；二是变化；三是本质。如果把超常的观察思维归纳为两句话：处处留心皆学问，时时惠顾有心人。

亲爱的读者朋友：超常观察无处不在，超常的观察思维使你少走弯路和不走弯路！

超常的观察思维名言

◆细节在于观察，成功在于积累。——（美国）思想家、文学家、诗人爱默生

◆仰观宇宙之大，俯察品类之盛，所以游目骋怀，足以极视听之娱，信可乐也。——（中国东晋时期）《兰亭序》

◆我几十年以来的经历和观察，我得出一点经验：不论如何强大的公司，都不能安于现状，必须随时机警地留意公司内部和外面大环境的变化。——（中国现代）践行者·九溪翁

超常的观察思维

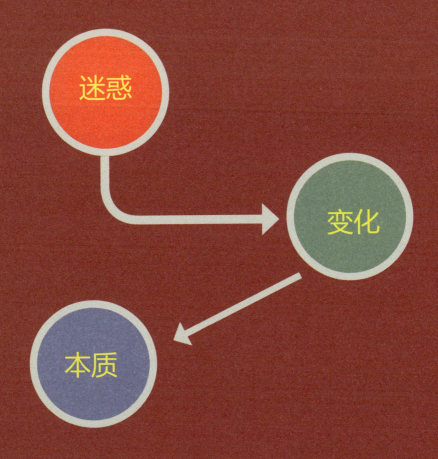

观察思维金三点

第十四课　超常的认知思维

一个人无论从事何种职业，经营何种行业，关键要正确认识到自己的处境，知道自己的长处和短处，而这种超常规认识到自己的处境，做到"知己知彼，百战不殆"的思维，就是超常的认知思维。

讲两个故事，第一个是西汉初年，天下初定，汉高祖刘邦在洛阳南宫举行盛大的宴会喝了几杯酒以后，他向群臣提出一个问题："我为什么会取得胜利，而项羽为什么会失败？"高起、王陵认为汉高祖派有才能的人攻占城池与战略要地，给立大功的人加官晋爵，所以能成大事业；而项羽恰恰相反，有人不用，立功不授奖，贤人遭猜疑，所以他才失败。汉高祖刘邦听了认为他们说的有道理，但最重要取胜的原因是知人善任。他说："公等知其一不知其二，据我想来，得失原因，须从用人上说。运筹帷幄，决胜千里，我不如子房；镇国家，抚恤百姓，运饷至军，源源不绝，我不如萧何；统百万兵士，战必胜，攻必取，我不如韩信。这三人系当世人杰，我能委心任用，故得天下。项羽只有一范增，尚不能用，怪不得为我所灭。"

第二个是当我身负重债，进入深山老林里挖山洞，打算养殖娃娃鱼时，我就做了最坏的打算——吃野菜，住山洞；我也制定了时间规划——挖10年山洞。提出"万事皆从实做起，成功还应苦追求"！这是我对自己的要求，我也做到了。我不强把个人观点加到别人身上，但对干事业的人而言，一个"实"字，一个"苦"字，非常重要，这是我的常用语，也是我的行动准则。因为我有这种超常的认知思维，虽然很艰难，但我一步一步熬过来了！

同时，人人都想成功，人人都追求成功，我提出要有超常的认知思维，就是成功的真谛到底是什么呢？

这个世界上的大部分人，由于怕受到议论，怕遭受磨难，都是跟着社会潮流默默无闻地过完一生，从来没有为自己安排下一件事情该如何去做好？恰恰是极少数人逆向思维，不随波逐流，专做一些超常思维的事，引来褒贬不一的评论，经历多种磨难，在时间消逝的同时，逐渐获得成功。

我国进入市场经济后，在大多数人的心中，金钱成为衡量一个人成功的唯一标准。难道真的只有赚到钱就算成功，没有赚到钱的事就不算成功吗？

实际上，成功的定义，本来就是因人而异、因事而异，并没有一个统一的、固定的模式，只是社会的走向和价值观的选择，为了迎合潮流，我们常将成功的定义局限在狭隘的范围内。如在当今一切向钱看的社会里，我们绞尽脑汁用金钱财富来炫耀自己的成功或制造成功的假象，不惜举债当房奴、车奴，如果以快乐轻松的心态仔细想一想，这一切又有什么意义呢？

我们为什么不能超常的发挥认知思维去想一想，即：我们为什么要随大流跟在车商、房地产商后面，把蓄存的钱和还未赚到的钱就预先投进去了呢？我们何不反过来问问自己：要怎么才能找到自己内心成功的感觉？要怎么才能找出自己到底追求的是什么目标？

其实，最理想的成功应该是外在的成熟与内心的快乐兼得，在劳累一天以后，晚上睡一个安稳的觉，是一件快乐的事。有些人忙忙碌碌、千方百计地赚钱或无所事事、碌碌无为地过日子，都是活得很累，也很空虚；有些人似乎享尽了人生的荣华富贵，游遍了大江南北的风景名胜，但内心却并不充实。

如果按超常的认知思维来确定，我认为成功的真谛在于：

1. 做自己想干的事；

2. 事业有压力但心情舒畅；

3. 在磨练中收获。

综上所述，超常的认知思维主要掌握三点：一是长处；二是短处；三是实处。

亲爱的读者朋友：超常的认知思维就是认知人，认知比自己能力强的人，认知信得过的人，他们不仅仅会对你的生活产生积极的影响，通过指导你什么该做，什么不该做，他们可以定期地活跃在你的成功道路上。

所以，找到自己认知的导师可以让你更快地积聚财富，更使你在人生的旅途中快乐前行。

请问，你能够正确认识到自己的处境吗？知道自己的长处和短处吗？

超常的认知思维名言

◆ 人们总是首先认识许多不同的事物的特殊的本质，然后才有可能进一步地进行概括工作，认识诸种事物的共同本质。——（中国现代）革命家、战略家、理论家、政治家、哲学家、军事家、诗人毛泽东。

◆ 人的认知能力与人的认识过程是密切相关的，可以说是人的认识过程的一种产物。——（中国现代）教授张玉能

◆ 一个人怎样才能认识自己呢？绝不是通过思考，而是通过实践。——（德国）思想家、作家、科学家歌德

超常的认知思维

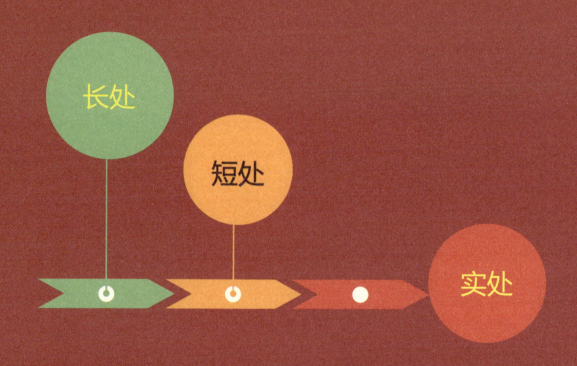

认知思维金三点

第十五课 超常的质疑思维

大哲学家狄德罗曾经说过：怀疑是走向哲学的第一步。

要创新，就必须对前人的想法加以怀疑，在前人的定论中，提出自己的疑问，才能够发现前人的不足之处，才能够产生自己的新观点。同时，质疑、怀疑不仅是走向哲学的第一步，也是走向所有行业、所有学科的第一步，因此，要有超常的质疑思维。

唐朝的魏征，中国历史上杰出谏臣的典范，也是中国历史上敢于质疑皇帝、向皇帝提出问题较多的大臣。

魏征历经丧乱，仕途坎坷，阅历丰富，因而也造就了他的经国治世之才，他对社会问题有着敏锐的洞察力，而且为人耿直不阿，遇事无所畏惧，深受"精勤于治"的唐太宗器重。太宗屡次引魏征进入卧室"访以得失"，魏征也"喜逢知己之主，思竭其用，知无不言"，对于朝政得失，频频上谏。唐太宗曾褒奖他说："卿所陈谏，前后二百余事，非卿至诚奉国，何能若是"。

不久，迁任尚书左丞。贞观三年（629年）即从秘书监参知国政，晋封郑国公。

魏征的直言极谏是著名的，当时以"识鉴精通"而闻名的宰相王珪曾高度评价他说："每以谏诤为心，耻君不及尧舜，臣不如魏征"，据《贞观政要》记载统计，魏征向太宗陈谏有50次，一生的谏诤多达"数十余万言"，其次数之多，言辞之激切，态度之坚定，都是其他大臣所难以企及的。

说明白点，谏诤其实就是向当时皇帝提出质疑，按照现在的说法，就是提出不同的建议，不同的看法。

屈原是中国东周战国时期伟大的爱国诗人，一生中写过很多著名的爱国诗篇，后来由于楚怀王不接受他的爱国主张，致使国土沦丧，他满怀忧愤之情，跳江自尽。

同时，屈原也是超常质疑思维的开山鼻祖。其中屈原的《天问》，就是典型的超常质疑思维的代表作之一。

"曰：遂古之初，谁传道之？

上下未形，何由考之？

……

何繁鸟萃棘，负子肆情？

......

何试上自予，忠名弥彰？"

看起来，屈原的《天问》似乎写的很长，但如果你逐句去理解，就不是很长，而是很有道理，不得不佩服早在两千多年前的屈原就有如此深邃的超常的质疑思维。

我虽然一直生活在湘西南偏僻的林区小县里，溪河里有野生的娃娃鱼，但我在50岁前始终未见过娃娃鱼。可就在50岁之后，我却写出了中国第一本《揭开娃娃鱼的神秘面纱》一书。

请读者看看《揭开娃娃鱼的神秘面纱》一书的小标题：

1. 绥宁县适宜养殖繁殖大鲵吗？
2. 绥宁县的大鲵是什么状况？
3. 绥宁县养殖繁殖大鲵有哪些有利条件？
4. 大鲵到底有什么作用？
5. 大鲵在生态环境方面有哪些作用？
6. 大鲵在饮食加工方面有哪些用途？
7. 大鲵在文化教育上有哪些用途？
8. 大鲵在生物史上有什么作用？
9. 大鲵在医药保健方面有哪些用途？
10. 怎样识别蝾螈、小鲵和大鲵？
11. 养殖大鲵最担忧的是什么？
12. 大鲵在市场销售的前景如何？
13. 什么样的大鲵才能销售？
14. 养多少大鲵才能赚钱？
15. 大鲵养殖为什么难以普及？
16. 大鲵要怎样才能在市场上流通？
17. 怎样对待养殖大鲵的同仁们？
18. 我为什么对养殖大鲵有信心？

......

109. 为什么要走大鲵仿生态繁殖的道路？
110. 大鲵仿生态繁殖发展前景乐观吗？

有了以上110个带有质疑性质的提问，迫使我认识娃娃鱼，了解娃娃鱼，这也是超常的质疑思维的一种方式吧！

超常的质疑思维，是在强烈的好奇心驱使下，敢于独立思考，设疑问难，敢于大胆说出来写出来，敢于追根究底，探索未知。

有了质疑，才会有创新思维。而且质疑是创新的首要条件，是获得创见的第一步。疑方能创新，创新必先有疑。小疑则小进，大疑则大进。爱因斯坦说过："提出一个问题往往比解决一个问题更重要。"

一切科学发现都是从疑问开始的。如果没有质疑，就没有中国古代对世界具有很大影响的四种发明；如果没有质疑，哥伦布发现不了新大陆；如果没有质疑，牛顿发现不了万有引力。

所以，超常的质疑思维金三点：一是怀疑；二是辨疑；三是解疑。

亲爱的读者朋友：如今的年代是最难赚钱的年代，但又是商机多多的年代，选择项目时一定要有超常的质疑思维，这样才稳靠。

超常的质疑思维名言

◆思维从疑问和惊奇开始。——（古希腊人）哲学家、科学家、教育家亚里士多德

◆打开一切科学的钥匙毫无疑义的是问号。——（法国）小说家巴尔扎克

◆为学患无疑，疑则有进，小疑则小进，大疑则大进。——（中国南宋时期）哲学家陆九渊

超常的质疑思维

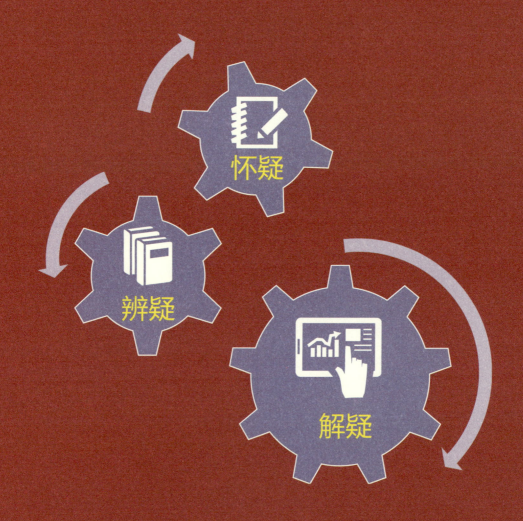

怀疑

辨疑

解疑

质疑思维金三点

第十六课　超常的励志思维

人生不如意者十之八九，十件事里面有八九件事是不如意的，十次有八九次是受打击的，如果不能提前做好心理上的准备，一次两次打击还可以承受，但当八九次打击接踵而至时，再伟大的志向也有可能破灭。

因此，要对人生未来的困难有提前的认识，坚定自己的志向，对自己进行鼓励，这就是超常的励志思维。

一百多年前，一位穷苦的牧羊人带着两个幼小的儿子替别人放羊为生。

有一天，他们赶着羊来到一个山坡上，一群大雁鸣叫着从他们头顶飞过，并很快消失在远方。

牧羊人的小儿子问父亲："大雁要往哪里飞？"牧羊人说："它们要去一个温暖的地方，在那里安家，度过寒冷的冬天。"

大儿子眨着眼睛羡慕地说："要是我也能像大雁那样飞起来就好了。"

小儿子也说："要是能做一只会飞的大雁该多好啊！"

牧羊人沉默了一会儿，然后对两个儿子说："只要你们想，你们也能飞起来。"两个儿子试了试，都没能飞起来，他们用怀疑的眼神看着父亲，牧羊人说："让我飞给你们看。"于是他张开双臂，但也没能飞起来。可是，牧羊人肯定地说："我因为年纪大了才飞不起来，你们还小，只要不断努力，将来就一定能飞起来，去想去的地方。"

两个儿子牢牢记住了父亲的话，并一直努力着，等他们长大，哥哥 36 岁，弟弟 32 岁，他们果然飞起来了，因为他们发明了飞机，这两个人就是美国的莱特兄弟，不管他们中途碰到任何艰难险阻，一句话：他们是超常的励志思维的践行者！

再说一个大的例子，伟大的中国共产党，能从几个人发展到全球第一大党，能在装备、经济等条件处于绝对劣势的情况下打败国民党，在抗美援朝中打败国际联军，其超常的励志思维发挥了重要的作用。

当红军的根据地在国民党的围剿下屡受打击，风雨飘摇，党内出现"红旗还能打多久"的负能量时，毛泽东提出了"星星之火，可以燎原"的励志观点，极大地鼓舞了作为星星之火的红军。

当共产党面对国内和国际敌对势力的多重打压，解放全中国看似已经成为不可能完成的任务时，毛泽东又提出了"一切反动派都是纸老虎"的著名论断。之后，中国共产党在这个论断的鼓舞下，击败国民党，取得了大陆的解放，而后又先后在朝鲜战场、对越自卫反击战中连续两次以弱胜强，击败了美国和联合国军。

可以说，中国共产党的成功史，就是一部运用超常的励志思维的模范史。

从以上两个例子里，有一种东西，这个社会上有90%的人都没有，有的人一辈子都没有，有了这种东西的人，都有大成就，都是大能量的人，这种东西一旦拥有，说什么你都不会退缩，只会勇往直前！有了他，眼前的困难简直就是微乎其微，这个到底是什么呢？有的人说那是梦想，有的人说，不就是人生目标吗？不是！不是！是比这个更高的东西，你可以叫他信仰，也可以叫他为志向，准确地说，是超常的志向思维。也就是"三军可以夺帅，匹夫不可夺志！"一辈子不管发生任何事情，你都会坚持，为之奋斗的志向。

哈佛大学有一个十分著名的关于志向目标对人生影响的跟踪调查。

对象是一群智力、学历、环境等条件都差不多的年轻人，调查结果发现：

27%的人，没有志向目标；60%的人，志向目标模糊；10%的人，有清晰但比较短期的志向目标；3%的人，有清晰且长期的志向目标。

25年的跟踪研究结果，他们的生活状况及分布现象十分有意思。

那些占3%者，25年来几乎都不曾更改过自我的人生志向目标，25年来他们都朝着同一个方向不懈地发奋，25年后，他们几乎都成了社会各界的顶尖成功人士，他们中不乏白手创业者、行业精英、社会精英。

那些占10%者，有清晰短期志向目标的，大都生活在社会的中上层，他们的共同特点是，那些短期的志向目标不断被达成，生活状态稳步上升，成为各行各业的不可或缺的专业人士。如医生、律师、工程师、高级主管等。

其中占60%的模糊志向目标者，几乎都生活在社会的中下层面，他们都安稳地生活与工作，但都没有什么个性的成绩。

剩下27%的是那些25年来都没有目标的人群，他们几乎都生活在社会的最底层，他们生活都过得很不如意，常常失业，靠社会救济，并且常常都在抱怨他人，抱怨社会，抱怨世界。

调查者因此得出结论：志向目标对人生有巨大的导向性作用。

成功，在一开始仅仅是自我的一个选取。

你选取什么样的志向目标，就会有什么样的成就，有什么样的人生。

也由于在实现志向的路上，困难总是占多数。所以，前人们总结出了许许多多超常励志的名言。现简单地摘取数句，与读者共勉：

1.过去不等于未来，每天都可以创造奇迹！

2. 一切都是最好的安排。

3. 假如我没有得到我要的，我即将得到更好的。

4. 无论你多么不幸，在这个世界上还有大把比你更不幸的人，他们的不幸远远超出你最悲惨的想象；无论你多么成功，在这个世界上还有大把比你更成功的人，他们的成功远远超出你最狂野的想象。

5. 若没有经过你自己允许，在这个世界上没有任何人能让你自觉低下。

6. 生命是一个过程，可悲的是它不可以重来，可喜的是它也不需要重来！

7. 一切的不满只能怪自己不够强大。

8. 我是一切问题的根源，一切都是我的错。

9. 没有我不爱的人，没有我不能容忍的人，没有我不能原谅的人。

10. 只要是我认准的事，我一条路走到黑。

11. 我对我的生命完全负责。

12. 人生最难是死亡，既然每个人最终都会面对这最难的事，那就没有什么困难是我不可面对的。

综上所述，超常的励志思维归纳三点：一是承重；二是承受；三是承难。

亲爱的读者朋友：阳光总在风雨后，不经历风雨怎能见彩虹？为了能见到雨后的阳光和美丽的彩虹，您超常励志了吗？

超常的励志思维名言

◆不管发生什么事，都请安静且愉快地接受人生，勇敢地、大胆地，而且永远地微笑着。——（欧洲）卢森堡

◆人的一生，总是难免有浮沉。不会永远如旭日东升，也不会永远痛苦潦倒。反复地一浮一沉，对于一个人来说，正是磨练。因此，浮在上面的，不必骄傲；沉在底下的，更用不着悲观。必须以率直、谦虚的态度，乐观进取、向前迈步。——（日本）企业家松下幸之助

◆成功并不能用一个人达到什么地位来衡量，而是依据他在迈向成功的过程中，到底克服了多少困难和障碍。——（美国）政治家、教育家、作家布克·华盛顿

超常的励志思维

承难

承受

承重

励志思维金三点

第十七课　超常的心态思维

第一个例子，披露我在 1984 年 4 月 10 日写的日记如下：

"说到后羿射日，一些小孩都知道，古时候，天上有 10 个太阳，人民不能正常生产生活，是后羿射下来 9 个太阳，人民才得到安宁。如果把后羿和人的心态相连，可能就很少有人知道了。

说的是古代后羿，曾经是夏代一个穷国的君王，夏王准备了一块一尺见方，靶心寸径的兽皮箭靶，对后羿说：'你射中目标赏赐万金；射不中，削减你千邑封地。'后羿闻言神色不定，胸中气息难平，张弓发箭，不中；再射，仍不中。夏王说：'后羿向来箭无虚发，而今赏罚与他，为何箭箭落空。'旁边人说：'后羿失常是喜惧之情促成，削减封地固为忧患，万金重赏亦成负担。如能忘却喜惧，去其功利，天下之人皆可不逊色于后羿。'

作为射日的大英雄，在功名利禄面前，一样有心慌意乱之心，从古至今，可见人的心态是多么的重要。

如今，我要求从公安调出去，同样碰到政治待遇，经济待遇，服装劳保待遇的诱惑，看起来我必须以后羿丧射为戒，调整自己的心态，坦然地走自己的人生之路。"

超常的心态思维是人的一切心理活动和状态的总和，是人对周围、社会生活的反映和体验，它对一个人的思想、情感、需要、欲望有着决定性的影响。

它决定着一个人对待工作、对待生活乃至对待人生的态度，香港首富李嘉诚说过："播下一种心态，收获一种思想；播下一种思想，收获一种行为；播下一种行为，收获一种习惯；播下一种习惯，收获一种性格；播下一种性格，收获一种命运。"可见超常的心态决定了命运。

第二个例子，人的心态很重要，如果具有良好的心态，人体就会有很强的抗病能力，只要精神一崩溃，这个人也就完了。我已经见到很多人，开始不知自己患有癌症或其他绝症时，谈笑风生，镇定自如，一旦得知病情的真实消息，整个人就变了，本来还可以活三年五载的，在半年内就过早去世了。人们常说：人不怕死，怕的是从病到死的过程。尤其是上世纪八十年代中期，县、市、省三级医疗设备还没有如今先进，我见到一个新中国成立前参加工作的南下老干部，身体不好，在县里检查是癌症，到市里检查也是癌症，上省城检查还是癌症，当时人已经站不稳了，都是担架抬着走。他有一位老战友在京城担任领导，获知消息后说："咱们都是出生入死过来的，不要怕，你到北京来检查一次吧，如确是癌症也就无法了。"到北京经医院专家诊断，不是癌症。回到县城，打开车门，该老干部不要我们抬，也不要我们扶，"咚、咚"地走回家，直到八十高龄，精神抖擞，身体健旺。

我写的《快乐工作访谈录》第3点，题目是："快乐就是你自己！"我摘录一节对话如下：

"隆振彪：九溪翁先生，我想问的第三点是：快乐工作到底体现在哪里？

九溪翁：什么叫快乐？快乐就是你自己。

什么是快乐的工作？其落脚点也是你自己的心态。

快乐工作不是短暂的沉醉，不是成功那一刻的喜悦心情。

千万不要说，在奋斗的岁月里我是痛苦的，只有到成功的那一天我才快乐，如果这样去想那就大错特错了。

要让工作的每一天都感到快乐，只有发自内心深处的喜悦才是快乐工作的源泉，只有将我们平凡工作的每一天都化为多彩多姿的快乐人生片段，才能使我们的工作有目标，有意义，有进步！我想快乐工作体现在哪里应该阐述清楚了吧！

隆振彪：嗯，九溪翁说理论理令人信服，将工作快乐体现在平日行动里说得一清二楚。不过，我想听您谈谈开发神龙洞是以什么样的心情进行的？

九溪翁：这样说吧，我从负债开始，在一无场地、二无资金、三无技术的前提下，就凭有一个好的心态，有天天快乐的心情，一头扎进深山僻野里的黄桑神龙洞，打拼原生态特色养殖产业，熬过一天又一天，一熬就是5年。虽然我没有干出惊天动地的伟大事业，但我快乐工作5年的时间有了结果，终于把黄桑神龙洞打造成中国原始生态第一洞，原生娃娃鱼驯养繁殖基地。我以非常快乐的心情自豪地说：在我50岁以后的创造人生岁月里再一次经历无悔！

隆振彪：看来您在黄桑神龙洞打拼一番事业，确实不容易。

九溪翁：容易也好，不容易也罢，只要心里快乐，不是很好吗？呵呵！"

以上是我在负债，吃野菜，住在山洞深处第六层和绥宁县原文联主席隆振彪先生的一段对话，什么叫超常的心态思维？这算不算心态好呢？

所以，《赢在超常思维》这本书，归根到底是一本讲超常心态思维的书。

超常思维本身就是心态，有什么样的超常思维，就会有什么样的心态，每一种超常思维的背后，必然对应着某一种心态，对应着某一种当下的或未来的命运。

那么，心态具有多大力量呢？有一个教授找了九个人作实验。教授说，你们九个人听我的指挥，走过这个曲曲弯弯的小桥，千万别掉下去，不过掉下去也没有关系，底下就是一点水。九个人听明白了，哗啦哗啦都走过去了。走过去后，教授打开了一盏黄灯，透过黄灯九个人看到，桥底下不仅仅是一点水，而且还有几条在蠕动的鳄鱼。九个人吓了一跳，庆幸刚才没掉下去。教授问，现在你们谁敢走回来？没人敢走了。教授说，你们要用心理暗示，想象自己走在坚固的铁桥上，诱导了半天，终于有三人站起来，愿意尝试一下。第一个颤颤巍巍，走的时间多花了一倍；第二个人哆哆嗦嗦，走了一半再也坚持不住了，吓得趴在桥上；第三个人才走了三步就吓趴下了。教授这才打开了所有的灯，大家这才发现，在桥和鳄鱼之间还有一层结实而又粗壮的网，网是黄色的，刚才在黄灯下看不清楚。大家现在不怕了，几个人哗啦哗啦又走过去了，只有一个人不敢走，是担心网不结实。

综上所述，超常的心态思维体现在三点：一是思想；二是行为；三是命运。

亲爱的读者朋友：先处理心情，再处理事情；有了好心态，才会有好事态。一辈子不要急行军，再忙你也要站在超常的心态思维方式上，静静地坐下来想想，你走在人生道路上是什么心态呢？

超常的心态思维名言

◆行走的路上，似乎会有几分落寞、无奈。但只要你行走在自己心的路途中，一切便无悔。所以，生活到底是沉重的？还是轻松的？这全赖于我们怎么去看待它。生活中会遇到各种烦恼，如果你摆脱不了它，那它就会如影随形地伴随在你左右，生活就成了一副重重的担子。

"一觉醒来又是新的一天，太阳不是每日都照常升起吗？"放下烦恼和忧愁，生活原来可以如此简单。——（英国）哲学家、社会学家斯宾塞

◆你改变不了事实，但你可以改变态度；你改变不了过去，但你可以改变现在；你不能控制他人，但你可以掌握自己；你不能预知明天，但你可以把握今天；你不可以样样都顺利，但你可以事事顺心；你不能延长生命的长度，但你可以决定生命的宽度；你不能左右天气，但你可以改变心情；你不能选择容貌，但你可以展现笑容。——网上摘语

◆积极的人像太阳，走到哪里哪里亮，消极的人像月亮，初一十五不一样。快乐的钥匙一定要放在自己手里，一个心灵成熟的人不仅能够自得其乐，而且，还能够将自己的快乐与幸福感染周围更多的生命。——网上摘语

61

超常的心态思维

思想

命运

行为

心态思维金三点

第十八课　超常的学习思维

超常的学习思维，是指追求进步、不断学习、增加自己的知识，避免落后于时代，争取超常于时代的思维。

优胜劣汰是自然的法则，"落后就要挨打"是国家发展的真理，被时代所淘汰是一种人生悲剧，而避免被淘汰的方法就需要学习、不断学习、终身学习！

中国人里有相当部分人有个坏习惯，就是盲目自大，不爱学习，总觉得自己的东西是最好的，别人的东西都是差劲的。于是，当其他国家在新时代里突飞猛进的时候，中国落后了，招致了百年屈辱。

鸦片战争时，正是第一次工业革命的时候，那时候还是简单的一些工业技术，最大的命脉工程是建钢铁厂、修铁路和架设电话线，中国若是肯学习，三五年就能赶上西方国家。但是，满清政府和人民拒绝了，原因是铁路割开大地，会破坏风水，工厂的大烟囱高耸入云，也会破坏风水，至于电话，由于不晓得电话的传送原理，老百姓以为里面有个鬼魂在来回送信，倍感害怕，不光不让架设电话线，还对已有的电话线进行破坏。基本上，在清朝灭亡以前，在大半个世纪的时间里，中国的大地上修建的铁路、工厂、电话等设施，主要以列强强行修建为主。而等中国人的思想观念转变过来的时候，与西方国家甚至昔日的小邻居日本之间的差距已是望尘莫及，最终招致日军侵华的奇耻大辱。

同样的遗憾，也发生在每个人身上。唐代的颜真卿写有一首古诗，名叫《劝学》，诗曰："三更灯火五更鸡，正是男儿立志时。黑发不知勤学早，白首方悔读书迟。"意思是晚上在灯火下学习到三更，五更鸡叫的时候，又早起学习，这一早一晚，正好是男儿读书的好时机。年少时不知道珍惜时间学习，到了老了才后悔来求学读书就太迟了。

在当今的社会上，经常能听到"如果当初好好学习就好了"，"真的希望能够重返校园进行学习"之类的感叹。这些，不是超常的学习思维，而是落后的学习思维，他们在该学习的时候，由于缺乏超常的学习思维没有好好学习，沉迷在各种花花绿绿的诱惑里，荒废了学业，荒废了青春，到了需要用知识的时候，发现知识不够用，就开始后悔当初没有好好学习，而此时此刻，已经错过了最佳的学习时机。

其实，读书时期偷过的懒，它很快会来找你"寻仇"。当初读书的苦，比起在社会上的各种苦，简直小巫见大巫。你走上社会后，为生存，为生活，忙忙碌碌，学习的时间和机会变得越来越少，不再像读书时期，拥有绝对充分的时间。

因此，不论你所处的环境多么恶劣，不论你眼前的工作多么艰辛，只要你虚心学习、发奋学习、坚持学习，你就会有事业上的成功！

我18岁上山下乡到偏僻的山村时，立志到50岁时实现三件事：一是力争经历工、农、商、学、兵、政、党的工作岗位；二是力争到乡、县、省里工作；三是至少到10个省以上的城市游览。带着积极向上的心情，快乐地干好每一项工作，我提前10年就实现了18岁时立下的志向。

我是上个世纪60年代"文化大革命"10年的乡村学生，名义上是高中生的牌子，实际为小学生的底子。由于我虚心学习，发奋学习，坚持学习，几十年如一日，靠平时的积累，只用了一年的时间便写出一百万字的人生自传《经历无悔》。

我快到50岁时下岗，无职无岗无薪无劳保，刚踏入市场经济海洋里就被淹得要死不活，负一身重债，走到人生的最低谷。但我没有退缩，立下10年时间完成三件事的目标。由于我抱有必定成功的坚定信念，快乐地挖土、担砖、挑石头、打风钻、摸砖刀……也才5年时间打造了规模达一千万元资产的生态经济产业；创造发明了三个国家级专利；《创造人生》的第一本《创业践行录》、第二本《神龙洞景观录》、第三本《揭开娃娃鱼的神秘面纱》、第四本《快乐工作访谈录》、第五本《人生定理》、第六本《再崛起》等系列书籍都陆续写出。

由此，我和各位读者说几句知心话：我们不要埋怨自己生不逢时，没有机遇，不要哀叹没有关系，不要自卑学历不够，不要推卸经验不足，不要责怪自己的职业不好，只要你虚心学习，发奋学习，坚持学习，以快乐的心情，抱有自信成功的心态，努力去做，你就会干出你想干的事业。

同时，我们应牢记一句话：大成功者是终身学习者，大成功者是大磨难者。这里都体现了学习的重要性！

社会上90%的人都是被动学习者，被逼无奈才会进入自觉学习期。我们也听说过这样的一句话，学校里学到的知识仅仅是整个人生的5%还不到，而更多来自于社会上的学习。遗憾的是会学习的人不多，积极主动学习，紧跟时代发展步伐而有超常学习思维的人更是少之又少，这样你就明白为什么成功者是少数人的道理了吧！

所以，超常的学习思维金三点是：一、知识；二、思虑；三、运用。

亲爱的读者朋友：

你把《道德经》背下来，老子跟你一辈子；

你把《论语》背下来，孔子、曾子跟你一辈子；

你把《孙子兵法》背下来，武圣人跟你一辈子；

你把《心经》《金刚经》背下来，佛菩萨跟你一辈子。

请问：你今天学习了吗？请做一个有超常的学习思维的人，更要做一个终身学习的人喔！

超常的学习思维名言

◆ 不能则学，不知耻问，耻于问人，决无长进。——（中国战国时期）思想家、教育家荀况

◆ 学习要有三心：一信心，二决心，三恒心。——（中国现代）数学家陈景润

◆ 日日行，不怕千万里；时时学，不怕千万卷。——（中国现代）教育家文仲龙

超常的学习思维

学习思维金三点

第十九课　超常的修行思维

　　超常的修行思维是指，把生命中遇到的一切当成一种修行，积极坦然地面对人生的正能量思维。古人对此早就有研究，并早在两千多年前便总结出："天将降大任于斯人也，必先苦其心志，劳其筋骨，饿其体肤，空乏其身，行拂乱其所为，所以动心忍性，曾益其所不能"的千古名句。但这句话仅仅还只是从天命论或宿命论的角度出发，如果深入进去，问一个问题：到底是天将降大任于人在先，迫人修行在后？还是人们刻苦修行在先，有了超乎寻常的毅力和能力，成为了有准备的人，然后遇上机遇担任了大任，再把老天爷的指示加上去在后？

　　很明显，从励志思维的角度来说，前者比较好，但是从务实思维出发，后者才是王道。因为谁也不知道命运是否早已有了安排，而人类所有的奋斗的目的，都是为了把命运掌握在自己的手中，我命由我不由天。而不管是干事业还是过日子，活着本身就是一种不断遭遇困难和挑战的过程。越要活得精彩，越想干出大的事业，遇到的困难和挑战就越多、越大，而要战胜这些困难和挑战，就必须怀着修行的心态，在生活和工作中增加自己的能力，换言之，就必须要有超常的修行思维。

　　人生，归根到底就是一场超常的修行，失败的经历是修行，成功的经历同样也是修行；失败之时修行如何成功，从失败中吸取经验教训；成功之时修行如何保持成功，修行如何保持一颗戒骄戒躁的平常心，修行如何保持创业的心态，修行如何走在时代的前列，避免被淘汰。

　　一个青年去请教禅师如何做人，禅师说道："你看看我，再看看自己，就知道怎样做人了。"青年问道："我怎样看您呢？"禅师说道："你看我有几个脑袋、几只眼睛、几只耳朵、几个鼻子、几张嘴巴、几只手、几条腿？"青年说道："大师，每个正常人都有一个脑袋、两只眼睛、一个鼻子、一张嘴巴、两只手、两条腿，您也是一样的呀！"

　　禅师问道："脑袋、眼睛、耳朵、鼻子、嘴巴、手、腿，它们主要用来干什么呢？"青年说道："脑袋主要是用来思考，眼睛主要是用来看，耳朵主要是用来听，鼻子主要是用来呼吸，嘴巴主要是用来吃饭与说话，手主要是用来拿东西，腿主要是用来走路。"

禅师说道："脑袋长在人的头上，人是用脑来思考天地万事万物的，人首要的是用脑来生活，脑袋主宰人的一生，人只有一个脑袋，凡事必须三思而后行，谨言慎行，才能把握人生；人有两只眼睛，它们都是平行的，它告诉我们应该平等看人，平心看物，人必须睁开眼睛，眼看着四面八方，才能看清天地世界。人有两只耳朵，一只长在左边，一只长在右边，它提醒我们要倾听正反两方面的声音，不能偏听偏信一面之词，方能正确理会人间世界；人有一个鼻子、两个鼻孔，人依靠来呼吸天地间新鲜空气，释放自己心灵的废气；人有一张嘴巴，它不仅用来吃饭，而且用来说话，人必须吃尽人间酸甜苦辣，才能享受真正的人生，同时病从口入，祸从嘴出，它警示人说话要慎重，做人要稳重，方能四平八稳；人有两只手，一只手用来劳动创造，一只手用来抓住拥有，人要把握机遇，抓住时光，创造财富，才能拥有美好的人生；人有两条腿，不仅要走常人走过的路，更重要的是要开创自己的人生之路，人生的前景才会宽广辽阔呀！"

青年心情舒畅道："大师，听了您这番教诲，我真是茅塞顿开啊！"

禅师却平静地问道："你刚才能够看见我的外表，现在能否看到我的内脏？"青年如实回答："不能。"

禅师神情庄重道："我有一个心脏，它有两个心房，它时刻提醒我——凡事不仅要为自己着想，而且也要为他人着想，才能心想事成；我有两叶肺，它告诉我在世上要广泛地与人交心通气，才能心平气和、遂心如意；我有一个胃，它既要吸收美好的东西，也要消化不良的东西，才能健康成长；我有不少弯弯曲曲的肠子，它启示我人生的路曲曲折折，凡事不畏曲折，才能走向远方；我内脏还有很多重要组成部分，它们是我生命中不可或缺的东西，它们昭示我——生命中的每一个人都是我的可贵之人。"

青年欣喜若狂道："大师，您这深入浅出的解说，真让我受益匪浅。"

禅师依然沉稳平和地问道："你能够看到我的模样，现在能否看清自己的模样？"青年诚实回答道："不能。"

禅师说道："是呀！人可以看得到别人的表面，却很难看清别人的内心；你能够看到别人的模样，却很难看清自己的模样，做人不容易呀！"

青年问道："大师，您刚才给我讲了很多做人的道理，您能否告诉我做人最重要的是哪一点呢？"

禅师说道："我开始不是就告诉你了吗？"

青年问道："您告诉我什么呢？"禅师说道："你看看我，再看看自己，就知道怎样做人了。"

青年恍然大悟道："是呀！看清别人，认清自己，认真做人，方能智慧一生。"

我国从古至今，历来重视自我修养的传统。如孔子的"见贤思齐焉，见不贤而内自省也。"荀子的"君子博学而日参省乎己。"曾子的"吾日三省吾身。"都是强调自我修养。朱熹对于道德修养中的各种问题作了探讨，提出修养的目的是"明人伦"、"变化气质"，修养的根本原则是"存天理、灭人欲"，修养的方法有立志、读书、居敬、穷理、力行、涵养、省察等。他还主张修养要从小抓起，循序渐进。从近代而言，伟人名人同样十分重视思想、品德方面的自我修养。如伟人刘少奇的《论共产党员的修养》一书，教育着共产党人和有志青年；伟人周恩来也曾经为自己规定了《我的修养要则》，后来又提出了"活到老、学到老、改造到老"的座右铭。

我在经历学、农、工、警、党、政、企、商的人生旅途中，也曾经以不同的内容来规范自己的行为。我在道德修养，品德修养的形成和发展过程中，能够认真进行自我修养，培养自己人生路上的坚定信念，达到"慎独"的境界，我的体会是：一是刻苦学习，提高认识的结果；二是践行人生，发奋工作的结果；三是主观努力，矢志不移的结果。

当然，我个人还只是肤浅的修养行为，古今圣贤先哲们的胸怀都极为宽广，他们所达到的至圣大德的修行境界，大约有四种：

1.二程（程颢和程颐）所说：诚恳谦恭，注重自身修为而萌生出聪明睿智。

2.子思的遗训：诚恳到了极点以致感动神灵，进而达到可预知未来的效果。

3.孔子、孟子、颜回、曾子等所说的：安于贫穷的境遇，乐于奉行自己信仰的道德标准，则身体健康，面色红润。

4.陶渊明、白居易、苏轼、陆游的人生乐趣：欣赏大自然的美景，吟咏诗赋，因而意态闲适，神色恬然。

因此，超常的修行思维必须要从以下三点去修：一是修力；二是修心；三是修果。

亲爱的读者朋友：我的忠言，没有超常的修行思维，即使你成功也是短暂的成功！假如你的心是浮躁的，你的成功也长久不了，请你一定要学会修行立世啊！

超常的修行思维名言

◆一个人心胸有多大，事业就有多大；一个人心能容多少，成就就有多少。——（中国现代）践行者·九溪翁

◆人有一分学养，便有一分气质；人多一分器量，便多一分人缘。——网上摘语

◆安莫安于知足，危莫危于多言；利莫利于喜舍，乐莫乐于禅悦。——网上摘语

超常的修行思维

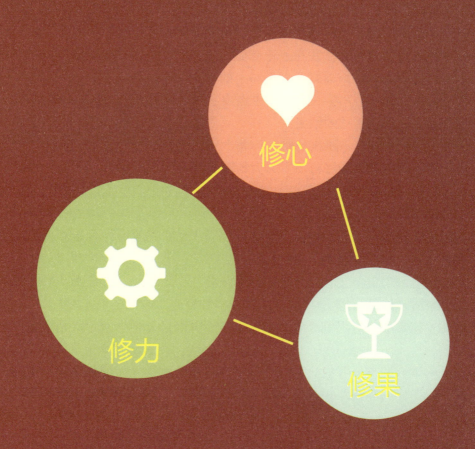

修心

修力

修果

修行思维金三点

第二十课　超常的爱好思维

　　超常的爱好思维是指兴趣爱好是一个人潜能的引爆剂，只有为了自己的兴趣爱好而奋斗，一个人才能废寝忘食，发挥最大的能力。反过来，为了在工作和奋斗中发挥最佳的水平，一个人必须要有超常的爱好思维。

　　古人董仲舒热爱读书，孜孜不倦，他的书房后虽然有一个花园，但他专心致志地钻研学问，学习三年而不知，使他成为西汉的思想家。

　　清代蒲松龄在路边搭建茅草凉亭，记录过路行人所讲的故事，经过几十年如一日地辛勤搜集，加上自己废寝忘食的创作，终于完成了中国古代文学史上划时代的辉煌巨著《聊斋志异》。

　　再说一个现代人的故事，有一个年轻人，从小对电子产品充满了兴趣，当电脑这个事物出现的时候，他想要有台电脑，但是他没有钱去购买。于是，他和一个小伙伴一起买来零件，在车库里自己组装了一台电脑，只使用了很少的钱。他身边的朋友看到了，就希望他能帮自己组装电脑。这个年轻人发觉这是一个商机，于是找到了销售电脑的商店老板，说服老板一次性购买自己组装的五十台电脑，价格比厂家的低很多。老板觉得不可能，但又觉得可以一试，于是答应只要年轻人在规定的时间内交货，他就给钱。年轻人于是又找到零件的供应商谈判，希望能够赊取零件，并承诺在预定的时间内支付款项，供应商居然答应了。于是，这个年轻人用赊来的零件在规定的时间内组装了五十台电脑交给了商店，商店老板支付给了他全额的货款，然后他在约定的时间内将零件的钱结清了，赚了一笔钱。从此，他一发不可收拾，注册成立了自己的公司，先后主导研制出世界上最受欢迎的电脑和手机。这个人，就是苹果公司的创始人，深受全世界人民的爱戴，立志于改变世界的乔布斯。

　　当然，在现实生活中，能够根据自己的兴趣进行创业的属于少数，更多的人是为了达成一个某个理想或现实的目标而去创业。比如为了让家里人过上好日子，为了能够买到自己心爱的跑车，为了体验更多样的生活，为了成就更多人等等。

　　但无论如何，一个人要想快乐地成才，成为快乐的人才，都必须在事业的选择上遵从自己的内心，即遵从自己的兴趣爱好。西方国家的教育之所以比较成功，培养出大量富有社会责任感、富有人性、充满创造力和创新能力的人才，原因就在于推行兴趣教育。在少年时就引导学生发现自己的兴趣，让学生在兴趣的引导下废寝忘食地主动学习、主动探索、主动研究、主动思考，开发自己的潜能，最后，通过兴趣积累起来的知识或技能服务社会，成就自己的事业。

试想，一个对某一行业毫无了解、毫无钻研的人怎么可能在这一行业里开创自己的事业？有人可能说马云不懂计算机，但他却开创了中国乃至世界最大的电子商务平台，成为了中国富豪。是的，马云的确不懂计算机，但是他懂互联网，他懂小微企业，他懂资本关系，所以，马云才能够组织团队搭建起电子商务平台，才能够赢得小微企业的欢迎，才能够在资本市场融到高质量的资金，才能够最终开创出一番伟大的事业。

所以，超常的爱好思维要从以下三点去考虑：一是兴趣；二是探索；三是潜能。

亲爱的读者朋友：不要小瞧超常的爱好思维，超常的爱好思维可是你产生灵感的源泉。

再苦的事，再累的事，只要你"爱好"，都不苦，不累，不难！

超常的爱好思维名言

◆视其所好，可以知其人焉。——（中国北宋时期）政治家、文学家、史学家欧阳修

◆人人都应有一种深厚的兴趣或嗜好，以丰富心灵，为生活添加滋味，同时也许可以借着它，对自己的国家有所贡献。——（美国）作家、心理学家、人际关系学大师戴尔·卡耐基

◆我认为对于一切情况，只有"热爱"才是最好的老师。——（瑞士，美国）科学家、物理学家爱因斯坦

超常的爱好思维

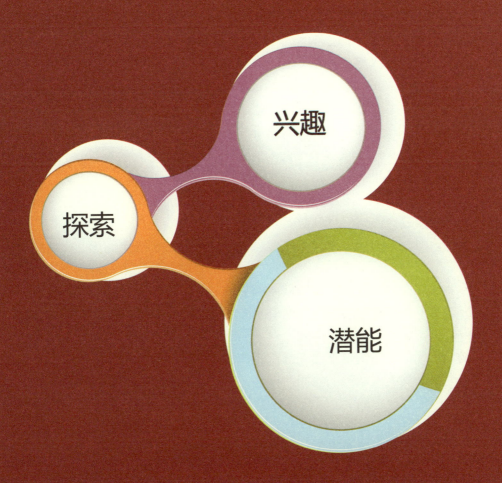

兴趣

探索

潜能

爱好思维金三点

第二十一课　超常的品行思维

　　蔡元培先生在《中国人的修养》一书中说道："决定孩子一生的不是学习成绩，而是健全的人格修养！"

　　超常的品行思维，也叫超常的品德思维，是指在工作和生活中树立诚实守信、勤劳节俭、敢做敢当等良好的道德品质的超常思维。

　　说一个近代的故事，据新华社《北京参考》文：这是发生在几十年前的一个真实的故事，美国华盛顿一个商人的妻子，在一个冬天的晚上，不慎把一个皮包丢在一家医院里。

　　商人焦急万分，连夜去找。因为皮包内不仅有 10 万美金，还有一份十分机密的市场信息。

　　当商人赶到那家医院时，他一眼就看到，清冷的医院走廊里，靠墙蹲着一个冻得瑟瑟发抖的瘦弱女孩，在她怀中紧紧抱着的正是妻子丢的那个皮包。这个叫希亚达的女孩，是来这家医院陪病重的妈妈治病的。相依为命的母女俩家里很穷，卖了所有能卖的东西，凑来的钱还是仅够一个晚上的医疗费。

　　没有钱明天就得被赶出医院。

　　晚上，无能为力的希亚达在医院走廊里徘徊，她天真地想求上帝保佑，能碰上一个好心的人救救她的妈妈。突然，一个从楼上下来的富人经过走廊时，腋下的一个皮包掉在地上，可能是她腋下还有别的东西，皮包掉了竟毫无觉察。当时走廊里只有希亚达一个人。她走过去捡起皮包，急忙追出门外，但那位女士却上了一辆轿车扬长而去。

　　希亚达回到病房，当她打开那个皮包时，娘俩都被里面成沓的钞票惊呆了。那一刻，她们心里明白，用这些钱可能治好妈妈的病。妈妈却让希亚达把皮包送回走廊去，等丢皮包的人回来领取。

　　虽然商人尽了最大的努力，希亚达的妈妈还是抛下了孤苦伶仃的女儿。

　　后来商人就领养了这个可怜的女孩。

　　她们母女不仅帮商人挽回了 10 万美元的损失，更重要的是那份失而复得的市场信息，使商人的生意如日中天，不久就成了大富翁。

　　被商人领养的希亚达，读完大学就协助富翁料理商务。虽然富翁一直没委任她担任实际职务，但在长期的历练中，富翁的智慧和经验潜移默化地影响了她，使她成为一个成熟的商业人才，到富翁晚年时，他的很多想法都要征求希亚达的意见。

富翁临危之际，留下这样的一份遗嘱："在我认识希亚达母女之前我就很有钱了。可是当我站在贫病交加却拾巨款而不昧的母女面前时，我发现她们最富有，因为她们恪守着至高无上的人生准则，这正是我作为商人最缺少的。我的钱几乎都是尔虞我诈、明争暗斗得来的，是她们使我领悟到人生最大的资本是品行。

我收养希亚达既不为知恩图报，也不是出于同情，而是请了一个做人的楷模。有她在我的身边，生意场上我会时刻铭记，哪些该做，哪些不该做，什么钱该赚，什么钱不该赚。这就是我后来的业绩兴旺发达的根本原因，我成了亿万富翁。

我死后，我的亿万资产全部留给希亚达继承。这不是馈赠，而是为了我的事业能更加辉煌昌盛。我深信，我聪明的儿子能够理解爸爸的良苦用心。"

富翁在国外的儿子回来，仔细看完父亲的遗嘱后，立刻毫不犹豫地在财产继承协议书上签了字："我同意希亚达继承父亲的全部资产。只请求希亚达能做我的夫人。"

希亚达看完富翁儿子的签字，略一沉思，也提笔签了字："我愿接受先辈留下的全部财产——包括他的儿子。"

故尔，对一个公司及企业而言，企业家的能力与企业家的精神都重要，但最重要的是品质。一是要走正道，做一件对社会长期有价值的事情；二是出于什么动机创业很重要，大部分创业者仅仅是为了赚钱。随着社会的发展进步，以后更欣赏的创业动机是希望创造一种产品和服务满足人们的某种需要。

判断创业者、企业家时不仅要看能力，看技巧，还要看其是否具备正能量。在现实的生活、工作和干事业的过程中，又何尝不是如此呢？作为普通的职工，对待素不相识的人，要有诚实守信、讲美德的品行，作为老板，就一定要有成人之心，俗话说"欲立者立人，欲达者达人"，要把自己立起来，先要把别人立起来，要想自己发达，就得先要让别人发达。

富裕是物质的拥有，没有精神的高贵品行，永远是富而不贵。

高贵的品质与否不由经济富裕的差距来决定，而在于人是否有超常的品行思维。邵逸夫并非香港最有钱的人，但他是香港富豪中屈指可数的大慈善家，从 1985 年起，他平均每年向内地捐赠 1 亿多元，用于支持各项社会公益事业。数十年来，邵逸夫在大陆捐献教学楼 6000 余座，用百度搜索逸夫楼，你会看见密密麻麻的红点遍布大江南北。从邵逸夫的身上，我们可以看到，高贵的品行不是奢侈品加身的包装，更不是只要有了巨额财富就称得上有高贵的品行，

高贵的品行是源自内心的本善担当。

以上例子,我相信运气和机遇的存在,但我更相信品行好、学习好、工作好、能力好会带来好运气好机遇。

事实证明:我在养路工班,如果没有品行好、学习好、工作好、能力好,就不可能调入县公安局;我在公安局,如果没有品行好、学习好、工作好、能力好,县交通局就不可能接收我;我在企业任厂长,如果没有品行好、学习好、工作好、能力好,就不可能被推荐到乡镇担任领导;我在乡镇任党委书记,如果没有品行好、学习好、工作好、能力好,就不可能调入县计生委担任正职;如果我没有品行好、学习好、工作好、能力好,也就不可能调入省城,不可能在商海宾馆平安着陆,不可能到深山老林挖山洞,不可能"北漂"到京城,不可能写《赢在超常思维》这本书。

因此,好的运气,好的机遇,得益于品行好、学习好、工作好、能力好。

因为,金钱上的富有永远弥补不了精神上的贫穷,物质上的富足不能与精神的高贵品行等同。巨额的财富可以是一个数字,但品行的内涵更深,是金钱永远无法抗衡的丰厚底蕴。高贵的品行是大庇天下寒士俱欢颜的豪气与悲悯之怀,也是位卑未敢忘忧国的豪情与担当之志,还是先天下之忧而忧的责任之心。

归纳起来,超常的品行思维金三点就是三个字:一是言;二是行;三是果。

亲爱的读者朋友:一个有好的品德行为的人,从一时的表现是看不出来的,而要从大家的称赞之中,平时能够保持清静、修身养性、生活节俭、处事低调的个性里去观察。如果再说具体一点:当这个人不论在哪个岗位上都能尽心尽力去做,长期坚持不懈地学习,从好的环境到差的条件而没有怨言,从高职务下降低职务而没有怨气,至少说明这个人有自己的主见,是一个有信仰、有志向、有修养、有德行的人。

在市场经济物欲横流的大潮中,有两种人的品行值得信任:一种是二话不说借给你钱的人,另一种是信守承诺还你钱的人。

所以,我始终认为,商道即人道,人品出产品。

超常的品行思维告诉你欲干事,先做人!

超常的品行思维名言

◆品行是一个人的守护神。——(希腊)哲学家赫拉克利特

◆丧失了财富,可以说没丧失什么;丧失了健康,等于丧失了某种东西;但当丧失了品德时,就一切都丧失了。——网上摘语

◆生命短促,只有美德能将它留传到辽远的后世。——(英国)作家、文学家、戏剧家莎士比亚

超常的品行思维

言

行

果

品行思维金三点

第二十二课　超常的恒志思维

　　有志之人立恒志，无志之人常立志。这是中国的一句俗语。两种人，结局截然不同：有志之人因有恒志，一门心思扎下去，日积月累，量变成质变，终成专家，终成行业领头羊；而无志之人梦里想走千条路，醒来还是走老路，东一榔头西一棒子，今天立志做这个，明天立志做那个，最终一事无成。这就是超常的恒志思维的重要性。

　　市场经济，归根到底是取代经济，用效率高的取代效率低的，用效益高的取代效益低的。因此，市场经济时代唯一能够立于不败之地的做法，就是做到不可取代。对于想干一番事业的人来说，超常的恒志思维不是重要不重要的问题，而是必须要有的问题，因为唯有恒志，唯有集中人力、物力、财力于一个方向，才能把事情做到极致，才能成为市场经济时代不可取代的部分，做到人无我有，人有我精，人精我绝，时时快人一步，别人不可取代，方能立于不败之地。

　　回想《西游记》，唐僧师徒为什么能够取得真经，成就千古佳话？原因就在于唐僧立下了"不取真经誓不还"的恒志，不管路途如何险恶，不管团队出现何种矛盾，唐僧始终将生死置之度外，坚定取经的恒志。他的行为感动了天庭的众神，也感动了菩萨，神仙菩萨都来帮助他，都来护佑他，帮助他取得了真经。假如唐僧像孙悟空、猪八戒那样，动不动就要回花果山，动不动就要回高老庄，神仙还会帮助他吗？菩萨还会帮助他吗？他还能成就脍炙人口的西游神话吗？不会的。

　　同样的，如果愚公没有立下移山的恒志，没有让子孙万代坚持挖掉王屋山的决心，天庭会派神灵来搬走王屋山吗？

　　再同样的，如果你的老板没有成就员工、成就团队、成就自我超常的恒志思维，面对市场困境，面对资金危机，他还会坚持吗？他还能成就一个伟大的企业，成就一个伟大的团队，成就一个伟大的自我吗？如果马云没有超常的恒志思维，阿里巴巴还能走到今天吗？

　　我从18岁到50岁，就为了要完成三件事而经历学、农、工、警、党、政、企、商；我从50岁到60岁，又为了要做成三件事而独自进入深山老林挖山洞5年；也就为了这两个年龄段要做的事，我从18岁开始记日记到至今，留下大小日记600本，我很平凡，我也没有什么了不起，我只是认为：耐得住寂寞，才守得住繁华。

当我们找到自己的人生使命的时候，当我们定位自己的人生的时候，我们就应该有超常的恒志思维，我们就应该用生命来完成它！这个社会懂道理的人太多了，能够说出一大套理论的人太多了，但是有超常的恒志思维的人太少了，而且矢志不渝去行动的人太少了。

所以，各行各业的成功路上并不拥挤，因为坚持的人不多！当你坚持某项事几十年，你才知道，这一路上有多少需要去学习的，随着时间的推移，同行者会越来越少，在此我可以把一个词做一个字的修改，"胜"者为王，改为"剩"者为王这个词来表达。因为在成功的路上，往往都要经历一段无助的岁月，如果始终有超常的恒志思维，过五关斩六将，不断坚持与升级，最终能和你走到成功终点的人是不多的。

任何事业的成功不是想出来的，一定是坚持不懈地去行动经历过来的。所谓千里马，不一定是跑得最快的，但一定是耐力最好的。一句话，有着超常的恒志思维，一心向着目标行动的人，犹如黎明前的黑暗，捱过去，天就亮了，整个世界都会为他让路！

回顾我的行动有感：我的行动多次引起一些人的误解，甚至认为简直不可理喻，如：我从公安调出到交通，从坐行政机关的办公室主动到亏损企业，从县机关到乡镇，从行政到企业，从省城返回到县城，从机关单位到深山老林挖山洞，从深山老林到京城……好像一个人只有循规蹈矩、按部就班才算正常，似乎工作岗位只能好不能差，职务只能升不能降，部门只能上不能下，工资只能高不能低等就都是正常。反之，则不正常。

实际上呢？我之所以心甘情愿不随波逐流，克服重重困难和顶住各种压力，抵制各种诱惑，并不是为了追求名利地位，确确实实是出于我的志向，我的目标，我的追求。一句话：人生无悔，无悔人生！

所以，我归纳了超常的恒志思维的三段论：一是量变；二是质变；三是时间。

亲爱的读者朋友：当你有了超常的恒志思维以后，只要做你想做的事，相信是成长的起点，坚持是成功的终点，再大的事，再难的事也不足虑了。

超常的恒志思维名言

◆ 贵有恒，何必三更起五更眠；最无益，只怕一日曝十日寒。——（中国现代）政治家、思想家、哲学家、军事家、诗人毛泽东

◆ 我们应有恒心，尤其要有自信心！我们必须相信，我们的天赋是要用来做某种事的。——（法国）科学家、物理学家、化学家、哲学家居里夫人

◆ 滴水穿石，不是因其力量，而是因其坚韧不拔、锲而不舍。——（英国）牧师休·拉蒂默

超常的恒志思维

时间

量变

质变

恒志思维金三点

第二十三课　超常的知行思维

超常的知行思维，是指知行合一，理论与实践相结合，理论促进实践，从实践中总结出经验教训、完善理论的辩证思维。

知行合一，最早由王阳明提出，后来成为近现代最主要的思想流派之一，影响了众多近现代名人，如提出"学以致用"的思想家王船山、湘军领袖曾国藩、新中国开国领袖毛泽东等。

中国历史上，有许多使用超常的知行思维赢得成功的案例，也有众多典故。如三国时期的刘备，自诸葛亮的"隆中对"后，刘备一直都按照诸葛亮定下的三分天下的规划推进匡扶汉室的大业，最终建立了蜀国，与曹操的魏国和孙权的吴国三国鼎立。

又如毛泽东，定下解放全中国的目标后，冷静分析国际国内形势，先后提出建立统一战线、推行国共合作、建立敌后根据地农村包围城市、游击战、为人民服务等一系列指导思想和理论并进行实践，在实践中总结经验教训，最终形成了至今让国内和国际社会深受折服的毛泽东思想，并建立了新中国。而与超常的知行思维相反的是光说不做，或只懂得蛮干而不懂得总结思考终至失败的人或事。

如清朝末年，当全世界都在推行工业化，列强已经敲开中国大门时，长期闭关锁国的清政府居然不知道英国在哪里，不知道世界已经进入工业时代，已经进入君主立宪的时代，盲目自守，拒绝开眼看世界，拒绝学习西方先进的知识，拒绝君主立宪，终至清朝覆灭。

古代赵括自幼熟读兵书，就连他的父亲战国时期名将赵奢都辩论不过他。后来发生了长平之战，赵括带兵与秦国交战，因缺乏实际经验惨遭失败，40万赵国军队就在"纸上谈兵"的主帅手里全部覆灭了。

所谓"前车之鉴，后事之师"，对于决心干一番事业的人来说，如果要获得成功，就一定要有超常的知行思维；如果只是脑子里想着要如何如何而不行动，纸上谈兵，纵然满腹经纶，事业也永远不会开始；如果只知道猛打猛冲，不懂得归纳总结经验教训，提升自己的知识水平，也不会成就一番事业，而只会像无头苍蝇一样，撞得头破血流。

我写的《快乐工作访谈录》第64条，题目是："自己亲手做是人生快事！"摘录一节对话如下：

　　"隆振彪：九溪翁先生，关于快乐工作的感受、认可，在理性上是行得通的，到了现实生活中，就有点格格不入了。

　　九溪翁：表现在哪里呢？

　　隆振彪：当今社会，很多人只贪图享受、不劳而获，像您前面说的挖洞、挑土、担石块等等，不是人们想象中快乐的事，您是怎么看待的？

　　九溪翁：在开发神龙洞的前几年，我戴着安全帽、穿着破旧衣服，昼夜在洞内担土、挑石头，前来参观神龙洞的游客看到我，都不相信我是老板。我的朋友、熟人都劝我说'当老板，只要安排别人做就是，你何必自己动手。'

　　是啊！我为什么始终都是坚持自己干呢？我从50岁开始，5年多的时间，我带人从洞里挑出近十万担泥土石块，挖出一个又一个洞巷，原因有两点：

　　一是我个人资金有限，这是主要原因之一，请人挖出洞内的泥土石块我无钱付出；二是自己亲手做也是一种人生快事。我今天在这里说出来不是假话，感觉快乐的生活有一个最重要的因素，那就是全权负责并决定自己的行为，创造自己认为的幸福。

　　而且，真正快乐的人都有一个共同点：他们都相信快乐生活是要亲身体验的，是要自己动手或动脑才感觉到的，也许这一点，有人不肯或不愿承认，他们宁愿在网上聊天、打牌或无所事事中寻求快乐，也不愿为自己的快乐人生创造机会，他们宁愿相信命运，乞求运气，总是希望机会会自己送上门来，宁愿在平庸的人生路上蹒跚度过。"

　　实际上，自己亲手做不光是人生快事，而是养成了自己亲手做的习惯，能做普通打工仔的有志且快乐的人，迟早总会成为经理、老板。因为各行各业的卓越人物，有相当一部分都是从自己亲手做开始，完善计划，坚持不懈，勤奋工作成就的。

　　还有一点，人啦！无论我告诉你什么道理，当你的心智没有达到这个境界或接近的水平时或亲身经历过一些事情的时候，你是不会理解这个道理的。或许你以为你知道这个道理，其实你还是不知道。正如我和你说，我曾经独自在深山老林挖洞5年，你是体会不到那种场景的，一旦你跟着我到神龙洞内看后，请你一个人在黑不溜秋的山洞里底下第六层待上三个小时，你的感受就深了！

　　所以，凡是成功的人，都有很高的境界。自古以来境界不高的人，贪婪算计的，没有一个能成大事的。

知行合一思想的创造人王阳明跟其他的圣人、哲学家最大的区别，就是他不是理论派，而是一个彻头彻尾的理论加实践派。

王阳明在年轻的时候因反对宦官刘瑾，被贬为贵州龙场驿丞（公路站长），受尽磨难的王阳明不断反思，终于领悟到了知行合一的最高智慧：

"矢志不移，追寻圣贤，错了吗？仗义执言，挺身而出，错了吗？"

没有错，我相信我所做的一切都没有错。那上天为何要夺走我的荣华，羞辱我的尊严，使我至此山穷水尽之地步？既然你决意夺去我的一切，当时为何又给予我所有？

夺走你的一切，只因为我要给你的更多。

给你荣华富贵，锦衣玉食，只为让你知晓世间百态。

使你困窘潦倒，身处绝境，只为让你通明人生冷暖。

只有夺走你所拥有的一切，你才能摆脱人世间之一切浮躁与诱惑，经受千锤百炼，心如止水，透悟天地。

存天理，去人欲！吃喝拉撒都是欲，"欲"在心中，"理在何处？""理"在心中。天理即是人欲。"心学"就此诞生。

利用知行合一这个工具，可以打败比自己强大一百倍的敌人。

由此，我提出超常的知行思维金三点：一是致用；二是致知；三是致行。

亲爱的读者朋友：我的口号是：做一个践行家，而不是空想家。

你有超常的知行思维吗？你能做到知行合一吗？如还未能做到，一定要加油！如能做到，我相信你会达到自己所订的目标！

超常的知行思维名言

◆知是行之始，行是知之成。——（中国明代）思想家、文学家、哲学家、军事家王阳明

◆工作中，你要把每一件小事都和远大的固定的目标结合起来。——（苏联）诗人、政治家马雅可夫斯基

◆实践是思想的真理。——（俄国）革命家、哲学家、作家、批评家车尔尼雪夫斯基

超常的知行思维

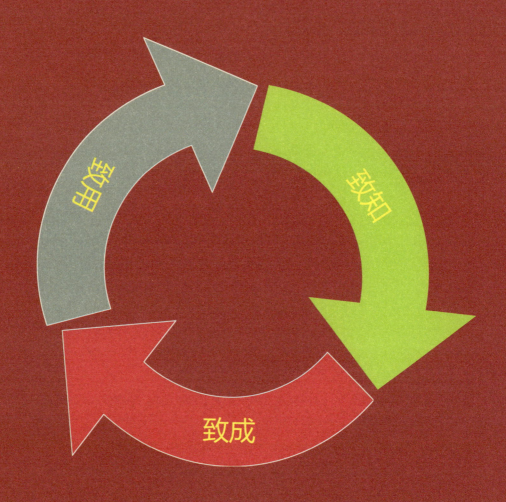

知行思维金三点

第二十四课 超常的心胸思维

没有什么不可能，不可能只存在你的心中！

从古至今，取得伟大成就的伟人，那些让他们享誉世界、让人心潮澎湃的名言警句，并不是在他们功成名就之后说出，而是在他们的奋斗的过程中，换言之，他们在少年、青年时期就有着超常的心胸思维，而超常的心胸思维成就了他们的事业。

周恩来是我国各族人民都敬爱的总理，他一生为国为民，鞠躬尽瘁，死而后已。他在青少年时代，就富有远大理想，立志为振兴中华而读书。1910年夏，12岁的周恩来，跟随伯父到东北奉天关东模范学校读书。有一次，老师提出"为什么读书"的问题，要同学们回答，有说"为了明礼而读书"的，有说"为了光宗耀祖而读书"的，还有说"为了帮助父亲记账而读书"的，弄得哄堂大笑。当老师问到周恩来时，他站起来响亮而严肃地回答："为中华之崛起而读书"！充分体现了少年周恩来超常的心胸思维，表达了要为祖国独立富强而发奋学习的宏伟志向。

再以项羽和刘邦青年时遇到的一件事说起，有一次在咸阳，刚好碰到始皇帝出巡，十分威风，刘邦暗自赞叹道："嗟乎！大丈夫当如是也！"项羽站在人堆里，看着秦始皇说："彼可取而代之！"两个人都表露出各自的心胸思维。

如果从诗词的内容看一个人超常的心胸思维，我非常喜欢伟人毛泽东的诗词名句，在《西行漫记》中他自己回忆说："大约是1916年，那时初学游泳，盛夏水涨，几死者数。一群人终于坚持，直到隆冬，犹在江中。当时写有一首诗，有这样两句："自信人生二百年，会当击水三千里。"从游泳中透出自信和豪迈。1925年，毛泽东写了首《沁园春·长沙》，其中写道："指点江山，激扬文字，粪土当年万户侯"。"指点江山"表现他面对当时的黑暗时代渴望治理国家、大展宏图的政治抱负。"激扬文字"表现了他对自己文学造诣的自信。"粪土当年万户侯"更是将他的豪迈气势、文韬武略的自信展现得淋漓尽致，充分表现出毛泽东超常的心胸思维。

回到商业活动上来，我经常说一句话："你赚钱的心胸有多大，你发展的舞台就有多大。"我在说这句话时，也有人不赞成这种提法，提出质疑说：我

的心胸是想成为亿万富翁，难道就能成么？其实，他们只是强调前一句话的重要性，而忽视了后一句话的作用。"你赚钱的心胸有多大"还只是想法，"你发展的舞台有多大"才是基础，说明：心胸其实就是志向，舞台是装载目标的容器。从事商业活动的企业家，心胸思维甚是重要。当你的心胸是产业而不是某一项产品的思维时，你发展的舞台就是产业。

10年前，我从掌管数千万资产的政府招待所和宾馆总经理的位置上因改制下岗，从负债起步，以超常的心胸思维做生态产业。我不仅仅是谋一个生态产品，而是瞄准一个生态产业，站在做生态产业的高度尽情发挥，加上我的苦干实干，从原始山林挖山洞挑土担石块，到首都北京、特区深圳，年复一年，一步一个脚印，终于打拼出一个全新的、系统的、特色的生态产业。这就是心胸、志向、舞台、目标的作用。

由此，我将超常的心胸思维循环连结为三点：一、心志；二、心容；三、心定。

亲爱的读者朋友：人生最需要的是"度"！你到底需要什么？也是一个"度"字。度量成就伟大，心胸承载得失。

欢迎你和我共同探讨"你赚钱的心胸有多大，你发展的舞台就有多大"的实际例子好吗？

超常的心胸思维名言

◆腹中天地宽，常有渡人船。——（中国现代）革命家、政治家、军事家朱德

◆海纳百川，有容乃大；壁立千仞，无欲则刚。——（中国清代）政治家、思想家、诗人林则徐

◆世界上最宽广的是大海，比大海更宽广的是天空，比天空更宽广的是人心胸怀。——（法国）作家维克多·雨果

超常的心胸思维

心胸思维金三点

第二十五课　超常的积极思维

军事领域有句名言，叫作"最好的防御是进攻"，学习界也有句名言，叫作"学如逆水行舟，不进则退"，我有句常用语，叫作不管干什么，都要有超常的积极思维。

我记得有这么一个故事，古时一个考生在考试前做了三个梦，第一个梦梦到自己在墙上种白菜；第二个梦梦见在下雨天，他戴了斗笠还打伞；第三个梦梦到跟心爱的表妹躺在一起，但是背靠着背。

第二天一早，考生找到算命先生，让他解梦。算命先生一听，连连摇头说："你还是回家吧。你想想，高墙上种菜不是白费劲吗？戴斗笠打雨伞不是多此一举吗？跟表妹躺在一张床上，却背靠背，不是没戏吗？"

考生一听，心灰意冷，回店收拾包袱准备回家。店老板感到奇怪，问："明天不是要考试吗，你怎么今天就回去了？"

考生如此这般说了一番。

店老板乐了："我也给你解一下，我倒觉得，你这次不留下来就太可惜了，墙上种菜说明你会高种（中），戴斗笠打伞说明你有备无患，你跟表妹背靠背躺着，说明你就要翻身了啊！"

考生一听，很有道理，精神为之一振，以积极的心态应试，居然得了个第三名。

我在 1980 年 12 月 22 日写了一篇日记，题目是：《对自身相貌有感》：

"我来到公安一年多了，但一直有一种自身的自卑，总觉得自己太瘦了，瘦得吓人，戴着大盖帽难看。今天我看到曹操的一个故事，说的是曹操接见匈奴使者，也认为自己相貌丑陋，个子不高，没有威严，便叫一名气宇昂然、身材魁梧的侍从代替，自己则持刀站在侍从的旁边。过后曹操派人去打探，匈奴使者说：魏王的相貌还可以，但站在魏王旁边的人才是真正的英雄。给了我很大的启发，自己的外形我是没有办法改变，但可以知识来弥补，以气质来体现，力争成为一个有真才实学而又正气凛然的公安战士。"

可见，事物本身并不影响人，人们只受到自己对事物看法的影响，人必须改变被动的思维习惯，养成超常的积极思维，一切在于积极的努力，有积极的努力就会有进步，有进步就会有成果，这是客观发展的规律，不容质疑。

我打拼的黄桑神龙洞生态产业，10年前就是在半山腰上的一个小山洞，10年后打造成系列的生态产业，都和超常的积极思维有关。我经常说：只有当你有积极的精神状态时，你才能获得长期的成功！

超常的积极思维和发奋努力是连体姐妹，相互依靠，血脉相连。昨天的积极思维是今天的动力，今天的积极思维是明天的希望；昨天的发奋努力是今天的基础，今天的发奋努力是明天的结果。

著名的文学家托尔斯泰曾经说过："世界上只有两种人：一种是观望者，一种是行动者。大多数人想改变这个世界，但没人想改变自己。"想要改变现状，就要改变自己；要改变自己，就得改变自己的观念。

柏拉图告诉弟子，自己能够移山，弟子们纷纷请教方法，柏拉图笑道，说："很简单，山若不过来，我就过去。"弟子们一片哗然。

以上两个例子说明了什么？说明了一个人必须要有超常的积极思维，人不能改变环境，那么我们就要改变自己，给自己主动，给自己加重，这样我们就可以适应变化，不被打败！

为此，我归纳超常的积极思维为：一是成长；二是成果；三是成功。

亲爱的读者朋友：如果你言行举止时常流露出自己不行，一和人家比就强调关系不行，条件不行，这也不行，那也不行，而人家样样都行，从心理素质上你自己就打败了自己。默认自己无能，其实是赢了现在，输了未来，无疑是给失败制造了机会。

所以，积极向上是你前进的动力，不能忽视哦！

超常的积极思维名言

◆伟人之所以伟大，是因为他与别人共处逆境时，别人失去了信心，他却下决心实现自己的目标。——网上摘语

◆上天完全是为了坚强我们的意志，才在我们的通路上设下重重的障碍。——（印度）诗人、文学家、社会活动家、哲学家泰戈尔

◆困难是欺软怕硬的！你越畏惧它，它愈威吓你；你愈不将它放在眼里，它愈对你表示恭顺。——（中华民国时期）现代文学家宣永光

超常的积极思维

积极思维金三点

第二十六课　超常的动态思维

孙子曰："故兵无常势，水无常形，能因敌变化而取胜者，谓之神。故五行无常胜，四时无常位，日有短长，月有死生。"孙子所说的意思就是世界是运动变化的，为人处事要想有如神助，就得有超常的动态思维。超常的动态思维是指一种运动的、调整性的、不断优化的超常思维活动。具体地讲，它是根据不断变化的环境、条件来改变自己的思维程序、思维方向，对事物进行调整、控制，从而达到优化的思维目标。

超常的动态思维的逻辑表现是辩证逻辑并以变动性、协调性为自己的思维特色。

1928年，朱德和毛泽东会师井冈山，经过游击战争的实践，灵活运用孙子兵法，发展成对敌"十六字诀"。

1929年4月5日，毛泽东在瑞金起草了《前委致中央的信》，信中说："我们三年来从斗争中所得的战术，真是和古今中外的战术都不同。用我们的战术，群众斗争的发动是一天比一天广大的，任何强大的敌人是奈何我们不得的。我们的战术就是游击的战术。大体说来是'分兵以发动群众，集中以应付敌人'、'敌进我退，敌驻我扰，敌疲我打，敌退我追'、'固定区域的割据，用波浪式的推进政策。强敌跟踪，用盘旋式的打圈子政策。''很短的时间，很好的方法，发动很大的群众。'这种战术正如打网，要随时打开，又要随时收拢。打开以争取群众，收拢以应付敌人。三年以来，都是用的这种战术。"这封信第一次完整地记载了"十六字诀"，也是"十六字诀"第一次见诸于历史文献中。

1930年12月，红一方面军开了一个动员大会，会前，毛泽东曾亲笔写了一副对联："敌进我退，敌驻我扰，敌疲我打，敌退我追，游击战里操胜算；大步进退，诱敌深入，集中兵力，各个击破，运动战里歼敌人"。同时，超常的动态思维不仅应用在军事战争，商业经营上，也是现代社会的运动的反映。资本主义以其"商品经济"摧毁了自然经济，把以往的静态社会赶出了历史舞台，使整个社会相互联动起来，处于一种不断地运动、变化、发展变化中。生产的不断变革，一切社会关系的不停动荡，永远的不安定和变动，这也正是资本主义时代不同于过去一切时代的地方。

20世纪之后，随着科学技术的迅速发展，社会加速向前运动、变化。整个社会连成一片，形成一个巨大的动态的联系之网，每个国家、社会及事物都是这张网上的纽结。

由此，以前在思维方式中占统治地位的"以不变应万变"这种静态思维方法让位于"以万变应不变"这种超常动态思维方式。

如果我们来回顾中华人民共和国成立以来至今的发展思路，即：毛泽东时代是中国革命的实际和马克思列宁主义的原理相结合，提出：领导我们事业的核心力量是中国共产党，指导我们思想的理论基础是马克思列宁主义。

1982年中共十二大上，邓小平明确提出了"建设有中国特色的社会主义"这一基本命题。

1987年党的十三大第一次提出了"建设有中国特色的社会主义理论"这一概念，并系统地概括了建设有中国特色社会主义理论的主要观点，构成了邓小平理论的轮廓。

2000年2月，江泽民在广东考察工作时，首次提出"我们党之所以赢得人民的拥护，是因为我们党在革命、建设、改革的各个时期，总是代表着中国先进生产力的发展要求，代表着中国先进文化的前进方向，代表着中国最广大人民的根本利益，并通过制定正确的路线方针政策，为实现国家和人民的根本利益而不懈奋斗。"这是"三个代表"重要思想第一次被完整地提出。继而又提出与时俱进，从理论的品质看，与时俱进是马克思主义的理论品质，也是超常动态思维的具体体现，而"三个代表"则是与时俱进的典范和行动落实的标准。

2003年10月中旬，胡锦涛总书记在中共十六届三中全会明确提出了"坚持以人为本，树立全面、协调、可持续的发展观，促进经济社会和人的全面发展"，简称"科学发展观"，既是中国各项事业改革和发展的方法论，也是中国共产党的重大战略思想。在中国共产党第十七次全国代表大会上写入党章，成为中国共产党的指导思想之一。

2012年11月末，新一届中央政治局常委参观《复兴之路》展览，习近平首次就中国梦展开阐述。

2013年3月17日，新当选的国家主席习近平发表讲话，号召人们为实现中国梦而努力奋斗。

以一个国家的发展程序，我们可以看到：超常的动态思维有自己的模式和思维过程，这就是不断地输入新的信息，并根据新的信息进行分析、比较，依据变化了的情况形成新的超常的思维目标、超常的思维方向，确定新的方案、对策，然后输出经过改造了的信息，对事情、工作实施新的方案，再把实施新方案的情况、信息反馈回来，再进行分析、调整。

超常的动态思维最早起源于中国古代文学总源头：易经，易经64卦中的遁卦，象曰：遁，亨，遁而亨者；刚正位而应，与时行也。小利，贞，浸而长也。遁之时义大哉哉！

损卦有云：损刚益柔有时，损益盈虚，与时皆行。

益卦有云：益动而巽，日进无疆；天施地生，其益无方。凡益之道，与时皆行。

而超常的动态思维应该考虑哪几点呢？我认为三个字：一是静；二是动；三是变。

亲爱的读者朋友：只有以万变应不变，才能跟上时代发展的步伐！

超常动态思维名言

◆永远成功的秘密，就是每天淘汰自己。你不与别人竞争，并不意味着别人不会与你竞争。你不淘汰别人，就会被别人淘汰。别人进步的同时你没有进步，就等于退步。追求安稳，是坐以待毙的开始。——网上摘语

◆不要觉得自己每天从事的工作很无聊，任何无聊的事情都只要你做透了，你就成为了一个专家。虽然公司不一定需要太多专家，但是每个公司都需要有用的人。——网上摘语

◆成功就是成为最好的你自己。

成功第一步：把握人生目标，做一个主动的人；

成功第二步：尝试新的领域，发掘你的兴趣；

成功第三步：针对兴趣，定阶段性目标，层层迈进。——网上摘语

超常的动态思维

静

动

变

动态思维金三点

第二十七课　超常的推理思维

在从事商业活动中，我们经常说：习惯改变一切，性格决定命运。其实就是一种超常的推理思维方式，这并不是说所有人的习惯都能改变一切，所有人的性格都能改变自己的命运。

超常的推理思维是由一个或几个已知的判断，推导出一个未知的结论的思维过程，是研究人们思维形成及其规律和一些简单的逻辑方法的科学，其作用是从已知的知识得到未知的知识，特别是可以得到不可能通过感觉经验掌握的未知知识。

就超常的推理思维而言，分为超常的演绎推理和超常的归纳推理，相对来说超常的演绎推理是从一般规律出发，运用逻辑证明数学运算得出特殊事实应遵循的规律，即从一般到特殊。而超常的归纳推理则是以从许多个别的事物中，概括出一般性概念原则和结论的，从特殊到一般。

站在超常的推理思维上分析，习惯改变一切，性格决定命运。从无数的成功范例验证，具备好的习惯能够改变不好的一切，具备好的性格能够改变不好的命运。

在此我想起曾国藩，他是近现代历史上最有影响力的人物之一。很多名人对他评价很高。伟人毛泽东在青年时期，潜心研究曾氏文集，得出了"愚于近人，独服曾文正"的结论。即使是在毛泽东的晚年，他还曾说过：曾国藩是地主阶级最厉害的人物。蒋介石对曾国藩也很推崇，他认为曾国藩的为人之道"足为吾人之师资"。他把《曾胡治兵语录》当成教导高级将领的教科书，自己又将《曾文正公全集》常置案旁，终生拜读不辍。由此可见，曾国藩在习惯和性格上有过人之处。事实上也是如此，曾国藩是修身齐家治国中华千古第一完人，升官最快做官最好保官最稳之楷模，网罗培育和善用人才的第一高手，中国传统文化持家教子的最大成功者，中国传统文化人格精神的典型式人物，深刻影响数代人的精神偶像，还是中国近现代史建设的开拓者，值得我们经营商业的企业人士学习。

比如，成功最主要的因素是什么呢？如果找 100 个成功的人士来说，由于行业不同，自身经历不同，会有很多种说法。如果以超常的推理思维来归纳，

主要有以下五点：

1. 目标。这是欲望的表达，要什么从来就比怎样做更为重要。因为你永远不可能按着一头不想喝水的牛去喝水，同样，你永远也不可能在你自己不喜欢的领域去做你一辈子违心做的事。

目标从来就很具体，一是一，二是二。

2. 心胸。也就是格局，即一股用天下之材，尽天下之利的气度，当然，还包括相当程度的包容，对所有人的包容。只有这样，你才会形成一种从广处大处觅人生的态度，把生命的境界做大，把事业做大。

3. 勇气。冒险的勇气，行动的勇气。假如你不尝试什么，你就不会真正知道自己是什么？假如你不去尝试什么，你往往也不会知道自己到底要什么？

所以，有这样一句名言倒是很值得一提：举枪——瞄准——射击。一切生机全在行动中来，从动态发展中来。虽然，人常常抱怨自己缺少机会，但是，运动乃机会之母。

4. 坚持。许多事没有成功，不是由于构想不好，也不是由于你没有努力，而是由于坚持不够。

5. 才能。才能体现在哪里？就是一个"心"字，如何把心性练大，把心力练强。

以我为例，我写的《快乐工作访谈录》第40点，题目是："快乐工作需要深思远谋！"站在超常的推理思维上提问：

"隆振彪：你到深山老林里挖山洞，是在下岗后负重债打算养殖娃娃鱼的，你这个险也冒得太大了吧？

九溪翁：我在无职无岗无薪时贷借百多万元搞项目亏损，负债累累，在最艰难的时刻，按一般人的思维，我应该首先找到一份工作谋取基本生活费，然后再去考虑如何干事业。像我这样冒险去养殖娃娃鱼，在三至五年内不能见成效的特色养殖项目，是很少有人问津的，何况我一开始就提出"10年内打造千万生态产业！"似乎是口出狂言。

其实，我有自己的超常推理思维，当我自身没有产业，一直吃着国家拨款的福利餐时，突然欠下一百多万元债务，每个月的利息至少是一万多元，心里是很虚的，每天总有世界即将快到末日的感觉，加上年近50岁，没有独特技术，在小县城谋三五千元月薪的管理工作也很不容易。即使找到了，当时对我来说退还每月的利息都不够，只会是落雨天背蓑衣，越背越重。一百多万元的债务啊！寝食难安，工作不快乐，心情也好不起来，人老得快，身体也会垮得快，只怕是落到背着债务进棺材的地步。

我选定养殖娃娃鱼，也有自己的推理，国泰民安，人民生活水平提高，像娃娃鱼这样的特色养殖项目做大做强不是难事。

深谋远虑和推理相结合，我选定的项目起点就高了，立志10年打造一个千万生态产业的目标更坚定了！

随之，我的思路清晰了，目标明确了，心胸开阔了，各种机会机遇也来了！

隆振彪：您现在还欠多少债务呢？

九溪翁：隆主席，您是搞文学创作的，对经商者来说，欠多少债等于是在国外问女人多大年纪一样，是非常忌讳的。不过，您既然提问了，我又不是纯商人，难关也度过了，说出来也无妨，我还欠一些债，但资产远远超过了债务，按照我现在的发展势头，只会越来越好。"

现在来回顾，因为有了超常的推理思维，我冒的风险也值得。

而从整体上来说，站在超常的推理思维上，人们超常的推理思维形成是进行思维活动时对特定对象进行反映的基本方式，即概念、判断、推理。再从广义上论述，主要理解三点：一是判断；二是归纳；三是演绎。

如果我们要在仕途商场打拼，就必须要有超常的推理思维，还需要逐渐养成好的习惯，改变自己不好的性格。

因为，习惯会改变一切，性格将决定命运。

亲爱的读者：你赞成"习惯改变一切，性格决定命运"的提法吗？

超常的推理思维名言

◆所有的现象一定有其原因。——（日本）推理小说家东野圭吾

◆推理的旋律一定会奏出事实的真相。——（日本）推理漫画家城平京原

◆生命因为有限，所以宝贵；因为有限，所以才要不懈努力。——（日本）漫画家青山刚昌

超常的推理思维

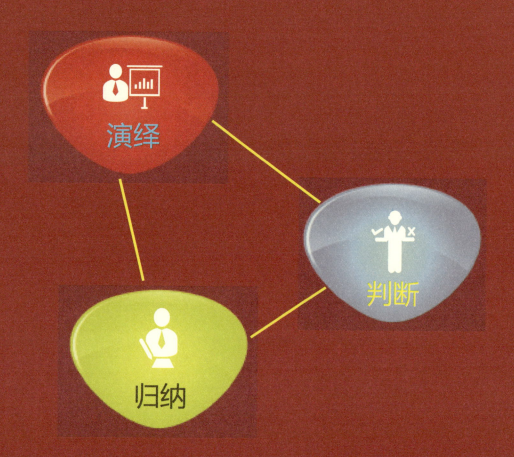

演绎

判断

归纳

超常的推理思维

第二十八课　超常的承诺思维

承诺，是人与人之间、一个人对另一个人所说的具有未来需要兑现的话，一般是可实现的。而超常的承诺思维，则是提前通过作出承诺以及兑现承诺的方式，为了一个共同的目标，凝聚发展动力，聚少成多、聚弱成强，帮助自己实现梦想的方式，超常的承诺是信用的起点，没有超常的承诺，就没有信用。

一个人是征服不了世界的，不管是古代还是讲究合作的现代，因此，要想开创一番事业就必须要有团队伙伴，让一个团队的人为了一个共同的目标来干一件事。

但是，作为领导者，你如何让伙伴们跟随你？作为下属，你如何让领导者认可你？或者，作为合作伙伴，你如何让人愿意与你合作？首先要有一个超常的承诺，在合作过程中，如何合作的承诺，在事成之后，大家如何分配成果的承诺。这个超常的承诺可以是口头的，也可以形成文字，形成文字后就是契约、是合同、是合作协议。没有这个超常承诺作为前提，一切合作都不会发生。

有一个历史故事：秦始皇的父亲赵异人年轻时曾在赵国都城邯郸作人质，因为秦国屡次攻打赵国，异人在赵国的处境非常困难。

当时有个卫国大商人吕不韦在邯郸做生意，知道赵异人的情况，认为他是"奇货可居"，决定进行一次政治赌博，于是就去见赵异人，向赵异人游说："我可以光大你的门庭。"赵异人回答说："你还是先光大你自己的门庭，然后再来光大我的门庭吧！"吕不韦说："你是不知道的，我的门庭是要等到你的门庭光大之后才能光大。"

赵异人明白吕不韦说话的含意，就引吕不韦与他座谈，谈的内容非常深入。

吕不韦说："秦昭襄王年纪已经很大，您的父亲安国君现在被立为太子。我听说安国君非常宠爱华阳夫人，能够立嫡嗣的只有华阳夫人而已，但是华阳夫人没生育儿子。现在你们兄弟有二十余人，你又排行在中间，并且又不得宠，长久地在赵国做人质。这样，即使秦昭襄王驾崩，安国君继承王位，你也没有优势和机会与长子及其他天天在安国君跟前的兄弟争立为太子！"

赵异人听后说："是的，可是那又能怎么办呢？"吕不韦说："你太穷，客居这里，又没有什么东西贡奉给亲戚或结交宾朋。我吕不韦虽然也穷，但愿

意拿出千金替你到西边游说，贡奉安国君及华阳夫人，让他们立你为嫡嗣。"

赵异人听后叩头，作出承诺："如果像你设想的计策成功，愿意分秦国的土地和你共享。"

于是，吕不韦用重金买通华阳夫人，使她劝说安国君立子赵异人为嫡嗣。为了博得出生于楚国的华阳夫人的欢心，异人在吕不韦的授意下，改名为子楚。

公元前250年，安国君即位，是为秦孝文王。秦孝文王正式即位三天后，突然暴薨，子楚即位，是为秦庄襄王。

秦庄襄王即位后，兑现了当初的承诺，任命吕不韦为相，封文信侯，食河南洛阳十万户，执掌朝政大权。

在春秋战国年代，类似的交易还有很多。这种承诺，是信用的起点，有的承诺停留在口头上，就是口头协议，有的承诺形成了正式的文书和合同，就具有了法律的效力。

所以，蔺相如奉璧使秦，在杀机四伏的秦廷上大义凛然，怒斥暴君，凭的是他对自己许下的完璧归赵的诺言的践行；商鞅城门立木、五十金重赏搬木者，百姓诚服，新法得以顺利实施，难得的是百姓对商鞅承诺考验。

人无信不立，人是这样，一家公司和企业也是这样，不管是什么年代，不管是什么市场环境，言必信、行必果，都是长远发展的前提。

所以，不要忽视超常的承诺，也不要随便承诺，因为你的超常承诺，将决定你的信用。而信用，是你立足于世的根本。

超常的承诺思维要落实三点：一是言；二是行；三是果。

亲爱的读者朋友：请你牢记超常的承诺思维，承诺是金！这是创业干事业的硬道理。

超常的承诺思维名言

◆承诺是走向成功的必由之路；用公众承诺的力量逼自己成功。——（中国现代）作家、教育训练师陈安之

◆不要过度承诺，但要超值交付。——（美国）作家、心理学家、人际关系学大师戴尔·卡耐基

◆一个人严守诺言，比守卫他的财产更重要。——（法国）喜剧作家、演员、戏剧活动家莫里哀

超常的承诺思维

承诺思维金三点

101

第二十九课　超常的自问思维

　　企业也好，个人也好，都是通过发现面临的问题，解决发现的问题而实现发展和成长的，可以说发展和成长的过程就是发现问题和解决问题的过程。

　　而超常的自问思维，指的就是企业或个人发展的第一步——通过自己问自己发现问题的超常思维方式，因为只有超前发现了问题，才有可能找到解决问题的方法，不管是自己想，还是进行头脑风暴请别人想。如果自己尚且不能超前发现问题，那么就算别人发现了问题指出来，自己也会缺乏认可，缺乏解决问题的积极性，同时，由于自己不认为是问题，就算别人再怎么提醒，再如何强调，问题依然不会得到重视和解决。

　　因此，任何一个优秀的事业家，不管是政治家还是企业家，都必然首先是个有超常的自问思维而且能找到正确答案的自问家。

　　作为中国最成功的民营企业之一的创始人兼实际控制人，华为的任正非可能是超常的自问思维里最擅长自问的人之一。

　　当全世界的资本都希望华为上市的时候，任正非的态度却非常鲜明的表示反对，他认为西方市场资本的"贪婪"本质会伤害到华为的长期发展前景。他表示："我们都听过传统经济学中的大量理论，这些理论都宣称股东具备长远视野，他们不会追求短期利益，并且会在未来做出十分合理、有据可循的投资。但事实上，股东是'贪婪的'。他们希望尽早榨干公司的每一滴利润。"

　　当世界各国尤其是中国企业界接班人问题风起云涌的时候，对于是否起用子女接替自己事业的种种传闻和猜测，任正非回应称："华为有近7万的员工，他们将集体决定公司的命运，怎么可能由一个人决定这个事怎么做呢？华为从创立那一天起，确立的路线就是任人唯贤，而不是任人唯亲！"任正非说公司不是他个人的，因此接班人不是他说了算，而是大家说了算。他一直认为外界神化了他，其实不是这样："创业之初，我自视自己能力不行，才选择了任人唯贤。如果不是这样，也许早些年公司就被历史淘汰了。现在公司这么大了，不会再倒回去选择用人唯亲。""华为的接班人，除了视野、品格、意志要求之外，还要具备对价值评价的高瞻远瞩，和驾驭商业生态环境的能力。华为的接班人，要具有全球市场格局的视野，以及对新技术与客户需求的深刻理解，而且具有不故步自封的能力。"任正非说这些能力他的家人都不具备，因而，他们永远不会进入接班人序列。

更奇特的是，当华为的业绩蒸蒸日上的时候，任正非却在专家座谈会上散播负能量，大谈特谈华为会怎么失败，华为会怎样垮掉。"到底我们将来技术思想是什么？技术路线是什么？我们假设这个世界是什么？我们假设对了，我们就正确了，可能也就成功了。我们假设错了，那我们可能就会进入类似北电、MOTO一样的衰退。"

华为会失败吗？有生就有死，华为肯定会有失败的一天，会有衰落的一天，会有消亡的一天。但是，相信不会是在任正非管理的期限内，因为任正非拥有超常的自问思维，别人不敢问的他都自己问了自己，他找不到答案的问题都在发动各方力量积极地寻求答案，形成应对的方案。

我从18岁立下到50岁要完成三件事的目标，直到如今60岁，经历46个工作岗位，我都跟别人最大的不一样，我从来不觉得我是为单位为公司打工，我真的可能是很有自信和主见的人，我始终认为我是在为自己干。无论我换岗位换工种换行业，我总是考虑两件事：

一是迅速把前面岗位的事做完，不留后遗症；

二是在最短的时间内进入新角色，自问我通过在新的岗位能学到什么东西，能为新的部门创造什么价值？

鲁迅先生曾经说过："要严于解剖自己。"我对自己亲身体验学、农、工、警、党、政、企、商的经历也解剖过，即：

"一是我的经历真实，并不像有些书上写的，在少年时期就胸怀大志或有什么先兆之类的现象；我立志在50岁以前要完成三件事是当时实实在在的心情引发而写，只是在以后的岁月里，我抵制了各种诱惑，持之以恒地做到了。

二是我的经历最奇巧最难过的是调入公安和调出公安。倒不是当警察难，干不了，而是下乡以后，当了工人，从一个普通的养路工进入公安干刑侦，只有我们这一代人才碰上了，现在的警察要么是学校毕业分配，要么是部队转业干部，否则，很难有这样的机会。在33年前，一个年轻人当警察是无上荣光的事，在工作出色，非任何原因，主动要求调出公安真的太难太不容易了。

三是我遇上了好年代，如果是战争年代，我不可能积累这么多的个人资料，如果是政治运动年代，我就不可能写几十年的日记，我也不敢畅所欲言抒发个人的真实感想。

四是我始终把自己融入时代前行的潮流里，跟上社会发展的步伐，没有消极、怨天尤人、满腹牢骚的念头。

五是我对工作知乐，对生活知足。

六是我没有自卑感，有自己的自信主见，有自己的人生活法。

七是我淡泊名利，在官场努力干事，不是努力升官；在商场努力赚钱，不是努力搞钱。

八是我从来没有放弃学习，以进步的书籍勉励自己，以消极的书籍警示自己。

九是我能吃苦，比别人苦一点，累一点不在乎；比别人多干一点，多想一点也不计较。

十是最重要的一条，也是我的精神支柱，从小看历史上的人修身立志，爱国爱民的书籍。我的体会是：修身立志就是从我做起，不能正己，焉能正人；爱国的表现就是干自己在干的事，爱民的行动就是自己有多大的职务，掌握多大的权力，就为民众想多大的事，干多大的事。

以上十条有的是我机遇好碰上的，有的是我主动做到了。所以，我能够圆满而平安地经历学、农、工、警、党、政、企、商这些行业。

当我快进入50岁之际，因企业改制和其它的种种原因，我下岗了，关门在家里写了一年的书，我写了一首自咏，披露如下：

独守窗前纸上尘，自甘门庭是清贫；

历经风雨吹肝胆，淡泊明志平静心。"

所以，超常的自问思维要牢记三点：一是自学；二是自思；三是自知。

亲爱的读者朋友：超常的自问思维能进步！

超常的自问思维名言

◆反躬自省和沉思默想只会充实我们的头脑。——（法国）小说家、剧作家巴尔扎克

◆如果你想与别人不同，过好自己无悔的人生，就要天天检查自己的不是，从内心约束、克制自己的私心杂念。起步的源头在一个"思"字！——（中国现代）践行者·九溪翁

◆倘使一天没有认识到自己的缺点和错误，那就是一天安于自足；一天无过可改，就是一天没有进步。——网上摘语

超常的自问思维

自学 ▶ 自思 ▶ 自知

自问思维金三点

第三十课　超常的基础思维

俗话说，皮之不存，毛将焉附？做任何事情，都需要有基础，否则便无从谈起。而超常的基础思维，就是指在谋求高远的目标或成就之前，先夯实承载这个高远目标或成就平台的思维。万丈高楼平地而起，稳固还得靠基础，基础不牢，楼修得越高越容易倒塌。反过来，越想建成宏大的建筑，就越需要有牢固的基础前提，否则便是"眼看他起高楼，眼看他宴宾客，眼看他楼塌了"的结局。

要成就不同的事业，需要的基础是不一样的。攻城略地，要打好的是国力基础；建高楼，要打好的是良好的物理基础；做学问，要打好的是良好的知识基础；干事业，要打好的是良好的思维意识基础、人脉基础和平台基础等。

春秋年间，吴王阖闾打败楚国后，成了南方的霸主。越国是吴国的临国，它与吴国素来不和。公元前496年，越王勾践即位。为了征服越国，吴王发兵攻打越国。两国在樵李地方展开了一场大战，吴王阖闾满以为可以打赢，没想到打了个败仗，自己又中箭受了重伤，再加上上了年纪，回到吴国，就病逝了。吴王阖闾死后，儿子夫差即位。阖闾临死时对夫差说："不要忘记报越国的仇。"夫差记住这个嘱咐，叫人经常提醒他。他经过宫门，手下的人就扯开了嗓子喊："夫差！你忘了越王杀你父亲的仇吗？"夫差流着眼泪说："不，不敢忘。"夫差为了报父仇，叫伍子胥和伯嚭操练兵马，准备攻打越国。结果越国战败，越王勾践于是被抓到吴国。吴王为了羞辱越王，因此派他干喂马这些奴仆才做的工作。越王心里虽然很不服气，但仍然极力装出忠心顺从的样子。吴王出门时，他走在前面牵着马；吴王生病时，他在床前尽力照顾，吴王看他这样尽心伺候自己，觉得他对自己非常忠心，最后就允许他返回越国。

勾践回到越国后，立志报仇雪耻。他唯恐眼前的安逸消磨了志气，在吃饭的地方挂上一个苦胆，每逢吃饭的时候，就先尝一尝苦味，还问自己："你忘了会稽的耻辱吗？"他还把席子撤去，用柴草当作褥子。这就是后人传诵的"卧薪尝胆"。

勾践决定要使越国富强起来，他亲自参加耕种，叫他的夫人自己织布，来鼓励生产。因为越国遭到亡国的灾难，人口大大减少，他制定奖励生育的政策。

他叫文种管理国家大事，叫范蠡训练人马，自己虚心听从别人的意见，救济贫苦的百姓。全国的老百姓都巴不得多加一把劲，好叫这个受欺压的国家改变成为强国。

越王勾践整顿内政，努力生产，使国力渐渐强盛起来，他就和范蠡、文种两个大臣经常商议怎样讨伐吴国的事。公元前475年，越王勾践作好了充分准备，大规模地进攻吴国，吴国接连打了败仗。越军把吴都包围了两年，夫差被逼得走投无路，说："我没有面目见伍子胥了。"说着，就用衣服遮住自己的脸，自杀了。后来勾践北上中原与诸侯会盟，成为春秋时期最后一位霸主。回想夫差之所以能打败赵国，是因为夫差为了报仇，夯实军力，为打胜仗打下了基础。而夫差昔日的手下败将越王勾践在20年后之所以能反过来打败夫差，则是因为"卧薪尝胆"，励精图治，强盛国力，夯实了战败夫差的基础，才终于一雪常耻，并使自己成就了一番伟业！如果吴王夫差没有超常的基础思维，在父亲死后马上就发兵攻打越国，他有可能取胜吗？同理，如果越王勾践没有超常的基础思维，没有20年的积累，在被打败后马上反抗吴王夫差，别说打败夫差，恐怕连性命都不保。

对真才实学的基础有感：有知识和无知识不一样，有能力和没有能力不一样。唐代诗人白居易开始到长安城，以所写的诗去拜访名士顾况，顾拿着白居易写的诗卷，看着白居易的姓名说："长安城里米价很贵，要想白白地'居'下来是不容易的。"当读诗读到《赋得古原草送别》一首，有句写道："离离原上草，一岁一枯荣。野火烧不尽，春风吹又生。"顾况喜出望外地称赞说："能写这样的好句子，'居'下来也容易了。"充分说明了，一个人不管干哪一行，都要有夯实的基础，有了真才实学的基础，就不愁没有人欣赏，也就能立足下来。

说来说去，超常的基础思维其实就是牢记三个字：一、实；二、稳；三、久。

亲爱的读者朋友：一切伟大的行动和思想，都是从超常的基础思维开始的，超常的基础思维是各行各业立于不败之地的保障。

不管干任何事情，基础不牢，地动山摇；基础不好，结果不妙！这是每一个干事业的人必须牢记的。

超常的基础思维名言

◆合抱之木，生于毫末；九层之台，起于垒土；千里之行，始于足下！——（中国古代）哲学家、思想家、道家学派创始人老子

◆要想学问大，就要多读、多抄、多写！要记住，一个人想要在学业上有所建树，一定得坚持这样做卡片、摘记！——（中国现代）历史学家、社会活动家吴晗

◆倘想达到最高处，就要从低处开始。——（美国格言）

超常的基础思维

基础思维金三点

第三十一课　超常的自觉思维

　　超常的自觉思维，指自己有所认识而主动去做、自己感觉到、自己有所察觉，简单地说，就是超常的主动发现问题，超常的主动分析问题，超常的主动解决问题，不待外力推动而行动，能够造成有利局面，使事情按照自己的意图进行的主动思维。

　　"自觉性"的定义比较抽象，为了测量的方便，可将它分为"超常完成目标"的主动性和"超常开展人际交往"的主动性。

　　"超常完成目标"的主动性，指人们在完成某件事中的主动性，包括主动的设定目标，采取多种方式和渠道，依靠多次主动行为最后实现目标。

　　"超常开展人际交往"的主动性，指与其他人交往中的主动性，包括主动与人交流，发表自己的观点，对别人的观点进行分析评说，最终使别人接受自己的观点。

　　在实际的工作中，"超常完成目标"的主动性和"超常开展人际交往"的主动性是不能完全分开的。在人际交往中，也要完成一定的目标；在完成目标中，也有一定的人际交往。但是，不同的工作对"主动性"要求的侧重点是不同的，做这种区分还是具有现实意义的。

　　对于希望干出一番事业的创业者来说，往往面对的都是"雄关漫道真如铁，而今迈步从头越"的开拓局面。因此，超常的自觉思维尤为重要。因为创业者的问题必须自己去解决，如果自己不自觉去发现问题，去分析问题，去解决问题，那么就会被问题所解决，是无法在市场经济中立足的。

　　美国文学家梭罗曾经说过："最令人鼓舞的事实，莫过于人类确实能主动努力以提升生命的价值。"人生就是一个主动追求，并不断探索的过程。只有主动地去拼搏，去争取，去奋斗才有机会抓住机遇，不会留下遗憾。

　　纵观古今中外不论是个人还是组织的成功都是通过主动追求和超常的自觉思维而取得的。孔子并不是因为72个人跟着他而出名，孔子从一开始就主动地把自己的思想理念向人传播，而且是向王侯将相传播，有人接受了他的理念，相信他的思维，为他的主动精神所感动，也开始主动传播他的理念，于是他们就成了他的门徒。如果他从没有向一个人说起，没有人知道他懂什么，没有当初的主动，也就没有今天的孔子；同样基督教的信徒也是人们花了两千年左右的时间一遍遍地布道布来的；共产主义的传播都是有一批人超常的自觉思维和主动得来的结果，没有哪一种重要的人际关系不是主动出击的结果。即使一个人再伟大，如果你不主动接触他，那他就跟你没关系。

我相信任何事的成功都得通过主动追求而获得，如果不主动，没有超常的自觉思维，你就会一无所获！

主动在于我们自身，要克服行动的恐惧才能成功。美国有个琼斯的新闻记者，极为羞怯怕生。有一天上司叫他去访问布兰德斯，琼斯大吃一惊，连忙说"不行不行，他根本就不认识我。"在场的一个记者拿起电话就拨通对方秘书办公室："你好，我是明星报的记者琼斯，我奉命采访布兰德斯法官，不知道他今天能否接见我几分钟？"琼斯一听吓坏了，在旁边恨得大骂："你怎么提我的名字？"这时电话里已传出声音："一点十五分，请准时。""琼斯先生，你的约会安排好了。"同事滑稽地耸了耸肩，而琼斯一下子愣住了。"那一刻是我二十几年来学到的最重要的一课。"这是琼斯成名以后总在说的那一句话。

超常的自觉思维，主动进取，自觉出击，绝不被动等待！

要坚信：或许主动进取未必能成功，但享受在主动进取的过程中的乐趣才是人生成功的开始！主动追求人生舞台上惊心动魄的一幕，享受人生的另一番情趣。

超常的自觉思维要牢记三点：一是自觉发展；二是自觉分析；三是自觉解决。

亲爱的读者朋友：当你打算创业或正在创业，你有超常的自觉思维吗？你能自觉地主动地出击吗？如没有或做得不够好，就要加油！否则，别人早走到你前面去了，现实就有这么残酷。

超常的自觉思维名言

◆自觉心是进步之母，自贱心是堕落之源，故自觉心不可无，自贱心不可有。——（中国现代）新闻记者、政论家、出版家邹韬奋

◆对具有高度自觉与深邃透彻的心灵的人来说，痛苦与烦恼是他必备的气质。——（俄国）作家陀思妥耶夫斯基

◆谁和我一样用功，谁就会和我一样成功。——（奥地利）作曲家莫扎特

超常的自觉思维

自觉思维金三点

第三十二课　超常的意境思维

　　超常的意境思维，指的是一个人经过长期的知识积累、阅历积累而形成的意蕴和境界，有意境、意境高的人能自如地将只可意会不可言传的事物表达清楚。中国有句古话，叫做"只可意会不可言传"，当遇到意境同频的人在一起交流时，往往能达到心灵相通的默契，产生意想不到的交流和沟通效果。

　　同样的，拥有相同意境的人，相互之间极易达成有效的交流，迅速成为某种深度互信的伙伴，而意境不同的人，相互之间则很难有精神的交流。

　　人与人之间的沟通交流大致可以分为五个层次：一般性的交谈、陈述事实的沟通、分享个人的想法和判断、分享感觉和沟通的高峰意境。

　　这五种沟通层次的主要差别在于一个人希望把他真正的感觉与别人分享的程度，而与别人分享感觉的程度又直接与彼此的信任度有关，信任度越高，彼此分享感觉的程度就越高，反之，信任度越低，彼此分享感觉的程度就越低。

　　一般性的交谈只表达表面的、肤浅的、社会应酬性的话题。如您好吗？我很好、谢谢等。没有牵扯到感情的投入，但这种沟通使对方沟通起来觉得比较"安全"，因为不需要思考和事先准备，精神压力小，而且还避免发生一些不期望发生的场面，自然也无法达成信任。

　　陈述事实的沟通是一种只罗列客观事实的说话方式，不加入个人意见或牵扯人与人之间的关系，是商业谈判或试图建立信任时常用的沟通方式。

　　分享个人的想法和判断是比陈述事实又高一层次的沟通。当一个人开始使用这种层次的沟通方式时，说明他已经对你有了一定的信任感，因为这种沟通交流方式必须将自己的一些想法和判断说出来，并希望与对方分享。

　　分享感觉的沟通方式较难实现，只有相互信任，有了安全感的时候才容易做到，才会愿意告诉对方他的信念以及对过去或现在一些事件的反应，他们将彼此分享感觉，这样的分享是有建设性的，而且是健康的。

　　而真正的最高层次的沟通，是超常意境的沟通。所谓超常意境的沟通是指互动双方达到了一种短暂的"一致性"的感觉，或者不用对方说话就知道他的体验和感受。这是双方沟通交流所达到的最高理想境界，这种交流只需要短暂的时间即可完成，也可能伴随着分享感觉的沟通时就自然而然地产生了。而一且达到超常意境的沟通，从某种角度上来说，双方就存在成为知己的可能。

如春秋战国时期的管鲍之交，管仲青年时经常与鲍叔牙交往，鲍叔牙知道管仲很有才能，管仲家境贫困，常常欺骗鲍叔牙，鲍叔牙却一直很好地对待他，不将这事声张出去。后来到了小白立为桓公的时候，公子纠被杀死，管仲也被囚禁，鲍叔牙就向桓公保荐管仲，管仲被录用后，在齐国掌理政事，齐桓公因此而称霸，多次会合诸侯，匡救天下，都是管仲的谋略；三国初期周瑜和孙策，周瑜从庐江跟随孙策几百里路，为的就是共谋大业，从此结为兄弟，情同手足。

再举个现代商场的例子：2012 年，三一重工只用了 14 天，就以 26.54 亿人民币的价格收购了德国世界级的混凝土巨头普茨迈斯特 90% 的股权，而正常情况下，14 天的时间连了解一家公司的财务状况都还不够。

在 2012 年 1 月 31 日的发布会上，普茨迈斯特创始人兼董事长卡尔施特莱斯透露了这次奇迹般的收购的细节，他说在大约 4 个星期前收到了三一集团创始人兼董事长梁稳根的信，之后双方会面仅几个小时后就达成了默契，决定将双方的公司进行合并。对于之所以这么快就达成交易的原因，相关人士分析称，一方面是普茨迈斯特的创始人卡尔先生已 80 高龄，并已退出具体的经营管理，而其儿子却无意接手这个家族产业。而更重要的是，在与梁稳根交流的过程中，卡尔先生发现梁稳根和他自己创立普茨迈斯特时的想法是一致，那就是挺立世界混凝土的潮头。由于两人的意境一致，这合作也就愉快地速成了，而对于三一来说，这场交易让它省下了 170 多亿的资金，因为三一重工总裁向文波透露三一重工董事会此前作出的预期是 200 亿拿下也值。换句话说，梁稳根的意境卖了 170 多个亿。

写到这里，我提几句管理的意境，很多行业创始人或经营者，都对一些员工炒老板的现象感到无奈，是什么原因呢？

我分析以下几条：

一是薪酬福利低，

二是没成长，缺少发展空间；

三是不适应产业文化；

四是心累，人际关系太复杂；

五是上下级关系不和，心情不舒畅。

此时，应该有什么样的超常意境思维呢？我认为：

一是以金钱团结转为使命凝聚；

二是以经验管理转为流程复制；

三是以能人专制转为系统运营；

四是以员工的体力转为员工的心入；

五是以员工加班转为员工创新。

113

　　一个人躯体生命是有限的，精神生命是无限的，社会生命是无价的。用有限的生命去创造无限的可能，用无限的可能去彰显无限的价值，这就是超常意境思维的人生。

　　意境的结构特征是虚实相生。意境由两部分组成：一部分是"如在眼前"的较实在的因素，称为"实境"；一部分是"见于言外"的较虚的部分，称为"虚境"。虚境是实境的升华，体现着实境创造的意向和目的，体现着整个意境的艺术品位和审美效果，制约着实境的创造和描写，处于意境结构中的灵魂、统帅地位。

　　但是，虚境不能凭空产生，它必须以实境为载体，落实到实境的具体描绘上。

　　虽然意境思维有时看不见、摸不着，但有三点是必须记住的：一是感知；二是感悟；三是感动。

　　亲爱的读者朋友：你有怎样的意境呢？你的意境能创造多大的奇迹呢？

超常的意境思维名言

　　◆在事情未成功之前，一切总看似不可能。——（南非）政治家、律师曼德拉

　　◆当生活给你设置重重关卡的时候，再撑一下，每次咬牙闯关过后，你会发现想要的都在手中，想丢的都留在了身后。——网上摘语

　　◆人的生活离不开友谊，但要得到真正的友谊才是不容易；友谊总需要忠诚去播种，用热情去灌溉，用原则去培养，去谅解去护理。——（德国）思想家、政治家、哲学家、革命家、经济学家、社会学家马克思

超常的意境思维

感知

感悟

感动

意境思维金三点

第三十三课　超常的完整思维

　　超常的完整思维，是超常风控思维的一种终极体现，是指从纵向的时间和横向的空间全面考虑的超常思维方式，也可称之为超常的全局思维。"千里之堤，毁于蚁穴"，这句话用超常的完整思维来理解，即一个完整的堤坝，需要超前防止和应对蚁穴的破坏，消除空间上的结构缺陷，也要从时间的完整思维角度来考虑，在修建的时候就得超前考虑修建一座不用害怕蚁穴的堤坝，防止日后被蚁穴侵蚀出现问题。

　　西方的一个哲人说过，真正的悲剧，不是一个人有多大的缺陷，而是因为一个细小的失误导致一个满盘皆输的悲情结局。

　　在中国的历史上，有一个伟大朝代叫做秦朝，秦朝是中国历史上提倡的法治朝代，是中国历史上第一个封建王朝，是中央集权制的开创者。很多人骂秦朝，但是却不知道，如今的日本，则是仿照秦始皇的设想建立的。但是，如此伟大的一个朝代，却因为秦始皇一个细小的失误而灭亡了。而秦始皇这个细小的失误是什么呢，就是迷信长生不老，不立太子。

　　由于秦始皇迷信长生不老，而立太子意味着承认自己会死，太晦气，所以，尽管有先天性的鸡胸病，秦始皇就是不立太子。等到秦始皇巡游会稽，回程到沙丘时，突然生病，仓促之间立太子时，便被赵高钻了空子，联合胡亥、李斯伪造诏书，赐死公子扶苏、大将军蒙恬，又伪造诏书立胡亥为太子继承王位，将秦朝推向暴政的深渊，触发物极必反的规律，使得秦朝灭亡后汉朝否认秦朝法治，走向人治的极端。如果秦始皇超常完整地考虑到秦朝的万世基业，明确扶苏为太子，如果秦始皇超常完整地考虑到秦朝的万世基业，将扶苏带在身边，秦朝的历史或许会改写。

　　但是，历史没有如果！昔日的智能手机巨头诺基亚错失了安卓的潮流，轰然倒塌；昔日的胶卷巨头柯达错失了数字化潮流，轰然倒闭……它们有多大的过失吗？一念之差而已，误判了世界发展的超常完整思维而已。

　　而另一位是美国的开国君主华盛顿，堪称超常完整思维的楷模，其主要贡献做了四点：

　　一是领导美国独立战争；

二是领导制定美国宪法，维护统一；

三是功成身退，不当国王，维护民主；

四是开创了总统任期最多两届的传统。

由此，我披露1980年3月16日的日记：

"有备无患有感：有备无患，贮物应急，说的是晋朝陶侃担任荆州刺史时，命令监造船只的官员，把所剩的锯木屑收存起来，当时大家都不知道他的用意，到了年底下雪路滑，陶侃派人将锯木屑盖在出入官衙的路上，大家走路不受影响。官府使用竹子，陶侃总是让人把又老又厚的竹头收藏起来，后来要制造船只，就用竹头制作竹钉。看起来是两件小事，说明陶侃想得远，考虑得周到。所以，清代李绿园在《歧路灯》第九十三回中写道：须知用世真经纶，正在竹钉木屑间。

我还是在养路期间看到的故事，到了公安局以后，我也用上了，电筒、笔记本、材料纸、公文包等下乡所需的用品，我随时准备着，刘副局长、杨股长只要喊一声有事，我是准备得最完备，出门最快的一个，股里安排我负责现场勘查、痕迹技术，也许和我考虑细致，想得周全，准备的充分有关吧！其实，我还是从陶侃的故事里学来的。"

所以，超常的完整思维离不开三点：一、大局；二、全面；三、高层。

亲爱的读者朋友：在金钱名利面前，不能贪心！否则，就难以有超常的完整思维。

超常的完整思维名言

◆人生就像弈棋，一步失误，全盘皆输。——（奥地利）精神病医师、心理学家弗洛伊德

◆智慧有三果：一是思考周到，二是语言得当，三是行为公正。——（古希腊）哲学家、学者德漠克特利

◆人不可以求备，必舍其短，取其所长。——（中国北宋时期）政治家、史学家、文学家司马光

超常的完整思维

高层

全面

大局

完整思维金三点

第三十四课　超常的计算思维

超常的计算思维，也可称之为超常的量化思维或超常的程序化思维，是一种超前把事物的方方面面通过计算进行量化，以实现标准化、增强操控性的超常思维方式，超常的计算思维是快速复制的前提，没有超常的计算思维，规模化的扩张就无从谈起。

超常的计算思维和算计思维是一正一邪，两种完全不同的思维方式。《红楼梦》里的王熙凤，曹雪芹说她"机关算尽太聪明，反误了卿卿性命"，这里指的是勾心斗角的算计思维，说的是人际关系的处理。而超常计算思维则相反，超常计算的目的是为了通过把握细节数据，有机统筹，让办事的流程变得规范、高效、顺畅、可控和可复制。

在一定的范围内超前获得最佳秩序，对实际的或潜在的问题制定共同的和重复使用的规则的活动，称为标准化。它包括超前制定、发布及实施标准的过程。

标准化的重要意义是改进产品、过程和服务的适用性，防止贸易壁垒，促进技术合作。

有一个这样的故事，张三和李四同时受雇于一家店铺，拿同样的薪水。一段时间后，张三青云直上，李四却原地踏步。李四想不通，老板为何厚此薄彼。

老板于是说："李四，你现在到集市上去一下，看看今天早上有卖土豆的吗？"一会儿，李四回来汇报："只有一个农民拉了一车土豆在卖。"

"有多少？"老板又问。

李四没有问过，于是赶紧又跑到集上，然后回来告诉老板："一共40袋土豆。"

"价格呢？"

"您没有叫我打听价格。"

李四委屈地申明。

老板又把张三叫来："张三，你现在到集市上去一下，看看今天早上有卖土豆的吗？"

张三也很快就从集市上回来了，他一口气向老板汇报说："今天集市上只有一个农民卖土豆，一共40袋，价格是两毛五分钱一斤。我看了一下，这些

赢

在超常思维

学则心路光明

土豆的质量不错，价格也便宜，于是顺便带回来一个让您看看。"

张三边说边从提包里拿出土豆，"我想这么便宜的土豆一定可以挣钱，根据我们以往的销量，40袋土豆在一个星期左右就可以全部卖掉。而且，咱们全部买下还可以再适当优惠。所以，我把那个农民也带来了，他现在正在外面等您回话呢……"

张三为什么会获得重用而李四不会？原因就在于张三与李四相比，有超常的计算思维。同样是去市场上看土豆，李四只是看一下，张三却连如何处理、怎样买、能赚多少钱都算出来了。

这样的人做事会做不好？

能不受市场的欢迎？

能不受老板的重用？

再说一个故事，有两个同时下岗的人，一个把分到的钱和过去的积蓄买了套新房子，过起了舒适的日子。另一个把分到的钱和过去积蓄计算着怎么用于经营，买了个店铺又开了个小店。

10年下来，前者买的新房子变成了旧房子，面积又太小了，生活只能靠微薄的退休金过。后者买的店铺由十几万升到几百万，收来的租金又买了店铺出租。小店已经变成了公司，小买卖变成了大生意。再来享受时，住的是别墅，出行是小车。前者碰到后者只有一句话："这十年来你运气真好。"殊不知其中的分界线也简单，两个字："计算"。

同样的道理，不管是做什么事，哪怕是过日子，不懂得超常的计算思维，恐怕这家庭也是难以维持下去的，正所谓"吃不穷穿不穷，不会计算一世穷"。因此，一定要有超常的计算思维。

所以，超常的计算思维要考虑三点：一是有数据；二是有控制；三是有规律。

亲爱的读者朋友：要想使自己值钱，必须有超常的计算思维噢！

超常的计算思维名言

◆人的寿命如以85岁来计算，与宇宙来比，当然短促的很，但如拿时与日来计算，却不算短促，实在相当的长。只要不浪费，合理地使用时间，肯定可以学会许多东西。——（中国现代）社会活动家、生物学家周建人

◆生命的长河以时间来计算，生命的价值以贡献来计算。——（匈牙利）诗人裴多菲

超常的计算思维

有数据　　　有控制　　　有规律

计算思维金三点

第三十五课　超常的积累思维

　　超常的积累思维是指为了将来发展的需要，逐渐聚集起有用的东西，使之慢慢增长。完善的超常思维，说穿了，就是累积、量变，以备在关键时刻发生质变或帮助产生质变的超常思维。

　　古往今来，能够在事业上取得成就的人是很多的，他们的成就和荣誉，往往令人敬佩、羡慕，人们也常渴望着能取得他们那样的成就。然而，怎样才能达到预想的目标呢？这个问题就不是所有的人都能正确回答了。每个人的理想有所不同，有的远大，有的现实，但无论哪个有志者，都应该牢记住这句名言：千里之行，始于足下。

　　太多的人，每当看到别人成功时，你不要认为自己一定行，也能成功，自己还没有搞清楚，就拼命地追着跑，有这样的想法固然好，但是你分析过吗？那些成功人士是从什么时候开始起步的，他们脚踏实地的一步一步往前走，不断地为自己创造各种条件，自身能力的提升，时间的管理，基础资金的积累，你了解吗？超常的积累思维，就是认准方向朝着理想，从小处做起，一步一步地积累着，走下去，这就是成功的秘诀。

　　提起我国数学家陈景润，恐怕没有不知道的，人们每次谈起他，就会与那颗数学王冠上的明珠——"哥德巴赫猜想"联系起来。但是，你是否会因他的成绩联想到别的，比如联想到那几麻袋、十几麻袋草稿？你是否会想到，在通向这座科学高峰的千里路上，攀登者是怎样一步一步地艰难向前的呢？对于我们来说，陈景润的那些稿纸本身就是心血的结晶。它告诉人们，伟人之所以成为伟人，便是因为他们曾为理想一步一个脚印地奋斗过，他们因此而成功了。

　　每个名人都有自己的一种教育方式，我也广泛吸收一些好的学习方法。其中陶渊明教后生的故事，我曾经把它抄下来，自我激励和欣赏：

　　陶渊明辞官归故里后，有个少年来向他求教，要陶渊明教他成材的"妙法"，指点读书的"捷径"。陶渊明给他讲了"书山有路勤为径"，勤学则进，辍学则退等道理，但少年仍不理解。

　　有一天，陶渊明把这位少年拉到稻田旁，要少年蹲下，然后说："你聚精会神地瞧着，禾苗是不是在长高？"少年蹲了老半天，眼睛一眨不眨，看得发酸了，也未见禾苗长一点儿，他站起来说："没见它长高呀！"

陶渊明又把少年带到磨刀石边，让他看着石块的凹面说："你知道这磨刀石是哪一天凹得这样深的吗？"少年摇头说不知道。

这时，陶渊明意味深长地开导说："春起的苗芽，现在变高了，表明每时每刻都在生长；磨刀石，天天被用来磨镰、磨刀，年复一年地磨损，逐渐磨损成这样。我们读书、学习，也是一点一滴积累起来的，可没有什么捷径！不能辍学而使自己的学问受亏损啊！"

少年听了，连连拜谢，"多谢先生指教，小辈一定不求妙法了！"

陶渊明欣然题词相赠："勤学如春起之苗，不见其增，日有所长；辍学如磨刀之石，不见其损，日有所亏。"

再说一个故事，上个世纪最初的几十年里，在太平洋两岸的美国和日本，有两个年轻人都在为自己的人生努力着。

那位年轻的日本人，每月雷打不动地坚持把工资和奖金的三分之一存入银行，尽管许多时候他这样做会让自己手头拮据，但他仍咬咬牙照存不误，有时甚至借钱维持生计也从来不去动银行的存款。

相比之下，那个年轻的美国人的情况就更糟糕了，他整天躲在狭小的地下室里，将数百万根的 K 线一根根画到纸上，然后贴到墙上，接下来便对着这些 K 线静静地思索，有时他甚至能面对看一张 K 线图发几个小时的呆。后来他干脆把自美国证券市场有史以来的纪录搜集到一起，在那些杂乱无章的数据中寻找着规律性的东西。由于没有客户挣不到薪金，许多时候这个美国人不得不靠朋友的接济勉强度日。

这样在 6 年的时光里，日本人靠自己的勤俭积蓄了 5 万美元的存款；美国人集中研究了美国证券市场的走势与古老数学、几何学和星象学的关系。

这个日本人叫藤田田，后来成为麦当劳日本连锁公司的掌门人。

这个美国人叫威廉·江恩，成立了自己的经纪公司。并发现了最重要的有关证券市场发展趋势的预测方法，在金融投资生涯中赚取了 5 亿美元的财富。

两个看似风马牛不相及的故事蕴含着相同的道理，那就是成就大事业的人，他们也同样是一点一滴的努力中创造和积累着成功所需的条件。

所有的读者，每当看完我写的《经历无悔》上卷《实践人生》以后，就会得知人生的目标不可能一步到位，过程中总有坎坷曲折，是通过一个又一个具体的小目标各个击破而最终达成的。而且，在实现每一个具体的小目标以后，总有一种阶段性的成就感，实现得愈多，离总体目标也就愈近。

要想达到目标，使理想成为现实，超常的积累思维是绝不可少的，而人们往往忽视这一点。古人"不积跬步，无以至千里；不积小流，无以成江海"的话，讲的也是这个道理。无论多么远大的理想，伟大的事业，都必须从小处做起，

从平凡处做起。东汉时有一个叫陈蕃的，少小时懒惰散漫，不屑于小事，别人让他打扫庭院，他回答；"大丈夫当以扫除天下为怀，安事一室乎？"其实这是很没道理的。"一室尚扫不了，何以扫天下？"当然，后来这位陈蕃在别人指导下终于改正了自己的错误，成了不但可以"扫一室"，而且可以"理天下"的一代名臣，这是努力加强自己的修养，注意点滴积累而终成大事的绝好例证。

现在有些人却不然，他们似乎只知道树立理想，却不认真想想该怎样去做，或总是使自己停留在冥想中，而不去实际干，像他们这样日夜看着远方辉煌的目标而打发自己的青春，浪费自己的生命，到头来只能是个曾立志的无志者，到老一事无成。

对于每一个想干事业的人，更应该努力从点点滴滴做起，一步一个脚印地朝着宏伟的目标迈进。虽然这千里万里之行，会是非常艰难，绝不会是一条平坦大道，但只要拥有超常的积累思维，一步步走下去，就一定能够有所成就。

所以，超常的积累思维必须记住三个字：一是点；二是线；三是面。

亲爱的读者朋友：厚积才能薄发，厚德方可载福。

超常的积累思维名言

◆丘山积卑而为高，江河合水而为大。——（中国古代）思想家、哲学家、文学家庄子

◆积学以储宝，酌理以富才。——（中国古代南北朝时期）文学理论家、文学批评家刘勰

◆古今中外有学问的人，有成绩的人，总是十分留意积累的。

知识就是积累起来的。我们对什么事都不应当像过眼烟云。——（中国现代）新闻工作者、政论家、历史学家、诗人、杂文家、书画收藏家邓拓

超常的积累思维

点

线

面

积累思维金三点

第三十六课　超常的毅力思维

　　毅力也叫意志力，是人们为达到预定的目标而自觉克服困难、努力实现的一种意志品质；毅力，是人的一种"心理忍耐力"，是一个人完成学习、工作、事业的"持久力"。当它与人的期望、目标结合起来后，它会发挥巨大的作用。

　　毅力是一个人敢不敢自信、会不会专注、是不是果断、能不能自制和有没有忍受挫折的结晶。

　　在所有的成功者中，有没有超常的毅力思维，坚强不坚强，起着决定性的作用；而对失败者来说，缺乏毅力几乎是他们共同的毛病。所以毅力这个东西，极其重要，也很可贵。

　　超常的毅力思维会帮助你克服恐惧、沮丧和冷漠；会不断地增加你应付、解决各种困难问题的能力；会将偶然来的机遇转变为现实；会帮助你实现他人实现不了的理想……因此，古今中外的先人、哲人、伟人、名人，都对它作了高度的评价。

　　通往成功的道路往往充满荆棘，坎坷不平，会有许多障碍险阻。

　　古代蒙古有一位军事首领叫帖木尔儿，曾经被敌人紧追不舍，不得不躲进了一间坍塌的破屋。就在他陷入困惑与沉思时，他看见一只蚂蚁吃力地背负着一粒玉米向前爬行。蚂蚁重复了 69 次，每一次都是在一个凸起的地方连同玉米一起摔下来，它总是翻不过这个坎。到了第 70 次，它终于成功了！这只蚂蚁的行为极大地鼓舞了这位彷徨的铁腕人物，使他开始对未来的胜利充满希望。有作为的人，无不具有超常的毅力思维，无不具备顽强的意志、坚韧不拔的毅力。

　　我国古代大医药学家李时珍写《本草纲目》花费了 27 年；进化论创始人达尔文写《物种起源》用了 15 年；天文学家哥白尼写《天体运行论》用了 30 年；大文豪歌德写《浮士德》用了 60 年，而郭沫若翻译《浮士德》就用了 30 年；马克思写《资本论》用了 40 年。这些中外巨人的伟大成果无一不是理想、智慧与毅力的结晶。

　　还有一些科学家为坚持真理付出了鲜血与生命。例如赛尔维特发现了血液循环，被宗教徒活活烤了两小时；布鲁诺提出了宇宙无限，没有中心的思想，被罗马教廷关了 7 年，最后被判火刑。超常的毅力思维和顽强的毅力是他们成为巨人的一个必备的重要条件。

　　培养超常的毅力思维和顽强的毅力，要从小做起。有位教育家搞了一个实验：找来一些孩子，拿来一堆糖果等好吃的东西告诉他们说："在我离开这里再次回来之前，你们不能吃这些东西，等我回来后才能吃，而且我回来后会给你们更多的糖果。"这位教育家走后，有些孩子按捺不住了，就动手吃了这些糖果。这位教育家过后做了一个跟踪调查，凡是当初能克制自己，在这位教育家回来前没有吃糖果的孩子，长大以后发展前途好，事业有成。所以常言有："三岁看大，七岁知老"的说法。

　　在干事业的过程中，会面对各种各样的诱惑，当你拥有资金，想进行投资的时候，你面前会出现诸多的诱惑，这个项目看似能够创造出巨大的价值和利润，那个项目看似也能够创造出巨大的价值和利润。如果你来选择，不妨这个也投那个也投，但作为想真心干一番事业的人来说，你就不可能这个也干那个也干，必须要有自己坚定的梦想和追求，必须要有超常的毅力思维和非凡的毅力挡住方方面面的诱惑，坚定不移地一头扎进去，专注专注再专注，删除删除再删除，选择其一直到成功。

　　超常的毅力思维要牢记三点：一是意志力；二是忍耐力；三是持久力。

　　亲爱的读者朋友：剩者为王！老板都是熬出来的！超常的毅力思维是成功者必备的条件！

超常的毅力思维名言

　　◆古今之成大事业、大学问者，必经过三种之境界：

　　"昨夜西风凋碧树，独上高楼，望尽天涯路"，此第一境界也；

　　"衣带渐宽终不悔，为伊消得人憔悴"，此第二境界也；

　　"众里寻她千百度，蓦然回首，那人却在灯火阑珊处"，此第三境界也。——（中国清朝、民国时期）学者、哲学家、历史学家、考古学家王国维

　　◆伟大的事业是根源于坚韧不断地工作，以全副精神去从事，不避艰苦。——（英国）哲学家、数学家、逻辑学家、历史学家、无神论者、社会活动家伯特兰·罗素

　　◆世人缺乏的是毅力，而非气力。——（法国）作家、剧作家、诗人维克多·雨果

超常的毅力思维

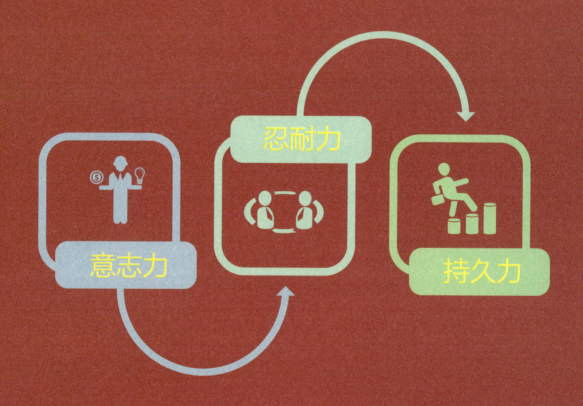

意志力

忍耐力

持久力

毅力思维金三点

第三十七课　超常的现实思维

理想是超现实的，实践是现实的。

思想可以超越光速，一念穿越时空，但人的速度永远不可能超越光速，所以，要有理想和梦想，但也要有超常的现实思维，这样理想和梦想才不至于变成无法实现的妄想。

超常的现实思维中，"现"是现在，"实"是实际。所以，超常的现实思维是活在当下，立足现在，认识现实，追求实际的思维。昨天已经过去了，永远不会再来，明天还没到来，永远也无法把握，唯一能把握的就是当下，是现在！

昨天已经过去，是虚幻的，明天还没到来，同样是虚幻的。

昨天的决定和作为，决定了你今天的状态，而你明天的状态，又由你今天的付出决定。

总而言之，相对于过去和未来，只有现在是实际的。所以，不管是生产还是生活，都要有超常的现实思维，把握当下，在当下的基础上展望未来，谋划未来。

正所谓理想很丰满，现实很骨感。想得再多，那也是虚的，只有现实发生的事情，才可以称之为真实的。正因为如此，我才总结出"理想可以头顶天，践行必须脚踏地"的口头禅。

在我认识的年轻人中，不少有着非常超前的理想和思维，志向不可谓不伟大，理想不可谓不丰满，思维不可谓不活跃，但就是天马行空、不够现实，实行起来处处碰壁，尽是没有考虑到的现实情况。

我通过卖服装、开快餐馆、办日杂店、摆地摊等亲身接触，我感受到：读书和学习都是理论上的知识，真正的学问，应有一套求生的方法和技巧。有的人当干部久了，就只能当干部，离开机关也许难于养活自己。有的当过这个"长"那个"长"的不服气，退出二线就往商海里跳，少则半年，多则三年，就被商海淹得要死不活，欠下一屁股债。

在当今市场竞争中，用人单位首先看重的不仅仅是学历或职位，而是看其高超的人际交往能力，如果应聘者能够应对各种复杂的场面，也称得上是学问了。

今后社会对人的发展需求是：要想追求更高的境界，就必须要充分运用多种方法和手腕，在求生谋发展的道理上依靠自己的力量去实现目标。

举两个例子吧！有一天，一位先生宴请美国名作家赛珍珠女士，林语堂先生也在被请之列，于是，他就请求主人把他的席位排在赛珍珠之旁。

席间，赛珍珠知道座上有许多中国作家，就说："各位何不以新作供美国出版界印发？本人愿为介绍。"

座席上的人当时都以为这是一种普通敷衍的说词而已，未予注意。唯独林语堂先生当场一口答应，并搜集其发表于中国之英文小品成一巨册，送之赛珍珠，请为斧正。

赛因此对林博士印象极佳，其后乃以全力支持助其成功。

从这段故事看，一个人能否成功，固然要靠天才，要靠努力，但及时把握时机，不因循、不观望、不退缩、不犹豫，想到就做，有超常的现实思维，有尝试的勇气，有实践的决心非常重要。

所以，有些人的成功在于一个很偶然的机会，但认真去想，这偶然机会能被发现，被抓住，而且被充分利用，却又不是偶然的。

又如史玉柱，史玉柱不管是在过去，还是在现在，都堪称一个商业奇才。

史玉柱 1962 年 9 月的一天生于安徽省蚌埠市怀远县，1984 年，他从浙江大学数学系本科毕业，分配至安徽省统计局工作。

1989 年，深圳大学软件科学系（数学系）研究生毕业后，随即下海创业。

1992 年，他在广东省珠海市创办珠海巨人高科技集团，开发和销售汉卡，取得了巨大的成功。

1994 年，他产生了修一栋大楼作为巨人集团总部的想法，而劫难就发生在这栋大楼上。

公司发展壮大了，修个总部是好事，也是必须的，但是，由于外界的期待，以及各方人士希望把巨人大厦修建成当地高科技行业发展的"典型"的期愿，巨人大厦从最开始规划的 38 层不断"加高"到 70 层，要建全国最高的楼宇。投资也一路飙涨到 12 亿元。可当时史玉柱手中只有 1 亿元现金，他不得不将赌注押在了卖"楼花"上。而正是在 1994 年巨人大厦开始卖"楼花"时，政府开始对过热的经济进行宏观调控，卖"楼花"受到一定的限制。

1996 年，已投入 3 亿多元的巨人大厦资金告急，史玉柱因资金链断裂而破产，欠债 2.5 亿人民币，成为"中国首负"！

直到 1997 年，史玉柱在江苏等地推出保健品"脑白金"，大获成功并迅速推广至全国，才还清欠款咸鱼翻身，重新站了起来。

历史没有如果，也不需要如果，只需要经验教训。佛家说人生有三重境界，这三重境界可以用一段充满禅机的语言来说明，这段语言便是：看山是山，看水是水；看山不是山，看水不是水；看山还是山，看水还是水，这第三重境界，就是经历了第二重的不安分后重回现实思维的境界。

山就是山，水就是水，这就是超常的现实思维。

所以，超常的现实思维要牢牢记住三点：一是真与实；二是善与行；三是美与巧。

亲爱的读者朋友：立足现实，面向未来，是成功人士的法宝。

超常的现实思维名言

◆现实生活中不可能保持一块洁白无瑕的净土。要是想认真完成一项必要的事业，为人既要灵活，又要有一副铁石心肠。——（中国现代）文学家、武侠小说家古龙

◆凡是现实的都是合理的。——（德国）古典哲学代表、政治哲学家黑格尔

◆敢于面对现实，勇于承担责任，才会不断进步。——（中国现代）践行者·九溪翁

超常的现实思维

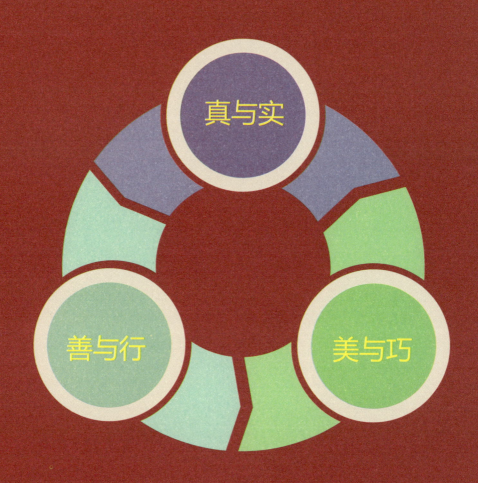

现实思维金三点

第三十八课　超常的创新思维

　　超常的创新思维是指以新颖独创的方法解决问题的思维过程，通过这种超常思维能突破常规思维的界限，以超常规甚至反常规的方法、视角去思考问题，提出与众不同的解决方案。从而产生新颖的、独到的、有社会意义的思维成果。

　　创新是当今世界，在我们国家出现频率非常高的一个词，企业家、政府官员、大学教授等等，几乎都在念叨着创新。同时，创新它又是一个非常古老的词。在英文中，创新这个词"Innovation"，起源于拉丁语。它原意有三层含义，第一，更新；第二，创造新的东西；第三，改变。而创新作为一种理论，它的形成是在20世纪的事情，是著名经济学家、美国哈佛大学教授熊彼特在1912年，第一次把创新引入了经济领域。

　　我们举一个案例：一家外企的贸易业务很忙，节奏也很紧张，往往是上午对方的货物刚发出来，中午账单就传真过来了，会计的桌子上总是堆满了各处讨债单，都是千篇一律的要钱，会计不知该先付谁的好，经理也一样，总是大概看一眼就扔在桌子上，说："你看着办吧。"但有一次却是马上说："付给他。"但这是仅有的一次，那是一张从巴西传真过来的账单，除了列明货物标的、价格、金额外，大面积的空白处写着一个大大的"SOS"，旁边还画了一个头像，头像正在淌着眼泪，简单的线条，却很生动。这张不同寻常的账单一下子就引起了会计的注意，也引起了经理的重视，他看了便说："人家都流泪了，以最快的方式付给他吧。"经理和会计心里都明白，这个讨债人未必是真的流泪，但他却成功了，一下子以最快的速度讨回了大额的货款。因为他多用了一点心思，把简单的"给我钱"，换成一个富含人情味的小幽默，正此一点，就从千篇一律中脱颖而出。

　　超常的创造思维的一个重要表现就是敢于打破常规。如果按照常规思维，那张账单也不会那么"幸运"，正是由于一点小小的改进，一点与众不同的表达，一点巧妙的攻心，使它出奇制胜，在众多讨债单中脱颖而出，从而吸引了老板的注意，最终达到目的。而生活中一些人为什么没有这么"幸运"，而且处处碰壁，不如意呢？关键是他们都在用别人也会用、正在用的老套方法，在竞争激烈的现代社会，又怎么能给自己带来好运气呢？

当今的世界，由于自由市场经济的普及，传统行业基本上已经饱和甚至过度饱和，传统行业鲜有新的大企业出现，但却不断有中型企业被兼并，小企业成片倒闭的消息，而那些忽如一夜春风来，千树万树梨花开，一夜之间冒出来并以难以想象的速度发展起来的公司，无一不是超常创新性极强的企业——阿里巴巴、脸谱网、推特、微博、微信等等，但即便拥有数亿用户的产品，在这个创新的时代里也不知道还能活多久，因为一不留神，就有可能被一个不起眼的人，一家不起眼的公司，用一个不起眼的互联网产品一夜之间颠覆。

超常的创新思维是如此的强大，是如此的重要，也是如此的普及，以致现代的企业经营者不得不由衷地感叹，以前做企业，尚且知道对手是谁，现在做企业，连对手在哪里都不知道，因为每个人似乎都在超常创新，似乎都是对手，他们不鸣则已，一鸣可能就给老前辈们致命一击。

再举一例，我国不迷信传统的地质理论：许多年来，中国被认为是一个贫油国家。因为传统的地质理论认为，大油田一般都生长在海相地层中，而中国大部分是陆相地层，因而不可能有储量大的油田。但是，我国杰出的地质学家李四光不迷信传统的理论，他根据自己多年来的地质实践和前人的经验教训，深入思考，反复研究，最终提出了自己的一套全新的找油理论，即新华夏构造体系的理论。根据这一理论，我国先后发现了大庆油田、大港油田、胜利油田、河南油田、江汉油田等大型油田，终于摘掉了"贫油国"的帽子。

所以，超常的创新思维必须在独、特、奇这三点上下功夫。

亲爱的读者朋友：不创新，没有超常的创新思维，能行吗？

超常的创新思维名言

◆ 不创新，就死亡。——（美国）著名企业家李·艾柯卡

◆ 科学的伟大进步，来源于崭新与大胆的想象力。——（美国）哲学家、教育家约翰·杜威

◆ 天才的最基本的特性之一，是独创性或独立性，其次是它具有的思想的普遍性和深度，最后是这思想与理想对当代历史的影响，天才永远以其创造开拓新的、未之常闻，或无人逆料的现实世界。——（俄国）哲学家、文学评论家别林斯基

超常的创新思维

创新思维金三点

第三十九课　超常的负重思维

　　一个小孩子和一个健康的成年人，一百斤的担子，小孩子挑得起吗？挑不起来的。同样的道理，一个企业就像是一副担子，企业越大，担子就越重，想要把企业做大做强，毫无疑问，要求经营企业的人首先要有越来越强的负重能力，这就是超常的负重思维。

　　当你决定干一番事业时，要有承担常人不需要或无法承担的重任的心理准备。当你是一个人，你可以一人吃饱，全家不愁；当你组成了一个家庭，你就需要承担起养家糊口的重担；当你组建了一支团队，成立了一家公司，那么，你就得养活整个团队，而每个团队成员的背后，都有一个家庭，如果你的团队有十个人，那么你就要养活十个家庭！

　　老板之所以伟大，值得世人尊敬，值得员工爱戴，就在于他承担了普通人不愿意承担或承担不起的重担。

　　古时春秋战国时期廉颇负荆请罪，大丈夫敢作敢当，知错必改；汉代董宣为人坚持原则，不畏权贵，以法为依，勇于负重，敢于担当，光武帝称其为"强项令"，其遂以此绰号名垂青史；20世纪初美国有一位叫弗兰克的，经过多年的积蓄开办了一家小银行，但一次银行抢劫改写了他的人生：他破了产，储户丢失了存款。当他拖着妻子和四个儿女从头开始的时候，他决定偿还那笔天文数字般的存款，所有的人都劝他："你为什么要这样做呢？这件事你是没有责任的。"但他回答："是的，在法律上也许我没有，但在道义上，我有责任，我应该还钱！"这位美国意大利移民在为人类负重担当精神写下了光辉灿烂的一笔。

　　净空法师曾说了一个敢于负重，勇于担当的小故事，很受启发，特摘录如下：

　　有个寺庙，因获存一串佛祖戴过的念珠而闻名。念珠的供奉之地只有庙里的老住持和7个弟子知道。7个弟子都很有悟性，老住持觉得将来把衣钵传给他们其中的任何一个，都可以光大佛法。

　　不想那串念珠突然不见了。老住持问7个弟子："你们谁拿了念珠，只要放回原处，我不追究，佛祖也不会怪罪。"弟子们都摇头。

　　7天过去了，念珠依然不知去向。老住持又说"只要承认了，念珠就归谁。"

但又过去了 7 天，还是没人承认。

老住持很失望："明天你们就下山吧。拿了念珠的人，如果想留下就留下。"

第二天，6 个弟子收拾好东西，长长地舒了口气，干干净净地走了。只有一个弟子留下来。

老住持问留下的弟子："念珠呢？"弟子说"我没拿。""那为何要背个偷窃之名？"弟子说"这几天我们几个相互猜疑，有人站出来，其他人就能得到解脱。再说，念珠不见了，佛还在呀。"

老住持笑了，从怀里取出那串念珠戴在这名弟子手上。

净空法师讲完这个故事，很是感慨："不是所有的事情都能说清楚。然而比说清楚更重要的是：能负重、能担当、能行动、能化解、能扭转、能改变；想自己，更能想别人，顾全大局！这就是法。"

是啊！现实中常常有这样的三种人：

第一种人是不敢担当负重之人，只要遇到问题，必定会想尽各种理由推卸，所有的问题都会指向别人。

第二种人是敢于担当负重之人，面对自身碰到的矛盾与问题，不推卸、不上交、不指责，老老实实去面对，实实在在去解决。这种人：一是人品会让人觉得可靠、放心；二是通过担当责任，解决问题。

第三种人是为他人担当负重的人，这种人的境界高。所以这种人无论是眼界还是胸怀，都是堪称领袖级的，就如故事中那留下来的弟子，最终是手上会带上"念珠"的人。

因此，超常的负重思维的人必须做到三点：一是有全局观念；二是有长远眼光；三是有未来规划。

亲爱的读者朋友：扪心自问，你属于第几种人？你曾经承受住了多大的压力？你现在能承受多大的压力？你未来想承受多大的压力？你凭什么认为你未来能承受那么大的压力？你为什么想要在未来去承受那么大的压力？一系列的提问，好好思考吧，因为这些问题的答案，决定了你将来能成就多大的事业。

超常的负重思维名言

◆ 自然界没有风风雨雨，大地就不会春华秋实。——网上摘语

◆ 蝴蝶如要在百花园里得到飞舞的欢乐，那首先得忍受与蛹决裂的痛苦。——网上摘语

◆ 对于勇士来说，贫病、困窘、责难、诽谤、冷嘲热讽……，一切压迫都是前进的动力。——网上摘语

超常的负重思维

负重思维金三点

第四十课　超常的减法思维

　　超常的减法思维是指当事物以某种固定态势或完全要素存在的时候，我们不妨动用一下"超常的减法思维"，打破原有态势的稳定结构，减去某种构成要素，使旧有事物的属性发生根本性的变化的思维。

　　"杂交水稻之父"袁隆平院士的思维过程，正体现了"超常的减法思维"的特殊作用。水稻"雌雄同株"似乎已成固定态势和完全要素，袁隆平院士所突发出的灵感之光，实际上是"超常的减法思维"的闪动。打破雌雄并立的固定态势，减去其中的雄性要素，使水稻也能异体杂交。他成功了，功在他的"超常的减法思维"，这种减法思维模式在生活中也常会应用，比如"退一步海阔天空"。

　　在科学研究上，对超常的减法思维还有一种特别励志的应用。在科学界，当一种方法或某个猜想被证明是错误的时候，科学家们产生的不是消极的想法，而是愉快地认为离成功又近了一步，因为又减掉了一个错误的选项。诚然，当错误的选项都被减掉，剩下的不就是成功了吗？

　　市场经济时代，就是一个做超常减法的时代。想方设法减少成本提高盈利，减少中间环节提高效率，减少不必要的功能提升用户体验。但是，工作的时候，似乎总是倾向于"超常的加法思维"。比如，针对某种产品，总会有"配置这个功能不是更方便吗？""有这种需求就迎合吧"等想法。

　　人生也是如此。"要是有这个就好了"、"要是有那个就好了"，如此这般过多地考虑不具备的条件而导致难以前行。

　　但是在当今时代，"超常的减法思维"比"超常的加法思维"更吃得开。贯彻超常的减法思维的著名公司当属 Apple。

　　例如，Imac 上市的时候，未配置软驱。虽然当时软驱算是不可或缺的，然而基于"那种东西会被淘汰"这个想法而放弃使用。

　　而如今的 MacBookAir 没有局域网接口，是因为考虑到一种可能性，即："可以使用无线区域网"。

　　Apple 总裁史蒂夫·乔布斯，被问及"XX 能行吗？""不打算配置 XX 吗？"等问题时，总是如此回答。

"听好了，我知道你们对可能植入Itunes的功能，有1000个颇酷的主意。当然我们也有。不过，我们不要这1000个主意，那种东西太寒碜了。

创新不是对一切都说'Yes'，而是保留最重要的功能，对其他一切说'No'。"

所以才说，添加功能不是革新，精简功能才是革新。

当今时代，所求之物差不多都会入手。并且需求也趋于多样化，这样的时代中，能满足所有需求的万能机器就如同"无能机器"。

虽然只能做一件事，简单的功能亦有其价值。工作的时候，思考人生的时候，都不要考虑"什么还不足"，试着想一下"能减掉什么"，思路或许就会改变。

做人做事，最大的敌人莫过于自己。比如"升迁"作为诸多为官者竞取的目标，有些人忙活数年当不上官会痛心疾首、心里很不舒服；有些人升迁之后却忘乎所以，以为官大本事大，独断专行，听不进不同意见。其实"升迁"或"不升迁"，都要有超常的减法思维，都是一个"归零"的开始，重新确定前进目标，敢于从"一"做起，才能取得新的突破。

因此，适时做些减法，把自己"归零"，反而会心胸开阔，因为对人生而言，难免会有成功与失败，顺境与逆境。

顺境与成功时，拥有超常的减法思维，把自己适时"归零"，可以戒骄戒躁，不把顺境和成功当"包袱"背起来；逆境与失败时，固然会失去很多，但能够在失去时拥有超常的减法思维，也把自己适时"归零"，从中积蓄新的能量，成为再出发的动力。

超常的减法思维要记住三个字：一是精；二是减；三是优。

亲爱的读者朋友：人生路上的诱惑太多太多了，如果您不能抵制诱惑，牢记超常的减法思维，你将活得很累很累。

超常的减法思维名言

◆ 人的成长，实在就是由简到繁、再由繁到简的过程。年轻时，有很多梦想，总想有更多尝试，吸收更多东西，捉住更多机遇，但根本不可能捉住每一个机会和境遇；等到慢慢成熟了，懂得了，才恍然有所悟。人的精力是有限的，虽有不甘，但心有余而力不足，因此，人生必须学会做减法。欲做杂家，难成专家。人的一生要集中精力做一件事，做一件成一件，做一件像一件。做减法的过程并不轻易，人轻易患得患失，怎样才能离梦想更近？需要学会放弃，放弃是为了另一种更好的坚持。——网上摘语

超常的减法思维

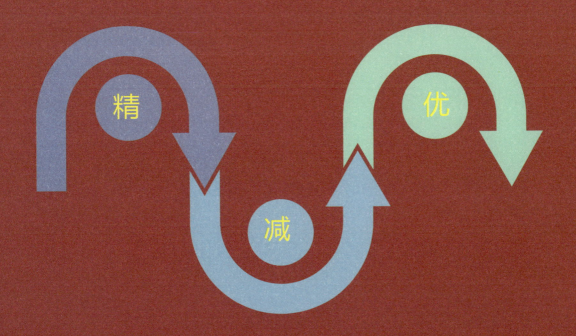

减法思维金三点

第四十一课　超常的常理思维

常理思维，就是普遍规律的思维。不管是经济、政治、军事还是教育文化，都有运行的基本规律。掌握这些基本规律，能提前运用这些基本规律达到趋利避害的目的，就是超常的常理思维的表现。

社会经济的增长依靠生产力水平的提高，这是经济发展的规律，是常理。但是，通过投资基础建设也能拉动经济的增长。

因此，不同国情的国家，推动经济增长的方式就存在差异性，在不同的国家经商，也就需要适应不同的环境，采用不一样的思路。

例如，在高度市场化的市场经济国家，社会经济的增长依靠生产力水平的提高，不存在所谓的政策红利一说，要想赚钱，就必须创新，发展科技，想方设法提高生产力。而在非自由市场经济国家，做生意主要还是靠政策红利，除了政府的政策红利，还要超前考虑独特的国情下产生的一系列的"常理"，如地方官员的任职周期，中央政府的任职周期，国家和地方政府的建设规划周期与地方领导的任职周期的某种巧妙联系的时间段等等，任何一个环节把握不当，都有可能对经济形势或投资形成误判，造成不必要的损失。

微观层面的超常常理思维，则更多地体现在社交方面。所谓人之常情，指的也就是这个意思。

在中国，三四层以下的房子全都窗外有窗，钢筋铁骨，密密麻麻，而在美国，很难看到这种"铁窗"。难道美国没有小偷？美国当然有小偷。那么，为什么美国住宅不装铁窗？下面来看一个著名的案例。

1992年10月17日晚上8点多，美国路易斯安那州的16岁的日本留学生服部刚丈和一个朋友去参加万圣节派对。两人按地址找到了一个民宅，误以为就是他们要找的开派对的地方。按了门铃，没有人开门。两人疑惑地返回路边停车处，准备离开。就在这时，民宅的车库门开了，女主人出现在车库门口。两人庆幸没有弄错地方，快步跑向女主人。女主人害怕地跑进屋里，告诉丈夫，外面有人，快拿枪。她丈夫，30岁的皮埃斯，提着马格南手枪出来探究咋回事，看到两个人朝他迅速走近，于是喝令"别动"。但服部仍然朝他走近，并说"我们来这里参加派对"。结果，皮埃斯开了枪，服部距离他5英尺，胸部中弹倒下。

皮埃斯回到屋里，关上门，叫妻子打"911"紧急电话报警。全家不理会外面的呼救，在屋里祷告。

警车和救护车赶到后，服部已经奄奄一息，数分钟后因肺部失血过多，回天乏术。

1992年11月4日，皮埃斯在他所在地巴顿鲁基被以杀人罪的罪名起诉。

1993年5月23日，地方法院经过7天的审讯，12名陪审员一致认为，皮埃斯无罪。皮埃斯被判无罪，法律依据是：为了保护自身和财产的安全，对侵入私宅者可以使用致命武器。

美国的这条法律叫做"堡垒原则"，也叫做"堡垒法"，或者"住宅防卫法"。该法律规定：对非法侵入和暴力袭击，主人、租户、委托保管人等有权使用致命武力来保护其"堡垒"，住宅"堡垒"包括院子和车道。有些州的法律更进一步将工作场所和私人车子都归入"堡垒"范围，不可侵犯。

有此强大的法律保护，平民百姓不用害怕小偷破窗撬门，明星名人也不用担心狗崽队潜入花园了，因为可以使用致命武力，可用铁棍、尖刀、枪支等，一下子就能要了入侵者的命。既然私入民宅的后果不是被打两下，而是极有可能白白送命，谁还敢冒此风险？

当然，《堡垒法》有许多具体的条款，不能滥用。比如：将一个仇家骗到自己的"堡垒"然后"做了"他。那样的话，就是谋杀了。

在中国，窗户加铁窗是常理，在美国，未经允许进入他人的房子可以直接将闯入者击毙是常理。那个叫做服部的日本人之所以会被击毙，枉死在美国，是因为他没有超常的常理思维，他以为美国和日本是一样的，进入别人家院子是没什么大不了的事。

再说三国时期，曹操有次带兵打仗，驻扎在一个乡村中，他命令士兵们不准去践踏庄稼，否则按军法处置，不料他的马突然受惊，跑到了田地里，踩坏了一大片庄稼。曹操二话不说，当场削了自己的头发，士兵们大为震惊，从此军队里更加团结。试想若没有这条规矩，大家都能践踏田地，不但老百姓会有所不服，曹操的威严也无从体现，最后这个团结就像没有凝聚力的一盘散沙，很容易被颠覆。

每个人在社会上都不是孤立的，都生活在群体中。社会需要有各种各样的规则。俗话说："没有规矩，不成方圆。"当然，仅仅有了规则还不够，更重要的是，每个人都能自觉地尊重规则、遵守规则，有超常的常理思维。

就此，我还要讲两个小故事，第一个，我国上世纪抗日战争爆发后，文史大家刘文典没来得及南下，为生计所迫，只好到北平一家米店当账房先生，米店老板很守规矩，从不克扣伙计的工钱。北平沦陷后，老板为躲避战乱，抛下米店，举家逃难。伙计们一时不知所措，有人提议："发财要趁早，现在老板

143

跑了，我们分了钱散伙，说不定这就是我们日后发迹的本钱。"

这时，刘文典站出来说："君子爱财，取之有道。凡事都有规矩，老板以前从没亏待过大家，我们应该做尊重守规矩的人。现在我们不能因老板逃难而破坏了米店的规矩，我们要团结一致，继续把米店经营好，待老板回来我们也好有个交代。"大家觉得刘文典言之有理，齐心协力让米店照常运转。

半年后，老板避难归来，刘文典等人把米店的钱、物、账完璧归赵。老板欣喜若狂，对刘文典等人刮目相看，分外优待。当刘文典要去西南联大任教而为缺少路费发愁时，米店老板慷慨相助。

米店老板守住了不克扣工钱的规矩，受到了伙计的尊重。在老板逃难后，刘文典等人守住不侵害老板利益的规矩，继续经营米店，得到了米店老板的回馈，守规矩真好！

第二个小故事，一位作家曾写了一个他在澳大利亚时的见闻。一天傍晚，他们乘车从墨尔本出发，赶往菲律普岛，去一睹企鹅归巢的美景。

他们从车上的收音机获悉，菲律普岛上正在举办一场大规模的摩托车赛。估计他们到达菲律普岛之前的一个小时，这场比赛就要结束。到时候，观众散场，会有上万辆车向着墨尔本方向开来。因为这条公路只有两个车道，他们担心会因此堵车而错过看企鹅归巢的奇景。

距离菲律普岛还有 60 千米时，车流蜂拥而至。此时，他们看到，从北往南开的只有他们一辆车，可是由南往北开的车却有成千上万辆！出乎意料的是，两个方向的车子依然行驶得非常顺畅。他们注意到，对面驶来的车子没有一辆越过中线，没有一个"聪明人"试图破坏这样的秩序。

接着，这位作家说："这里是荒凉的澳大利亚最南端，没有警察，没有监视器，有的只是车道中间的一道白线，一道看起来毫无约束力的白线。"

澳大利亚人能这样自觉自愿地遵守交通规则，真叫人不得不佩服，无怪乎作者把这种严格遵守交通规则的良好行为赞为"规则之美"！

社会应当是有规则的，而作为在社会上生存的人，也应当自觉遵守规则。遵守规则，既是一个人有教养、有风度、讲道德、讲文明的表现，也是一个现代人必备的优秀品格。

我在人生的旅途中，坦然面对自己的一切有感：为什么说要坦然面对成功和失败呢？因为成功了不会增多时间，你的年龄同样在增长；如果失败了，不会加快时间，你的年龄一样在增长。

按照超常的常理思维，同样和一样是平等的，坦然面对自己的一切也是正常的。

所以，超常的常理思维离不开三点：一是运行规律；二是普遍规律；三是基础规律。

亲爱的读者朋友：为什么当官和赚钱到一定时候和一定程度，心反而虚了？从常理而言，就是一个"欲"字！在为人处事的过程中，需要有超常的常理思维，不可忽视人之常情，更不能忽视当地的风俗习惯，以免产生不好的后果。

超常的常理思维名言

◆生命并不是为所欲为，有时候我们的承受要大于接受。——（中国）网民空谷幽兰

◆有时候我们要冷静问问自己，我们在追求什么？我们活着为了什么——（中国）网民扶余小伙

◆不要因为众生的愚疑，而带来了自己的烦恼。不要因为众生的无知，而痛苦了你自己。——网上摘语

赢在超常思维 学则心路光明

超常的常理思维

基础规律　　普遍规律　　运行规律

常理思维金三点

第四十二课　超常的正规思维

超常的正规思维，也就是在经营过程中尽可能做到合法合规，暂不具备合法合规条件的，努力向合法合规的方向靠拢的超常思维。

人类社会是个复杂的整体，每个人都有不同的世界观、价值观、人生观，每个人都有不同的兴趣、爱好、信仰、追求。为了让复杂的人类形成一个和谐的整体，健康地发展下去，人们在漫长的历史长河中或在特定的历史条件下不断地碰撞、不断地积累，逐渐地形成了一些共识，而这些共识，又逐渐地形成文化，成为大家必须一致遵守的法律或规定。违反这些法律或规定，或遭受法律制裁，或遭受民事诉讼，最低也将遭受社会的道德谴责，被民心所弃。

对于干事业的人来说，完全老实本分是不可能的，因为财富本身就是来源于资源的优化配置，而要实现资源的持续优化配置就必须持续打破原来的配置规则。

因此，市场经济活动天生就是游走在正规与不正规、传统与非传统之间的"擦边球"活动，极容易在短期的利益的引诱下走上不正规的道路，招致失败。所以，一定要有超常的正规思维。

以近年来中国上市公司违规举例说明：

上市公司违规是中国资本市场的积弊。从红光股份欺诈上市，到银广夏肆意造假，最近更惊曝出上市公司集团连锁违规的多起案例。上市公司的违规行为严重地降低了上市公司的质量，侵害了广大中小股东以及债权人的利益，也因此影响了我国资本市场的健康发展。

自 1994 年起，深交所开始对违规上市公司进行处罚。自 1994 年 10 月到 2004 年 12 月，共开出了 117 张罚单，对 94 家上市公司进行了公开谴责。上海证交所也于 1999 年开出第一张对上市公司公开谴责的罚单。上市公司违规的重重黑幕也一步步被揭开，除了部分上市公司受到公开谴责之外，不少违规上市公司更是受到证监会立案调查。在 2004 年 6.7 月间的 44 个交易日中，沪深两地上市公司受证监会立案调查和证交所公开谴责的次数高达 26 次，平均两天就有一家上市公司收到监管层出示的"黄牌"。仅仅在 7 月，就先后曝出了江苏琼花、托普软件、伊利股份、深大通、莱织华等五家遭到立案调查的问题

公司。

这些违规上市公司高管也受到了严厉的惩罚，违规上市公司高管纷纷落马。有的被追究刑事责任，有的仓皇出逃。据不完全统计，2003 年至 2004 年两年间，共有 10 位上市公司高管外逃，卷走的资金或造成的资金黑洞近百亿元。其中包括挪用公司资金 7 亿多元后"因病出国就医"的 ST 南华董事长何竟棠；留下 40 多亿元贷款"窟窿"后常住日本"养病"的奥园发展董事长刘波；以及在 9.88 亿元巨额担保面前"人间蒸发"的 ST 啤酒花董事长艾克拉木·艾沙由夫。以 2005 年 1 月为例，共有 9 家上市公司的 10 名高管被公安机关逮捕，追究刑事责任。

再说宋朝的包公，自幼父母双亡，全靠兄嫂抚养成人，供养读书，科举中第，步入仕途。兄嫂唯一的独子包勉作为地方官，利用职务便利，贪污用来赈灾的粮钱，后被人举报。作为监察官的包拯，亲自审理此案，查明事实真相后，下令处死自己的亲侄子包勉。

临行刑时，面对嫂子的责骂，包拯表明自己不是"忘恩负义"的小人，而是因为职责所在，要严格执法，"王子犯法，与庶民同罪。"为了彻底说服嫂子，包拯跪地直呼"嫂娘"，愿代替侄子为她"养老送终。"

规则，是为了保护集体的利益而存在的，经营有经营的规则，行政有行政的规则，操作有操作的规则，违规操作，企业必然遭受损失，使集体的利益受损。任何事物，都有一个从不完善走向完善的发展过程，因此在发展的过程中，在某些特定的时间段没有办法做到完全合规，但是，不能因此就违规，应该要有超常的正规思维，尽量缩短这个发育的过程，让发展走向正规。

超常的正规思维必须遵循三点：一是合规；二是合理；三是合法。

亲爱的读者朋友：人生处世，不能离开"正"字，人正则名正，名正则言顺，言顺则事成。

超常的正规思维名言

◆对一切事情都喜欢做到准确、严格、正规，这些都不愧是高尚心灵所应有的品质。——（俄国）小说家、戏剧家契诃夫

◆世界上的一切都必须按照一定的规矩秩序各就各位。——（波兰）作家、小说家莱蒙特

超常的正规思维

正规思维金三点

第四十三课　超常的适应思维

　　超常的适应思维，是指适应变化的超常思维。

　　超常的适应思维分为两个层次，第一个层次是认知变化，跟随变化最终适应变化，第二个层次是预知变化，引领变化，最终适应变化。前者，是跟随者的超常适应思维，后者，是开创者的超常适应思维。

　　世界上唯一永恒不变的就是变化，所有不能适应变化的事物，都在漫长的历史长河中被优胜劣汰的自然法则所淘汰，所有适应变化，甚至引领变化的事物，都在漫长的历史长河中占据了一席之地，拥有自己的辉煌。

　　水能流至大海，就是因为它巧妙地避开所有障碍，不断拐弯前行。许多聪明人没能走上成功之路，不少是因为撞了南墙仍不回头。人生路上难免会遇到困难，拐个弯，绕一绕，何尝不是个办法。山不转，路转；路不转，人转。只要心念一转，逆境也能成机遇，拐弯也是前进的一种方式。

　　生活中的固执，给人生制造着负担，产生着偏离，增加着人生的沉重，这世间尘嚣纷扰，更需要内心的清澈与看破，那些曾经理不清的烦恼，也不过风迹月影，挺过去，人生也就成了另一种亮丽风景。

　　人生在世也就短短几十年，又何必跟自己过不去呢？身体累可以休息恢复，但让心累，可是很难恢复的。生活总会有些无奈的，要么快乐接受，要么闷闷承受，其实这都在乎你自己怎么选择的。

　　不要为别人怎么看你而烦恼，别人的看法并不重要，重要的是你怎么看待你自己。任何一颗心灵的成熟，都必须经过寂寞的洗礼和孤独的磨炼。人生的悲剧不是没有实现目标，而是没有目标可实现。

　　不管怎样，生活还是要继续向前走去，有的时候伤害和失败不见得是一件坏事，它会让你变得更好，孤单和失落亦是如此，每件事到最后一定会变成一件好事，只要你能够走到最后。

　　人生本来就是多姿多彩的，生活的面貌时时刻刻都会不同，大自然里尚且有变色龙的存在，这一切都在告诉我们学着改变自己的重要，这也告诉我们只有改变自己，才会更好地适应这个绚烂多彩的社会。

　　曾经有人问我，你走了这么多的地方，经历了这么多的行业，你怎么能

——适应呢？而且还心安理得，都还做得那么投入，那么好呢？我超常的适应思维答案是：

首先，我对个人的志向很有信心！有志向就目标明确，目标明确就意志坚定，意志坚定则身心投入；

其次，每次我都是从一做起，从实干起，不怕苦，不怕累；

其三，人的头脑在强行使用下，常会有极优良的成果，我每次都是全身投入，心神贯注，以置之死地而后生的心情逼着自己工作，也就没有什么难的事了；

其四，不贪为宝。不贪名，不贪利，不贪权，不贪欲，无论到哪里，无论干什么工作，抱着"心底无私天地宽"，放开手脚干一番的心态，也就没有什么可怕的了。

接下来请各位读者看以下的超常适应思维的故事。

1994年，一个当老师的年轻人第一次听说互联网这个词。

1995年，这个年轻人因事去了趟美国，首次接触到互联网。

在朋友的介绍和帮助下，他在互联网上搜索啤酒这个词，结果出现的全是美国的网页，没有一个是中国的。

他意识到互联网尚是一片空白的中国，必将迎来互联网的大潮。于是，回到中国后他辞去了工作，凑了两万块钱，开了一家专门给企业做网页的公司，这家公司成为中国最早的互联网公司之一。

在不到三年的时间里，凭着这个公司，这个年轻人赚了300万人民币……这个超常预知变化，超常引领变化，最终超常适应变化的人，就是今天互联网行业的佼佼者——马云。

当然，与马云这种超常的预知变化的人相比，更多的是超常认知变化、超常跟随变化最终超常适应变化的人和既不能预知变化，也不能认知变化，最终因不能适应而被时代潮流所淘汰的人或事。

就像马云的阿里巴巴很伟大一样，曾经也有一家非常伟大的公司，但是这家公司却在阿里巴巴越来越强大的时候走向了破产。

这家公司，就是柯达。

柯达由发明家乔治·伊士曼始创于1880年，是世界上最大的影像产品及相关服务的生产和供应商，总部位于美国纽约州罗切斯特市，是一家在纽约证券交易所挂牌的上市公司，业务遍布150多个国家和地区，全球员工约8万人。

柯达早在1976年就开发出了数字相机技术，并将数字影像技术用于航天领域；1991年柯达就有了130万像素的数字相机。

但是到2000年，柯达的数字产品只卖到30亿美元，仅占其总收入的22%；2002年柯达的产品数字化率也只有25%左右，而竞争对手富士已达到60%。

这与100年前伊士曼果断抛弃玻璃干板转向胶片技术的速度形成莫大反差。

2000—2003年柯达各部门销售利润报告,尽管柯达各部门从2000—2003年的销售业绩只是微小波动,但销售利润下降却十分明显,尤其是影像部门呈现出急剧下降的趋势。

具体表现在:柯达传统影像部门的销售利润从2000年的143亿美元,锐减至2003年的41.8亿美元,跌幅达到71%!

在拍照从"胶卷时代"进入"数字时代"之后,昔日影像王国的辉煌也似乎随着胶卷的失宠而不复存在。

2012年,拥有132年历史的相机制造商柯达公司因资不抵债,正式提交破产保护申请。

而造成柯达危机产生的原因,只有一个,就是不能适应变化:首先,柯达长期依赖相对落后的传统胶片部门,而对于数字科技给予传统影像部门的冲击,反应迟钝。

其次,管理层作风偏于保守,满足于传统胶片产品的市场份额和垄断地位,缺乏对市场的前瞻性分析,没有及时调整公司经营战略重心和部门结构,决策犹豫不决,错失良机。

亲爱的读者朋友:世界上唯一永恒不变的就是变化,柯达用覆灭的代价告诉我们,趋势就像江水,浩浩荡荡,顺势适应者昌,逆势不变者亡。

所有行业在不同时期的兴衰,区别于对趋势发展的判断!

所以,赢在超常思维,适应变化吧!

超常的适应思维名言

◆ 情况是在不断地变化,要使自己的思想适应新的情况,就得学习。——(中国现代)革命家、战略家、理论家、政治家、哲学家、军事家、诗人毛泽东

◆ 生活是不公平的,要去适应它。——(美国)企业家、软件工程师、慈善家比尔·盖茨

◆ 人的生命就是不断地适应再适应。——(英国)诗人、小说家托马斯·哈代

超常的适应思维

认同

认知

认定

适应思维金三点

第四十四课　超常的应变思维

　　而超常的应变思维，就是提常预知可能存在的变化，并做好应对准备，以便最快做出最佳反应的思维。

　　商场如战场，如果没有超常的应变思维，坚持本本主义、教条主义，则难以在残酷的市场竞争中取胜。

　　商场上广泛流传着这样一个故事：一位铁匠师傅，收留了一个小徒弟。没过多久，小徒弟自己便能独立干活了。第一个月，小徒弟打造了四把斧子，自己很满意，于是拿到店铺销售。

　　第一位进店的顾客是中年农民，他埋怨斧子太重了，小徒弟无言以对，师傅对农民说："你身强力壮，用大一点的斧子才合适呢！"农民听后，高兴地付了钱。

　　第二位进店的是位屠夫，他看到斧子，不满地说："斧子太小，砍骨头恐怕不行吧？"小徒弟心想可能是自己的技术不行，羞愧地低下了头。师傅对屠夫说："这把斧子您一定能用，太大了手臂会发酸的。"屠夫高兴得直点头，立即就把钱付了。

　　第三位进店的是一位樵夫，他一进来就问："为何打一把斧头用这么长的时间？"小徒弟的脸羞得通红，心想，看样子是要重新返工了。师傅连忙笑道："慢工出细活嘛！这把斧子保证您一天砍一大堆柴。"樵夫十分高兴地买走了。

　　小徒弟心想，倘若再有人抱怨我就会应对了。不一会儿时间，有位老人走了进来，皱着眉头说："这么快就打好了，恐怕打得不够火候吧？"看到小徒弟哭笑不得的样子，师傅赶紧上前解释："这不是怕您老着急将身体伤着嘛！我这个徒弟是连夜将斧头打出来的，质量绝对没有问题。"老人听后，十分喜悦。

　　从铁匠铺小徒弟打造四把斧头，面对客户时无言以对，还是师傅老练，针对不同的客户一把一把地卖出去，在这里八个字很重要：见子打子，见招拆招。也就是超常的应变思维！

　　我们可以想一想，为什么成功的人总是少数？为什么大多数人始终达不到自己当初设定的理想和目标？

　　我的回答是：

第一，他们没有坚定的信念和坚强的毅力；

第二，他们没有切实可行的计划；

第三，他们虽然有计划，但计划的事出现了变化后，他们没有跟着事情的变化而灵活调整，一遇到计划的事发生变化就放弃了。

其实，创业成功的人都能证明：创业时期，在没有成功之前，本来计划好的一件事，由于这样或那样的原因，又不得不改变计划。

所以，有句流行语：计划没有变化快。我在开发神龙洞生态产业过程中，很多都是我计划之外的，在此仅举两例：

其一、我在修建神龙大殿时考虑到资金极度困难，我构思的第一方案、第二方案都是三排两间，当我在悬崖峭壁下挖基脚，准备浇注水泥柱墩时，发现计划和现实是两码事，如果我把三排两间五层的大殿修建成功，劳了八辈子神，费了九牛二虎之力，花了借高利贷的钱，修成的大殿还亭不像亭，殿不像殿，阁不像阁。我立即改变计划，修成四排三间五层的神龙大殿，体现出庄严、大气又实用。虽然当时还不知道钱从哪里来，就是靠东挪西借，也把神龙大殿建成了。

其二、黄桑神龙洞的开发，我请了地质、考古、文物方面的专家考察，发现洞内有野生娃娃鱼和其它稀特野生鱼类，有世间罕见的红色蝙蝠、头顶闪闪发亮的花蝴蝶等，被称为中国原始生态第一洞。我本来就缺乏资金，但为了把这些稀特物种推介给世人，我舍得麻油煎豆腐，耗费借来的巨资投在洞内灯光照明上，将洞内打造得五颜六色，灯光闪烁。不错！神龙洞内是漂亮了，可洞内的野生娃娃鱼和其它野生鱼类不见了，红色蝙蝠不见了，头顶闪闪发亮的花蝴蝶也不见了，洞内失去了这些活生生的野生物种，中国原始生态第一洞也就徒有虚名。见此情景，我立即改变计划，忍痛割爱拆除洞内大大小小的彩灯、射灯、探照灯。时间过了一年多，野生娃娃鱼及其它野生鱼类又有了，世间罕见的红色蝙蝠又回到洞顶，头顶闪闪发亮的花蝴蝶又出现在洞底。

类似的例子还有很多，面对每一次的计划变化，我没有改变对理想、对目标的怀疑和动摇，而是坦然接受，虚心改变，重拟计划，坚定不移地向着我十年时间要完成的三件事的目标艰难迈进。

通过以上类似例子的打拼，我成为老一辈革命家陶铸写的那种人，即："既有松树的原则性，也有柳树的灵活性。"认识到每一个人的生命只有一次，每长一岁都只有唯一，在成长、生活、工作的过程中，世间万物随时都在变化，如果你停止成长，厌倦生活，害怕竞争，畏惧变化，等于是否定生命，也就与快乐、幸福、成功无缘了！

我曾经参与举世瞩目的湖北宜昌三峡水电站的工程建设，施工时观察长江行驶的来往轮船有感："人生好比波涛汹涌的长江，命运就

155

是长江上航行的轮船，如果任凭命运之船随波漂泊，是很危险的。只有像船上的驾驶员，牢牢掌握人生之舵，敢于同风浪搏斗，又巧妙绕过暗礁，飞过险滩，乘长风破万里浪，才能到达目的地。"

为此，生意场上变幻无穷，经商者要想立于不败之地，必须具有超常的随机应变的能力，这是成功商人的素质。

到了当今互联网时代，处处都是媒体，各行各业要想不落伍，绞尽脑汁在想如何随机应变，以超常的应变思维来经营自己的产业。

例如：海尔讲了一个砸冰箱的故事，从而让人们认识了海尔，相信了海尔产品的品质；王石讲了一个登山的故事，为万科节省了三亿广告费；褚橙讲了一个褚时健老当益壮的故事，就将其他千千万万的橙子企业落下不知几条街……

又如：一个农业，也形成古典农业、现代农业、休闲农业、旅游农业、科技农业、创新农业……

一切都在变，都需要超常的应变思维，跟上时代发展的步伐！

所以，超常的应变思维要运用三点：一是不拘形式；二是不拘方法；三是不拘环境。

亲爱的读者朋友：是呀！从一个小铁匠铺卖几把斧子到中国的大农业，从到偏僻的深山老林里挖山洞养娃娃鱼到开发生态旅游景区，从微观经济到宏观经济，都离不开超常的应变思维！

超常的应变思维名言

◆ 明者因时而变，知者随事而制。——（中国汉代）文学家桓宽

◆ 什么叫做内方外圆：方是方针、规划，也就是不变的原则。圆是随机应变的变通，就是变得合理。只能够随机应变，绝对不能投机取巧。原则和变通要有切点，否则就是乱变。不可不变也不能乱变，要变得合理。合理地因人、事、地、物，适当变通。——（中国现代）教师、管理大师曾仕强

◆ 随机应变的智能，是解决生活上困难的武器，要比书本上的知识有价值得多。——（美国）作家、心理学家、人际关系学大师戴尔·卡耐基

超常的应变思维

不拘形式

不拘方法

不拘环境

应变思维金三点

第四十五课　超常的发散思维

　　超常的发散思维，又称辐射思维、放射思维、扩散思维或求异思维，是指大脑在思维时呈现的一种扩散状态的思维模式，它表现为超常的思维视野广阔，思维呈现出多维发散状。如"一题多解"、"一事多写"、"一物多用"等方式，培养发散思维能力。不少心理学家认为，超常的发散思维是创造性思维的最主要的特点，是测定创造力的主要标志之一。

　　超常的发散思维，是在遇到阻碍，找不到出路的时候所必须拥有的一种创造性思维，它是自然界最自然、最根本的规律之一，是不带方向的，因为任何方向都是超常发散的方向。

　　世界是一个有机整体，无数的物种在自然规律的允许下，以超常的发散思维方式千姿百态地自然呈现，互相碰撞、促进，又互相阻碍，同时遵循优胜劣汰的自然法则或进化，或消亡。所以，尽管超常的发散思维包含立体思维、平面思维、逆向思维、侧向思维、横向思维、多路思维、组合思维等多种形式，但到底哪种形式符合当前的形势，哪个方向才是出路，需要根据具体的情况进行甄别。因此，完整的超常发散思维并不仅仅只是漫无目的的天马行空，不是以自我为中心的凭空臆想，而是有一个天马行空的开始，一个根据实际情况进行甄别的过程，和一个找到最佳解决方案的结局。

　　由《新世说》里写到郑板桥梦中练笔，对我很有启发，即："郑板桥诗、书、画被时人称为三绝"。他以画兰竹的功夫渗入书法之中，独创一格，被人称为板桥体，据传郑板桥曾立下熔铸古今的大志，经常临写各家书法，又常以手指在空中练笔，状如中魔，甚至梦中也在被子上练字。有一次，郑板桥梦中竟在妻子身上练起笔来，妻子怒曰："人各有体，你干啥来干扰我？"板桥惊醒，默默领会其言深义，乃知一味儿模仿古人之不足成，遂自作一体，曰：乱石铺街，而名于时。"

　　联想到我至今，从18岁到60岁42年的闯荡岁月里，经历了46个不同的岗位，有的人得知后大发感叹：我的天哪！你的发散思维也太多了吧！总是这么不安分，这山望着那山高。

　　其实不是这么一回事，我所有变换岗位都没有离开我每次立下的志向，即：

行万里路，读千卷书，纳百家言，交八方友，干一件事。

同时，一个人胸怀有坚定志向，心里有明确目标，头脑有清晰思维，践行有扎实措施，再多的发散思维也乱不了我的心。恰恰是，人生能多经历行业岗位，实是求之不得。日本为什么创新现在赶不上美国，就是因为日本喜欢搞终生雇佣制，喜欢提什么一辈子做好一个岗位，看起来这么多人是变成了熟练工，但实际上你的思维框架已经变成了定势，你只不过是一个高级一点的机器人而已，很难再有什么创意了。

由此，我有三点启发：一是每干一项事都要专一，只有专心才能干好；二是吸百家之长，纳众人智慧，才能有长进；三是人各不同，发散思维不同，每人须走各自不同的人生道路，立了志愿，下了决心的事，就不能后悔，不能这山望着那山高，要坚定不移地走下去。

说起超常的发散思维，中国有一个企业极具代表性，这个企业就是万向集团。万向集团这个名字，本身就和超常的发散思维非常匹配，因为发散思维就是万向的，是任何一个方向都可以发散的。但是，正是这个有一万个发展方向的万向集团，却是中国所有的民企里最早做细分，并常年专注于汽车万向节的生产，最终取得今天的成就的企业。

1969年7月8日，鲁冠球成立了万向集团的前身——宁围人民公社农机修理厂。农机修理，是鲁冠球在超常的发散思维之后选定的方向。之所以选择农机修理，没有其他原因，是因为在那个一切都要按计划，一切都要搞公有制的时代，只有修农机的小事情，国有企业不屑于干，但是又必须要有人干。

1972年，通过农机修理业务积累起相当财富的农机修理厂，在鲁冠球的带领下转向生产农机。作为一家村集体企业，办起农机厂是件相当了不起的事情。

但是，这个行业的竞争实在是太激烈，因为生产农机的厂家太多，而且大部分都是拥有政策优势、资源优势和渠道优势的国有企业，要想做大做强是不大可能。在经过发散后，鲁冠球重新回到了原点，那就是转回去继续做国有大企业不愿做，但是又很需要有人做的事情，只是这件事情不再是修理农机，而是生产农机的零部件，成为国有企业生产农机的上游零部件生产商。

但是，一台农机上有那么多的零部件，是所有的都生产，还是生产一部分，抑或只生产一个呢？所有的都生产，将和所有生产零部件的企业全面竞争，生产一部分，依然也要和相当一部分生产同类零部件的企业竞争，鲁冠球选择了后者，这显然不是一个明智的选择，但是，如果不进行尝试，是不知道哪种零部件利润最高、需求最大、自己最擅长的。于是，鲁冠球根据以往的修理经验，选择了主要生产需求最大、利润最高的一种零部件，这种零部件就是万向节，并于1975年将农机厂更名为萧山宁围公社万向节厂。1979年，经过4年的实践，鲁冠球终于确定了方向，放弃其他所有零部件的生产，专注生产万向节。

1996 年，在经过 17 年专注万向节的生产，实现国际级别的影响力后，遇到瓶颈的万向集团再度发散，重回零部件系统生产的轨道，收购了浙江万向机械有限公司等 3 家公司 60% 的股权。

2000 年，在奠定了以万向节为核心的汽车零部件的行业地位后，万向集团涉足金融领域，发起成立万向创业投资股份有限公司，成为全国民营及浙江省规模最大的风险投资公司，通过万向风投资公司将万向集团的产业发散到任何一个领域。

万向集团，因万向超常的发散思维，经过甄别后聚焦在万向节的生产而取得成功，最终又成立风投公司重回到万向发散的轨道。这种逆向的大胆转变，为何会发生？原因很简单，因为在 1995 年，当江泽民总书记视察万向集团，问鲁冠球需要政策资金还是项目的时候，鲁冠球什么都没要，只要了一个特权，那就是与政府部门同步看政府红头文件的权力，这是一个把握时代脉搏、把握中国经济走向的权力。拥有了这个权力，万向集团就能第一时间知道政府的调控方向，在此基础上进行万向的发散，基本可以立于不败之地。

当然，归根到底，万向集团的成功，是超常发散思维的成功，万向集团前期的超常发散思维，是为了寻找自己的方向，寻找适合自己的产业聚焦点，而进行聚焦取得了成功之后，再度进行发散，则是预知时代发展趋势，对超常的发散思维的绝佳运用了。

曾经有这样一个故事，父亲带着三个儿子到草原上猎杀野兔。在到达目的地，一切准备得当、开始行动之前，父亲向三个儿子提出了一个问题："你看到了什么呢？"老大回答道："我看到了我们手里的猎枪、在草原上奔跑的野兔还有一望无际的草原。"

父亲摇摇头说："不对。"老二的回答是："我看到了爸爸、大哥、弟弟、猎枪、野兔，还有茫茫无际的草原。"父亲又摇摇头说："不对。"

而老三的回答只有一句话："我只看到了野兔。"这时父亲才说："你答对了！"

亲爱的读者朋友：超常的发散思维是走向正确道路的必然规律。

超常的发散思维名言

◆ 这个世界唯一不变的真理就是变化，任何优势都是暂时的。当你在占有这个优势时，必须争取主动，再占据下一个优势，这需要前瞻的决断力，需要的是智慧！——网上摘语

◆ 提出问题远比解决问题难，因为解决问题是技术性的，而提出问题是革命性的。我们身边并不缺少财富，而是缺少发现财富的眼光！——网上摘语

超常的发散思维

发散思维金三点

第四十六课　超常的稳步思维

有人问我成功的诀窍在哪里？我回答得很干脆：就是立下两个"稳步走"的志向。

第一个志向，是我18岁下乡到农村务农，在偏僻的山村里立下的。内容是：不管干什么，到50岁时争取完成三件事，即：

一、按照高尔基写的"用眼睛阅读人间"这部书，我力争50岁前经历工、农、商、学、兵、政、党等不同岗位的工作；

二、我虽然现在是在生产队，但力争50岁前到公社、县里、省里工作；

三、李白、杜甫周游天下，我也要多读书，在50岁前至少到10个省以上的城市游览。

立下以上三点志向以后，现在来回顾，我又是如何逐步实现的呢？请读者看我写的《经历无悔》上卷《实践人生》里的自序：

"《经历无悔》的我，是千千万万到农村的知识青年之一，我在特殊的历史时代里，上山下乡，插队落户，安心务农，磨练励志，迈出了走向社会的历程。

《经历无悔》的我，是千千万万的养路工人之一，我生平第一次扛着竹扫帚跟在老工人后面，走出养路工班大门扫马路时，也有一种说不出的难受心情，世俗遗留下歧视养路工人的风气甚浓，然而想到个人所定的目标，想到人生的路才刚刚开始，想到每干一件事就要干好的誓言，我的心平静下来，品尝着养路也是一种乐趣的心情，从'马路公司'打拼出来。

《经历无悔》的我，是千千万万的公安干警之一，我由一个普通的养路工人，通过努力学习，勤奋工作，成长为一名能独立承办各类案件的刑侦侦察员，这中间演绎了许多传奇而真实的故事。

《经历无悔》的我，是千千万万的办公室内务工作者之一，我在办公室的岁月里，从日常的服务工作入手，从杂乱琐碎的小事做起，同单位的领导保持一致，服从安排，听从指挥，承上启下，联系各方，协调关系，综合材料，起到了参谋的作用、助手的作用、协调的作用和信息反馈作用。

《经历无悔》的我，是千千万万……"

就这样一步一步，年复一年，稳稳实实的经历过来，终于在50岁前，完成了18岁时立志的三件事。

第二个志向，是我50岁之际下了岗，处于无职、无岗、无薪、无劳保、无医保，生活无着落时立下的，内容是10年内干成三件事：

一、打造一千万的生态经济产业；

二、带动一百家农户致富；

三、在写出52万字的《实践人生》和48万字的《感悟人生》这两部书的基础上，再写一本50万字的《创造人生》，即从负债开始怎么打造一千万的生态产业，真正实现《经历无悔》三部曲。

两个志向就是我的人生历程，第一个志向我圆满完成了，第二个志向我也在实施中，虽然还不能说我已经非常成功，但至少可以说明我是一个有恒志，且通过稳步践行实现志向的人。

所以，我经常说，无志之人常立志，有志之人立恒志。这个"恒"字，一方面说明要有毅力，另一方面也有"稳"的含义，中国人一直很讲究"度"，推崇中庸之道，即我们常说的"过犹不及"，万事须讲"度"。

率性而为不可取，急于求成事不成；心慌难择路，欲速则不达，是为"稳"。过分之事，虽有利而不为；分内之事，虽无利而为之，是为"度"。

"稳"和"度"，其实就是分寸，也是人生当中最难把握的两个字。

人，应该懂得"稳"和"度"的分寸。我能够一路顺风顺水，在人生的42年里经历46个不同的岗位，不仅仅是勤奋及能吃苦，关键还是"稳"和"度"把握的恒志，懂得什么叫恰如其分，什么叫不偏不倚，什么叫见好能收。一句话，能够把握好分寸。

做人做到恰如其分，是最高境界；

做人做到不偏不倚，是最宽的尺度；

做人做到见好能收，是最大的福分。

事实上，把握好了人生的"稳"和"度"，就等于掌握了自己的命运，你在人生的道路上也不会变来变去，出现"梦里想走千条路，醒来还是没有路"的彷徨状况。

由此，我认为，超常的稳步思维要把控六点：

一、不要随便显露你的情绪，一个人要学会控制住自己的情绪，做到凡事处之泰然。有的人情绪表露得非常明显，早上上班前跟老婆吵个架，跟老公斗个嘴，全公司的人都会知道，因为大家一眼就能看出来，这是不好的。唐太宗李世民听到魏征进谏后总会出去散散步，就是因为察觉到了自己即将失控的情绪，努力使自己做到"处之泰然"，不至于因一时的怒火而错杀魏征。

二、不要逢人就诉说你的困难与遭遇。很多人喜欢在别人面前诉说自己公司和领导的不是，我常常听到这样的抱怨：我们老板很小气；副总一天到晚训斥我们；我们那个厂长一天到晚叫我们加班，也不多给加班费；我们公司最近业务不好，客户都在退货，我都不想干了，你那边有什么机会马上告诉我……很多人都有这个毛病，其实，他们却不明白，逢人就诉苦的人到哪里都是不能用的，因为人家不敢用！陈武刚是台湾人，50岁的时候破产了，到处举债，能借的钱都借光了，几乎走投无路。但他的太太却说："即使已经破产，口袋里根本没钱，我老公仍然每天穿着西装，打着领带，拎着公文包，开着车上班，像个董事长一样，不被失意打击……"这段话给我的印象特别深刻。即使有一天你破产了，也不要逢人就诉说你的痛苦与遭遇。就算公司门一打开，只有两个人——一个是你，一个是清洁工，你也要像陈武刚一样，西装笔挺，自己泡杯咖啡，像个董事长一样坐在那里上班。因为人是很奇怪的，你活得像个董事长，你就是个老板，没多久机会就会来了。陈武刚就是如此，很快他就有了一个机会，那就是克丽缇娜，开启了直销业的大门，在17年里把克丽缇娜打造成了一个成功的直销商，并由台湾地区发展到内地，近3000家克丽缇娜美容连锁店遍布中国各大城市街头。当前，克丽缇娜更是迈开了国际化步伐，产业遍布13个国家和地区……一般人活到50岁能守成已经不易，陈武刚却有雄心东山再起，于半百之龄创立直销事业。他有个很著名的"蜘蛛理论"：蜘蛛在没有织好网以前绝对不随便出击。蜘蛛结网都是有顺序的，先经后纬，一旦网络架好，蜘蛛就守候在旁随时等待机会，任何小猎物一旦触网，它都能迅速反应。

三、征询他人意见前先思考，但不要先讲，沉稳的人是自己的话留到后面讲，不沉稳的人是自己的话放到前面讲。和你的竞争对手或你的客户谈判，把话留到后面讲有什么好处？第一，让别人先讲话，对他是一种尊敬；第二，先讲话的人，一定会有破绽和漏洞；第三，别人讲话的时候，你可以准备你的答案。因此，我给大家一个忠告：在谈判和沟通的时候，有话不要先讲。急躁的人都喜欢先讲话，既没有尊重客户，又很可能因为来不及思考而讲错了话，留下一大堆破绽跟漏洞，对方一旦还击，赢的机会就很少。有话让别人先讲，然后针对竞争对手暴露出来的问题予以还击，这样你的胜算就非常大。

四、不要一有机会就唠叨你的不满，女人很喜欢谈论家庭，这大概是因为男人和女人性格的不同：男人对事业和金钱比较感兴趣，女人则对老公和孩子比较关注。有的女人一上班，就开始聊自己的家事，像在别人面前批评自己的孩子，诉说自己和老公或公婆的矛盾，等等。这样不但不会受到尊敬，反而会变成人家的笑柄。因为喜欢唠叨的人，很容易被人认为是做事不太牢靠的人。而且，你诉说了自己的不幸，你前脚走，后脚就可能变成人家讥笑的对象。想想看，这不是很荒谬吗？

五、重要决定尽量与人磋商，至少隔夜再发布，重要的决定不要马上公布。一定要记住，重大决定至少要隔夜发布，因为很可能一觉醒来，你的想法就完全不同了。

六、走路与说话不要慌乱，有的人走路经常这碰一下、那磕一下，如果你也是如此，我建议你稍微注意一下，并努力克制自己，因为这样的人通常都是很慌乱的人。一个人一旦慌乱起来，就显得不沉稳，就会做错事情。利用一些活动和娱乐项目来培养自己的沉稳，不失为一个好方法。比如，很多人喜欢下围棋，将对弈作为一种修为。我们中国的常昊打败韩国的李昌镐，获得冠军。常昊赢了李昌镐三目半，而且是二比零的完美结局，第三局连比都不用比了。这真的非常不容易，因为常昊的对手是具有传奇色彩的棋王李昌镐。外界对李昌镐的评价是：老成得不能再老成，冷静得不能再冷静，精确得不能再精确。日本人称他为"两个腰"——日本人常常这样形容围棋高手，韩国人叫他"石佛"——像一尊石佛一样坐在那里动都不动。确实，围棋高手都是非常沉稳的，那种不慌不乱要培养到最高境界，大概才能够进入一流高手的行列。

超常的稳步思维体现在三点：一是自信；二是心态；三是恒心。

亲爱的读者朋友：假如一个人立下志向之后，没有超常的稳步思维，即使有恒志也会坚持不了。

超常的稳步思维名言

◆ 台阶是一层一层筑起的，目前的现实是未来理想的基础。只想将来，不从近处现实着手，就没有基础，就会流于幻想。——（中国现代）教育家、革命家徐特立

◆ 一粒种子，就是要慢慢地成熟，我们必须依靠自己一点一滴地去积累人生经验，稳步走好人生路上的每一步，努力地活出自己的色彩，努力地散发自己的每一束光芒，把自己的生命照耀成天空里最明亮的那盏灿烂的天灯。——网上摘语

◆ 成功不是将来才有的，而是从决定去做的那一刻起，持续累积而成。当你明天开始生活的时候，有人跟你争执，你就让他赢，这个赢跟输，都只是文字的观念罢了。当你让对方赢，你并没有损失什么。

所谓的赢，他有赢到什么？得到什么？

所谓的输，你又输了什么？失去什么？——网上摘语

◆ 人，应当像"人"字，永远向上而又双脚踏地。——（中国现代）

超常的稳步思维

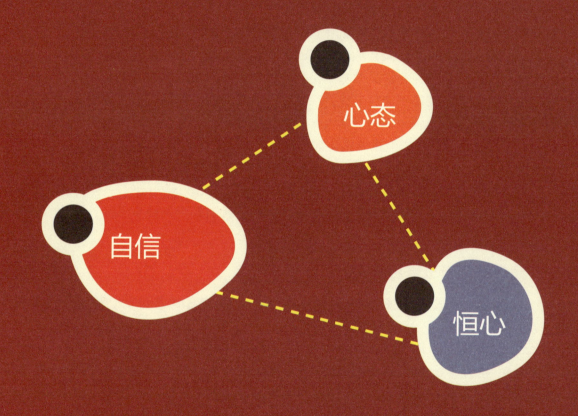

稳步思维金三点

第四十七课　超常的平台思维

在当今市场要想获得成功，必须拥有两个战略资产：让人欲罢不能的产品和有效平台。什么是平台？平台就是你所站立的地方。

为什么要有有效平台？因为搭上了有效平台，你可以"坐地日行八万里，巡天遥看一千河"，搭上了有效平台，就像坐上了电梯，你不走，平台也会带着你走。

超常的平台思维，指的是超常的登上现成的平台或干脆搭建平台的思维。

平常我们总说某某市长，某某县长不好接近，其实不是人不好接近，而是他的位置即平台不好接近，等他退下来，不当市长或县长了，离开了那个平台，实际上也就是一个普通人，接近很随和了。

平常我们总说某某老板，某某老总有能力，其实他也只是个普通人，只是他选择的平台好，把平台做大了，显示出能力，一旦他离开所处的平台，实际上他就是个平凡人。

所以，不要瞧不起自己的工作，不要瞧不起自己的岗位，一旦离开了工作，离开了岗位你就是一个普通、平凡的人。

在现实生活中，我见过不少任过科长、局长、县长、市长的领导者，在位时工作出色，成绩突出。在退居二线后，身体健康，头脑清楚，一头扎进商海里，折腾两三年，就欠一屁股债，被商海淹得半死不活。之所以会出现这样的情况，主要原因是离开了自己熟悉的平台，但是还没理解透市场这个大平台，在政府部门任职是找财政"拨"钱，只是"拨"的多与少之分，自身和下属的工资是不用愁的；而经商是要使尽浑身解数去"捞"钱，也许"捞"得到，也许"捞"不到，甚至还要亏钱。同样是一个提手旁的字，但"拨"和"捞"截然不同。

例如：乔家大院的孙茂才，由穷酸到落魄至乞丐，后投奔乔家，为乔家的生意立下汗马功劳，并拥有一定地位。因私欲被赶出乔家。后来，孙茂才又想投奔对手钱家，钱家对孙茂才说了一句话让我记忆深刻：不是你成就了乔家的生意，而是乔家的生意成就了你！最终孙茂才再次陷入落魄。

悟道：没有别人提供的平台，哪有你的今天。不要总是想着你的付出而忽视了别人给你的舞台。

忏悔：切记不要错把平台当本事。

很多人觉得是自己有本事，其实大部分情况下，只是你适合了这个平台，如果换一个平台，你的收入不见得会有什么提升，甚至还拿不到这个数字。

故尔，千万不要把自己一时的成功看做是本事，大部分还是平台的作用！

二千多年前，在古希腊西西里岛的叙拉古国，出现一位伟大的物理学家阿基米德，他有这样一句名言："给我一个支点，我就能撬动地球"，支点就是阿基米德撬动地球的平台。

对于一位歌唱家来说，舞台是平台；

对于一个运动员来说，赛场是平台；

对于一个科学家来说，实验室是平台；

……谁的平台大，谁就可以充分施展自己的聪明才智；

谁的平台好，谁就可以拥有提前取得成就的入场券；

谁充分运用了所拥有的平台，谁的成功率就多一点。

人骑自行车，两脚使劲踩一小时，只能跑 10 公里左右；

人开汽车，一脚踏油门，一小时能跑 100 公里；

人坐高铁，闭上眼睛，一小时也能跑 300 公里；

人乘飞机，吃着美味，一小时能跑 1000 公里。

人还是那个人，同样的努力，不一样的平台和载体，结果就不一样。

尤其是，我们经商的人，要想拥有一个能做大产业的台阶，就必须要有超常的平台思维。只有赢得了平台，有了超常的平台思维，平台哪怕是一小步，也是人生事业的一大步。

因此，超常的平台思维要牢记三位：一是定位；二是岗位；三是就位。

亲爱的读者朋友：要珍惜自己拥有的平台！不管你从事什么行业，不论你多有才能，当你没有施展才华的平台时，你什么都不是！

超常的平台思维名言

◆ 上下同欲者胜。——（中国古代）军事家、政治家孙武

◆ 能用众力，则无敌于天下矣；能用众智，则无畏于圣人矣。——（中国三国时期）政治家孙权

◆ 一个人像一块砖砌在大礼堂的墙里，是谁也动不得的；但是丢在路上，挡人走路是要被人一脚踢开的。——（中国现代）哲学家艾思奇

超常的平台思维

定位

岗位

就位

平台思维金三点

第四十八课　超常的定势思维

近年有个很著名的观点，叫做"坐台风口"，大意是指坐上了台风口，是猪都会飞。台风会把物体吹起来，这是定势，而这本书里所说的超常的定势思维，不是说传统的惯性的思维，而是认识到这种势，借助好这种势，利用好这种势，做一头聪明的"猪"。

定势思维，本义是指惯性思维，但是在这里，不是指自己要有定势思维，而是指不管是个人还是社会，都有自己的思维惯性或发展惯性，一旦外部环境形成某种定势，那么这种势头将在相对较长的一段时间而不会有太大的变化，而超常的定势思维便是提前认识到这种定势，用好这种定势，借势而上，事半功倍。

小米手机的成功，用雷军的话来说，就是坐上了台风口。

因此，小米手机可谓超常的定势思维的绝佳案例。

那么，小米手机借用了哪些定势呢？

其一，是因苹果手机而刮起的粉丝经济的势；

其二，是消费群体进行攀比消费的心理大势；

其三，是因电子商务的成熟而形成的互联网营销的势。

苹果手机的出现，造就了手机领域的粉丝经济，而粉丝经济的核心，又分为人和手机两部分。苹果手机的缔造者被誉为手机界的至尊王者，绰号乔帮主，在全球刮起了领袖旋风。而苹果手机同时也成为了手机界的王者，成为极致的象征。

与此同时，一大群因买不起苹果手机而落寞的年轻人出现了，他们买不起苹果手机。但是，又不愿受到轻视，与苹果同品质的手机是买不起了，于是，他们的心理转移到了配置比苹果还高，但价格比苹果低廉许多的手机上，渴望通过这种硬件配置的超越来弥补内心的不平衡。

因此，一种综合了个人崇拜、手机崇拜、配置崇拜、性价比崇拜的定势出现了。而一个叫雷军的商人发现了这种全新的定势，把握住了这种定势，强化了这种定势，并赚了个盆满钵满。

雷军借助全球人民崇拜乔布斯的势，模仿乔布斯的风格，发布了将做中国的苹果手机的消息。同样是极简主义的发布会，同样是牛仔裤，同样是顶级豪华的团队配置，虽然不是同样的手机，但是却因超高的性价比以及发烧级的配置满足了屌丝群体的心理需要而获得了市场的极大认同，短短数年之间便创造了400亿的神话。

可以说，雷军和小米的成功，是因为坐上了苹果手机刮起的台风，是超常的定势思维的成功。也因此，雷军被誉为中国的"雷布斯"。

同样的，随后出现的罗永浩也希望坐上这股台风，他做了一款叫做"锤子"的手机。与雷军坐苹果的台风相比，罗永浩更像是同时坐上了乔布斯和雷军刮起的台风。令人担心的是，乔布斯和雷军刮起的台风方向是相反的，前者是王公贵族，后者是大众消费，夹在中间的罗永浩注定不是个坐台风口的人，而是个被两股势均力敌的台风刮得五劳七伤的。但是，同时继承了苹果和小米两股逆向台风力量的罗永浩，如果能靠自身的力量存活下来，那么，也将在这台风的世界里刮起一股全新的、名叫"罗布斯"的台风。

定势思维还是一种不变的思维，在贝佐斯的经营哲学中，有一条叫做"将战略建立在不变的事物上"。

美国波普艺术家安迪·沃霍尔曾经讲过一句话，他说："我们美国是一个伟大的国家。这个国家的伟大之处在于，在这里最有钱的人和最穷的人享受着基本相同的东西。你可以看电视喝可口可乐，你知道总统也喝可口可乐，你喝的和街角的叫花子喝的是一样的，所有的可口可乐都是一样的。"

沃霍尔的这句话大家听听也就算了。但是，还真有一个把它当真了，那个人叫做巴菲特。巴菲特从1988年开始持有可口可乐的股票，一直持有到今天。然后，他在这只股票上赚了好多好多的钱。

在商业世界里面有两种哲学，一种叫做求变，也就是我们常说的风口，随着商业模式、消费者习惯的迭出、技术的变革，人们要不断地追逐潮流，通过不断地求变来获得更大的利润。

在此我摘录三个求变的小故事。

第一个小故事，传统的破冰船，都是依靠自身的重量来压碎冰块的，因此它的头部都采用高硬度材料制成，而且设计得十分笨重，转向非常不便，所以这种破冰船非常害怕侧向漂来的流水。苏联的科学家运用逆向思维，变向下压冰为向上推冰，即让破冰船潜入水下，依靠浮力从冰下向上破冰。新的破冰船设计得非常灵巧，不仅节约了许多原材料，而且不需要很大的动力，自身的安全性也大为提高。遇到较坚厚的冰层，破冰船就像海豚那样上下起伏前进，破冰效果非常好。这种破冰船被誉为"本世纪最有前途的破冰船"。

第二个小故事，一个化学实验室里，一名实验员正在向一个大玻璃水槽里注水，水流很急，不一会就灌得差不多了。于是，那位实验员去关水龙头，可万万没有想到的是水龙头坏了，怎么也关不住。如果再过半分钟，水就会溢出水槽，流到工作台上。水如果浸到工作台上的仪器，便会立即引起爆裂，里面正在起着化学反应的药品，一遇到空气就会突然燃烧，几秒钟之内就能让整个实验室变成一片火海。实验员们面对这一可怕情景，惊恐万分，他们知道谁也不可能从这个实验室里逃出去。那位实验员一边去堵住水嘴，一边绝望地大声叫喊起来。这时，实验室里一片沉寂，死神正一步一步地向他们靠近。就在这时，只听"叭"地一声，大家只见在一旁工作的一位女实验员，将手中捣药用的瓷研杵猛地投进玻璃水槽里，将水槽底部砸开一个大洞，水直泻而下，实验室里一下转危为安。

在后来的表彰大会上，人们问她，在那千钧一发之际，怎么能够想到这样做呢？这位女实验员只是淡淡地一笑，说道："当我们在上小学的时候，就已经学过了这篇课文，我只不过是重复地做一遍罢了。"

这个女实验员用了一个最简单的办法来避免了一场灾难。"司马光砸缸"我们都学过，但多数人的思维都想得，想活，而不是先想到舍。殊不知，舍弃有时也是一种智慧。其实这个"缸"就可以看作我们的定性思维，也叫惯性思维，很多时候我们对很多机会视而不见，只因我们被我们思维束缚住了。这个时候惟有打破，才能放飞我们的思维，进入一个新天地。

第三个小故事，多年前在课堂上学过"曹冲称象"：年幼的曹冲在大人们束手无策的时候，想出用石头装船的办法，曾经令我们啧啧称奇！在老师的讲解下，我至今也很敬佩这位著名的古代小孩。

但最近情况有变，我在一本书上看见：某少年竟然批评曹冲的行为愚蠢！因为曹冲称象的时候，有很多士兵在场，让士兵们代替石头上船就行了，何必来回搬运那些笨重的石头。

另外一种哲学叫做不变。就像巴菲特这样的，手中握住一个东西，一握就是 10 年、20 年、30 年、40 年，在不变中让时间来检验你的价值，为你创造利润。

由此回想起：我在深山老林里开发神龙洞，开始都是看不见、看不懂、看不起，仅仅才过来 10 年，初具雏形，形成四星级乡村旅游景区。不禁使我想起 10 年前，我在挖山洞时，经常有人问我：你太不值得了，这里 10 年都不会有什么变化。却没有人问：在接下来的 10 年里什么是不变的？我认为第二个问题比第一个更加重要！因为没有什么不变的！一切都将变，一切都会变，但山洞旅游不会变，只会越来越升值。

所以，在你求变的项目里，必须要有超常的定势思维，总要有长期稳定、升值发展的不变项目。

我在这里强调的是，超常的定势思维不是凭空来的，一定要牢记三点：一是经验；二是知识；三是习惯。

亲爱的读者朋友：超常的定势思维能让你走得更快更远更好更久。

超常的定势思维名言

◆ 人们在一定的环境中工作和生活，久而久之就会形成一种固定的思维模式，我们称之为思维定势或惯性思维。它使人们习惯于从固定的角度来观察、思考事物，以固定的方式来接受事物，是创新思维的天敌。——网上摘语

超常的定势思维

定势思维金三点

第四十九课　超常的抓住思维

做事业，首先要超常抓住目标，有任凭风吹雨打，就是不肯放松的目标精神，然后要将目标分解成阶段，抓要点、重点、关键点，一步一个脚印，大胆构思，精心布局，稳步实践，最终取得胜利，这就是超常的抓住思维。就像一旦在导航仪上锁定目的地，那么不论走哪条路，导航仪都会将我们带到目的地一样，也可以称之为超常的导航思维。

秦始皇能够消灭六国一统天下，不是秦始皇一个人的功劳，而是秦国历代统治者超常的抓住思维的体现。秦国在春秋时期，社会经济的发展落后于齐、楚、燕、赵、魏、韩这六个大国。其井田制瓦解、土地私有制产生和赋税改革，都比六国晚了很久。如鲁国"初税亩"是在公元前594年，秦国的"初租禾"是在公元前408年，落后186年。可是这时，秦国已使用铁制农具，社会经济发展较快，这不仅加速了井田制的瓦解和土地私有制的产生过程，而且还引起社会秩序的变动。公元前384年，秦献公即位，下令废除人殉制度。次年又迁都栎阳，决心彻底改革，便下令招贤。

这时候，在魏国得不到启用的商鞅来到了秦国。商鞅见到秦孝公，是宠臣景监引荐的。第一次见面，商鞅还弄不清秦孝公的想法。他试探性地从三皇五帝讲起，还没说完，秦孝公已经打起了瞌睡。事后，秦孝公怒斥景监："你推荐的什么朋友，就知道夸夸其谈。"见到秦孝公的这个反应，商鞅反而高兴了："原来秦公的志向不在帝道。"第二次见面，他又从王道仁义讲起，秦孝公的兴致比前一次好点了，但还是觉得不着边际，哈欠连天。商鞅更高兴了："秦公志不在王道。"

于是，第三次见面，商鞅劈头就问："当今天下四分五裂，您难道不想开疆拓土，成就霸业么？"秦孝公立刻精神了，他要的就是霸业！听着听着，他不由自主地向商鞅靠拢。最后，秦孝公不再矜持，激动地握住商鞅的手："请先生教我。"

公元前356年，商鞅在秦国开始了彻底而系统的改革。土地制度变化了，开阡陌，除井田；治安管理加强了，什伍连坐，互相监督；贵族特权取消了，奖励农耕，生产的粮食多也可以立功，优秀的农民可以扬眉吐气；爵位等级秩序建立了，不分平民贵族，以战功授奖，只要立功多，就可以富甲一方。秦国的军队从此变成虎狼之师。

十九年里，"秦民大悦，道不拾遗；山无盗贼，家给人足；民勇于公战，怯于私斗，乡邑大治。"公元前350年，在商鞅的主持下，秦国迁都咸阳，以郡县制划分行政区域。接着，秦国夺取魏国河西之地，迫使魏国迁都大梁。甚至，那个名义上的皇帝周天子，也要如同诸侯一样向秦国祝贺。普天之下，秦国之外，已无强国。

秦孝公兑现了他在"求贤令"中的诺言："与之分土"。商鞅被封为大良造，因战功封於、商十五邑，号商君。巨大的荣誉与权力倾覆朝野，商鞅达到了人生的巅峰。虽然孝公死后，商鞅被昔日的政敌车裂，但变法的成果却没有被推翻，为什么？因为孝公之后的历任秦王，都如孝公一样，紧紧地抓住一个点，那就是"强大秦国，称霸天下"，既然法治能让秦国强大，又何必管其他呢？

以上写的是国之大事，下面说一件抓住语言沟通的对话，我写的《快乐工作访谈录》第73条，题目是"有效沟通的快乐方法"，摘录以下：

"隆振彪：我和您认识几十年了，通过和您交谈，我觉得您有较强的说服力。

九溪翁：谢谢您的夸奖，我身边的助手总喜欢说：九总，你就是洗脑的功夫厉害，只要与人交谈，总能把对方说服，转而赞成你的观点。

其实，我从来不去洗别人的脑，我只是以我的言语吸引别人，以我的行为感动别人。

隆振彪：您是怎么锻炼出来的呢？

九溪翁：实践出真知，经过多岗位、多职业、多层次、多领域的人生阅历，我体会到：善于跟别人沟通是一门艺术，是面对面谈话、近距离接触，把自己留在别人心中的人生艺术。

隆振彪：有一些好方法吗？

九溪翁：称不上是好方法，在长年累月的经历中，我觉得有一些基本的法则，写出来供参考：

其一、要学会听话。要抱着尊重别人的态度，眼睛直视对方，全神贯注地倾听对方的讲话，目光的接触既能表达你对自己充满信心，也显示出你重视对方的意见。

其二、要学会自我介绍。如：从到深山窝里挖山洞起，我就改名叫九溪翁，我这样介绍道：我姓九，一、二、三、四、五、六、七、八、九的九，说到这个九字，就引起很多人惊讶，就会问，哦，有姓这个九的，我还是第一次碰上。一开始就给对方留下新鲜而又深刻的印象。

其三、记住别人的姓名。留神倾听并记住别人的姓名，在你说话时能顺口说出，这是你对别人的礼赞，别人也会感到你是真心诚意记住了他。

其四、说话要有自信心。自信不是傲慢看不起别人，自信不是吹嘘，不是不着边际的夸夸其谈，自信是对自己能力的肯定和对事物的准确判断，通过你以自信的态度、肯定的语气表达出来，便会感染对方。

其五、言语要乐观风趣。乐观的态度会感染对方，讲述自己的工作乐趣、生活情趣和人生乐事给对方听，你会发现对方都愿意听。当你抱怨或诉苦时，对方虽然也在听，对你却没有什么益处，各人有各人的烦恼，家家都有本难念的经，对方也只能安慰你几句而已。

其六、在不同的地点、不同的人面前说不同的话。别人和你谈话，了解的内容不同，你不能千人一面，千篇一律，说一样的话，这样的沟通只会索然无味。

其七、沟通要有自己的主见。哪些话该说？哪些话不该说？哪些问题可以提？哪些问题不能提？自己在问话、讲话和回答别人的提问时都要有自己的主见，切忌信口开河，乱说一通。

其八、要坦诚。说出来的话既要能打动对方，又要有可信度，建立在互敬、真诚、合作基础上沟通，是最愉快的。

隆振彪：以上八点，您总结得非常好，凡是看到这里的读者，一定会有所收获的。

九溪翁：谢谢！谢谢您的勉励。"

当你决定干一件大事时，在考虑清楚后就要抓住直奔主题，不要等到所有条件成熟了再付诸行动。因为有时计划没有变化快，真正干成一件大事，还是三分天注定，七分靠打拼。如果硬要等所有条件完全成熟以后再去干也许你也没有干大事的信心了。

在今天的社会，我们也常听说各种因为专注、因为坚持，一步一个脚印终于把事情做成的种种案例，这又何尝不是超常的抓住思维呢？

超常的抓住思维要运用三点：一是精心布局；二是大胆构思；三是稳步实施。

所以，亲爱的读者朋友：跟对人，选好项目，超常抓住以后就坚持做吧！

超常的抓住思维名言

◆ 主大计者，必执简以御繁。——（中国北宋时期）文学家、诗人苏辙

◆ 与其花许多时间和精力去凿许多浅井，不如花同样的时间和精力去凿一口深井。——（法国）罗曼·罗兰

◆ 挽弓当挽强，用箭当用长，射人先射马，擒贼先擒王。（中国唐代）诗人杜甫

超常的抓住思维

大胆构思

静心布局

稳步实施

抓住思维金三点

第五十课 超常的法治思维

超常的法治思维，是指对外遵循法律，对内规范操作，避免自身在外部环境中留下原罪风险，也避免在自己的治理范围内隐藏让别人留下原罪风险的思维。

超常的法治思维是一种双向的思维，简单地说，就是在合理要求别人的同时，也要合理要求自己。

商鞅变法是中国古代一次成功的变革，他让秦国成为一个强大的国家，并且为以后秦国统一六国奠定了基础，而且确定了法治的思想。

商鞅吸取了李悝、吴起等法家在魏、楚等国实行变法的经验，结合秦国的具体情况，对法家政策作了进一步发展，后来居上，变法取得了较大的成效。他进一步废除了井田制，扩大了亩制，重农抑商，奖励一家一户男耕女织的生产，鼓励垦荒，这就促进了秦国小农经济的发展。他普遍推行了县制，制定了法律，统一了度量衡制，建成了中央集权的君主政权。他禁止私斗，奖励军功，制定二十等爵制度，这有利于加强军队战斗力。他打击反对变法的旧贵族，并且"燔《诗》《书》而明法令"，使变法令得以贯彻执行。由于这一切，秦国很快富强起来，奠定了此后秦统一六国建立中国历史上第一个封建王朝。正如汉代王充所说的："商鞅相孝公，为秦开帝业。"

但是，很多人都知道，商鞅的变法之所以能够取得成功，而同时期或后世其他人的变法却大多以失败告终，更有甚者，中国自秦灭亡后就再也没有出现过法治朝代，其原因在于商鞅制定的法律，不光只是约束被统治者，而是"王子犯法与庶民同罪"，连统治者也包含在内进行了约束，让人民感受到统治阶层或管理层和自己是一样的，那么他们就没有理由不遵守秩序。

在法治社会，无论你是普通人还是掌握一定权力的官员，都要服从法律，居于法律之下，而不是法律之上，如果有某种势力凌驾于法律之上，那么，人们就不会对法律有敬畏之感，法治也就会遭到破坏。

苏格拉底说过，"法律必须被信仰，否则它形同虚设。"从掌握公共权力的人到普通民众，只有敬畏法律，信仰法律，一切以法律为准绳，以事实为依据，社会才会是一个法治社会。

以华为技术有限公司为例，述说《华为基本法》，华为是一家生产销售通讯设备的民营通信科技公司，总部位于广东省深圳市龙岗区坂田华为基地。

华为"基本法"从1995年萌芽，到1996年正式定位为"管理大纲"，到1998年3月审议通过，历时数年。这期间华为也经历了巨变，从1995年的销售额14亿元、员工800多人，到1996年26亿元，再到1997年销售41亿元、员工5600人，到1998年员工8000人的公司。截止2014年年底，华为年销售额2890亿，海外业务占比达70%。

很多媒体报道认为，《华为基本法》的作用是统一了企业员工的意志、观念。而我的看法是，《华为基本法》确定了华为的管理合法性基础，也就是说，让管理者在行使管理权力时，让大家心悦诚服。华为则把劳动关系和利益关系转化为分配关系和利益分配关系，然后以超常的法治思维从超越的时间和空间来培育自己的核心能力，培育团队以及优秀的人才，最后形成依法创造财富的能力。

当然，经营事业和经营国家毕竟是有区别的，国有国法，对于经营事业的人来说，无不是在国家的平台上，既然如此，就需要遵守一个国家的相关法律，对外遵循外部的法律，才能不至于招来法律的制裁，才能保证有一个公平的竞争秩序。同样的道理，再小的事业，也需要对内部进行公平有效的管理，所以，也就需要内部的规章制度，遵循规章制度办事，才能保证内部的优良秩序。

超常的法治思维要遵循三点：一、公开；二、公正；三、公平。

超常的法治思维名言

◆法官是法律世界的国王，除了法律就没有别的上司。——（德国）思想家、政治家、哲学家、革命家、经济学家、社会学家马克思

◆法律的目的是对受法律支配的一切人公正地运用法律，借以保护和救济无辜者。（英国）哲学家、思想家、政治家约翰·洛克

◆吏不良，则有法而莫守；法不善，则有财而莫理。——（中国北宋时期）思想家、政治家、文学家王安石

超常的法治思维

公开

公正

公平

法治思维金三点

第五十一课　超常的规律思维

　　万事万物都是在遵循某种规律运行的，人类掌握了规律才能改造世界，干事业也是一样的，只有超常掌握了方方面面的规律，才能事半功倍，取得事业的成功，而这，就是超常的规律思维。

　　举一个使用超常的规律思维获得成功的著名例子：上个世纪的60年代中期，日本人通过分析照片判断大庆油田的地点，分析铁人王进喜的言行推算出大庆油田的产量，从王进喜的行踪判断出了大庆油田的开采时间，从烟囱内径匡算炼油规模，最后，他们通过一系列准确的情报分析向中国出口适合中国环境和需求的炼油设备获得了巨大的利益。

　　50年代末至60年代初，日本商人就对我国的石油生产情况十分关心，为此进行了大量的情报活动。他们尤其关注中国的新油田———大庆油田的生产情况，但一时得不到大庆油田的确切情报。

　　1964年4月20日，某报发表了该报记者写的长篇通讯《大庆精神大庆人》，日商从中获悉我国又有一个新的大油田，名字叫大庆，他们立即把这一情报输入计算机，并判断既然中国的国家报纸都报道此事，说明中国的大庆油田，确有其事。但是，大庆油田究竟在什么地点，这在当时是秘而不宣的，日本人还没有材料，不能作出准确的判断，他们只好继续进行情报收集活动。

　　这篇通讯附有一张"铁人"王进喜等5名先进工人的合影照片，照片的文字说明是："大庆油田建设初期的五星红旗"。日商根据这张照片中王进喜等人穿的大棉袄和戴的棉帽断定，大庆油田不会在南方，是在冬季气温为零下30度的东北地区。这篇通讯另有一张照片，画面为一列列并排的原油罐车正整装待发。照片的文字说明是："大庆油田的原油装车待运"。为了进一步调查证实，日本商人进行了很多的调查研究。他们当然到不了大庆，因为当时的大庆尚未向外国人开放。但是，日商可以到北京。后来到北京的日商乘火车时发现，那张照片中的原油罐车上有一层很厚的尘土。在北京火车站，日商从停着的一辆辆满载石油的油罐车上取下一层尘土，作为样品拿回国去化验。从尘土的颜色和厚度来看，证实了他们的判断："大庆油田大致在哈尔滨与齐齐哈尔之间。"

　　1966年7月的某画报上，刊登了一幅"铁人"王进喜的照片，只见他头戴大皮帽，身穿大皮袄，背景是冰天雪地。日商根据他这身服装，再次证实了大庆油田肯定在东北北部。

1966年10月某杂志的第76页上，有一篇歌颂大庆人的通讯，其中在介绍王进喜的事迹时，有这么一段：王进喜一进马家窑，望着一片荒原，兴奋地说："好大的油海！这一下可以把石油工业落后的帽子甩到太平洋去了！"这段报道和这句豪言壮语给日商提供了两份情报：一、大庆油田在马家窑；二、这是一个产量非常高的油田，产油量高到足以改变中国石油工业落后的面貌，打破外国对中国的经济封锁。日商于是从伪满的军用地图上查到"马家窑"是位于黑龙江省海伦市东南的一个小村，并在马家窑附近查到一个火车站，叫安达车站，马家窑就在北安铁路上这个小车站东边10多里处。日商因此判断："最早钻井是在安达东北的北安附近下手的。"

于是，日商终于查明了大庆油田的地理位置：马家窑位于大庆油田的北端，即北起海伦市的庆安，西南穿过哈尔滨与齐齐哈尔铁路的附近，包括公主峰西南的大来，南北400公里的范围，统统称为大庆油田。

地理位置确定后，日商开始分析大庆油田的开采时间。他们对王进喜的事迹报道作了进一步分析，并决定跟踪王进喜的行踪，以便从中找出大庆油田的开采时间。

有关报刊报道："王进喜是甘肃玉门人，是玉门油矿工人，1938年在玉门油矿当徒工，新中国成立后任钻井队长，1956年加入中国共产党，1959年9月作为全国劳动模范到北京参加国庆活动，并于1959年10月1日出席全国群英会，登上了天安门城楼观礼台。"以后王进喜的经历就不见报道了。日商推断：被群众誉为"铁人"的王进喜是在1959年10月以后参加大庆油田大会战的，所以保密。他们推断，大庆油田的开采时间大概在这段时间。

1964年4月20日，某报发表的通讯《大庆精神大庆人》一文中说："40来岁的王进喜是在1960年3月奉调前往大庆的。

1960年3月他在大庆参加石油大会战，率领钻井队从玉门到大庆，克服重重困难，在大荒原上竖起了第一座井架，并打出第一口喷油井。"日商又找到1964年4月25日的中国报纸，从通讯《永不卷刃的尖刀———记大庆油田的一二〇五钻井队》中知道：大庆油田的第一口油井是在1960年春天开钻的。

日商判断：大庆油田1959年就探明了，是为了向国庆十周年这一大庆献礼而命名的。事实正跟日商判断的相差无几：1959年9月26日，我国一支石油勘探队在松辽油田的荒原探明地下藏有开采价值的原油，而且储油量非常高。于是，我国就决定在这里开发油田，这是一个特大型油田。

有趣的是，勘探队最初探明原油并挖出第一口井的地方正好跨两个镇，而这两个镇名称的头一个字分别是"大"字和"庆"字，勘探队就将这个油田拟名为"大庆"上报黑龙江省委。当时的黑龙江省省长说，1959年正好是我国建国十周年这一大庆的日子，为了纪念我国国庆十周年，就把这个油田叫"大庆油田"吧。大庆油田因此而得名。

大庆油田建设初期的炼油规模及年产油量是这样让日商摸清的，1966年7月的某画报发表了一张大庆炼油厂的照片，照片中有一个炼油厂的烟囱，日商就是通过这张照片匡算出大庆炼油厂的炼油规模的，其匡算的方法是：这张照片画面上的大庆炼油厂烟囱旁边有一道扶手栏杆，他们分析出扶手栏杆一般高度为一米多点，以扶手栏杆和烟囱的直径相比，得知烟囱内径是5米。因此日商推断该炼油厂的加工能力为每日900千升。如果以残留油为原油的30%计算，原油加工能力为每日300千升，一年以330个工作日计算，年产量为100万千升。而当时大庆油田已有820个井出油，年产量是360万吨，日商估计到1971年大庆油田的年产油量将有1200万吨，以后最多年产油量可高达5000万吨（注：事实上，2000年大庆油田年产油量就是5500万吨）。

根据这个油田出油能力与炼油厂规模，日商推断：中国将在最近几年必然感到炼油设备不足，买日本的轻油裂解设备是完全可能的，所要买的设备得满足每日炼油1万千升的需要。中国当时的产油能力远远超过炼油能力，要解决这个矛盾有两方案：一是出口原油；二是进口炼油设备。日本资源贫乏，十分紧缺原油，正愁找不到原油，而一衣带水的中国生产原油过剩，正好可以出口到日本。日本工业发达，产品急需寻找市场，有人要买其炼油设备，那是最好不过的事。

于是，日本很快就派出两个代表团到中国进行经济贸易，一个是谈判购买我国原油的经贸代表团，另一个是向我国出口炼油设备的经贸代表团。不出所料，洽谈一举成功，日本从而获得了很高的经济效益。

这个真实的案例告诉我们一个道理，提前掌握了规律，就能掌握市场的发展动向，预判出市场未来的需求并提前布局，赢得成功。

在当时，炼油设备最好的只有日本吗？当然不是，但是日本拥有超常的规律思维，他们因此而发现了商机，抓住了商机。

同时，不仅经商有一定的规律，自然界里万事万物都有可循迹的规律，美国生物学家彼得教授经过32年的科学考察，亲眼目睹了这一独特的现象：苏必利尔湖中的洛耶耳岛以驼鹿众多而闻名，但是，驼鹿大量繁殖使岛上一片绿茵的花草灌木遭到毁灭性的破坏，因为驼鹿生长繁殖需要吃到大量的绿色植物，仅仅10年功夫，驼鹿1500只左右猛增到了3000多只，洛耶耳岛灌林稀疏，一片凄凉了。

为了拯救岛上的植被，生物学家们决定进行一个大胆的实验，依靠4只幼狼来改变这种状况，起初，这4只幼狼遇到的是一个强壮而庞大的驼鹿"兵团"，面对强大的对手，狼队并不惧怕，而且还想出一个很好的策略，那就是先攻击弱者，它们先在驼鹿群旁窥视，并不贸然出击。当发现有因为饥饿或疾病而孱弱的驼鹿出现时，它们便一哄而上，奇怪的是，周围强健的驼鹿并不惊慌，也不援救，而是听任狼群肆意地攻击可怜的驼鹿，孤单受伤的老鹿站在旷野中，望着向远方四散的驼鹿群，面对着饿狼发着绿光的贪婪眼睛，仰天长鸣，猛然朝一只饿狼冲去，最终的命运是被狼扑倒、撕裂、啃食起来……此时，那些自私、无义的驼鹿群已逃得无影无踪了。

当洛耶耳岛上的狼群达到 65 只时，于是生物界平衡的天平开始向另一端倾斜，这时的洛耶耳岛又被一片绿色笼罩，草叶肥美，得到充足食源的鹿群又开始强大。虽然狼的数量增加了 16 倍，驼鹿数量只有从前的两倍，但狼群的攻击力却大打折扣，它们贪婪地望鹿兴叹，几乎无从下口。

超常的规律思维不能离开三点：一是普遍性；二是稳定性；三是重复性。

亲爱的读者朋友：外行看热闹，内行识门道。就以当今合伙人经商最热门的三句话为例：

基层利润共同体，

中层忠诚共同体，

高层精神共同体。

只要你熟练运用超常的规律思维，掌握了自己所干行业的规律，你也将无往而不胜。

超常的规律思维名言

◆ 不论做什么事，不懂得那件事的情形，它的性质，它和它以外的事情的关联，就不知道那件事的规律，就不能做好那件事。——（中国现代）革命家、战略家、理论家、政治家、哲学家、军事家、诗人毛泽东

◆ 天不言而四时行，地不语而百物生。——（中国唐代）诗人李白

◆ 天行有常，不为尧存，不为桀亡。——（中国古代战国）思想家、文学家、政治家荀况

超常的规律思维

普遍性

稳定性

重复性

规律思维金三点

第五十二课　超常的珍惜思维

　　万事万物都是柄双刃剑，无所谓绝对的好，也无所谓绝对的坏，无所谓绝对的有用，也无所谓绝对的无用。所以，一切都是值得珍惜的，通过珍惜，以留存某种独特的价值，在未来的某个时间段产生价值，这就是超常的珍惜思维。例如垃圾，垃圾是我们生产生活中形成的废弃物，从日常使用的角度来说是没有用的，是污染环境的，是必须要丢掉的。但建立可再生的垃圾发电厂后，可以使垃圾变废为宝，通过燃烧产生热力，热力转化为动力，动力转化为电力，最终为人们的美好生活服务。如此一来，垃圾到底是否值得珍惜呢？

　　在过去的岁月里，人类为了追求物质的财富，丝毫不珍惜我们的生存环境，肆意地破坏大自然的生态环境，以牺牲生态环境为代价，获得所谓的丰足生活。这种短见的行为，终于导致了深重的生态灾难：温室效应、厄尔尼诺现象、癌症村、雾霾、有毒食品等等。每一个生态灾难，所造成的损失，都不比人类从中得到的好处少，人类辛辛苦苦几十年的积累，却没有能够逃出"零和游戏"的怪圈，其根本原因，就是没有超常的珍惜思维。

　　这里讲一个故事：战国时候，齐国的孟尝君喜欢招纳各种人做门客，号称"宾客三千"。他对宾客是来者不拒，有才能的让他们各尽其能，没有才能的也提供食宿。

　　有一次，孟尝君率领众宾客出使秦国。

　　秦昭王将他留下，想让他当相国。孟尝君不敢得罪秦昭王，只好留下来。不久，大臣们劝秦王说："留下孟尝君对秦国是不利的，他出身王族，在齐国有封地，有家人，怎么会真心为秦国办事呢？"秦昭王觉得有理，便改变了主意，把孟尝君和他的手下人软禁起来，只等找个借口杀掉。

　　秦昭王有个最受宠爱的妃子，只要妃子说一，昭王绝不说二。孟尝君派人去求她救助，妃子答应了，条件是拿齐国那一件天下无双的狐白裘（用白色狐腋的皮毛做成的皮衣）做报酬。这可叫孟尝君作难了，因为刚到秦国，他便把这件狐白裘献给了秦昭王，就在这时候，有一个门客说："我能把狐白裘找来！"说完就走了。

　　原来这个门客最善于钻狗洞偷东西，他先摸清情况，知道昭王特别喜爱那

187

件狐裘，一时舍不得穿，放在宫中的精品贮藏室里。他便借着月光，逃过巡逻人的眼睛，轻易地钻进贮藏室把狐裘偷出来。妃子见到狐白裘高兴极了，想方设法说服秦昭王放弃了杀孟尝君的念头，并准备过两天为他饯行，送他回齐国。

孟尝君可不敢再等过两天，立即率领手下人连夜偷偷骑马向东快奔，到了函谷关（现在河南省灵宝市，当时是秦国的东大门）正是半夜。按秦国法规，函谷关每天鸡叫才开门，半夜时候，鸡可怎么能叫呢？大家正犯愁时，只听见几声"喔，喔，喔"的雄鸡啼鸣，接着，城关外的雄鸡都打鸣了。原来，孟尝君的另一个门客会学鸡叫，而鸡是只要听到第一声啼叫就立刻会跟着叫起来的。怎么还没睡踏实鸡就叫了呢？守关的士兵虽然觉得奇怪，但也只得起来打开关门，放他们出去。

天亮了，秦昭王得知孟尝君一行已经逃走，立刻派出人马追赶。追到函谷关，人家已经出关多时了。就这样，孟尝君靠着鸡鸣狗盗之士保全了性命，逃回了齐国。

现在"鸡鸣狗盗之徒"被当成了贬义词，比喻那些没有什么本事只能偷偷摸摸的人。偷鸡摸狗固然是不对的，但是，这样的人难道就不应该珍惜吗？孟尝君提供食宿将他们养了起来，他们解决了吃饭问题，也就不需要去偷鸡摸狗了，这也算是一件好事。而孟尝君正因为珍惜各种人才，才捡回一条命，不然他早已死在了秦国。所以，应该像孟尝君一样超常珍惜每一位人才。

在此，有一段关于珍惜的话，我转抄以下：

请善待每个人，因为没有下辈子；一辈子真的很短，有多少人说好要一起过一辈子，可走着走着就剩下曾经；又有多少人说好要做一辈子的朋友，可转身就成为最熟悉的陌生人；有的明明说好明天见，可醒来却是天各一方。

所以，趁我们都还活着，战友、同学、朋友，能相聚就不要错过，能爱时就认真相爱，能玩的时候尽情玩；请好好珍惜身边的人，不要做翻脸比翻书还快的人；互相理解才是真正的感情，不要给你的人生留下太多的遗憾；再好的缘分也经不起敷衍，再深的感情也需要珍惜；没有绝对的傻瓜，只有愿为你装傻的人；原谅你的人，是不愿失去你；真诚才能永相守，珍惜才配长拥有。

有利时，不要不让人；有理时，不要不饶人；有能时，不要嘲笑人。太精明遭人厌；太挑剔遭人嫌；太骄傲遭人弃。

再过若干年，我们都将离去，对这个世界来说，我们将彻底变成虚无。我们奋斗一生，带不走一草一木；我们执着一生，带不走一分名利虚荣。

今生，无论贵贱贫富，总有一天都要走到这最后一步；到了天国，蓦然回首，我们的这一生，形同虚度；人在世间走，本是一场空，何必处处计较，步步不让。

话多了伤人，恨多了伤神，与其伤人又伤神，不如不烦神。世间的理争不完，争赢了失人心；世上的利赚不尽，差不多了就行。财聚人散，财散人聚。

心快乐，日子才轻松；人自在，一生才值得！想得太多，容易烦恼；在乎太多，容易困扰；追求太多，容易累倒。

好好珍惜身边的人，因为下一辈子不一定能相识！好好感受生活的乐，因为转瞬就即逝！好好体会生命的每一天，因为只有今生，没有来世，活着就是幸福，健康就是快乐！

超常的珍惜思维有三条标准：一是知足；二是快乐；三是幸福。

亲爱的读者朋友：人生经历，没有下一次，没有机会重来，没有暂停后再继续。错过了现在，就永远没有现在的机会。

所以，珍惜为宝！

超常的珍惜思维名言

◆ 人们轻易得到的东西往往不珍惜。——（俄国）作家契诃夫

◆ 少年易老学难成，一寸光阴不可轻。未觉池塘春草梦，阶前梧叶已秋声。——（中国南宋时期）理学家、思想家、哲学家、教育家、诗人朱熹

◆ 一个没有英雄的民族是不幸的，一个有英雄却不知敬重的民族是悲哀的。——（中国现代）小说家、散文家、诗人郁达夫

赢 在超常思维 学 则心路光明

超常的珍惜思维

珍惜思维金三点

第五十三课　超常的感恩思维

　　超常的感恩思维是指，人不管是在生活、工作还是创业的过程中，都要懂得感恩，因为只有这样，人与人之间，人与社会之间，人与自然之间才能实现关系的和谐。

　　人与人之间，人与社会之间，人与自然之间，归根到底是一种交换关系。有的交换，是市场化的交换、是物质的交换；有的交换，是情感的交换、是精神的交换。但不管什么样的交换，都同时包含有物质和精神的交换。

　　在这个世界上，没有哪个人、没有哪件事、没有哪个物是必不可少的，而事物之间的长久联系，更多是精神上的联系，只有和自己的团队、自己的事业、所生存的环境在利益共同体的基础上形成命运的共同体和精神的共同体，事业才有可能长久。有的企业发展壮大了，就开始忽视顾客的感受，店大欺客，不懂得感恩顾客，或不懂得感恩成功过程中时代大潮的作用，忽视时代的发展大潮，逆势而行，终致失败。更常见的是身为老板，不懂得感恩员工，或员工不懂得感恩老板，导致事业团队离心离德，最终溃散。如此种种，都是没有超常的感恩心态导致的恶果。

　　讲两个故事：一个生活贫困的男孩为了积攒学费，挨家挨户地推销商品。他的推销进行得很不顺利，傍晚时他疲惫万分，饥饿难耐，绝望地想放弃一切。走投无路的他敲开一扇门，希望主人能给他一杯水，开门的是一位美丽的年轻女子，她笑着递给了他一杯浓浓的热牛奶，男孩和着眼泪把它喝了下去，从此对人生重新鼓起了勇气。许多年后，他成了一位著名的外科大夫。

　　一天一位病情严重的妇女被转到了那位著名的外科大夫所在的医院。大夫顺利地为妇女做完手术，救了她的命。无意中，大夫发现那位妇女正是多年前在他饥寒交迫时给过他那杯热牛奶的年轻女子，他决定悄悄地为她做点什么。一直为昂贵的手术费发愁的那位妇女硬着头皮办理出院手续时，在手术费用单上看到的是这样七个字：手术费———一杯牛奶。

　　是不是很神奇？如果觉得有点虚幻，那就再讲个真实的故事。

　　浙江仙居45岁的女子戴杏芬20年前，在街头碰上3名蓬头垢面的乞丐，对方直言自己多日无食饭，希望戴女士能伸出援手。充满爱心的戴杏芬当即带

这3个人回家，准备饭菜，让各人饱吃一顿。

当时其中一名叫何荣锋的乞丐透露，自己来自四川，家里有一个姐姐和妹妹，当年只有17岁的他和两个朋友到浙江打工。但抵达仙居时已身无分文，因此只能沿路乞讨。

由于深知外地谋生的苦境，戴女士决定协助3人。何荣锋的友人表示说，自己有个姐姐在黄岩，提议结伴到黄岩找工作。第二天戴杏芬准备好馒头片，另给每人10元，将他们送上车。何荣锋经过20多年的打拼，终于成功建立事业，创立自己的家具公司，现在是潘阳玖玖利峰集团董事长。

对于当年戴女士的恩情，他一直铭记于心，多年来委托他人找寻对方消息，直到2013年5月，他终于成功联络到戴女士，随即送上一张100万元的支票，但却遭到戴杏芬的婉拒。两家人后来一直保持联络，逢年过节，何荣锋也会给戴杏芬打个电话问好。

这是真实发生的事件，虽然戴杏芳行善图的不是回报，而是发自内心的慈悲，何荣锋感恩也仅仅只是报答，但社会因此而美丽。如果一个经营企业的人，怀着感恩的心态为客户服务，提供质量可靠的产品，那将会怎样呢？必然会获得客户的认同。如果像三鹿奶粉、鼎新公司那样，不但不感恩客户，反而用三聚氰胺，用地沟油毒害客户，那么必然会被市场所不齿和抛弃。

所以，超常的感恩思维要牢记三点：一是个人品行；二是真诚行动；三是生活态度。

亲爱的读者朋友：感恩什么就会得到什么，感恩越多，得到越多！感恩是宇宙中最伟大的力量，感恩是感觉最高的频率，如果能感恩所有的事物和人，你的生命必将改变。因此，感恩大于成功！

超常的感恩思维名言

◆人生六条智慧：1.知而不言，谨记言多必失；2.自我解脱，才能自我超越；3.冷静思考，才能让自己更清醒；4.用心看世界，才会看清人的本来面目；5.放下，放下了才能重新开始；6.感恩，才能在逆境中寻求希望。——网上摘语

◆很多时候，我们总是希望得到别人的好。一开始，感激不尽。可是久了，便是习惯了。习惯了一个人对你的好，便认为是理所应当的。有一天不对你好了，你便觉得怨怼。其实，不是别人不好了，而是我们的要求变多了。习惯了得到，便忘记了感恩。——网上摘语

◆抱怨是死亡的开始，感恩是成功的基石。——网上摘语

超常的感恩思维

生活
态度

真诚
行动

个人
品行

感恩思维金三点

第五十四课　超常的自控思维

自控思维，也叫慎独思维，然而和传统的修身不同的是，市场条件下超常的自控思维，不止是修身，更多的是坚持获取成功的种种优良的习惯，如坚持终身学习、坚持超越自我等。虽说商场如战场，但俗话说，最大的敌人是自己，因此，超常的自我控制永远是最有效的制胜法门。

沙粒进入蚌体内，蚌觉得不舒服，但又无法把沙粒排出。好在蚌不怨天尤人，而是逐步用体内营养把沙包围起来，后来这沙粒就变成了美丽的珍珠。

吸血蝙蝠叮在野马脚上吸血，野马觉得很不舒服，但又无法把它赶走，于是就暴跳狂奔，不少野马被活活折磨而死。科学家研究发现，吸血蝙蝠所吸的血量极少，根本不足以致野马死去，野马的死因就是暴怒和狂奔。

不如意事十常八九，我们遇到不如意的事时，不妨多想想蚌和野马。

我们何不像蚌那样，设法适应，利用自己无法改变的环境，以"蚌"的肚量去包容一切不如意的境遇，使之为我所用。不要像野马那样一不如意就暴跳如雷，这样只会自食苦果。

让自己停止烦躁，自控情绪，学会适应一切逆境。因为逆境是成功的阶梯，痛苦和委屈是人生最宝贵的经历。一个人的心胸和格局也都是被痛苦和委屈给撑大的。

常常有人叹息生活忙乱，负担沉重。其实，在个人很多负担之中，有许多是不必要的，只因为太贪多，太求全，太顾及面子或太急切达到个人目的，反而使自己顾此失彼。许多人在除了自己分内该忙的事情外，还要忙些不该忙的，如：忙应酬，忙走穴，忙为了增加物质享用或虚荣而去赚钱，忙着奔走钻营去求地位，谋高官。

日本作家川端康成获诺贝尔奖之后，受盛名之累，常被官方，民间，包括电视广告商人……拉去做这做那。文人难免好面子，不擅应酬，心慈面软，不会推脱，做事又过于认真，不懂敷衍，于是陷入忙乱的俗世重围，终于自杀，了此一生。其实就是不懂得自控，没有超常的自控思维。

历史古典名著《三国演义》中描述：张飞的死，其实憋屈得很，他不是在战场上慷慨赴死，而是被自己的情绪给杀死的。

话说张飞，当听到二哥关羽被东吴所害后，他就抑制不住悲痛，恨不得立马出兵去灭了东吴。开始，刘备还算沉得住气，拒绝了张飞的要求。无奈之中的张飞便日日沉醉，醉后又管不住自己，时时拿士兵出气，动辄鞭打他们。限时要求去做办不到的事，最后，部下范强、张达无可奈何也忍无可忍，趁张飞醉酒沉睡之时，将他刺杀，割下他的头颅，奔东吴而去。

没有人能否认张飞的武艺是高强的，但武艺这么高强的人，最后却得到这样一个窝囊的结局，不得不令人反思：一个人如果连自己的情绪都控制不住，武艺再高强，本事再大也无济于事。一个优秀的人才，不管从事什么行业，都是以干事业为主的，那些有损大局的情绪，都会摆一边，有了超常的自控思维，才可能最大化地去展现自己的能力，也能避免不堪设想的后果。

85岁的李嘉诚，则是有超常自控思维的楷模，"外人都将他看作超人，而他自己，则始终将自己看成是变成超人之前的那个人。"从早年创业至今，一直保持着两个习惯：

一是睡觉之前，一定要看书，非专业书籍，他会抓重点看，如果跟公司的专业有关，就算再难看，他也会把它看完；

二是晚饭之后，一定要看十几二十分钟的英文电视，不仅要看，还要跟着大声说，因为"怕落伍"。

这种勤奋和自律，非一般人能比。关于工作习惯，最为著名的细节是李嘉诚的作息时间：不论几点睡觉，一定在清晨5点59分闹铃响后起床。随后，他听新闻，打一个半小时高尔夫，然后去办公室。

熟悉李嘉诚的人士表示，他是一个危机感很强的人，他每天90%的时间，都在考虑未来的事情。他总是时刻在内心创造公司的逆境，不停地给自己提问，然后想出解决问题的方式，"等到危机来的时候，他就已经做好了准备"。一个被广为传播的事实是，2008年，金融危机爆发，而在这之前，李嘉诚已经准确预见，并早已做好了准备，等到危机来临时，集团不但安然无恙，还从中获得了扩张的机会。

作为一个商人，李嘉诚对数字尤其敏感，从20岁起，李嘉诚便热衷于阅读其他公司的年报。除了寻找投资机会，也从中学习其他公司会计处理方法的优点和漏弊，以及公司资源的分布。他自称可以对集团内任何一家公司近年发展的数据，准确地说出其中的百分之九十以上。

对于信息的重要性，李嘉诚常常一再强调，虽已85岁高龄，但他对新技术的了解，并不逊于年轻人。在李的办公室，左手边摆着两台电脑，实时显示旗下公司的股价变动。而在侧面办公桌上，则摆着他的苹果笔记本，这是他日常工作所用的。每天早晨，李嘉诚都能在办公桌上收到一份当日的全球新闻列表。据一位跟随他十余年的人士透露，这份新闻列表并非摘要，而是一个又一

赢在超常思维 学则心路光明

个的新闻标题，多来自《华尔街日报》、《经济学人》、《金融时报》等全球知名媒体。李嘉诚会先游览，然后选择其中想看的文章，让人翻译出来细读。李嘉诚的这个习惯坚持了十余年，并因此而专门设立了一个4人小组，负责这项工作。而他之所以看标题，不看摘要，是不想被别人误导。这些习惯，让李嘉诚始终站在资讯的最前沿，也让这个老人投资了一系列高科技公司，让他非常善于问问题，遇到一个新事物，他总是会想，这和我、和我的公司有什么关系。

他总是会将自己的问题交给专业的人去寻找答案。比如，在Facebook等社交媒体开始火起来的时候，李嘉诚曾经问过旗下公关团队一个问题：怎么看待其和平面媒体以及网上媒体对集团公关的影响？为了回答李嘉诚的这个问题，公关团队专门召开最高会议进行讨论，形成专题报告向李汇报。有趣的是，最后这个团队甚至开发了一款软件，专门用以评价不同渠道的公关效果。

说三个在现实中的例子，第一个是遭遇误解的时候，我18岁时以"知识青年"的名义下乡到农村，曾被抽调往当时的公社修建大桥并负责食堂财务，碰上了怀疑我偷油偷肉偷米的误解。在有口难辩说不清的情况下，我不争辩，不解释，坦然地选择了回避，只过了半个月，事情就真相大白，我的冤名也清楚了。几十年来的经历，我体会到：现实生活就是这样，一个人要想干什么事，就只管一心一意地去做，对出现的闲言闲语，不要去计较。其实，把议论当做生活中正常发生的琐碎事一样，放到一边，回避并不予理睬，就会风平浪静，等待新的八卦议论、小道消息来后，一切就过去了。如果你沉不住气，怒气冲天，大发雷霆，辩驳计较，只会白白地浪费你的精力和耗费宝贵的时间，影响你的情绪，损害你的形象。

第二个是和钱打交道的事，有一句俗话："金以火试，人以钱试"。我当主要负责人已有30多年，无论在政界、企业、商场，无论在行政、事业、企业或个人搞产业，我一直掌管着一定的资金，只要我签字的票据就是钱，我始终稳过来了，经济上没有贪污、挪用、受贿行为。也有人问我："你长年累月在河边走，难道真的能做到不湿鞋吗？"我是这样回答的：担任一把手必须要有自控心和敬畏感。所谓自控，一把手的权力是组织上或你的老板给的，职务是一张纸来的，今年你在这个地方任职，明年你也许会到另一个地方任职，你不自控，组织上或你的老板就会控制你，同样一张纸可以把你往上提或往下降；所谓敬，一把手应该要的待遇，在工资、补助等其他方面都已经有了，你应该感谢组织或老板，用真诚的自控行动回敬组织或老板；所谓畏，什么事都是由小到大的，贪婪之心也是一样，你一旦贪污或挪用或受贿数百元以后就会发展到数千上万元，甚至更多。俗话说：若要人不知，除非己莫违。尤其像我这样经历多职务、多岗位、多行业，写出百万字的自传《经历无悔》，年龄已进入老年，我的人格人品价值不是金钱能买下的，为了数百元上千元上万元或更多而去贪污受贿，太不划算了。金钱名利有价，人格品德无价。所以我对贪污受赂始终有超常的自控能力和敬畏之心。

这也说明，只有清楚自己的能力、掌控自己命运的人，通常才能在工作中比较快乐，他们觉得内心有一股力量，自信能应付人生路上碰到的各种灾难。同时，能力不是违法乱纪，发号施令，而是确定目标，采取行动，克服困难，解决问题，最重要的是能掌控自己的行为。

这样一来，就出现两种状况，一种是工作不快乐的人总以为领导、老板不信任他们，工作起来别扭、被动；另一种是快乐工作的人能适应各种工作环境，对自己的命运有较强的控制能力。

第三个例子是有一篇文章的题目："你连清晨都控制不了,谈何控制人生！"

是啊？一日之计，始于清晨。南怀瑾先生曾说过："能控制早晨的人，方可控制人生。一个人如果连早起都做不到，你还指望他这一天能做些什么呢？"人生的改变，就是伴随着清晨的 6 点钟闹铃开始的。

自古以来，官方便要在清晨上早朝。汉代贾谊在《新书·官人》中写道："清晨听治，罢朝而议论。"加上古时候车马不便，算上起床、梳洗、换上朝服的时间，官员们至少需要提早半个时辰，即一个小时起床。"五鼓初起，列火满门，将欲趋朝，轩盖如市。"雾色朦胧中，百官上朝。当你沉醉于清晨的美梦时，他人已经走在为梦想拼搏的路上了。最可怕的不是别人比你聪明，而是比你聪明的人，比你还要努力。

不同行业，不同领域，成功的人都是相似的，他们懂得自控，擅于利用时间，不把有限的时间用在无谓的事上。

所以，超常的自控思维要把握好三点：一是自律；二是自修；三是自行。

亲爱的读者朋友：一般而言，人在创业阶段，都能把握自己，了解自己。一旦有点成功，名利随之而来，往往就难以自控了，要么过高估计，要么过低估计，往往对自己的能力作出错误的判断，导致犯各种各样的错误，甚至出现违法违纪行为，走上犯罪道路。

因此，成功的人，有能力的人，要想办法控制自己，把握自己，抵制各种诱惑，保持清醒头脑，与时俱进，平安而退。

请记住：不要有事没事就跟别人诉苦，这世界上能感同身受的人太少太少啦！大部分人听听也就烦了,还有相当部分人会把你的诉苦当做笑料到处去传播。

超常的自控思维名言

◆ 智者不惑,仁者不忧,勇者不惧。——（中国古代）思想家、教育家、儒家学派创始人孔子

◆ 每个人都是自己的命运建筑师。——网上摘语

◆ 我对自己的信心已超越别人对我的评价。——（美国）剧中人物茱利亚

197

超常的自控思维

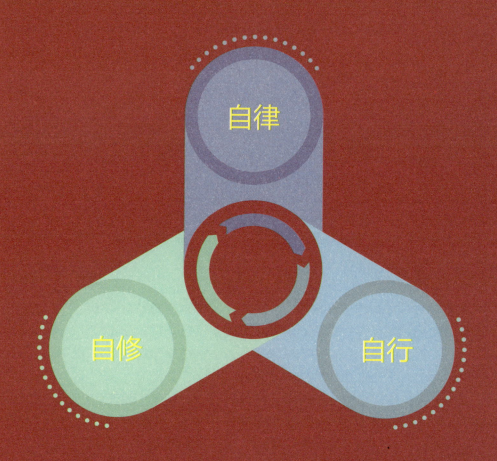

自律

自修

自行

自控思维金三点

第五十五课　超常的天道思维

超常的天道思维，是指遵循天理循环的思维，天道包括但不限于平衡、消长、周期等。世间一切一直都在遵循天道运转，所谓"天行有常，不为尧存，不为桀亡，顺之以治则昌，逆之以治则亡"，生活、干事业，看似与玄妙的天道不相干，实则无时无刻紧密相连。

首先，世界是平衡的。有得就有失，有失必有得。所以要得到什么，就必须付出什么，不要期待不劳而获或天上掉馅饼。反过来，如果你不幸失去了什么，也无需悲伤，因为在失去的同时你一定会得到些什么。

世界是物极必反、消长有序的。当一件好事做得过于满了，就会起反作用变成坏事，如画蛇添足；当一件坏事做得过于坏了，就会因产生正面的作用而变成好事，如秦朝的宦官赵高、汉末的董卓、明代的魏忠贤等，阴谋用尽，机关算尽，最终因此丢掉性命。

世界还是循环往复，有周期的。好事不可能一直都发生，好事过后必然是坏事，坏事过后必然是好事，成功之后必然是失败，失败之后必然是成功……世界就是在这样的循环往复中前进，永不停歇。如塞翁失马，焉知非福？

天道，就是如此的超然，得到和没得到没有区别，失去和没失去没有区别，成功和不成功也没有区别，甚至连善恶都没有了区别。但超常的天道思维，并非让人不思进取，不辨善恶，而是让人保持一种平常心，达到富贵不能淫、贫贱不能移、威武不能屈，泰山崩于前而面不改色的境界，游刃有余地面对各种是是非非，风风雨雨，成败得失。

中国历史上，许多帝王一旦取了天下或登上帝位就骄奢淫逸，不可一世，终至祸国殃民，命丧黄泉，消失在历史长河，被世人所唾弃。也有些人，淡泊名利，不贪图功名利禄，什么都不想留下，却偏偏名垂千古，如老子。

老子是中国历史上最伟大的哲学家之一，他的《道德经》外文发行量仅次于《圣经》。但是少有人知道，就是这短短的五千字，老子一本也无意留下。

老子是周王朝的图书馆馆长，当时的中国，只有一个图书馆，历朝历代的典籍都保存在图书馆里，拥有这批典籍，是当时的天子称王的条件之一。而历朝历代的图书馆长，其职责就是保护这批典籍，当国王昏庸无道的时候，为了

保护这批典籍，他就得带着典籍去投奔有道之君。老子任职图书馆馆长时，周王朝王室内乱，嫡出长子和庶出长子为争夺王位大打出手，老子面临两难的抉择，最终辞职而去。博古通今的他悟得了天道，看透了人世间的纷纷扰扰，无意于功名利禄，因此西出函谷关，遁隐山林。

在函谷关，他被函谷关守将尹喜发现，尹喜不希望老子的知识就此埋没，苦苦哀求老子将自己的所得写成文字，留给后人，老子深受感动，写下了短短五千字。而这五千字，就是流传千古的《道德经》。

老子退隐，看似是不合处世之道的，但是，老子之所以归隐，是因为他丰富的学识和敏锐的洞察让他窥破了天道，而恰恰因为他窥破了天道，又让他名垂千古。一个名垂千古的人，却在极盛之时必然选择归隐山林，这难道不是物极必反的天道吗？

经商办企业也是如此，身为带头人，随时也要注意以下五点：

一是核心层腐败；

二是带头人喜欢听奉承话；

三是无大将可用；

四是中层无能；

五是只开会，不决策。

如果有了以上五点，这个公司已违反了基本的天道规律，离垮台的日子也不远了。

超常的天道思维必须要遵循三点：一是规律；二是规则；三是规范。

亲爱的读者朋友：天道不可违也！

超常的天道思维名言

◆诚者，天之道也；思诚者，人之道也。——（中国古代）思想家、教育家，儒家学派代表人物孟子

◆天才就是这样，终身努力便成天才。——（俄国）科学家、化学家门捷列夫

◆百倍其功，终必有成。——（中国近代）政治家、思想家、教育家康有为

超常的天道思维

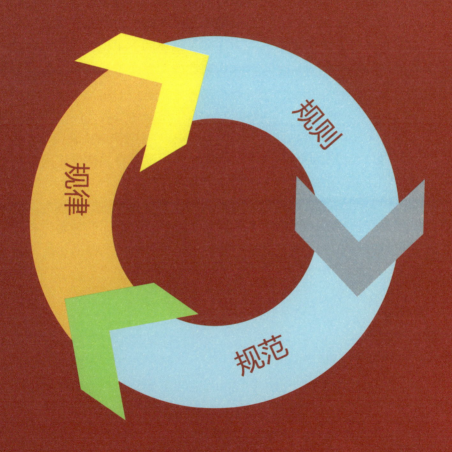

天道思维金三点

第五十六课　超常的国道思维

　　超常的国道思维，是指把握国家的发展脉搏，国家繁荣，人民安定，与国家的发展保持在同一通道，最大程度借取国家的政策红利和国家发展大势的思维。平台一小步，人生一大步。对于任何干事业的人来说，国家都是最大的平台之一，如果不能把握住这个平台，逆国家的产业政策而行，或单纯追求名利财富，那也是错误的。

　　中国宗教史上，有一位非常重要的人物，他就是全真教龙门派的创立者，"全真七子"之一的丘处机。但人们只知道丘处机是一位杰出的思想家和道教领袖，却不知道他也是一位重要的政治家，他的最大贡献是将其济世安民的思想付诸实践，对当时社会产生重大影响。

　　丘处机虽长期从事宗教活动，但对社会问题有着敏锐的洞察力。他深知要使自己的理论有长盛不衰的生命力，必须要在实践中给人们带来好处，而这种实践又必须要得到统治阶级的全力支持，也就是将自己的理论和国家发展的道路紧密地绑在一起。

　　金大定 28 年（公元 1188 年），他首先取得当时信奉道教的金世宗青睐，一月内两次在京召见，寻问其长生与治国保民之术。丘处机对金世宗"剖析天人之理，演明道德之宗，甚惬上意"。这是丘处机首次向最高统治者宣传自己的主张，并取得了成功。金世宗不仅亲赐大桃以示褒奖，让他主持"万春节"醮事，而且下令在宫庵中塑全真教创始人王喆（王重阳）之像以为纪念，为丘处机扩大全真教的影响和提高自己的社会地位起了重要作用。

　　金兴定 3 年（公元 1219 年），丘处机应邀赴中亚成吉思汗行营与其论道。这是在宗教史上一个划时代的重大事件，也是丘处机得以实现自己理想与才干的重大举措，意义极为深远。

　　在此之前，丘处机看到金朝国势衰败，于是隐居于家乡栖霞传道授徒，并先后谢绝了金朝与南宋统治者欲请其辅政的邀请。然而他却毅然接受了成吉思汗之邀，不辞数万里艰苦跋涉，西行至雪山（今阿富汗境内兴都库什山）行营，面见蒙古大汗，充分表现出这位道教领袖的国道思维，即在政治上高瞻远瞩的洞察力。一方面，他深明天下大势，看到了结束战乱使国家统一的重任已历史性地落到成吉思汗及蒙元政权身上，为全真教日后的发展和实现自己的夙愿，必须要得到即将出现的新的封建王朝的支持。另一方面，丘处机也从成吉思汗向其下达的诏书中看到了希望，受到了鼓舞。成吉思汗的邀请书表面上请丘处机为己讲养生之道，实际上则是询问治国安邦大计。成吉思汗为治理国家求贤若渴的心境跃然纸上，其深情打动了丘处机，使他把实现理想和抱负的希望寄托在成吉思汗身上，所以能不顾72岁高龄，历尽艰辛，万里西行，开始又一次"外修真功"的重大实践。

在驻扎今阿富汗境内的成吉思汗西征军行营内，丘处机与这位大汗朝夕相处数月，多次与之论道，丘处机对成吉思汗的影响主要体现在以下三个方面：

一是宣传"去暴止杀"，在一定程度上减轻了蒙元统治者对所征服地区人民所推行的残酷杀戮政策。丘处机针对成吉思汗希冀长生之心理，要他将追求"成仙"与行善结合起来，劝告成吉思汗，养生之道重在"内固精神，外修阴德"。内固精神就是不要四处征伐，外修阴德就是要去暴止杀。成吉思汗后期统治中原的政策有所和缓，在山东为官的木华黎及其继任者对各地反抗大都采用招安措施，丘处机雪山论道无疑产生了重要影响。此后，丘处机仍然不断劝告蒙元将帅，减少对人民的屠杀。后人对此有很高的评价，认为他"救生灵于鼎镬之中，夺性命于刀锯之下"，"一言止杀，始知济世有奇功"。

二是宣传济世安民思想，为恢复和发展中原地区社会经济、救济贫困百姓、安定社会秩序做出了贡献。长期以来，丘处机盼望出现一个好皇帝，以便让人民过上安居乐业的生活。金世宗统治时期，一度政治比较清明，因此，获得丘处机的拥戴和高度评价。然而好景不长。随着元军进入中原，与金战争不断，造成山河破碎，人民流离失所。在成吉思汗大营，丘处机反复向其灌输爱民的道理。丘处机还巧妙地借用雷震等自然现象，劝告成吉思汗及蒙古人要有行孝之心。他说："尝闻三千之罪，莫大于不孝者，天故以是警之。今闻国俗不孝父母，帝乘威德，可戒其众。"丘处机特别向成吉思汗论述了治理好中原地区的重要性，强调蒙元政权如要治理好中原，首先要让百姓"获苏息之安"，减免中原地区百姓赋税，真正做到"恤民保众，使天下怀安"。

由于丘处机循循善诱的说教，对成吉思汗思想多有所触动，认为："神仙是言，正合朕心。"他还召集太子和其他蒙古贵族，要他们按丘处机的话去做，又派人将仁爱孝道主张遍谕各地。

三是通过宣传"三教合一"的理想，推动蒙元统治者在中原地区进行改革和推行汉化政策，加速了元代统一全国的进程。

蒙元军队进入中原之初，由于烧杀掳掠，激起了以汉族人民为主体的各民族的激烈反抗。现实使蒙元统治者逐渐认识到仅靠武力难以维持对中原地区的统治，不得不对一些过于残暴的政策予以调整。丘处机西行向成吉思汗论道正是一次用儒、佛、道传统文化开导成吉思汗及蒙元高层统治者的活动。丘处机的论道，对成吉思汗及蒙元上层集团人物的接受汉化起到了一种潜移默化的作用，对于推动他们在中原地区以"汉法"行事也产生了一定的效果。

丘处机不仅宣传济世安民主张，而且也身体力行，为蒙古统治者树立榜样。他返回中原时，没有要成吉思汗馈赠的大批金银财宝，却接受了成吉思汗免除全真教徒赋税的"圣旨"。他利用成吉思汗授予"掌管天下道门大小事务，一听神仙处置，宫观差役尽行蠲免，所在官司常切护卫"这种特权，在黄河流域大建全真教宫观，"自燕齐及秦晋，接汉沔，星罗棋布，凡百余区"。他利用宫观广发度牒，安抚了大批无以为生的流民，使之加入全真教，从而免除了他们承担的苛捐杂税。

《元史·丘处机传》称："处机还燕，使其徒持牒招求于战伐之余，由是为人奴者得复为良，与滨死而得更生者，毋虑二三万人，中州至今称道之。"此举在当时影响巨大，以致各阶层人士纷纷涌入全真教门下，文人、官吏以与全真教相交为荣，道教其他派别甚至佛教寺庙也挂起全真旗号。丘处机在北京建长春宫（今白云观），作为全真教大本营，又在各地建立道观向全国推广。在元政府支持下，一时间全真教达到"古往今来未有如此之盛"的兴旺局面。

现在的中国道教，全真教和正一教二分天下，而全真教今日的地位，即是由丘处机奠定，丘处机超常的国道思维，为全真道教开创了迄今近八百年的基业。

无独有偶，净空法师近年提出《和谐拯救危机》，"真诚、清净、平等、正觉、慈悲，看破、放下、自在、随缘、念佛"是净空法师立身处世不变的原则；"仁慈博爱""修身为本""教学为先"是他讲经教学纯一的主旨；"诚敬谦和"、"普令众生破迷启悟、离苦得乐"则为其生命中真实的意义，个中玄妙，也可用超常的国道思维来理解。

尤其是中华文化博大精深，在当今这个社会上学派林立，物欲横流，诚信稀缺社会环境中，我们必须要汇聚中华五千多年以来生生不息的传统文化，取其精华，去其糟粕，推陈出新，发扬光大，为那些信仰缺失或精神迷失的人群，重塑精神大厦和信仰的支柱。古之"五福"概念源于3000多年前，据中国最早的历史文献《书经》记载，周武王13年灭殷商后，武王向"殷末三贤"之一的箕子请求治国之道。箕子在信中向武王讲述了"洪范九畴"的故事，说大禹治水成功，天帝赐其洪范九畴。也就是治理国家的九种根本大法。其中第九畴是"飨用五福，威用六极"，就是通过寿、富、康宁、好德、考终命等"五福"劝人向善，并阐释"六极""警戒"和阻止人们从恶。3000多年以来，中华大地每逢春节到来之际，在广大民众的正门贴着"五福临门"四个大字，大门两边或窗户上贴着"福"字。

今之"伍福"，是中医出身的民间文化学者、智者宋自福先生，在对中华传统文化进行梳理和对"福文化"的考究时，进行了更加深入、科学、创造性地开发，较之古人极大地充实了"五福"内涵，即长寿、富贵、康宁、好德、善终。

它与古之"五福"最大的区别，是一个"伍"字，构成了人生终极追求的五大价值链内涵。《管子·小筐》对字义解释为"五人成伍"，是一种编单位，有集体、团队的意思。宋自福先生首提"伍福"概念，为"五福"赋予了人本思想。这一字之变将一种传承数千年的美好愿望转化为一种与时俱进的普世价值观。

"伍福"是高度提炼的五千年文明的内涵，是每一个中华儿女自我价值实现的目标，也是老祖先留下来治国之道的文化瑰宝，正如宋自福先生所说："中华文明最大的奥秘是伍福文化，中国人心中最大的期望值是伍福临门。"

什么样的文化可以称之为"国道！"我认为：3000多年以来经久不衰、深入民心、代代传承、为历朝历代民众接收采纳的"伍福临门"，就是当今乃至以后的普世国道之一。

我提出"赢在超常思维"，提出要有超常的国道思维，在写到这一条时，我举了以上三个例子，落脚点就是希望看此书的读者要有超常的"伍福"正能量思维，从你个人到家庭到事业，如果你看懂了"伍福"正能量，融入了"伍福"，不仅是你个人终生受用，而是福报你个人的同时，惠泽后代。

所以，超常的国道思维必须牢记三点：一、国家；二、国策；三、国力。

亲爱的读者朋友：一定要记住，有国才有家！

超常的国道思维名言

◆瞒人之事弗为，害人之心弗存，有益国家之事虽死弗避。——（中国明代）文学家、思想家、政治家吕坤

◆苟利国家生死以，岂因祸福避趋之。——（中国清代）政治家、思想家、诗人林则徐

◆人类最高的道德是什么？那就是爱国心。——（法国）军事家、政治家拿破仑

超常的国道思维

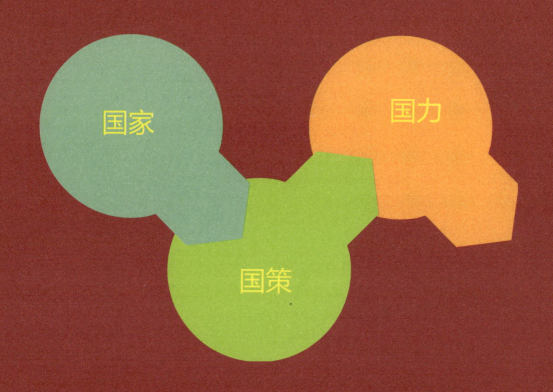

国家

国力

国策

国道思维金三点

第五十七课　超常的家道思维

　　超常的家道思维，指的是以企业为家，视伙伴为家人，以家道为事业之道，以此提高团队凝聚力和稳定性的思维。市场经济时代讲究的是团队合作，一个人干不成事业，一个团队协作才有可能，而人与人之间的伙伴关系中，最牢固和最受信任的是家人的血缘关系，用好超常的家道思维，能极大地提升团队的凝聚力，让更多的人才加入企业的大家庭。

　　中国自古以来有不少积德的大圣大贤之人，其家道几百年、几千年不衰的，在此简述两位如下：

　　第一位是孔子，孔老夫子教化中国人，这是中华民族的老师，这个功德很大。所以他的子子孙孙都不衰，不管怎么样改朝换代，对孔老夫子的后代都特别的恭敬，不但中国人恭敬，连外国人都恭敬。这是祖宗积德积得太大了，家道长盛不衰。

　　第二位是范仲淹，他小的时候家境贫寒，是一个穷苦人家出生的，他很聪明，会念书，家里没有书，寺庙里头有藏经楼藏的书，他就到寺庙里念书，在寺庙里住。吃呢？每一天自己吃稀饭，吃粥，每天煮一锅粥，把一锅粥划成四块，每餐吃一块，以后官做到宰相、大将军，养活三百多人家，办义学请老师来教学生，替国家培养人才。范仲淹写的家道百字铭摘抄如下：

　　孝道当竭力，忠勇表丹诚；兄弟互相助，慈悲无过境。
　　勤读圣贤书，尊师如重亲；礼义勿疏狂，逊让敦睦邻。
　　敬长与怀幼，怜恤孤寡贪；谦恭尚廉洁，绝戒骄傲情。
　　字纸莫乱废，须报五谷恩；作事循天理，博爱惜生灵。
　　处世行八德，修身率祖神；儿孙坚心守，成家种义根。

　　普通一个人家能够传三代的很少，范仲淹政绩卓著，他倡导的"先天下之忧而忧，后天下之乐而乐"思想和仁人志士节操，对后世影响深远。他死后，儿子范纯仁又做了宰相，而且世世代代人才辈出，范仲淹写的家道百字铭，范氏后世家族传八百年不衰，积的德太大了，真正肯布施，自己有福不享，给后辈子孙享。

　　说到家道，有的人总认为是钱的事，有了钱，似乎什么家道都好了，没有钱，所有家道似乎都是假的。其实不然，我从小一直生活在外公外婆家，外公也退休了，日子过得很辛苦。虽然贫困，但家里的桌子总是擦得一尘不染，住房虽然是农村里一栋堆放稻谷的破旧木屋仓楼，但从里到外打扫得干干净净，就连柴刀菜刀锄头毛镰所有日用品都似军事化，摆放得整整齐齐，晚上不开灯，哪怕是伸手不见五指也能摸到所需要的物品，仅有的几块小菜地上除了种植的蔬菜，没有杂草，在小镇整条街上别具一格，我外婆将全家的衣服用米汤水浆洗，尽管都是一些旧衣旧裤，早就洗得发白，却都是穿戴得干净整洁，一丝不苟。街头到街尾都震慑于外公一口洪亮的长沙话，以及他那威严的仪容，方圆十里八村都称他为"师傅"。我每当忆起童年少年往事，念及外公外婆家那极尽简朴的陈设，窗明几净，堂堂正正，我才赫然想起，这不就是古人所说的"清贫"家道吗！

"清贫"家道，不是钱的事，而是贫而不贱，且有一股自尊自重的清气。这种人穷则穷矣，然尊严所在，绝不容人轻视贬抑半分，不食嗟来之食，不以媚色示人，任何人见他，都还得敬他三分。我幼时的经历，成年的闯荡，我都曾见过不少这种清贫寒士，或者是朝气勃勃的乡村老农，或者是精神抖擞的退休员工，他们面目明朗，心地质朴，每天忙忙碌碌，好像自己正在干一件天下间最重要的事一样。

说到家道，又离不开家训，它是中国传统文化的重要组成部分，也是家谱中的重要组成部分，它在中国历史上对个人的修身、齐家发挥着重要的作用。远古时代，人类社会经历了姓氏、家族、家庭的变迁，然而，这些都是形成为国家的基石之一，在国家不安定和国法不明确之际，家训即可发挥稳定社会秩序的强大力量。因为，家族为了维持必要的法制制度，就拟定一定的行为规范来约束家族中人，这便是家法家训的最早的起源。

自汉初起，家训著作随着朝代演变逐渐丰富多彩。家谱中记录了许多治家教子的名言警句，成为人们倾心企慕的治家良策，成为"修身"、"齐家"的典范。当中，最为人称道的名训，如颜氏家训、朱子治家格言等，至今脍炙人口。家训之所以为世人所重，因其主旨乃推崇忠孝节义、教导礼义廉耻。此外，提倡什么和禁止什么，也是族规家法中的重要内容，如："节俭当崇"、"邪巫当禁"等。简言之，每个家族都有不同的族规家训。

家谱中较为常见者，大致包括了以下内容：

（一）注重家法、国法；

（二）和睦宗族、乡里；

（三）孝顺父母、敬长辈；

（四）合乎礼教、正名分；

（五）祖宗祭祀、墓祭程序；

（六）修身齐家《颜氏家训》、《曾国藩家训》、《朱子家训》。

但是，家族、亲戚、朋友在人生事业上是一把双刃剑，有好的一面，也就必定有不好的一面，为什么有很多人任由自己的理想消逝破灭？为什么有很多人在执着于工作目标过程中会半途而废呢？最主要的原因之一是受家族、亲戚、朋友的影响。

问题的根源在于：当你信心十足打算大干一场时，你的宗族、亲戚、朋友里，有的年龄比你大，有的辈份比你高，有的能力比你强，有的资历比你老，因为和你有着千丝万缕的联系，出于对你的关心，纷纷出来劝你，向你提出忠告。

如果你所干的是别人没有干过的事，你所走的是别人没有走过的新路，你所听到的大部分可能是悲观的、消极的劝说，站在他们所处的位置和所谈的角度，都是有一定道理的，你要是顶不住，就会中途退下来，前面的努力将会化为泡影。

我开发神龙洞，驯养娃娃鱼，修建神龙大殿，亲戚朋友反对的多，支持的少；有的当面支持我，但背后又对我是否能成功持怀疑态度，更有甚者，说我傻，说我脑壳进了水，神经不正常。假如我意志稍微薄弱一点，也许早就半途而废了。幸亏我坚持了下来，才一步又一步地把想干的事情做出来了。

你要说宗族、亲戚、朋友不好吗？不！他们都是为你好才直言劝告。我曾经即是开玩笑又是认真地发出感叹：在人生事业旅途中，要想走出一条新路，一个亲戚或一个朋友的阻力远远超过十个敌人。

为此，你可以看看身边的成功人士，学习他们执着做事的方法和精神，如果你有正能量的理想和目标，就要大胆地往前走，相信自己能成功！不要太在意宗族、亲戚、朋友的看法。

所以，超常的家道思维包含了三点：一是家庭之道；二是成家之道；三是宗族之道。

亲爱的读者朋友：家和万事兴！请把你的伙伴和把你的客户当成家人去爱惜，去对待吧。

超常的家道思维名言

◆ 家贫出孝子，国乱识忠臣。——（中国南宋时期）《名贤集》

◆ 家之兴替，在于礼义，不在于富贵贫贱。（中国南宋时期）哲学家陆九渊

◆ 勤俭，治家之本；和顺，齐家之本；谨慎，保家之本；诗书，起家之本；忠孝，传家之本。（中国清代）学者山阴金

超常的家道思维

家庭之道

成家之道

宗族之道

家道思维金三点

第五十八课　超常的善缘思维

"积善之家必有余庆，积不善之家必有余殃"。善是人类美好和谐的最根本属性，以善作为人与世界、人与社会、人与人之间关系的纽带，则无往不顺，无往不利。拥有一颗向善、行善、结善的心，以便求得善果，这就是超常的善缘思维。

怎么看待善始与善终？

我们生活在人际关系复杂的社会上，人的品性难免也会有所扭转。但是正如三字经里说的："人之初，性本善。"我们每个人一生下来就是善良的，我们应该要"善始善终"。

首先，善良的人要有一颗伟大而又乐观的心。他们不会因为可以得到赞赏而去做什么。也不会因为不能得到肯定而灰心，而不去做什么。更不会因为别人对自己说几句狠话，而恨之入骨。当然，同样不会因为别人的花言巧语而心有所动。善良的人也是一个客观公正的人。因为他们的心里放了一把秤，一把能测量真话与谎言，正义与邪恶，天使与魔鬼的秤。但是善良的人也会被别人所欺骗。

其次，善良的人把所有的人都当作是自己的朋友，并用一颗真诚的心去对待。这样说你可能会问了，那么善良的人以后还会善良吗？还会，因为只要是善良的人，不管怎样还是会始终如一。他们有一颗容江海纳百川的大度之心。

其三，那么怎样才算是一个善良的人呢？

我认为善良并不需去伪装，因为每个人都是善良的人。只要你不以恶小而为之，不以善小而不为。认认真真的，踏踏实实地做一个真正的人，做一个有修养的人，做一个对社会有益的人，那么你就是一个善良的人。

其四，我们不要因为社会上一些不利于善良人生存的因素而茫然。因为你是一个能把别人改变的一个有内涵，有思想的善良人，也是一个不会被改变的善良人，善良的人是会善始善终的。

从小被老一辈谆谆教导："做人做事切记要善始善终，不要一蹴而就，半途而废。"我们在唯唯诺诺，点头称是的混沌中意识到，善始善终是一种优良品质，是持之以恒的表现，是不懈追求，一味向前的表达方式，从古到今人人称道。

其五，善终也不是愚忠。范蠡效命勾践的忠心无人质疑，在勾践潦倒、越国倾颓，君主沦为阶下囚的时候，范蠡出谋献策，不惜犯险，几年如一地援助勾践。却在勾践夺回大权，剿灭吴国那意气风发之时，范蠡却遁然归隐，远走他乡，跃进经商之海，成就了陶朱公的致富神话。许多人纳闷：范蠡对勾践有如此大恩，为什么不安心地待在越国尽享富贵呢？陶朱公缓缓告诉世人："狡兔死，走狗烹，可以共患难，却难以共富贵。"试想倘若他选择善始善终地效命勾践，也逃不过被诛杀的命运。

其六，善始，就要善终吗？不，我们完全可以选择何时叫停，何时绕道，何时退却。人生那么多种可能，每一种的开头也会衍生出无数个结局。

"靡不有初，鲜克有终"，从来我们都强调凡事要争取好的开头，要赢在起跑线上，这固然重要，但更多时候，善了始，还要善终，方称得上为真成功。

其七，善始之道，人深谙之。古人有孟母三迁的佳话，孟母之所以厌其烦地搬迁，难道不正是为了给孟子一个能接受良好熏陶的童年，一个好的开始吗？今人更有胎教之现象，无一不体现了善始的重要性。俗语有云：好的开始是成功的一半。此话绝非夸大，例如下棋，倘若开盘不慎，极易陷入不利阵势，进而处处受对方牵制，最后唯有节节败退，落荒而逃。要想成功，必须有善始作为后盾。

然而，古往今来，不善始之害可谓不胜枚举。方仲永年幼时堪称神童，由于他父亲鼠目寸光，忽视了童年正是培养文学根基的重要一环，最后仲永在乡里流转作为赚钱工具的时候，他的才华也就流失殆尽了。现代社会不外如是，所谓万丈高楼拔地起，没有稳固的根基，又怎能保证其屹立不倒呢？四川汶川大地震中倒塌的教学楼已经给了我们太多的教训。没有善始之行，怎能圆你成功之梦？

若要成功，有了善始还不足够，因为"笑到最后才是笑得最甜者，才是胜利者"。屈原做到了，当他抱着正直、清廉的意愿迎面撞上官场的污浊不堪时，他没有屈服，更没有随波逐流。"虽体解吾犹未变兮"，他将忠洁与爱国坚守到了人生终站，在汨罗江里封存千年不腐，他的善终在世人心中竖起了不倒的丰碑。文天祥又何尝不是如此呢？他将忠肝义胆留在人间，守住了永不屈服的坚贞灵魂。他们在人生品格上的善终，铸就了千年不朽的佳话。若要成功，怎能不善终？

不善终者，唯有与成功失之交臂。飞行员失事最多是在返航时，没有了枪林弹雨的威胁，反而毁在最后的返航点上，牛顿在晚年痴迷于对上帝的探索和对飞黄腾达的追求，因而在他辉煌的一生中留下了不该有的污点。美国名噪一时的"圆圈饼之王"在创业后豪赌成瘾，最终沦为乞丐。这更是不善终之惨痛

212

教训啊！

人生是一个过程，唯有善始善终通力合作，互相照应，才能缔造一个成功的人生。

10年前，我到黄桑原始次生林开发神龙洞，进洞门正上方写着："一切从善，万事随缘"八个字。这和我超常的善缘思维有关联，当我陷入绝境，身负重债，到了住山洞、吃野菜的地步，我养殖娃娃鱼，从事商业活动，我仍有自己的底线，即：在经商赚钱的路上，一定要当三种商人，一是德商，二是善商，三是儒商。我归纳为经商做人金三角。

10年来，"一切从善"我持之以恒地做到了，当我刚开始开发神龙洞时，在周围的人眼里，我是有钱的老总，称呼我为大老板。其实我已经下岗两年多，无职无岗无薪无劳保无医保，更为严重的是我身负一百多万元的债务，没有钱买菜。为了解决吃饭的问题，春天我穿着高统雨靴，带上镰刀跑到县城附近槽子冲伊人酒家和满菀香酒家中间的荒地上，割一捆又一捆又嫩又茂盛的野芹菜，抱回到神龙洞当主菜，然后到黄桑乡政府街道卖猪肉的摊子上，买二块二毛钱一斤的猪皮做荤菜；夏天，我跑到黄桑马蹄溪山岭上采蕨菜；秋冬季节，我借用当地沉塘界组农户的稻田种上萝卜、白菜。当时是那么的辛苦，但我也始终没有放弃行善。2008年5月12日，四川省汶川发生特大地震灾害，我带人在5月13日买了10个馒头，就奔赴重灾区都江堰义务救灾，在都江堰聚源中学刨挖了三天后，又到当地中心医院当了三天的义工。

10年来，每年重阳节，我都要尽自己的能力，为当地的老人买小礼物。

10年来，每年春节之际，我都要为当地的五保户老人或高龄老人购买一些慰问品。

10年来，每年我总要帮助一至四个困难户或患病儿童，为其解决一定的资金困难。

当我把公司办到省城，我把慈善也带到了省城，和做善行的爱心人士一起将省城长沙市内学校的闲散衣物用品收集包装，送给偏远地区贫困学校的学生使用。

当我把公司办到了京城，我带头成立"善道慈爱协会"，把慈爱活动带往全国各地的贫困地区。没有人要求我这么做，也没有人强迫我这么做，我只是在践行自己的诺言——当一个善商而已。

有了以上的"一切从善"，10年来，我迎来了很多有缘人，我的工作有了着落，我又成了有薪有劳保有医保的人，我开发神龙洞，养殖娃娃鱼也遇到了不少资助我的人，我以原始森林中的神龙洞为基地，到天子脚下的北京城也设立了公司，虽然战略本就是如此这般部署，但从细节来说，一切都是偶然的、巧合的、说不清、道不明的缘分。我多次说过，施善给张三，并不是张三来回报你，而是李四、王五来资助你；施善给李四，并不是李四回报你，而是张三、王五来帮助你，也许这就是冥冥之中的因缘善果报应吧！

所以，在超常的善缘思维里，善事和善因的归根结底是善果。

亲爱的读者朋友：您是怎么看待"一切从善，万事随缘"的呢？

超常的善缘思维名言

◆交善人者道德成，存善心者家里宁，为善事者子孙兴。——（中国明代）学者、文学家、散文家、思想家方孝孺

◆勿以恶小而为之，勿以善小而不为！——（中国三国时期）政治家刘备

◆人而好善，福虽未至，祸其远矣。——（中国古代）思想家曹子

超常的善缘思维

善事

善果

善因

善缘思维金三点

第五十九课　超常的稳定思维

中国改革开放以来，什么都是急，海尔集团张瑞敏说："一夜暴富的表现在于，你跟他说任何的生意，他的第一问题就是'挣不挣钱'，你说'挣钱'，他马上就问第二个问题'容易不容易'，你说'容易'，这时他跟着就问第三个问题'快不快'，你说'快'！这时他就说'好，我做！'呵呵，你看，他就是这么的幼稚！"有一篇文章叫"急死的中国人"，写得很形象，我摘抄如下："中国生孩子急，纷纷剖腹产；中国人教育急，唯恐输在起跑线；中国人看病急，为了快点好，大把消炎药、成瓶打点滴；中国人办事急，小事儿想插队，大事儿走后门；中国人开车急，前面一犹豫，后面就按嘀嘀；中国人坐公交车也急，从来不排队，全靠钻和挤；中国人旅游急，上车睡觉，下车拍照，四大名楼，名山大川恨不得全都装上索道电梯；中国人看文章急，扫一半标题就扣帽子，猜动机，发脾气；中国人发财急，坑蒙拐骗，贪赃枉法恨不得一把整他几个亿；中国人建设急，超英赶美只争朝夕；中国人破坏急，一二十年的建筑转眼变瓦砾……"其实，这都是不稳定的表现。

所以，文章的结尾说得好："人生是长跑，何必累死在起跑线上？人生是人参果，像猪八戒那样一口吞下有何味道？人生只有一次，何必匆忙赶去投胎？人生需要品味，社会需要秩序，真正的贵族从来都温文尔雅、慢条斯理……"

我说的超常稳定思维，是维持结构稳定、发展稳定的思维方式。超常的稳定思维是日常比较稀缺的一种思维方式，因为稳定意味着低风险，低风险意味着低利润，而低利润就意味着不被事业心强的人遵从。与稳定相比，干事业的人更愿意通过冒险，通过高风险的对赌，在一种不稳定的过程中去获得高收益、高回报，迅速积累起自己的财富。但最终的结局往往是，追求稳定性的人笑到了最后，富贵险中求的人倒在了风雨后。

在中国，不管是政治界还是经济界，不管是古代还是现代，不管是国内还是国外，都充斥着不稳定的悲剧和稳定的传奇。

佛教有一则小故事：有一名老和尚带着一位小沙弥出门行脚，无论行走在广阔无边的丛林或翻山越岭，老和尚都逍遥地走在前面，小沙弥背着行李紧跟在后，一路上两人相互照应，彼此为伴。

216

小沙弥走着走着，心想："难得人身，但短短几十年生命，却必须经历生老病死，受六道轮回之苦，真苦啊！不过，既然要修行，就要立志当菩萨救度众生；因此我不能懈怠，要赶快精进才行！"

想到这里，走在前面的老和尚突然停下脚步，面露笑容地回头对他说："来，包袱让我来背，你走我前面。"小沙弥虽然感到莫名其妙，但仍照老和尚的指示，放下包袱走在前面。

走着走着，小沙弥觉得这样真是逍遥自在啊！而佛经里说，菩萨必须顺应众生的需要而行各种布施，"这真是太辛苦了！况且天下众生苦难多，到何时才能救得完呢？不如独善其身，过这种逍遥自在的日子！"这念头一起，就听到老和尚很严厉地对他说："你停下来！"小沙弥赶快回头，看到老和尚严肃的面容，吓了一跳！老和尚将包袱拿给他说："包袱背好，跟在我后面走！"

小沙弥想："做人真苦！刚才自己还那么开心，才一转眼就变得很难过，人的心念真是不稳定啊！凡夫心很容易动摇，还是修菩萨行好，起码我可以面对苦难众生，跟很多人结好缘，做一些我做得到的本分事。"这时老和尚又面带笑容地回头招呼他，并将行李拿去自己背，请他走在前面。

小沙弥就这样反覆地发心、退心，直到第三次再起退心时，老和尚又用很严厉的态度对待他。小沙弥终于忍不住心中的疑惑，请问道："师父，您今天为什么一下子要我走前面，一下子又要我走后面，到底是怎么一回事呢？"老和尚说："你虽然有心修行，但是道心不稳定：感动时就发大愿，却又很快退失道心。这样进进退退，要到什么时候才能有成就？"

听到老和尚这么说，小沙弥感到很忏悔，当他又生起菩萨心时，老和尚要他走在前面，他就不敢了，他说："师父，这次我是真正发心，要以万丈高楼平地起的大心大愿为道基，一步一步向前精进。"老和尚听了很高兴，对小沙弥也起了赞叹、尊重之心，一路上两人有说有笑地并肩走着。

很多人都知道要修行，也知道要发大心、立大愿；发心立愿很简单，但要恒持道心却不容易。

世事无常，今日虽平安，明日却难料，如果发下好愿却动辄心生退转，把有限的光阴浪费在犹豫不决上，实在太可惜了！

发大愿不能骄傲，无论遇到任何困难，都要坚定志愿、磨炼耐心、训练毅力，保持稳定的心情，如此必定能度过难关。

李嘉诚的成功，是稳定性思维的成功。经营企业，最怕的是资金链断裂，因此，稳定性的核心就是负债率，负债率越低，企业则越稳定，越能抵抗风雨；负债率越高，企业越不稳定，越有可能在寒冬中倒下。以李嘉诚旗下的房地产公司——和记黄埔为例，作为国内房地产行业老大的万科，一直为自己能够保持54%左右的资产负债率而骄傲，因为国内房地产企业的平均负债水平高达

74%，但和记黄埔的这个财务数字很少超过 30%。

成功人懂的熬而心情稳定，失败人懂的逃而心情易变！

为什么一个老板再难，也不会轻言放弃？就是有超常的稳定思维。

而一个员工做得不顺就想逃走？其原因也是没有超常的稳定思维。

为什么一对夫妻再吵再大矛盾，也不会轻易离婚？也是有超常的家庭稳定思维。

而一对情侣常为一些很小的事就分开了，也是没有超常的稳定思维的缘故。

说到底，你在一件事，一段关系上的投入多少，决定你能承受多大的压力，能取得多大的成功，能坚守多长时间，最后就带来你超常的稳定思维。

冯仑说：伟大都是熬出来的。为什么用熬？

因为普通人承受不了的委屈你得承受，普通人需要别人理解安慰，但你没有，普通人用对抗消极指责来发泄情绪，但你必须看到爱和光，在任何事情上学会转化消化。普通人需要一个肩膀在脆弱的时候靠一靠，而你就是别人依靠的肩膀。

孝庄对康熙说："孙儿，大清国最大的危机不是外面的千军万马，最大的危难，在你自己的内心。"

所以，最难的不是别人的拒绝与不理解，而是你愿不愿意为你的梦想而有超常的稳定思维。

生活总是现实的，穷人不稳定而用悬崖来自尽，富人有超常的稳定思维用悬崖来蹦极。这就是穷人不稳定与富人有超常稳定思维的区别！

当然，并不是说让大家不要有情绪。事实上，那些优秀能干的人并不是没有情绪，他们只是能够适时地控制自我，不被情绪所左右罢了，"怒不过夺，喜不过予"，其源于拥有超常的稳定思维，有着内在的自信与魄力。相信看过《教父》的朋友，会对这句台词记忆深刻："永远不要让他人知道你的想法。"

所以，在超常的稳定思维里，稳定心态影响稳定状态和稳定环境。

亲爱的读者朋友：不是看你能做多大，而是看你能稳多久？不是看你多有权多有钱，而是看你有多快乐多健康。

超常的稳定思维名言

◆ 有恬静的心灵就等于把握住心灵的全部；有稳定的精神就等于能指挥自己！——米贝尔品牌语

◆ 万科之所以能走到今天，就是因为有稳定的心态，一步一个脚印。在这个社会上，有很多事情是没法超越的，不是你想能多快就能多快。——（中国现代）企业家、探险运动家王石

◆ 智欲圆而行欲方，胆欲大而心欲小。（中国唐代）医学家孙思邈

超常的稳定思维

稳定状态

稳定心境

稳定环境

稳定思维金三点

第六十课　超常的知足思维

　　超常的知足思维，是指在决定做一件事情时就已经设定好了理性的目标，达到目标后便知道满足，不做过分的企求。超常的知足思维有两个好处：其一是"知止而后有定，定而后能静，静而后能安，安而后能虑，虑而后能得"。只有知道终点在哪里，才能够静下心来谋划，然后才能有所收获；其二是可以避免物极必反的规律，规避过犹不及的灾祸。

　　王毛仲是唐玄宗李隆基的心腹，他本是玄宗身边的一个奴才，因为扶助登基的功劳，玄宗对他极为倚重，每次设宴时，都让他与诸王一起坐在最前排。俩人名为君臣，实际就像兄弟，玄宗"或时不见，则悄然有所失；见之则欢洽连宵，有至日晏"。一会儿不见就像丢了东西似的，见到了就高兴得忘记了时间，一呆就是一个通宵。这么铁的关系，也出现了矛盾，原因则在于王毛仲伸手要官。

　　王毛仲的官本来不小，因为屡立功勋，玄宗授予他左武卫大将军，进封霍国公，后又加开府仪同三司。自玄宗即位后15年间，共有四人享此头衔，一是皇后的父亲王同皎，另两个是名相姚崇、宋璟，第四位便是王毛仲。物质上的奖励就更多了，而且因为玄宗又赏赐给他一位夫人，每次宫里头赏东西给官员家属的时候，王毛仲都拿双份。不仅如此，儿子们的待遇也不低，王毛仲儿子更不得了，生下来都被封为五品官，还经常被请到宫里和皇太子一起玩，就是宰相的儿子也没有这样的待遇。照理说，得到皇帝如此的厚爱也该知足了，可王毛仲不这么看，他想让权力更实一些，所以伸手要的官不是别的，是兵部尚书，当国防部长。

　　当王毛仲要军权的时候，玄宗犹豫了一下，之前已经有人跟他反映了，王毛仲与皇宫御林军的首领葛福顺结为了儿女亲家，势力膨胀，日益骄横。如果再让他掌握全国的军队，那皇帝的位子恐怕也要受到威胁了。玄宗不是二百五，断然拒绝了他的请求。王毛仲听到这个消息，大失所望之余，"怏怏形于辞色"，把对皇帝的不满表现得很露骨，这让玄宗很不高兴。

　　开元十八年年底，王毛仲的小老婆给他生了个儿子，过"三日"时，玄宗没忘送上一份礼物，他派高力士送去丰厚的金帛、酒馔等物，还授予他刚出生的儿子五品官。以常人的眼光看，皇帝送上如此大礼，王毛仲应该感恩戴德，不说涕泪横流，也要忙不迭地磕头谢恩，可他竟然抱着襁褓中的婴儿很不高兴地说，"这孩子难道就不配当三品官吗？"高力士回来一汇报，玄宗立刻就生气了，一个狮子大开口，且不知道感恩的奴才让他彻底失望了。

王毛仲的命运由此走到了一个分水岭，为消除后顾之忧，玄宗下诏贬王毛仲为瀼州别驾，后又将其诛杀。

老子说"祸莫大于不知足，咎莫大于欲得"，不知道珍惜现有的，追逐名利没有止境，带来的只有灾祸和不幸。王毛仲命运的悲哀，就在于不知足。春秋末期的范蠡则是另一番景象，范蠡无论从政、治国、经商都是成功者。既拥有古代儒家治国平天下的远大抱负，也有道家顺应自然大道的豁达人生观，儒道互补，外道内儒，顺应自然，所以他无论是在从政还是经商中都保持了心态的平和、淡定。

范蠡在历史上对后世的巨大影响力，还有他的经商才华，范蠡把其在政治上的聪明才智运用于经济发展，无所披靡，大有斩获，再加上他散尽其财的乐善好施的处世态度，常常让后人称赞，说范蠡是商家的祖师爷及榜样，也不为过。"范蠡三徙，成名于天下"，在乱世之中，范蠡能激流全身而退，有超常的知足思维，并能在另一方面创出如此辉煌的功绩，不能不说是奇才。

有多少人吃亏在不知足上？小钱不想赚，大钱赚不到，小事不想干，大事干不了。当前的能力明明只够做一百万的产品，偏偏马上就要去做一个亿的产业，结果一个亿的产业没成，一百万的产品也丢掉了，忙来忙去一场空。为何不踏踏实实做好一件事呢？因而，要有超常的知足思维。

我写的《快乐工作访谈录》，第77点的题目是"快乐工作要知足惜福！"特摘录一段对话如下：

"隆振彪：我是搞文学创作的，观察人的心理活动较多，发现知足的人很少，您认为呢？

九溪翁：按一般规律来说，努力和知足应该是相互存在的，平常日子我们总是说，世上无难事，只怕有心人。不怕做不到，只怕想不到。只要肯努力，有决心，在一定的时间内还是能干成自己想要去做的事，困难的是，一旦达到自己的愿望而能淡定如常，则较难有平常心了。我见过不少同龄人，在年轻时跟我说：我只要有正式工作，吃上国家粮就满足了；当有了工作后又说：要能解决领导职务就好了……每一次的愿望实现后总是高兴一阵子，接着又陷入攀比之中，牢骚不断。

我也接触过不少的企业老板，天长日久忙忙碌碌，回家就是吃饭睡觉，为赚钱绞尽脑汁、透支生命。

我还看到一些公职人员，超前开支，买车买房背了一屁股的债务还不满意，因为身边的人又买了更高档的车和房。

隆主席，您身边有这样的人吗？我相信有，应了一句话：万事所求皆绝好，一旦如愿又平常。

所以，我提出快乐工作要知足惜福。

隆振彪：有一句老话：知足常乐，与您提的知足惜福同出一脉，请您说详细点好吗？

九溪翁：好！真正快乐的人把知足记在心上，最大的知足是好好活着，身体健康；其次，知足是自己能谋到一份职业，做自己能够做得到的事；其三、知足是纵向比，横向比，比你不足的人还有很多。

以上三点，从 2007 年冬季到今天我说这些话，我一直是这么认为的，我下岗后，无职无薪到深山老林里挖洞子养殖娃娃鱼，我就是这么想的，比较我前面所走的路，当时我是到了人生的最低谷。但从另一个角度想，再低谷也已到了尽头，我还能活着，我还能挖洞子，还有瘦削且健康的身体，想到这些，我觉得要知足，要珍惜上天所赐的福——神龙洞。

当我有了往好处想的念头，我在洞内挖土挑石块再怎么劳累，心里也会很快乐。

由此，能够知足惜福，我也就抛开了下岗且引起身负重债的烦恼，挖土的快乐也产生了。"

超常的知足思维要牢记三点：一、知安；二、知德；三、知止。

亲爱的读者朋友：快乐与金钱和物质的丰盛并无必然关系。一个温馨的家、简单的衣着、健康的饮食，就是乐之所在。漫无止境地追求奢华，远不如俭朴生活那样能带给你幸福和快乐。

一个人如果只想占有得越多，他（她）也将被占有的越多。你占有了手机，当上 100 个微信群主，你就变成手机奴；你花首付买下多套房产，表面上你占有富足资产，实际上你已成为房奴；你占有了太多的产业资源，看起来你很富有，实际上你的时间已经被产业所占有成为忙奴；你占有了太多的金钱，看起来你很富贵，实际上你已成为财奴。这个世界上，从辩证的观点来看，没有无成本的占有，你所占有的东西愈不知足，被占有的东西同时在占有着你！

所以，从某种程度上说，一个人放下越多，越知足，越富有。

知足者常乐！可惜绝大多数人有了钱就身不由己做不到了。

超常的知足思维名言

◆知足不辱，知止不殆。——（中国古代）思想家、哲学家、文学家、史学家、道家学派创始人老子

◆知足天地宽，贪得宇宙隘。——（中国清代）政治家、战略家、理学家、文学家曾国藩

◆为人但知足，何处不安生。——（中国元代）政治家耶律楚材

超常的知足思维

知足思维金三点

第六十一课　超常的对比思维

　　关于快乐及幸福和金钱多少的对比有感：我从乡村到县城，从县城到乡镇，又从乡镇到县里，再从县里往省城，又从省城返县里，经历多层次的生活，接触多层次的人士，如果来谈论有多少钱才算幸福，怎么样才算生活快乐，我发现对生活的满意度、幸福感与金钱多少的关系是相对的，并不是钱愈多就愈幸福，钱愈多生活就愈快乐，对大多数人来说，只要挣的钱比现在多一点，人们就会感到快乐，感到幸福。

　　一旦挣钱超过了自己原来的预想，大多数人就会大幅度的提高自己的新目标，欲望值过高，反而没有快乐感和幸福感了。

　　同时，和一个人的工作环境、生活环境、居住环境亦有很大的关系，假如你天天接触的人，周围居住的人都是远远超过你的人，即使你的收入及条件已经很不错了，你仍然会有一种无形的压抑感；假如你天天接触的人，周围居住的人和你差不多，甚至有些比你还要差，即使你的收入及条件并不是很高，也容易知足，感到快乐和幸福。

　　当然，超常的对比思维，指的是通过对比，格物致知，认识自身发展过程中的经验教训、吸取同行的经验教训，以及跨界行业的经验教训的超常思维。人类所有的知识，都是通过对比得来的。与过去比进退，与同行比差距，与其他行业比思路……通过不断地对比，不断认清现状，积累知识经验，开拓未来。

　　同时，一些表面现象是雾里看花，看不出真相的，有这么三个人的描述，我摘抄如下：

　　她，开着几百万的玛莎拉蒂在宽敞的公路奔驰，银行贷款却有一千万，挣扎在生与死的边缘。

　　她，天天开比亚迪上下班，却还在为几十万的房贷发愁，生活水深火热。

　　她，每天清晨挤公交车上班，存款有十万，生活得安逸却又迷茫。

　　三人在路上相遇了，互相对比，挤公交的羡慕开比亚迪的，开比亚迪的又非常羡慕开玛莎拉蒂的，而开玛莎拉蒂的又非常羡慕挤公交的。

　　其实，表面的对比，你看到的是别人表面的光鲜，看不到的是她们背后的辛酸。每个人都在羡慕别人，却不知道别人也在以同样的方式羡慕着你。

有人说"人比人气死人"，"人比人得死，货比货得扔"，不论如何，总有比你好的，所以不要去对比，以免坏了心情。对于甘于平庸的人来说，对比确实不是什么好事情，因为他会发现大多数人似乎都活得比他有劲。但对于希望开拓一番事业的人来说，超常的对比思维是不可或缺的思维。

首先，他每天都要和昨天的自己对比，问自己的能力是否有进步，感受自己发现问题、分析问题、解决问题的能力是否有增加，自己是否越来越强大。然后，他要拿这个月的业绩和上个月以及去年同期做对比，分析变化趋势，总结原因。再然后，他必须拿自己的企业和同行进行对比，看看与同行之间是否存在差距，为什么会存在差距，然后想办法扩大优势或减小差距……

如此种种，可以说每一次发现问题、每一次分析、每一次进步的背后，都是超常的对比思维。

接下来我想写一点为国家的宣传对比有感：自从我国实行改革开放以后，我们国家的意识形态宣传、家庭伦理、教育赶不上韩国，中央电视台八台播放的韩剧，每一部电视连续剧里就是介绍两三家，七、八个人物，放一些芝麻绿豆小事，拍起来几十集，看起来好像啰嗦，但有看头，其特点：一是言行表里体现一种高素质的修养道德；二是忠国敬老爱幼；三是扶持正义、弘扬正气，惩恶扬善；四是恭俭、忍耐、克己、诚实；五是爱岗敬业、自立自强。

看了韩剧，再来看中国剧：一是暴露的阴暗面太多，过于描写虚假现象，脱离现实；二是太在乎收视率，由于中国独生子女多，是小皇帝，电视遥控板掌握在"小皇帝"手里，所有电视台都是倩男靓女，打情骂俏，嘻嘻哈哈乱做一团；三是一些戏说、传奇、私访，严重篡改历史，如皇帝担砖瓦、和尚摸女人、太监在民间走来走去等等，纯粹是乌七八糟；四是中国剧太肤浅了，只要看了前面两集，好人坏人和后面的结局都可以猜测出来。

超常的对比思维要谨记三点：一是善与恶；二是好与坏；三是美与丑。

亲爱的读者朋友：我年轻的时候，在政界经历了任职、免职、再任职、再免职的过程，在商场经历了蚀本、赚钱、再蚀本、再赚钱的过程，最懂得什么是逆境。从政或经商并不是幸福和快乐交织在一起，有时是痛苦与悲伤，只有身临其境，遭受过挫折和失败的实践者才能充分体味幸福与快乐的感受。这也是超常的对比思维带来的作用吧！

因此，只要超常的对比得当，有益无害。

超常的对比思维名言

◆ 这是最好的时代，也是最坏的时代。西方文化的贡献，促进了物质文明的发达，这在表面上来看，可以说是幸福；坏，是指人们为了生存的竞争而忙碌，为了战争的毁灭而惶恐，为了欲海的难填而烦恼。在精神上，是最痛苦的。在这物质文明和精神生活贫乏的尖锐对比下，人类正面临着一个新的危机。——（中国现代）古文字学家、国学大师、诗文学家、佛学家、教育家、诗人南怀瑾

◆出人头地不是从人群中"跳出来"，而是循着观察、比较和研究的道路走出来。——（苏联）作家、诗人、评论家、政论家、学者高尔基

◆积极的人在每一次忧患中都看到一个机会，而消极的人则在每个机会里都看到某种忧患。——网上摘语

超常的对比思维

好与坏

善与恶　　美与丑

对比思维金三点

第六十二课 超常的换位思维

人与人之间要互相理解、信任，并且要学会换位思考，这是人与人之间交往的基础——互相宽容、理解，多站在别人的角度上思考，这就是超常的换位思维。

超常的换位思维是人对人的一种心理体验过程。将心比心、设身处地是达成理解不可缺少的心理机制。它客观上要求我们将自己的内心世界，如情感体验、思维方式等与对方联系起来，站在对方的立场上体验和思考问题，从而与对方在情感上得到沟通，为增进理解奠定基础。它既是一种理解，也是一种关爱！

超常的换位思维，首先要做到对人对已同一标准，再则就是宽人严己。

超常的换位思维是融洽人与人之间关系的最佳润滑剂。

人们也都有这样一个重要特点：即总是站在自己的角度去思考问题。假如我们能换一个角度，总是站在他人的立场上去思考问题，会得出怎样的结果呢？

最终的结果就是多了一些理解和宽容，改善和拉近了人与人之间的关系，这一切都是从超常的换位思维做起的，宽容这一美德的得来，也开始于换位思考。

在一个团队之中，只有换位思考，才可能增强凝聚力。

对于一个管理者来说，超常的换位思维的能力是能否成功是进行管理的一个重要因素。

讲个小故事：一头猪、一只绵羊和一头奶牛，被牧人关在同一个畜栏里。有一天，牧人将猪从畜栏里捉了出去，只听猪大声号叫，强烈地反抗。绵羊和奶牛讨厌它的号叫，于是抱怨道："我们经常被牧人捉去，都没像你这样大呼小叫的。"猪听了回应道："捉你们和捉我完全是两回事，他捉你们，只是分你们的毛和乳汁，但是捉住我，却是要我的命啊！"

立场不同，所处环境不同的人，是很难了解对方的感受的。因此，对他人的失意、挫折和伤痛，我们应进行换位思考，以一颗宽容的心去了解，关心他人，不光己所不欲勿施于人，己所欲也不能施于人。

就此使我想起六尺巷的故事，清朝时，在安徽桐城有一个著名的家族，父子两代为相，权势显赫，这就是张家张英、张廷玉父子。

　　清康熙年间，张英在朝廷当文华殿大学士、礼部尚书。老家桐城的老宅与吴家为邻，两家府邸之间有个空地，供双方来往交通使用。后来邻居吴家建房，要占用这个通道，张家不同意，双方将官司打到县衙门。县官考虑纠纷双方都是官位显赫、名门望族，不敢轻易了断。

　　在这期间，张家人写了一封信，给在北京当大官的张英，要求张英出面，干涉此事。张英收到信件后，认为应该谦让邻里，给家里回信中写了四句话：

　　　　千里来书只为墙，让他三尺又何妨？

　　　　万里长城今犹在，不见当年秦始皇。

　　家人阅罢，明白其中意思，主动让出三尺空地。吴家见状，深受感动，也主动让出三尺房基地，这样就形成了一个6尺的巷子。两家礼让之举和张家不仗势压人的作法传为美谈。

　　所以，超常的换位思维要记住三点：一是相互理解；二是相互宽容；三是相互思考。

　　亲爱的读者朋友：只要设身处地，将心比心，就会得到正能量帮助。

超常的换位思维名言

　　◆成功的人不是赢在起点，而是赢在转折点。——（中国现代）践行者·九溪翁

　　◆认清自己往往比轻视别人更重要。——（中国现代）践行者·九溪翁

　　◆不是某人使我烦恼，而是我拿某人的言行来烦恼自己。——网上摘语

超常的换位思维

换位思维金三点

第六十三课　超常的迂回思维

什么是超常的迂回思维？超常的迂回思维是指在我们解决问题有难以逾越的障碍时，用直接的方法得不到解决，就必须相应地采取迂回的方法，设法避开障碍，取得成功。

所有的创新活动及人生的经历中，有时带有一定的模糊性或难以超越的障碍，一下子就能将事物看清的情况不多见。直截了当，实现目标的可能性也甚少，这就要求我们一方面要保持对解决问题或实现目标的毅力和耐心，另一方面在必要的时候另辟蹊径，采取迂回进取，甚至于以退为进的方式，使难题迎刃而解，使设定的目标逐步实现。

公元前 206 年，刘邦率领起义军攻下秦王朝都城咸阳，秦王朝被推翻。但是项羽仗着力量强大，违背谁先入关中谁为关中王的约定，自封为西楚霸王，而封先入关的刘邦为汉王，只把巴、蜀、汉中 41 县划归刘邦。刘邦在从关中迁往汉中时，听从谋臣张良的计策，沿途把经过的栈道全部烧毁，这样既可以防止敌人背后偷袭，又可以麻痹项羽，表示永无回关中之意，消除霸王项羽对刘邦的猜疑。不久，刘邦命令修复栈道，露出要进军关中的意思；而项羽方面认为修复栈道需要很长的时间，所以并不在意。这时刘邦和韩信在暗地里率大军通过密道，占领陈仓，进而攻入关中，攻占咸阳。这就是"明修栈道，暗度陈仓"典故的由来，也是超常的迂回思维的绝佳范例。

除了"明修栈道，暗度陈仓"，中国近代史上还有一个经典的案例叫做"四渡赤水"。四渡赤水是中国工农红军在长征过程中经历的一次转折性战役。红军在第五次反围剿失败后，被迫撤出以瑞金为中心的中央苏区西迁，由于李德的重要战略失败，中央红军在强渡湘江时，损失极大，部队从 8 万 5 千人降到 3 万人，史称"湘江战役"。中央红军随后选择了阻击兵力较弱的贵州，进入贵州并占领遵义后，召开了著名的"遵义会议"，撤消了三人团中李德的军事指挥权，成立了"前特委员会"，掌握军事指挥权，选举任命朱德为前特委员会司令，毛泽东被选为政委。

由于红军在湘江战役遭遇惨痛损失，普遍希望能有一场比较大的胜利，而为摆脱蒋介石的围追堵截，跳出包围圈，在毛泽东的指挥下，中央红军与国民

党军队斗智斗勇，四渡赤水，成功甩掉国民党军队数百公里之远。在成功摆脱国民党军队合围之后，毛泽东向士兵展开了一张大地图，图上划出了未来中央红军的大体走向，并调侃地说，这叫"大路朝天，各走一边"。

四渡赤水是毛泽东复出后第一次指挥的大型战役，并获得了第五次反围剿失败后的巨大胜利，本质上是对超常的迂回思维的运用。毛泽东使一度危在旦夕的中国共产党暂时摆脱危机，毛泽东的领导地位和军事才华得到了中共领导层以及基层官兵的一致肯定。红军避开了蒋介石百万大军的包围圈，暂时脱离险境。

战争、治国需要超常的迂回思维，在人生经历的道路上，也是一样，欲速则不达，不要幻想都是一帆风顺的事，也不要贪图走捷径。

其实，人生的经历有时候需要绕道的智慧。比如说，我18岁时立志经历工、农、商、学、兵、政、党等职业，不能死板板、硬邦邦地要求自己，当了工人当农民，当了农民当商人，当了商人当学生……事实上我是从学校出来后到水泥厂打工，打工后下农村，从农村招工出来到养路工班，从养路工班出来到公安……中途还有小插曲，如到县交通局办公室，又下到企业任厂长，再到乡镇等等，走的是一条盘旋曲折的山路，拐了一些弯，兜了一些圈子，表面上看似乎脱离了目标，实际上也不失为明智之举，有一些曲折、波折，恰恰是一种饱含智慧的曲线抵达，也是在越来越接近立下的志愿，真正实现了学、农、工、警、党、政、企、商的人生目标。

所以，超常的迂回思维诀窍：

一是以退为进的耐心；

二是另辟蹊径的毅力；

三是逐步实现的执行力。

亲爱的读者朋友：退一步进两步也不一定是坏事，正面走不通从侧面走过去也未尝不可以，胜利者是不讲究过程的。

超常的迂回思维名言

◆太极练的不只是外在功夫，更是修炼沉稳襟怀。柔和未必是软弱，沉默未必是畏惧，退去未必是胆怯。人生亦然。懂得迂回，学会周旋，更胜一筹。——网上摘语

◆给自己一个迂回的空间，学会思索，学会等待，学会调整。人生，有很多时候，需要的不仅仅是执着，更是回眸一笑的洒脱。——网上摘语

超常的迂回思维

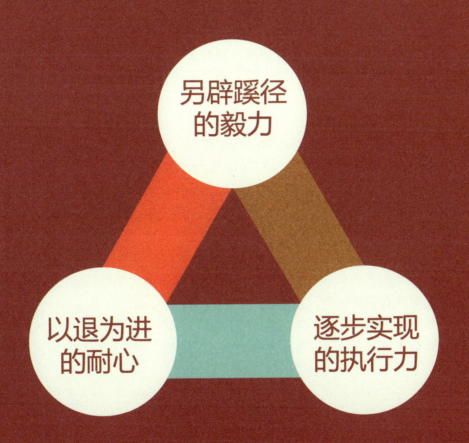

另辟蹊径
的毅力

以退为进
的耐心

逐步实现
的执行力

迂回思维金三点

第六十四课　超常的辩证思维

　　辩证法虽然看不见，摸不着，一旦学进去了，可以丰富你的人生。

　　日分昼夜，人分男女，水有咸淡，事有成败，业有勤惰……世界本就是一分为二、相生相克、统一对立的结构，看待问题，也就自然需要有超常的辩证思维。

　　单纯从字面上理解超常的辩证思维，感觉上好像说得很抽象、空洞，难以理解。如果以实际例子来解释超常的辩证思维，就是想某件事时，你既要看到它好的一面，同时也要看到不好的一面。比如看待某个历史人物，再说具体点，来看中国第一个皇帝秦始皇，提到他很可能很快就会想到他是一个暴君，焚书坑儒、修阿房宫、穷奢极欲。这当然是他不好的一面，但是要辩证地、超常地、积极地看待这个人，把秦始皇放到当时的历史背景下，不可否认，他一统天下，大势所趋符合历史发展，同时又促进了各民族的融合等等，这又是他好的一面。

　　再举一个例子，从我们中国几千年古代思维来阐述超常的辩证思维，与西方的现代思维有明显区别，表现在：

　　一是统一思想，有别于西方的二分思想。中国古代也有两分，如阴阳、善恶、冷暖，但是传统观念认为，事物的两面都是统一的，"执其两端，用其一焉"。

　　二是变易的思想，万物都是在不断变化的，好的可以变成坏的，坏的也可以变成好的，劣势可以变成优势，优势也可以变成劣势。

　　三是永恒的思想，虽然万物都在不断的变化，但是变化的规律却是恒定的，万物都在沿着基本相同的方向来变化，只是大家处在不同的阶段。

　　通过上述论述和举例论证，人类对超常的辩证思维的认识，有一个从自发到自觉的过程。人们远在不知道什么是辩证法之前，早已辩证地思考问题了，只不过是自发的辩证思维。人们只有懂得和运用辩证法理论时，才能真正认识超常思维的辩证本性，达到自觉和超常的辩证思维。平常我们总说，有为方有位，有位须有为。其实，这就是辩证思维的关系，一个人首先要有超常的思维，必须要敢于显示自己的才能，做出一些事情，让别人看到你的成绩，你在别人心中才有位置，才能受到别人的尊敬。同样的，当你有了一定的位置，得到别人的尊重，就更应该有超常思维，有所作为，这样才能无愧于自己的位置，无愧于别人对你的尊重。

再说直白一点，我写《赢在超常思维》，这本书的很多内容、解释或例子，读者们在平常看书时也见过，也听别人讲过，为什么我讲就不同呢，因为我用实际行动开发出神龙洞，我写出《实践人生》《感悟人生》《创造人生》，构成《经历无悔》的体系，形成一种超常的辩证思维，有了感性和理性的"为"，我在社会上和接触的朋友中就有了一定的"位"，当我有了这种"位"的时候，我又以超常的辩证思维的方式聚合资源，更加努力和发奋来显示自己的行为，形成一种思维和行为、过程和结果之间相辅相成、互相增益的、辩证的良性循环。

我在看一些先进典型材料和成功人士的案例有感：凡是成功者，不一定是聪明者，也不一定是机遇好，似乎没费什么力气，没有经过什么失败，就取得了成就。实际上我们只看到了成功者成功的时刻，没有看到成功者以前的努力和失败的情景。其实，"看似容易最奇崛，成如容易却艰辛。"任何成功者，都是经历了"踏破铁鞋无觅处"的苦境之后，才有"得来全不费工夫"的轻松。而且，按照生存辩证法的观点来看问题，不是社会如何来适应你，而是你如何去适应社会。

我个人对超常的辩证思维感悟：

1. 思想支配行动有感——仅仅是人朝着正确的道路行走是不够的，最关键的是心思要想着正确的方向。

2. 人不能一心二用有感——人如果有两颗心，恐怕做起事来会更慢。

3. 别人为什么会送礼给你有感——如果有一个人和你无亲无故，是不会提着礼品到你家里，那一定是有某种原因。

4. 心诚志坚有感——如果你能把始终追求和耐心等待两者结合起来，机会迟早会帮助你获得成功。

5. 就干事的魄力有感——过于谦虚也有坏处，那就是不能在关键的时刻大刀阔斧走在前面。

6. 对吹牛、打牌子的人有感——不要总是拿祖先的荣耀和认识某名人来提高自己的名气，关键是你要超过先人和你认识的那位名人。

7. 思虑有感——每当别人称赞我的优点时，我都诚惶诚恐，因为我总是担心会失败在这些优点上。

8. 人都是这样有感——如果周围的人都比你穷，你会很不舒服；如果周围的人都比你富，你会更不舒服。

9. 掌握分寸有感——不要和正确的事情生气，那样只会气坏自己。

10. 谈志向有感——如果你硬是要实现自己的志向，就必须要知道志在哪里和向在哪里？

11. 现实有感——生活常常与设想有出入；计划屡屡和变化相矛盾。

12. 从每干一件事都有人议论有感——很少受到议论的人，未必是创新的人。

所以，对人生而言，请看下面一段话：

自古人生最忌满，半贫半富半自安；

半命半天半机遇，半取半舍半行善；

半聋半哑半糊涂，半智半愚半圣贤；

半人半我半自在，半醒半醉半神仙；

半亲半爱半苦乐，半俗半禅半随缘；

人生一半在于我，另外一半听自然。

超常的辩证思维离不开三点：一是一分为二；二是对立统一；三是变化永恒。

亲爱的读者朋友：世道再好也有企业亏损，赚不到钱；世道再差也有人能赚钱。这是什么原因呢？其实真正的原因在超常辩证思维的能力上。超常的辩证思维就是要你辩证地看待问题，即：要一分为二地看问题，也就是全面地看问题。

对待问题不能死板、单一、笼统地去考虑，而应灵活、全面、求实去解决。

超常的辩证思维名言

◆成功后的自恋是创新的绊脚石，成功让人不再虚心、让人狂妄。——网上摘语

◆失败是成功之母，成功是失败的陷阱。——（中国现代）践行者·九溪翁

◆得不到的你在追求，记在心中；已得到的你在放弃，你不珍惜。——网上摘语

◆人生在于选择，选择在于放弃。——网上摘语

超常的辩证思维

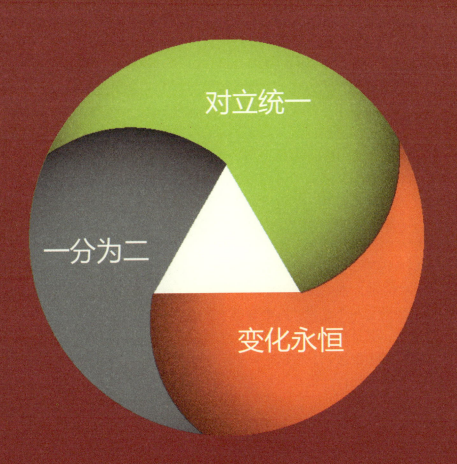

辩证思维金三点

第六十五课　超常的简单思维

　　《断舍离》是重庆开州周明辉先生送给我的一本书，什么是断舍离？即通过收拾物品来了解自己，整理自己内心的混沌，做一个简单的人，让人生更舒适的行为技术。

　　断——断绝想要进入自己家里不需要的东西（断绝）；

　　舍——舍弃家里到处泛滥的破烂儿（舍弃）；

　　离——离开对物品的执念，处于游刃有余的自在的空间（离开）。

　　断舍离的主角并不是物品，而是自己。

　　《断舍离》这本书主要讲的是物品整理方面的技巧、理念，东西该扔的就要扔，不用的就要离开，一切从简，让自己自由自在。

　　除了物品之外，我们知道还有一些看不见的东西，比如一些当断不断的情绪、左顾右盼的选择，也在经常缠绕着我们，烦着我们，使我们不快乐。

　　无论是物品还是看不见的情绪，依照超常的简单思维，只要让我们烦心的，使我们不快乐的，都应该毫不犹豫地舍弃！这也是断舍离的引申。

　　断舍离的另一个意思，人生要勇于做减法，绝大多数的人在学习上、工作上、生活上，都是在做加法，下了班还要去学习这个培训那个培训的，工作上这个想做，那个也想做，生活上只想吃好的，穿好的，用好的，什么都是希望越多越好。却不知自己就在不断加法的过程中渐渐臃肿起来，最后的结果并不都是最好的。也许收入越来越多，但开销也越来越大，要应付的事情越来越杂，要接待的人也越来越多。在物质泛滥的社会里，买的东西也越来越多，家里堆积如山。而人的精力和时间总是有限的，工作之外还要腾出相当多的一部分时间和精力来处理这些事情，占用了本来应该去享受生活，享受快乐的时光，太不划算了。

　　思来想去，我们中国有句老话：不破不立。我觉得快乐的根本就是简单！先从身边的物品开始，做到最简单。再努力清除自己周围看不见的条条框框、各种规则束缚，力求最简单快乐的人生！这也是我写超常的简单思维的意图吧！

　　由此推论，大道至简。一件事情在细节上可能非常复杂，但是在宏观的层面必然非常简单。用复杂的思维去处理简单的事情，简单的事情会变复杂，事倍功半；用简单的思维去处理复杂的事情，那么复杂的事情也会变得简单，事半功倍。因此，若要让事情事半功倍，就得有超常的简单思维。

从前，在四川的边境上有一名穷和尚和富和尚。一天，穷和尚对富和尚商量说："我决定去南海，你看行不行？"富和尚惊讶地说："你靠什么去南海？"穷和尚说："我只要一个饭钵盛饭，一个水瓶装水就够了。"富和尚不相信地说："我这么多年想租船去南海，都没有去成，你依靠一个饭钵、一个水瓶就能到南海？"

穷和尚决心去南海，他没有理会富和尚的讽刺，不畏艰险，开始了艰苦的行程。渴了、饿了，就去化缘。人家给饭只能勉强充饥，不给只好忍饥挨饿，实在支持不下去了，就吃树皮草根。

日子一长，他的脸都消瘦了，可他还是坚持不懈地向前走。有一次他饿晕了，但他一醒来，就继续往前走。

就这样，穷和尚一路跋山涉水，历经艰难险阻，终于到达了南海。

第二年，穷和尚游完南海回来，把去南海的事情讲给富和尚听，富和尚羞愧难当。

人活到极致，就是如此，一定是素与简。

再说，中国历史上的官渡之战，曹操为何能打败兵多势众的袁绍呢？首先，袁绍不善于用人；

其次，袁绍不用良才，更不采纳良谋；

其三，袁绍多疑而优柔寡断，不会抓住有利战机，以致自己坐失良机。曹操为何能大获全胜呢？

袁绍所缺的，正是曹操所拥有的。曹操会用人，知人善用，善于笼络人才，而且办事当机立断，敢于毫不犹豫地采纳谋臣的良策。

以上两个例子，穷和尚去南海，是个人超常的简单思维，曹操在官渡打败袁绍是团队超常的简单思维。

我的体会是：一个人越是炫耀什么，内心就越缺少什么。内心真正富足的人，从不炫耀拥有的一切，他不告诉别人去过什么地方，有多少件衣服，买了什么珠宝，因为他没有自卑感。内心越是丰富，生活则越是简单，生活简单则迷人，人心简单就幸福，简单是高级形式的复杂，越是高级的东西越是简单。

简到极致，便是大智；简到极致，便是大美。看起来外在形式越简单的东西，也许智慧含量反而越高。因为它已经不仅仅是依赖形式存在，它中间已经渗入了智慧。

所以，超常的简单思维要牢记三点：一、勇于放弃；二、善于选择；三、直奔主题。

赢
在超常思维
学则心路光明

亲爱的读者朋友："我们曾如此渴望命运的波澜，到最后才发现：人生最曼妙的风景，竟是内心的淡定与从容。我们曾如此期盼外界的认可，到最后才知道：世界是自己的，与他人毫无关系。"人心就是如此，要想活得美，就得删繁就简，去掉多余的东西。

简单，才是效率。超常的简单思维归纳为四个字：大道至简！

超常的简单思维名言

◆ 人不会苦一辈子，但总会苦一阵子。许多人为了逃避苦一阵子，却苦了一辈子！——网上摘语

◆ 生活坏到一定程度就会好起来，因为它无法更坏。努力过后，才知道许多事情，坚持坚持，就过来了。——（中国现代）践行者·九溪翁

◆ 不要害怕改变，尽管你可能会因此失去一些好的东西，但你也可能会得到一些更好的东西。——网上摘语

超常的简单思维

勇于放弃

直奔主题

善于选择

简单思维金三点

第六十六课　超常的变化思维

　　世界上唯一永恒不变的就是变化。所以计划总是没有变化快，而任何细小的事情，都不能忽视，因为量变可能引起质变，在国外有一个很流行的说法，叫做多米诺骨牌效应。往往一个微小的东西，很可能就是改变大局的触发点。因此，要有超常的变化思维，防微杜渐。

　　先说一位个人由差变好的故事，三国时的东吴武将吕蒙和孙权对话，孙权劝他要多读点书，吕蒙却推辞，找了借口说以后再说，但孙权一直劝他，最后吕蒙才答应了，过了一段时间，鲁肃来找吕蒙，经过交谈，鲁肃大吃一惊，于是说："今者才略，非复吴下阿蒙！"吕蒙也对："士别三日，当刮目相看！"

　　任何事情都是在变化中发展的，要用超常变化的发展思维看人待事。

　　伟人毛泽东说"我们必须学会全面地看问题，不但要看事物的正面，也要看到它的反面。在一定条件下，坏的东西可以引出好的结果，好的东西也可以引出坏的结果。"也以我到深山老林创业挖洞养殖娃娃鱼为例，当我遇上难以克服的困难，觉得已经不行了，坚持不下去了的时候，我始终坚信，不到最后一刻，我还是不服输，也不相信是终点。我记得有一天早晨，跟着我做事的候师傅说："宋书记，今天要买 10 包水泥。"当时，我已负债到 200 万，每月付出利息就要两万多元，身上口袋里仅有十几元了，但我还是镇定自若地回答："吃了早饭去买吧！"然后独自到附近一家小卖部，拿出手机押到店里，借了 200 元，给候师傅 150 元买 10 包水泥，晚饭后七点多钟，我身上仅有的 60 多元和几十年以来积累的人脉 600 多个电话号码，独自在洞里逐一分析还有谁能借钱给我，然后走出洞外，深夜步行 32 公里山地公路，第二天早晨 8 时左右赶到县城，又开始借钱。开口说借两万，实际借时又只要五千元，或者开口借五万，实际只借两万，借多要少，显示我不缺钱，然后将所借一千或两千的还清，再回到深山老林的小卖部，退还 200 元，把手机领回来。也就是此类事情多了，我反倒格外平静，不认为是终点，反而佩服自己每次都能渡过难关，深信是重新开始变化的起点，激起我更坚强的意志，更炽热的热情，一点一点积累，一天一天熬过，最后由逆境变化为顺境。

　　我的体会，无论好与坏，人生的志向和目标可以锁定在不变的大框框里，但至于从什么地方出发，从事什么行业，采取什么办法是可以灵活调整，根据实际情况和不同的时机变化的，在当时来看是走了弯路，偏离了原来设想的志向和设定的目标，实际上慢就是快，暂时的偏离终究还有机会向目标靠拢，如果没有这样的变化，一开始就卡在行不通的路上，所有崇高的志向和远大的目标都将成为泡影，以失败而告终。

再说一个变化的例子，古代埃及的金字塔是闻名世界的宏伟建筑。当时，石匠在处理那些石材时，如果发现一些石头坚硬得无法穿凿，就用铁楔或锤子劈砍。

然而，这艰辛的劳作却收效甚微。于是，石匠在处理那些石材时，如果发现一些石头坚硬，试着将铁楔改换成木楔，把一块块木楔嵌入石缝之后，再用水来润湿这些木块。奇迹发生了——在潮湿木楔沉默无声的膨胀力量挤压下，坚硬的花岗石终于裂开了！

综上所述，超常的变化思维要想到三点：一是内在原因；二是外界影响；三是多样复杂。

亲爱的读者朋友：不管你从事什么行业，见子打子，见招拆招是非常重要的！

超常的变化思维名言

◆世界上没有什么永恒的东西，一切都在变化，一切都在发展。——（前苏联）政治家斯大林

◆所谓成长发展，就是要有很多东西不断发生，然后变成繁华的形态，也可用"日日新"这句话来代表。意思是说，旧的东西逐渐灭亡，新的东西不断诞生。——（日本）企业家松下幸之助

◆兵无常势，水无常形，能因敌变化而取胜者，谓之神。——（中国古代）军事家、政治家孙子

超常的变化思维

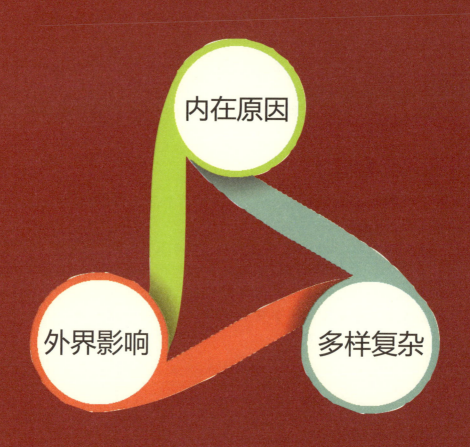

内在原因

外界影响

多样复杂

变化思维金三点

第六十七课　超常的执着思维

《奥义书》中有句话，叫做"欲成伟大之事业，必经伟大之迷途。"中国的古人也总结出了："天将降大任于斯人也，必先苦其心志，劳其筋骨，饿其体肤，空乏其身，行拂乱其所为，所以动心忍性，曾益其所不能"的成才之路。但如果中途放弃，则永陷迷途，白受折腾了。所以，干事业要有超常的执着思维。

爱迪生这位伟大的发明家的一生中，发明了许多东西，然而，能够立即得到人们热烈欢迎的，却只有电灯。因为电灯的好处是人们看得见摸得着的，它的出现，意味着人们又有了一个太阳，人们的活动不再受到黑夜的制约了。

但有几个人知道，爱迪生之所以能发明长寿灯泡，是因为他那超常的执着思维呢？

早在1821年，英国的科学家戴维和法拉第就发明了一种叫电弧灯的电灯。这种电灯用碳棒做灯丝，它虽然能发出亮光，但是光线刺眼，耗电量大，寿命也不长，因此很不实用。

"电弧灯不实用，我一定要发明一种灯光柔和的电灯，让千家万户都用得上。"爱迪生暗下决心。于是，他开始试验做为灯丝的材料：用传统的碳条做灯丝，一通电灯丝就断了，用钌、铬等金属做灯丝，通电后，亮了片刻就被烧断；用白金丝做灯丝，效果也不理想。就这样，爱迪生试验了1600多种材料。一次次的试验，一次次的失败，很多专家都认为电灯的前途黯淡。英国一些著名专家甚至讥讽爱迪生的研究是"毫无意义的"。一些记者也报道："爱迪生的理想已成泡影。"面对失败，面对有些人的冷嘲热讽，爱迪生没有退却。

他明白，每一次的失败，意味着又向成功走近了一步。爱迪生经过13个月的艰苦奋斗，试用了6000多种材料，试验了7000多次，终于有了突破性的进展。

一天，天气闷热，他顺手取来桌面上的竹扇面，一边扇着，一边考虑着问题："也许竹丝碳化后效果更好。"爱迪生简直是见到什么东西都想试一试。试验结果表明，用竹丝作灯丝效果很好，灯丝耐用，灯泡可亮1200小时。经过进一步试验，爱迪生发现用碳化后的日本竹丝作灯丝效果最好。于是，他开始大批量生产电灯。他把生产的第一批灯泡安装在"佳内特号"考察船上，以便考察人员有更多的工作时间。此后，电灯开始进入寻常百姓家。

试想，如果爱迪生不够执着，在第一百次或一千次实验的时候，在遇到冷嘲热讽的时候选择了放弃，他还能发明长寿灯泡，成为备受尊敬的发明家吗？

干事业，就像是搞发明。开创一番不曾有过的事业，就像发明出一个新鲜的事物，艰难险阻、嘲笑不解，都是家常便饭。

当马云在西子湖畔向 24 位伙伴宣讲他的互联网大计时，24 个人里只有一个人支持他。但马云坚持了下来，终成富豪。

从爱迪生发明长寿灯泡和马云成为富豪的事例可以看出，干成一番事业是多么的需要超常的执着思维。马云如果没有阿里巴巴前期岁月的执着，也就没有后期的商业帝国；褚时健如果没有橘子长成 10 年的执着，也不会有后来的创业成功；我如果没有 42 年的执着，就不会写《赢在超常思维》这本书！

我以自己 42 年来的历程对容易和不容易发出以下的感慨：

"干好一件事容易，干好十件事亦容易，干好一百件事也容易，42 年如一日兢兢业业干事则不容易；

当学生容易，当农民容易，当工人亦容易，当干部也容易，5 次到企业，5 次回行政事业单位则不容易；

任厂长容易，任股长容易，任乡镇党委书记亦容易，任科局长也容易，从行政管理上的科局长到企业性质的部门任经理则不容易；

到企业工作容易，到乡镇政府工作容易，到县级机关工作亦容易，到省城工作也容易，到省城工作后返回到县城企事业单位则不容易；

经历一个行业容易，经历两个行业容易，经历三个行业亦容易，经历四个行业也容易，能够经历学、农、工、警、党、政、企、商等多行业而且还都能干好则不容易；

从差的工种到好的工种容易，从差的环境到好的环境容易，从低职务升迁高职务也容易，而从好的工种到差的工种，好的环境到差的环境，高职务到低职务，即 5 次职务提升，5 次职务下降，46 次变换工作岗位及职业，都能安心干好工作则不容易；

不抽烟容易，不喝酒容易，不搓麻将打牌亦容易，不进娱乐场所也容易，能够在所经历的 46 个岗位上都能做到不抽烟、不喝酒、不搓麻将打牌、不进娱乐场所却能与各种类型的人相处而且能办成事则不容易；

写一天的日记容易，写一个月的日记容易，写一年的日记亦容易，写 10 年的日记也容易，但能够 42 年一直不间断坚持写日记计 600 本则不容易；

能想容易，能讲容易，能干亦容易，能写也容易，而能想有专利，能讲有感染力，能干有产业有景区，能写有两个国家级刊物总编和自撰12本书均做到了则不容易；

有一官半职容易，有一定的权力容易，有一些钱财亦容易，有较好的德行口碑也容易，都能够达到且始终保持宠辱不惊、宁静平淡的心情则不容易；

有个人理想容易，有人生规划亦容易，有奋斗目标也容易，但42年如一日，不随波逐流、始终不渝实现个人理想，落实人生规划，兑现奋斗目标则不容易。

以上所有的容易我做到了，所有的不容易我也做到了！"

我得出的结论是：任何一件事，在合乎客观规律的前提下，只要你有超常的执着思维，下了决心，尽心去干，就一定能办成！

所以，超常的执着思维需要三个自我：一是自我感觉；二是自我内心；三是自我追寻。

总之，执着就能出众！坚持不了就出局！

亲爱的读者朋友：成功者永不放弃，放弃者永不成功！只要是你自己认定的事，你为什么不能执着地去做呢？

超常的执着思维名言

◆一个人必须经过一番刻苦奋斗，才会有所成就。——（丹麦）童话作家安徒生

◆拼着一切代价，奔你的前程。——（法国）小说家、剧作家巴尔扎克

◆走自己的路，让人家说吧！——（意大利）诗人、作家但丁

超常的执着思维

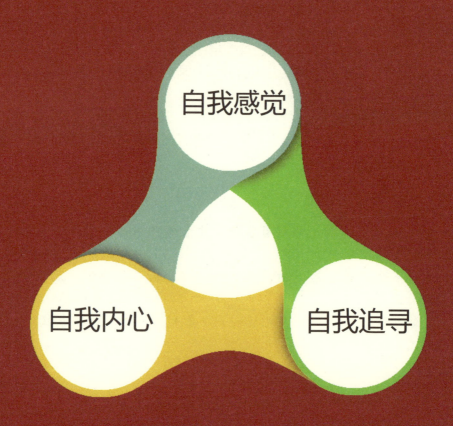

执着思维金三点

第六十八课　超常的专一思维

任何事物，只要专注它，就是在创造它！

任何人只要专注于一个领域，5年可以成为专家，10年可以成为权威，15年就可以世界顶尖。牛顿提出如何计算物体作圆周运动时的向心力的具体方法时才21岁，爱因斯坦发表量子论，提出光量子假说，独立而完整地提出狭义相对论原理，开创物理学的新纪元时才26岁，而造就他们的除了智商，就是专一。

有一个很有启发性的童话故事：很久很久以前，有一只美丽的小鸟，它见别的鸟儿都有本领，它也想有一套不平凡的本事。

一天清晨，天刚蒙蒙亮，一阵动听的歌声就在它的耳边响起。哦！原来百灵鸟在尽情歌唱。小鸟想："我不如去跟百灵鸟学唱歌，将来当有名的歌唱家。"于是，它就去拜百灵鸟为师学唱歌，刚开始，它还能专心致志的学，整天跟着百灵鸟练嗓子。可是过了不多久，它就打起退堂鼓，它对百灵鸟老师说："学唱歌太累了！我什么时候才能成为歌唱家呀？再这样下去，我还没当上歌唱家就已经成为哑巴了。"百灵鸟心平气和地说："只要你不怕吃苦，天天练，总有一天你会成为歌唱家的。"小鸟心想："天下的本领多着呢，我又不是非得学唱歌不可，我不学唱歌了"。

就这样，小鸟不听百灵鸟的劝告，飞走了。

一天中午，小鸟躺在窝里浮想联翩。突然，森林医生啄木鸟给树木治病的情景跃入了它的眼帘。它想："我跟啄木鸟学治病当医生好了。"于是，它就去拜啄木鸟为师学习当医生。刚开始时，啄木鸟老师叫它做什么它就做什么，叫它怎么做它就怎么做，学得很认真。可是日子一长，它又厌倦了，觉得辛苦，不想学了。它对啄木鸟老师说："天天这样啄树洞，捉虫子，太单调，太辛苦了。看，啄树洞啄得我的嘴都痛死了。"啄木鸟老师语重心长地说："世上无难事，只怕有心人。要学一样本领，就必须付出艰辛的劳动，怕这嫌那，是什么也学不到的。"可小鸟还是不听劝告，飞走了。

后来小鸟跟着老鹰学打猎，跟燕子学造房子……但它做事总是虎头蛇尾，半途而废，到最后头发都白了，还是一事无成。

为了让它的后代吸取它的教训，它把它的一撮白发留给了子孙，让它的后代知道做事应该不怕吃苦，要坚持。人们管这种鸟叫做"白头翁"。

2008年，我负债近200万元，到深山老林开发神龙洞，一干就是五年，我深有体会也悟出人生真谛：一个人，只要扎扎实实地干，不要一心想着名呀利呀，虽然负着债，但因为在努力，不是赖账不还钱，反而更从容、更充实地创造新的人生。事实上，一个人只要专一，放下得越多，心态越好，越富有。

我们再回到现实中来看，我们暂且不去看大中城市，只看小小的县城里，大部分买房买车的经商者，并不是非常聪明的佼佼者，也不是本科、研究生毕业的高材生，其实他们很普通，文化程度也不是很高，但他们就是咬住各行各业中的某一个项目，从小到大，坚持做下来，利用手中积蓄买一台车，购一套房。而一些今天做这样，明天做那样的灵巧之人，到头来车也买不了，房也购不成。

俗话说，一招鲜，吃遍天。也有的说，家有万贯，不如薄技一身。要想成为赢家，必须成为专家。

专业成就梦想是大多数人的奋斗目标。现实的例子太多了，打工皇帝唐骏的年收入远远大于很多企业老板的总收入；姚明打球的收入远远大于很多人的总收入；刘德华唱歌就足可以成就他一生的致富梦想；科学家袁隆平创造的财富更是无法用金钱来衡量了。

所以干事业，必须要有超常的专一思维，要坚持"一米宽，一公里深"的专业度，必须要有长期打算，一旦打算去做的时候，不要贪多，不要花心，就要坚持下去，中途碰到困难也不要气馁，坚持一年两年，挺过五年十年，你的产业平台将会越做越大。因此我经常说：世界上经商成功的大部分人，不是那些很聪明的人，而是专一的人，认准一个正确目标咬住不放的人。

由此可见，超常的专一思维必须做到三点：一是专一；二是专注，三是专心。

亲爱的读者朋友：成功的人都是专一、专注、专业的人！

这世界上只有专家才是赢家。简单的事重复地做，就可能成为专家，而重复的事能开心地做，就更是专注的赢家。

超常的专一思维名言

◆人之才成于专而毁于杂。——（中国北宋时期）思想家、政治家、文学家、改革家王安石

◆心不专一，不能专诚。——（中国西汉）《淮南子》

◆一心必成多事，多心不能成一事。——（中华民国初期）政治家、革命先行者宋教仁

超常的专一思维

专一思维金三点

第六十九课　超常的糊涂思维

　　超常的糊涂思维，不是说什么时候都糊涂，而是小事可以糊涂，难得糊涂，但大事不糊涂，或糊涂是装糊涂，糊涂的背后有着清醒的目的。俗话说"水至清则无鱼，人至察则无徒"。人非圣贤，孰能无过？

　　网络上的一段话写得好：人生难料，难料人生。人吧，融入到社会很容易，理解这个社会很难，懂这个社会里的人更是难如上青天。用单纯的眼光看待人生，你将少掉许多莫名的烦恼；用幸福的脚印丈量生活，你会步履轻盈洒脱。沧桑世事，负累几许，告诉自己：快乐人生是一半清醒，一半醉，心分两半，一半清醒做事，另一半包容理解。

　　市场经济时代，是一个资源聚合的时代，是一个团队合作的时代，原则必须坚持，大方向容不得半点马虎，但细节必须要允许出现一定的误差。如果在细节问题上吹毛求疵，做事畏首畏尾，抬起脚就怕踩死蚂蚁，喝口水还担心伤害水里的八万四千虫，那么释迦牟尼也无法修成佛，做事业将一事无成。讲个故事。比尔·盖茨1992年成为世界首富，轰动全球。那时在中国赚不赚钱对微软总部来说不是太重要，主要是宣传技术。这一阶段开始软件的汉化，开始和代理商建立合作。那时软件卖得很少，"赚的钱喝汽水都不够用"。在那个过程中，微软了解了中国的潜力，了解了中国人对新事物追求的方式和热情，也了解了中国的产业发展状况，当然也了解了盗版。

　　1996年开始，本土个人电脑厂商都开始捆绑 Windows 操作系统，服务器产品及企业级产品也开始在中国销售，但因价格高昂，销售有困难，尤其是盗版泛滥，极大地损害了微软的利益。但比尔·盖茨并没有马上发起声势浩大的反盗版，站出来维护微软的利益，这在外人看来似乎是糊涂的，但是1998年，盖茨接受采访时，道出了真相："尽管在中国每年有大约300万台电脑被售出，中国人却不会为软件付钱，不过总有一天他们会的。既然他们想要去偷，而我们想让他们偷我们的，那么他们将会因此上瘾，这样接下来的10年我们就会找出某种办法让他们付账。"可见，比尔·盖茨有意装糊涂让微软的盗版软件在中国泛滥，而泛滥的目的，有三个：其一是提高与中国政府的谈判筹码，获得政策市场的支持。1999年到2006年间，盖茨和鲍尔默数次来华，同时带来微软的承诺，对华巨额投资、对中国软件业的扶持和对中国软件人才的培养。在这个期间，微软偶尔起诉个别经销商，或联合政府小规模打击盗版，但并未正面大规模开展反盗版行动。微软得到的，则是中国政府的大力支持，政府部门率先使用正版微软软件，接下来，几大部委联合发文要求 PC 厂商全面预装正版操作系统。其二是打击中国本土的竞争对手。微软作为一家全球化的企业，盈利来源不止中国，或者说中国是最值得培养但现在还不占有主要地位的市场。通过盗版的方式，中国的用户大量地安装微软的盗版软件，但国产的优秀软件却无法做到免费，如此一来，国产的优秀软件商就自然而然地倒下，微软通过这样的方式，消灭了一个又一个敌人，许多曾经显赫于一时的国产软件厂商，被历史的大潮淹没。其三是培养用户习惯，让大家对微软形成依赖。

2001 年前后，中国四部委联合发出有关"政府部门应带头使用正版软件"通知，各地政府纷纷开始大规模采购正版软件。虽然政府本身愿意全面采购国产软件，但是由于多年来微软在市场上的垄断造成了很多办公习惯上的垄断，国产软件的应用也因此遭遇了难堪，很多使用国产 Linux 操作系统和办公软件的政府办公人员，又私下装上了盗版的 Windows 和微软 Office。

三招下来，微软几乎成了中国唯一的、备受依赖的、几乎没任何本土竞争对手的电脑操作软件提供商。10 年后的 2008 年，微软的一串动作印证了盖茨的收网预言，要让中国人付出代价。从盗版的源头到渠道再到终端，一个都没放过，微软一步一步地收起早已撒开的大网。什么是超常的糊涂思维，比尔·盖茨这种以糊涂作为开端，长达 10 年乃至 20 年的布局，就是超常的糊涂思维。

所以，有些事情，能够去做，不能去说，越是在乎，越要放开，错也是对；事事如意，样样随心，学会安慰，沧桑世事，负累几许，告诉自己；心头洞明，表面糊涂，表面愚拙，内心精明，以和为贵，宽容大度；灵活应变，从容谨慎，精于糊涂，广结人缘，故意示弱，假装糊涂。

超常的糊涂思维要时刻记住三点：一是视而不见；二是知而不理；三是行而不露。

亲爱的读者朋友：退一步，进两步，糊涂着前进也并不是坏事。

超常的糊涂思维名言

◆ 小事不糊涂之谓能，大事不糊涂之谓才。——（中国北宋时期）政治家、史学家、文学家司马光

◆ 人一辈子，你得信这一条：留得住的不需用力，留不住的不需费力。来去随缘，强求不得。——网上摘语

◆ 忍让非懦弱，自大终糊涂。——（中国清代）《围炉夜话》作者、思想家王永彬

超常的糊涂思维

视而不见

知而不理

行而不露

糊涂思维金三点

第七十课　超常的强者思维

　　超常的强者思维是指当你决定干一番事业时，首先要有强者思维，不光要向强者学习，还要把自己当成一个真正的强者，充满自信。

　　莫斯科不相信眼泪，市场更加不相信弱者。市场经济时代，优胜劣汰，首先淘汰的就是弱者。俗话说"兵熊熊一个，将熊熊一窝"，当你成立了公司，成立了团队，你就是领袖！当你的心胸和志向足够大，当你有足够的强者思维和心态。那么，不管你现在的公司有多么弱小，你现在的团队有多少人数，只要坚持不懈，迟早有一天你的公司将发展壮大，你的团队将人才济济。反之，如果一副不敢担当、不敢拼杀的弱者心态，那么不管你接手的公司是多么庞大，你的团队是多么的强壮，迟早也会在残酷的市场竞争中败下阵来。

　　"我老婆有时真是不可理喻！我怎么有个这么苛刻的上司！我的生活什么时候才能不像一团乱麻？"这是你内心经常发出的声音吗？

　　也许我们的心灵已经不自觉地养成了这样的习惯：把注意力集中在"糟糕""无奈"的事情上，甘愿当个"全世界都对不起我"的受害者；而对如何调整自己，如何打理生活，如何把别人的要求视为强大自己的动力，这些能为自己"增长功力"的实事儿，却懒得去管。

　　而把注意力从"糟糕""无奈"逐渐拉回到如何"增长功力"的人，才是生活中的强者。强者不是高高在上的成功人士，而是每日践行强者思维的英雄。而超常的强者思维，就是希望一个人从受害者思维转向强者思维，从怨天尤人到强大自我。

　　讲个例子，毛泽东为什么能带领弱小的中国共产党打败强大的对手——国民党，建立新中国？在毛泽东的带领下，红军为什么每次面临危机时总能安然度过，反而越打越强？原因就在于毛泽东有着超常的强者思维。当然，毛泽东的强者思维，不是堂吉诃德式的虚妄，而是建立在强大的思考分析能力上的强大，因为他能把问题的本质分析透，形成解决的办法。所以，在共产党建立新中国的过程中，毛泽东总是料事如神，带领红军度过各种各样的困难，越来越强大。如为取得广大贫下中农的支持，毛泽东知道老百姓最希望得到的就是田地，所以他提出"打土豪，分田地"，以致红军每到一处，总是很容易地就得到老百姓的拥护，建立起根据地。又如刚到井冈山的时候，面对蒋介石大军的围剿，党内有人发出"红旗还能打多久"的疑问，又如面对蒋介石的围剿，毛泽东根据实际情况，提出运动战的作战方式，接连取得三次反围剿的胜利。而在第五次反围剿在王明、博古等的错误领导下失败，红军面临覆灭的时候，毛泽东带领中央红军成功地进行长征……如此种种，不一而足。可以说，毛泽东是斗争的高手，对手越强，他反而越强。他有句令天地都要发颤的名言，叫做"与天斗其乐无穷，与地斗其乐无穷，与人斗其乐无穷"。斗争，是强者的游戏，毛泽东强者思维之强，强到以斗争为乐趣，把斗争作为主要的处事手段，而且逢斗必胜。

当然，这里讲的是强者思维，不是讲的功过。但是，从毛泽东的身上可以看出，强者思维在商场如战场的市场经济时代是何等的重要。希望大家在使用强者思维，成为强者的同时，也吸取前人的经验教训，避免强者思维带来的错误。

同时，写到强者思维时，我又要延伸一点，超常的强者思维必须要培养实力，拥有实力。

我写的《快乐工作访谈录》第19点，题目是"快乐工作要培养实力"，摘录一段对话如下：

"隆振彪：九溪翁先生，你到黄桑深山窝里开发神龙洞，靠什么使你坚持下来？

九溪翁：靠的是实力。我敢这样说，一个人如果没有相当的实力，却放言去干一番事业，真正去干时，会像晚上睡觉梦游一样，最终是梦醒而废。现在来回顾，当时我是非常艰难的，身负重债没有资金，请人做事要开工资，我只好自己干，没有菜吃就挖野芹菜、鸭脚板等野菜，找附近村民讨点萝卜、菜心、南瓜、冬瓜之类的瓜类菜类，身上经常只带着几十元钱，却面不改色心情平静干着上百万的工程及上千万的产业，就这样走一步是一步熬了过来。

隆振彪：还不至于你说的这么困难吧？

九溪翁：其实还远远不止这么困难，最困难的是借不到钱，我刚下岗时贷款办砂场亏损严重，欠别人的钱，每月还要还两万多元的利息，我还不能说自己没有钱。明明自己没有钱请人挑洞内泥土石块，只好说怕破坏洞内景点，自己做好一点。

隆振彪：那你说的实力是什么呢？

九溪翁：真正的实力不是统御他人或掌握财富，而是有清醒的头脑，清晰的思路和实干的精神。无论历程多么艰难，无论资金多么困难，我的头脑是非常清醒的，思路也明确清晰，更有实干精神，这便是一切实力的起源。

隆振彪：你认为怎样才能拥有这样的实力？

九溪翁：拥有这样的实力并不是很难，只要我们努力，人人都能做到。如果说具体点：

1.实力是智慧。它既包含了正确的判断，也结合着知识与学识。

2.实力是实干的精神与力量。它是工作上的动力，也是表达个人思想感情和实践行动的活力。

3.实力是先行者的思维。它应该思想开放，心胸宽广，能够与时俱进，接受新思维，不受先入为主的观念束缚。

4.实力是做人的责任。实力愈大，做人的责任也就愈重。乱用实力，会导致个人走向腐败与堕落。只有将实力与责任相结合，才能做出优异成绩，愿意为他人为社会做出贡献。

隆振彪：如何培养实力呢？

九溪翁：培养实力不是一朝一夕的事，实力的增长要有长久的磨炼和实际工作中的用心感悟，才能慢慢培养起来。我说的培养实力，就是按照我写的以上四点，能够心领神会，运用到个人工作中就不错了。"

所以，超常的强者思维要具备三点：一是非凡体力；二是卓越智力；三是暗能神力。

亲爱的读者朋友：适者生存，强者无悔。每一个人都拥有改变自己一切的力量，只是你愿不愿意改变自己？

超常的强者思维名言

◆社会不会无缘无故地厚待一个人，除非他自己向社会证明，他值得社会对他厚待。——（中国现代）女演员罗兰

◆一个人可以失败很多次，但是只要他没有开始责怪别人，他还不是一个失败者。——网上摘语

◆活着，要有自己的价值，要作为一个强者存在于这个世界。——（中国现代）医师夏宁

超常的强者思维

强者思维金三点

第七十一课　超常的逆境思维

巴尔扎克曾经说过这么一句话："苦难对于天才是一块垫脚石，对能干的人是一笔财富，对弱者则是一个万丈深渊。"在人生奋斗路上，什么最难？最难的是在误解中在逆境中还有一颗安详平静、无怨无悔的心。

有的人说，在人生奋斗路上，什么最难？最难的是没有钱或没有好的项目。但真正最难的是不成功前的误解，即在逆境中的心态。

没有钱，你可以做小一点，做慢一点；没有好的项目，你可以先做一个谋求生存的岗位。但是，当你在打拼事业过程中，如果家人不理解你，朋友们误解你，甚至认为你得了"精神病"，朋友们到精神病医院为你预订床位，你每前进一步都很难很难，这时候，就靠你一颗安详平静的心，无怨无悔的心情来支撑了。故而，提醒做产业的朋友，当你在做大做强的奋斗过程中，别人看不懂、不理解、误解你时，你一定要有五至十年超常的逆境思维准备，做到安详平静，无怨无悔。

南非前总统，曼德拉曾被关押 27 年，受尽虐待。他就任总统时，邀请了三名曾虐待过他的看守到场。当曼德拉起身恭敬地向看守致敬时，在场所有的人乃至整个世界都静了下来。他说：当我走出囚室，迈过通往自由的监狱大门时，我已经清楚，自己若不能把悲痛与怨恨留在身后，那么我仍在狱中，这就是超常的逆境思维，原谅他人，其实是升华自己。

再说一个故事：张海迪，1955 年秋天在济南出生，5 岁患脊髓病，胸以下全部瘫痪。从那时起，张海迪开始了她独到的人生。她无法上学，便在家自学完中学课程。15 岁时，海迪跟随父母，下放山东聊城农村，给孩子当起教书先生。她还自学针灸医术，为乡亲们无偿治疗。后来，张海迪自学多门外语，还当过无线电修理工。在残酷的命运挑战面前，张海迪没沮丧和沉沦，她以顽强的毅力和恒心与疾病做斗争，经受了严峻的考验，对人生充满了信心。她虽然没有机会走进校门，却发愤学习，学完了小学、中学全部课程，自学了大学英语、日语、德语和世界语，并攻读了大学和硕士研究生的课程。1983 年，张海迪开始从事文学创作，先后翻译了《海边诊所》等数十万字的英语小说，编著了《向天空敞开的窗口》《生命的追问》《轮椅上的梦》等书籍。

259

司马迁在《报任安书》中举出了一系列逆境中有超常思维的例子：文王拘而演《周易》；仲尼厄而作《春秋》；屈原放逐，乃赋《离骚》；左丘失明，厥有《国语》；孙子膑脚，《兵法》修列；不韦迁蜀，世传《吕览》；韩非囚秦，《说难》、《孤愤》……

我写的《快乐工作访谈录》第 36 点，题目是："人生受挫实平常"，摘录一段对话如下：

"隆振彪：你怎么看待人生受挫的？

九溪翁：一句话：人生受挫实平常。

隆振彪：我觉得你上面说的"人生受挫实平常"太轻描淡写了，还要请你说详细一点好吗？

九溪翁：可以！人生一世不可能时时顺利，事事顺心，工作上难免会遇到意想不到的困难，遭受意想不到的挫折，也可能一次、两次、三次、次次受挫；一年、两年、三年，年年不顺。甚至出现本来和你没有一点关系，而你却被牵连进去，成为莫名其妙的受害者，这样的事也许有些人没有碰上，对我而言，记忆深刻。

2002 年，我 45 岁，正是年富力强，干事业的最佳时期，当时我在县委、县政府招待所里任书记、所长，在相邻兄弟县的接待部门出现困境之际，我所辖的宾馆风生水起，全市各县接待部门的先进经验现场会议放在我所在的宾馆召开，也就在这个时候，企业改制开始了，按常规来说，县委政府招待所属企业化管理、事业单位，要改制也应排在后面，只因市里主要领导提出"靓女先嫁，好苹果先卖"的口号，由政府介入，一场长达八年的改制就拉开了序幕，我下岗了，无工资了，怪谁呢？谁也不好怪，只好另辟蹊径，走上再创业谋生之路，一路走来，虽然艰难，现在回想起来，其实也平常。

你说我犯了错误吗？我确实没有犯错误！你说我没有能力吗？我自认为是显示了能力的，在我任职期间，员工待遇逐年变好，固定设施不断增多。但是，精明能干未必就事事都能成功，聪明条件好也不一定时时快乐幸福。我碰到的困难，受到的挫折，乃是人之常情，如果为了某一次的受挫则丧失信心，半途而废，太不值得了。

我的有感是：人生几十年，总有坎坎坷坷、风风雨雨的日子，不是一帆风顺的，这样的道理大家都知道。古人也说：天下不如意事十常居八九。问题是在逆境的时候，在碰上不如意的八、九事时，你怎么度过呢？其实，这就必须要经历一段艰难的忍耐过程。忍耐的过程也是成功前的过程，一个人，只要时刻保持自己的自信和主见，能够忍耐面对的艰难困苦，能够忍受不同的讥讽及议论，这个人迟早会取得成功！"

纵观古今中外历史，最成功的人往往也是失败次数最多的人，因为他们是那些尝试失败次数最多的人。

拥有超常的逆境思维，必须牢记三条：一是心态考验；二是心志追求；三是心灵责任。

亲爱的读者朋友：逆境，是超常思维的良药，是促使人奋发向上的动力，是锻炼一个人意志的火炉。

逆境也是通往成功的一条最保险的路。

所以说：处逆境，难过却稳；处顺境，好过却险。

超常的逆境思维名言

◆ 受苦是考验，是磨练，是咬紧牙关挖掉自己心灵上的污点。——（中国现代）作家、翻译家、社会活动家巴金

◆ 生于忧患，死于安乐。——（中国古代）思想家、教育家、儒家学派代表人物孟子

◆ 吾志所向，一往无常，愈挫愈勇，再接再厉。——（中华民国时期）政治家、思想家、革命先行者孙中山

超常的逆境思维

心态考验

心志追求

心灵责任

逆境思维金三点

第七十二课　超常的危机思维

　　超常的危机思维是指，提前对紧急或困难关头进行感知，并时刻准备好应变的思维。俗话说"生于忧患，死于安乐"，讲的就是要有超常的危机思维，只有超前地认识危机，才能在危机到来时安然度过，存活下来，否则，就只能在危机中消亡。

　　中国有上下五千年的历史，历经了多少的王朝，又经过了多少位帝王，但不管是哪个王朝，也不管是哪个帝王，但凡是兴盛的时代，必然是兴盛时的统治者的前任超常的危机意识最强的时代。为什么说是前任？因为往往发现未来潜在的危机时，危机还没有发生，但是统治者已经做好了准备，或防微杜渐，将危机消灭在了摇篮里，挽狂澜于未起，治膏肓于未病，这种措施的好处，往往要过一段时间才能体现，而受益的，往往是下一任的统治者。

　　如汉朝的"文景之治"，其真正的奠基人，是汉文帝和汉景帝之前的汉高祖刘邦的休养生息政策。又如唐朝的"开元盛世"，其真正的奠基者，是唐太宗李世民的"贞观之治"。如果没有汉高祖的休养生息，如果没有唐太宗李世民的贞观之治，就不会有文景之治和开元盛世。换句话说，如果汉文帝、汉景帝和唐玄宗想让自己统治期间国家兴盛，他首先就得寄希望于自己的前辈要有超常的危机意识，而不在乎他自己有多能干。比如说唐玄宗，玄宗皇帝自己是典型的没有超常危机意识的统治者，他统治期间国家兴盛是因为前几任的积累，而他统治的后期，由于没有超常的危机思维，天下大乱，成为唐朝走向衰落的奠基人。

　　再讲个故事：挪威人喜欢吃沙丁鱼，尤其是活鱼，市场上活鱼的价格要比死鱼高许多。所以渔民总是千方百计地想办法让沙丁鱼活着回到渔港，可是虽然经过种种努力，绝大部分沙丁鱼还是在中途因窒息而死亡。但却有一条渔船总能让大部分沙丁鱼活着回到渔港，船长严格保守着秘密，直到船长去世，谜底才揭开。原来是船长在装满沙丁鱼的鱼槽里放进了一条以鱼为主要食物的鲶鱼，鲶鱼进入鱼槽后，由于环境陌生，便四处游动，沙丁鱼见了鲶鱼十分紧张，左冲右突，四处躲避，加速游动，这样沙丁鱼缺氧的问题就迎刃而解了，沙丁鱼也就不会死了，这样一来，一条条沙丁鱼活蹦乱跳地回到了渔港，这就是著

名的"鲶鱼效应"。

古往今来，许多有识之士不仅能在危机中发现和利用良机，而且能将危机转化为谋求发展的难得良机。

南宋时期七月的一天，杭州城最繁华的街市突然失火。火借风势，风助火威，数以万计的房屋商铺陷入迅猛蔓延的火海之中。

有一位裴姓富商，苦心经营了大半辈子的几间当铺和珠宝店，也恰在火势最凶猛的闹市之中。几十年的心血眼看着毁于一旦，但是他并没有让伙计和奴仆冲进火海，舍命抢救珠宝财物，而是从容不迫地指挥他们迅速撤离。那一副不慌不忙、听天由命的神态，令众人大惑不解。

大火烧了数日之后，终于被扑灭了，但大半个最繁华的街市墙倒房塌，一片狼藉，化为废墟，曾经车水马龙的杭州冷清了许多，在大火还没有被扑灭的时候，裴姓富商已经派人到长江沿岸以平价购回大量木材、毛竹、砖瓦、石灰等建筑用材。当这些建材像小山一样堆起来的时候，他又归于沉寂，整天品茶饮酒，逍遥自在，好像失火压根儿与他毫无关系。

没过多久，朝廷颁旨：重建杭州繁华的街市，凡经营销售建筑用材者一律免税。

裴姓商人趁机抛售建材，获利巨大，其数额远远大于被火灾焚毁的财产。

小故事大道理：弱者常常抱怨危机，等待良机；强者常常开发危机，创造良机。与其说是良机抛弃了弱者，倒不如说是弱者远离了良机；与其说是强者等待到了良机，倒不如说是强者创造出了良机。良机不仅需要等待，而且更需要创造。

所以，超常的危机思维必须牢记三点：一是清醒看到危机；二是意识显示危机；三、预防潜在危机。

亲爱的读者朋友：鱼尚且都要因为危机意识而存活，又何况人呢？又何况企业呢？又何况国家和民族呢？所以，为了开创美好的未来，多多思考可能存在的危机吧！

超常的危机思维名言

◆必须体验过痛苦，才能体会到生的快乐。——（法国）剧作家、小说家大仲马

◆有危机时紧张也不紧张，紧张时会急中生智逼着人胆大想办法，也是在危机危急关头能锻炼出人才来。——网上摘语

◆危机未尝不是一件好事，因为在危机之中往往蕴含着机会。——网上摘语

超常的危机思维

预防潜在
危机

意识显示
危机

清醒看到
危机

危机思维金三点

第七十三课　超常的极限思维

　　"极限"这个词有两种含义，一种是指过程，一种是指该过程的目标。如果单纯解释"极限"这个词，也可以做两种解释：一是最高的限度：如一个人在某一件事上的能力已经发挥到了极限，一艘船的载重已经到了极限；二是数学上的一个概念。

　　国内外节目经常播送许多惊险万分的影片，内容包罗万象，如高速飞驰的赛车、清凉刺激的冲浪、高度技巧的滑板表演等体能活动，在感官极度刺激之余，发现这些高难度的运动，大多有一个共同点，那就是挑战极限，不仅挑战生理极限，更向人类意志力极限挑战。

　　历史上西汉司马迁少年时就涉猎群书，立志继承父业。正当他撰写的《史记》进展顺利的时候，"李陵事件"的牵连，使他遭受宫刑。面对这奇耻大辱，他不是叹息、沉沦，而是锐意进取，"幽而发愤"，以超常的极限思维，含冤蒙垢数十年，终于写出了"通古今之变，成一家之言"的《史记》，流芳后世。

　　而我写超常的极限思维，主要是站在经商的角度上来看一个人忍耐的极限。

　　在此我必须要写褚时健。1928 年，褚时健出生于一个农民家庭；1955 年，27 岁时担任云南省玉溪地区行署人事科长；1979 年，51 岁时任玉溪卷烟厂厂长；1990 年，62 岁时被授予全国优秀企业家终身荣誉奖"全球奖"；1994 年，66 岁时被评为全国"十大改革风云人物"，走到了他人生的巅峰。褚时健使红塔山成为中国名牌，他领导的企业累计为国家上缴利税数以千亿，他以战略性的眼光，强化资源优势，抓住烟草行业发展的机遇，使玉溪卷烟厂脱颖而出，成为中国烟草大王，地方财政支柱。1997 年，69 岁的褚时健因贪污受贿，黯然离开执掌 18 年的红塔集团。1999 年，71 岁的褚时健被处有期徒刑 17 年。2002 年春节，褚时健办理保外就医。而那时，他的女儿已在狱中自杀身亡，而他又身陷囹圄，这对于一个 70 多岁的老人来说，不可谓不是他这一生中摔得最痛跌得最惨的一跤。许多人既为他惋惜，也认为他这辈子完了。2002 年他因为严重的糖尿病获批保外就医，回到家中居住养病，并且活动限制在老家一带。按照设想，他在老家能颐养天年，这就是他最好的结局了。

　　然而他并没有选择这样走下去，而是承包了两千亩的荒山，开种果园。这时他已经有 75 岁了，身体不好，他所承包的荒山又刚经历过泥石流的洗礼，一片狼藉，当地村民都说那是个"鸟不拉屎"的地方。诸多困难并没有阻住他的"疯狂"行为，他带着妻子进驻荒山，脱下西装，穿上农民劳作时的衣服，昔日的企业家完完全全成为一个地道的农民。2013 年，85 岁的他经过十年的努力，把荒山变成了绿油油的果园，他的果园年产橙子 8000 吨，利润超过 3000 万元，固定资产 8000 万元，跟他种橙的 110 户农民，每年可以挣 3 万至 8 万元。

从 75 岁到 85 岁，这就是褚时健超常的极限思维的最生动、最感人的现实典范，也是每一个创业打拼的人都值得学习的。

遗憾的是，相当部分人看了商界、政界人士总只看到他们成功的一面，正面形象是呼风唤雨，战无不胜，没有失误没有失败；也有相当部分人以为，干事业必须万事通晓，无所不能，这样才具备成功的条件，其实，都是片面的。实例如下：

古司马迁、今褚时健不同类型的极限打拼我作了简要介绍；

一代伟人毛泽东从秋收起义揭竿而起，经历多少狂风暴雨亦有败有成；

史玉柱的大起大落再到大起，大半生充满传奇；

荣氏家族数代的衰兴史，让人深思，令人唏嘘。

类似的例子太多太多了，人们往往把某个人未成功之前的挫折、失败称为运气不好，其实还是像曾国藩和太平军打仗上奏朝廷，将"屡战屡败"改为"屡败屡战"的一样，要有百折不挠的极限思维。

当我下岗后投入巨资搞项目亏本，当我孤身到深山老林的神龙洞内挖土挑石块，已经是败绩累累，最后的一道极限防线是亲自干，开始的五年，吃野菜，住在山洞里，穿上日夜跪洞磨破的衣服，从早到晚就是挑土担石块，我也到了极限，每当觉得快要撑不过去的时候，数秒数分煎熬过来，我始终以极限的思维安慰自己：就算再难再苦再累再慢，只要还不死，一切都会成为过去，都会慢慢好起来的！而那些我暂时不能战胜的，不能克服的不能容忍的，我也告诉自己：只要不能杀死我的，最终都会让我更强大。

内心强大的人不是去征服什么，而是看能承受什么。一些事情，只有经历了，才能明白其中的道理和懂得人生的真谛。

经历绝望还不可怕，可怕的是失去勇气和激情。

也许正是这种百折不挠往前走，熬一天是一天的念头支撑着我，又被我挺过来了。

因此，仅有理想，仅有目标，仅有计划都是不够的，还必须要有超常的极限思维，要有百折不挠的精神，一次失败了来两次，两次失败了再吸收教训，完善改进，第三次爬起来又再干。

不管你从事何种职业，担任何种职务，当你心中有理想之花，想结目标之果，成功与否？全看你是否有超常的极限思维，是否能坚持到底。

伟大都是"熬"出来的！

为什么是"熬"字？因为普通人承受不了的委屈、艰难、挫折……你都承受过来了。

所以，超常的极限思维要牢记三种思考：一是假设思考；二是挑战思考；三是终端思考。

亲爱的读者朋友：我坚信一点，不管什么项目，一旦开始，就一定要做到成功为止。这种执着的、强烈的信念，以及不达目的绝不歇手的持续力量，是成功的必要条件，也称之为置之险境而后生。

超常的极限思维名言

◆君子忍人之所不能忍，容人之所不能容，处人之所不能处。——（中国现代）新闻工作者、政论家、历史学家、诗人、杂文家、书画收藏家邓拓

◆改变别人，不如先改变自己。——网上摘语

◆事不三思忍有败，人能百忍自无忧。——（中国明代）文学家、思想家小说家、戏曲家冯梦龙

超常的极限思维

极限思维金三点

第七十四课　超常的拼搏思维

三分天注定，七分靠打拼。衣来了尚且需要伸手，饭来了尚且需要张口，没有拼搏的思维，将会一事无成，而没有超常的拼搏思维，成事难免要晚上许多，因为许多大好的年华都虚度了。

汉 2 年（公元前 205 年)5 月始，刘邦拜韩信为帅，率兵东进攻打魏、代、赵、燕等国。汉 3 年（公元前 204 年）10 月，韩信率军数万越过太行山，向东攻击赵地，越王歇与赵统帅陈馀 20 万重兵屯结在井陉口（今河北井陉东），欲与韩信决战。韩信认为"置之死地而后生"，采用背水列阵战术，于是率兵在离井陉口 30 里地处驻扎。

广武君李左车向成安君献计，认为韩信乘胜而来，锐不可当，但是长途奔袭，后勤肯定容易出问题，希望成安君给他 3 万人马断掉韩信粮道，而主力守城坚壁不出，与韩信打消耗战。让韩信向前不得战斗，向后无法退却，又没饭吃，用不了 10 天，就可将韩信的人头送到成安君帐下。否则，搞不好会被韩信俘虏。

但成安君是崇尚正面攻击的军人，拘泥于正义的军队不用欺骗诡计，不采纳广武君的计谋。韩信派人暗中打探，了解到没有采纳广武君的计谋，大喜，才敢领兵进入井陉狭道，设下背水一战的计谋，激发将士们的必胜决心，结果大获全胜。

"背水一战"是中国古代以少胜多，以劣胜优的一次经典胜利，也是超常的拼搏思维的一个经典案例。说它超前，是韩信深知自己的劣势，其中主要有三点：

1. 韩信的军队是长途远征奔袭赵国，士兵十分疲惫；

2. 韩信的军队是临时招募的（主力都在刘邦那里和项羽对抗），并没有经过很好的军事训练，很难指望在战争中这些战士发挥出太大的效果；

3. 当时赵国的陈余所率领的赵军以逸待劳，很早就等待韩信的军队。

所以，在以上诸多不利因素下，韩信通过背水一战，激发手下兵士的求生欲望，对赵军进行殊死一搏。在这里形成了一句十分著名的军事用语，即"陷之死地而后生，置之亡地而后存"。

战争年代的你死我活需要超常的拼搏思维，和平年代的人生事业也需要超常的拼搏思维，拼搏到底的最佳实例可能就是亚伯拉罕·林肯。

生下来就一贫如洗的林肯，终其一生都在面对拼搏，八次竞选八次落败，两次经商失败，甚至还精神崩溃过一次。好多次，他本可以放弃，但他并没有如此，也正因为他没有放弃，才成为美国历史上最伟大的总统之一。以下是林肯进驻白宫前的简历：

1816年，家人被赶出了居住的地方，他必须工作以抚养他们；1818年，母亲去世；1831年，经商失败；1832年，竞选州议员却落选了；1832年，工作也丢了，想就读法学院，但进不去；1833年，向朋友借钱经商，但年底就破产了，接下来他花了16年，才把债还清；1834年，再次竞选州议员，赢了！

1835年，订婚后即将结婚时，未婚妻却死了，因此他的心也碎了；1836年，精神完全崩溃，卧病在床6个月；1838年，争取成为州议员的发言人，没有成功；1840年，争取成为选举人，失败了；1843年，参加国会大选落选了；1846年，再次参加国家大选这次当选了！前往华盛顿特区，表现可圈可点；1848年，寻求国会议员连任失败了！

1849年，想在自己的州内担任土地局长的工作，被拒绝了！1854年，竞选美国参议员，落选了；1856年，在共和党的全国代表大会上争取副总统的提名，得票不到一百张；1858年，再度竞选美国参议员，再度落败；1860年，当选美国总统。

文人、伟人、名人也是人，和大多数普通人不同的是，文人、伟人、名人能够冒险改变自己和自己从事的行业，而大多数的普通人则安于现状，总能找到一些理由来安慰自己，在自己所从事的行业中扮演一个默默无闻的角色。

这是什么原因呢？其实也很简单，大多数的普通人之所以无法获取巨大的财富或走向事业较大的成功，是因为他们没有超常的拼搏思维，始终为自己设定了满足的目标。而文人、伟人、名人则拥有"语不惊人死不休"、"一万年太久，只争朝夕"、"人生能有几回搏，此时不搏何时搏"的拼搏精神，所以才能逐渐走向成功！

我深刻记得，高中毕业，我还未满17岁，就已经没有机会读书了。我曾经跟着小镇街上的艄公放木排从巫水河的界溪口林业站往下游的洪江市。长长的几节木排顺水而下需要经过沿途的明滩暗礁，放排的艄公说：巫水河滩多又险，曾经打烂过一块又一块的木排。两岸放牛的三、五个少年，看见木排顺江而下，迎风破浪，也在喊："要你不放棚排，你要放棚排，打烂棚排发老财。"我幼稚地问：哪怎么办呢？饱经风霜的艄公回答说：那也只能扳稍迎着风浪行驶。我作为艄公的助手也经历了，放排的艄公在波涛中击浪，与险滩急浪较劲，过了一滩又一滩，滩滩都似鬼门关。我为放排艄公的勇敢和沉着所感染，家庭的困苦和前途渺茫的压力，养成褊狭的心胸和郁闷的忧愁也被眼前江水波涛荡涤一尽，感觉自己的人生之路还没有开始，感觉自己风华正茂、积极向上的激情在奔涌，这是面对大自然激流引起强烈心情的一次。

我知道一生中不会是第一次，也不会只有这一次，将会面临许多艰难坎坷和许多挫折失败，但我还是迎向命运的旅途，坦然面对。

因为在社会洪流中，不亚于巫水河上放木排，一个人与命运角力是家常便饭，坎坎坷坷，在所难免，一蹶不振也有可能。

在以后过来的岁月里，我看见了，接触到了，也亲身经历了，人生从起到落，又从落到起，从荣到衰，又从衰到荣，面对这些，无论风多狂，浪多大，我始终撑持着站起，在几十年的人生志向里，在命运狂风暴雨般的打击下寻找一线生机。正是这样，海明威在《老人与海》中借桑地亚老人之口说："一个人可以被消灭，但不可战胜。"

也许，这就是人拼搏的力量！

时间过去了39年，我在《快乐工作访谈录》一书中第13点的题目是："快乐工作要敢于冒险打拼。"就此披露部分如下：

"隆振彪：全力以赴地拼搏工作还是有风险的。

九溪翁：不是有风险，而是风险很大。

我们国家为什么有那么多的青年学生在角逐某一个公务员的岗位，大部分原因还是和风险有关，大多数的人都害怕拼搏，总以为冒险拼搏不是好事。

隆振彪：你有什么样的拼搏经历？

九溪翁：拼搏意味着冒险，冒险就有风险。以我的经历而言，几十年以来与拼搏为伍，与冒险为伴，体会甚深。我17岁高中毕业，当时和我一起体检身体到农村当农民的有10人，接到下乡通知的只有我一个人，其他的都以打铁、当裁缝等招工到手工联社的名义留下来了。公社书记问我，你爷爷奶奶是快70岁的老人了，你又是独孙，也可以学一门手艺留下来，不必下乡了。我说，既然报了名，又体检了身体，还是到农村去吧！我就和其他地方的学生一起下乡当了知识青年。遇上招工时只有一个名额，而且是到养路工班去扫马路，其他知青避而远之，我刚好送粮谷到公社粮站，生产队和大队推荐了我，我担着箩筐回到生产队知道消息时，政审材料都搞好了，只等我表态。前来招工的陈干部征求我的意见，如果我不愿意去，也可以放弃。我想，扫马路就扫马路，选择了去。谁知扫马路扫进了县公安局当刑警，随后到县交通局搞办公室工作，又下到企业任厂长，再到乡镇，曲折坎坷，快到50岁又碰上下岗，进入深山老林冒险拼搏，5次下到企业，5次回行政事业单位，5次职务提升，5次职务下降，46次变换工作岗位。

我的体会是：每一次的冒险打拼正是我快乐充实的时光，每一次的磨难厄运又正是我事业的开端，因为在这种经历期间发挥了我的才能，体验到一个人来到世上做人的价值。"

　　我曾经在菜地里、在河边观察卵石有感：在山里开荒挖出的卵石之所以脆弱粗糙、黯淡光泽，上面粘满泥土，是因为它埋在地下一动不动，苟安于荒山野岭之中；河滩上的卵石之所以坚硬光滑，色彩绚丽，不沾泥沙，是因为它经受了风浪的锤炼，沙石之间的磨砺。

　　所以，超常的拼搏思维必须践行三条：一是积极进取；二是坚持不懈；三是勇往直前。

　　亲爱的读者朋友：承受着风霜雨雪的人生需要超常的拼搏思维，只有拼搏才能看见绚丽的彩虹；平凡的生活需要超常的拼搏思维，只有拼搏，才能走出不平凡的人生之路。

超常的拼搏思维名言

　　◆后悔过去，不如奋斗将来。——（德国）思想家、政治家、哲学家、经济学家、革命家、社会学家马克思

　　◆奋斗是万物之父。——（中国现代）教育家、学者、思想家陶行知

　　◆成功的意义应该是发挥了自己的所长，尽了自己的努力之后，所感到的一种无愧于心的收获之乐，而不是为了虚荣心或金钱。——网上摘语

赢在超常思维 学则心路光明

超常的拼搏思维

坚持不懈

积极进取　　勇往直前

拼搏思维金三点

第七十五课　超常的进取思维

积极是种态度，雷锋做好事很积极，希特勒和日本搞侵略也很积极。态度本身没有好坏之分，分出好坏的是方向，但唯有推动社会进步，以此来获取成果或回报的方向，才是正确的方向，才是能够取得人生成就的方向。

进取心，仅仅被当成积极的心态，这是片面的。如果把超常的进取思维当成是前进一步去获取的思维，那么进取心就没有什么好赞扬的。因为垄断企业对垄断市场很积极进取，有些商人为了利益在产品上弄虚作假很积极进取，有的政客为了利益贪污腐败很积极进取，这些都是祸国殃民的行为，但都是积极进取的行为。而结果呢？垄断企业破坏市场竞争机制，给社会经济发展造成阻碍，将遭到法律的诉讼；商人弄虚作假危害消费者身心健康，破坏社会信用机制，将受到法律的制裁；官员贪污腐败，祸国殃民，将追缴违法所得，受到法律的制裁。可以说，在这些方向上，越积极，越进取，就越是损人不利己。

因此，不论做什么事，一定不要把超常的进取思维单纯地当成一种积极的心态，思维之所以成为思维，是由于有一个逻辑的过程。进取，就是通过推动社会进步，从而获取成功。唯有建立在这个思维之上的进取和积极，才有可能获得社会的欢迎、承认、尊敬和长久的成功，因为你所做的事业，给社会带来了进步，方便了人们的生活，提高了人们的幸福指数，人们才长久地欢迎这样的事业。

数千年来孔子一直是人们的崇拜偶像，其实，孔子的一生是充满坎坷的。在童年时期，他三岁丧父，母亲颜征在带着他和有足疾的异母兄弟孟皮远离充满纷争的家庭，回到曲阜阙里娘家，过着背井离乡、寄人篱下的生活，可以说孔子在成长的道路上是没有得到过父爱的。

在青壮年时期，孔子 17 岁丧母，守孝三年，娶宋人亓官氏之女为妻，次年得一子孔鲤，在成家之后，孔子开始向往仕途，想在官场上成就一番事业，在此期间，孔子做过"委吏"，管理仓库，也当过"乘田"，管理畜牧。在仕途上的不如意，孔子开始创办私塾，将从政的热情移向教育业。

此后，孔子的名声逐渐远扬，得到社会的认可。公元前 517 年，鲁国发生内乱，这年孔子到齐国谋求发展，很快得到齐景公的赏识，并准备重用孔子，

但遭到晏子的反对和一些大臣的加害，孔子只好逃回鲁国。

孔子逃回鲁国后，再没有直接参与政治，而是专心致力于教育事业，本有两次从政机会，却都放弃了。

到了中年时期，孔子在仕途上开始得到重用，从中都宰到大司寇兼国家宰相，可谓是青云直上，一方面显示了孔子的政治管理才能，另一方面也意味着孔子将流离失所、周游列国的开始。鲁国重用孔子后，国家得到大治，为进一步巩固中央集权，孔子决定采用削三桓，隳三都的措施，但是开展得并不顺利，只得半途而废。而齐国见鲁国重用孔子后日益强盛，恐危及自身，采用美人计，选80名美女送到鲁国，导致鲁国君臣终日沉迷于酒色之中、不理朝政，很快孔子和大夫间的矛盾日益尖锐。从此，孔子不再受到重用，只能再次到外国寻找用武之地，而这次的出走，标志着孔子背井离乡、周游列国的开始。离开鲁国后，孔子在各国来回徘徊，仍然得不到重用，并且受到众多歧视和陷害，甚至惹得性命之忧。公元前484年，弟子冉有率领鲁国军队大胜齐国，因此，在弟子们的拥护下，季康子派人用钱迎接孔子回归鲁国，终于结束了14年之久的流离生活。

这时，孔子已是步入晚年的老人，鲁国对他只是敬而不用，让其安心养老，孔退而不休，修整诗、书、礼、乐、易。在他的晚年，孔子经历了白发送黑发的丧子丧徒之痛，他的爱子孔鲤和爱徒颜渊、子路相继去世。公元前478年，孔子患病不愈与世长辞，享年73岁。

孔子的一生是充满坎坷的，也可以说正是因为在生命中的艰难险阻和超常的不断进取的精神，才成就了这位圣人。

再说民族英雄岳飞，生逢乱世，自幼家贫，在乡邻的资助下，拜陕西名师周同习武学艺，期间，目睹山河破碎，百姓流离失所，萌发了习武报国的志向，克服了骄傲自满的情绪。寒暑冬夏，苦练不辍，在名师周同的悉心指导下，终于练成了岳家枪，并率领王贵、汤显等伙伴，加入到抗金救国的爱国洪流中。

曾经有人说过：被遗忘肯定是一种不幸。我深有体会，我从警从政从商42年，一直不喝酒、不抽烟、不打牌、不善言谈、不进馆子吃喝，在公众视野中我是不引人关注、默默无闻的。总有人问我为什么能不被遗忘？我的回答很简单：有所短就必有所长，只要不忘超常的进取精神，照样可以再度辉煌。

于是想起了我的成长过程，扫马路在被遗忘的前不着村，后不挨店的半山坡上，我的做法很简单，别人扫一公里路，我扫一公里半；别人锤砂0.2角，我则锤砂0.25角；别人下班坐上拖拉机往回赶，我拖着又笨又重的板车往回走，扫马路扫到了公安局工作；在公安局默默无闻，反而激起我的斗志，苦学习、钻业务、背诵法律、勤下乡、多破案，为以后工作打下坚实的保护基础，负责办公室内务，任企业厂长，到乡镇工作，当乡长落选，宾馆改制，一次次的被遗忘，又一次次的奋起进取，超常地施展自己的才华，尽显人生价值。

我为什么这么自信呢？在人才应用管理上，我40年前就悟出一个秘密，不管什么样的行业乃至一个国家，都需要三种人才：一是人才，需要干事；二是庸才，保持不乱事；三是奴才，需要会来事。我不愿当庸才，又不会当奴才，我就多干事，让自己成为不管在什么行业都能主动找事、办事的人，谈不上是人才，但让管我的人舍不得我离开，每逢有事就想到我。加上我不争名不争位不争利不争功，只争多干事，避开了我的短处，我只管进取不管其他，省了上门送礼、走"夜路"的很多尴尬事，我反而清闲自乐。

由此得出：当你暂时被遗忘的时候，只要你不要把自己遗忘，充满信念，毫不动摇地朝着奋斗目标前进，你就仍然拥有成功的希望。

综上所述，超常的进取思维必须要记住三点：一是执着；二是信心；三是勇气。

亲爱的读者朋友：理想再好，志向再高，目标再明确，当你缺乏超常的进取思维，理想和志向及目标都将没有用。

超常的进取思维名言

◆卓越的人一大优点是：在不利与艰难的遭遇里百折不挠。——（德国）音乐家、作曲家贝多芬

◆走得最慢的人，只要他不丧失目标，也比漫无目的地徘徊的人走得快。——（英国）作家，第十一位诺贝尔文学奖得主多丽丝·莱辛

◆成功不是将来才有的，而是从决定去做的那一刻起，持续累积而成。——网上摘语

超常的进取思维

进取思维金三点

第七十六课 超常的创造思维

我先说中国古代四大创造发明之一的印刷术，是偶然也是必然。

早先印书，都是把书刻在整块整块的木板上印。听说师兄毕昇发明了活字印刷，印刷效率一下子提高了几十倍，师弟们纷纷向师兄取经。

毕昇一边演示，一边讲解，毫无保留地把自己的发明介绍给师弟们。

他先将细腻的胶泥制成小型方块，一个个刻上凸面反手字，用火烧硬，按照韵母分别放在木格子里。然后在一块铁板上铺上粘合剂（松香、蜡和纸灰），按照字句段落将一个个字印依次排放，再在四周围上铁框，用火加热。待粘合剂稍微冷却时，用平板把版面压平，完全冷却后就可以印了。印完后，把印版用火一烘，粘合剂熔化，拆下一个个活字，留着下次排版再用。

师弟们禁不住啧啧赞叹。一位小师弟说："《大藏经》5000多卷，雕了13万块木板，一间屋子都装不下，花了多少年心血！如果用师兄的办法，几个月就能完成。师兄，你是怎么想出这么巧妙的办法的？"

"是我的两个儿子教我的！"毕昇说。

"你儿子？怎么可能呢？他们只会'过家家'。"

"你说对了！就靠这'过家家'。"毕昇笑着说，"去年清明前，我带着妻儿回乡祭祖。有一天，两个儿子玩过家家，用泥做成了锅、碗、桌、椅、猪、人，随心所欲地排来排去。我的眼前忽然一亮，当时我就想，我何不也来玩过家家：用泥刻成单字印章，不就可以随意排列，排成文章吗？哈哈！这不是儿子教我的吗？"

师兄弟们听了，也哈哈大笑起来。

"但是这过家家，谁家孩子都玩过，师兄们都看过，为什么偏偏只有你发明了活字印刷呢？"还是那位小师弟问道。

好一会，师傅开了口："在你们师兄弟中，毕昇最有心。他早就在琢磨提高工效的新方法了！冰冻三尺非一日之寒啊。"

"哦——！"师兄弟们茅塞顿开。

超常的创造思维是一种具有开创意义的思维行动，它往往表现为发明新技术、形成新观念、提出新方案和决策，创造新理论。从狭义上理解，对管理者

而言,其表现在社会发展处于十字路口,职业经理做出重大选择等。从广义上讲,超常的创造思维不仅表现为做出了完整的新发现和新发明的思维过程,而且还表现在思考的方法和技巧上,在某些局部的结论和见解上具有独到之处的超常的创造思维活动。同时,超常的创造思维还广泛存在于政治、军事决策上和生产、教育、艺术及科学研究活动中。如各行各业的领导在工作实践中,一旦具有超常的创造思维,可以想别人所未想,见别人所未见,做别人所未做的事。敢于突破原有的框架,或是从多种原有规范的交叉处着手,或是反向思考问题,从而取得创造性、突破性的成就。

当然,写到这里,我要告诉读者,想要具备超常的创造思维头脑,还必须要牢记以下几个特征:

第一,独创性或新颖性。超常的创造性思维贵在创新,它或者在思路的选择上,或者在思考的技巧上,或者在思维的结论上,具有"前无古人"的独到之处,具有一定范围内的首创性、开拓性。一位希望事业有成就或生活出意义来或做一个称职的领导的人,就要在前人以及前人没有涉足,不敢前往的领域"开垦"出自己的一片天地,就要站在前人、前人的肩上再前进一步,而不要在前人以及前人已有的成就面前踏步或仿效,不能被司空见惯的事物所迷惑。

第二,极大的灵活性。超常的创造性思维并无现成的思维方法和程序可循,所以它的方式、方法、程序、途径等都没有固定的框架。例如面对一个处于世界经济趋于一体化、竞争日趋激烈之中的小企业的前途问题,企业的经理人不能无动于衷或沿用老思路,否则,只有死路一条。企业经理人必须或是考虑引进外资,联合办厂,或是改组企业的人力、财力、物力的配置结构,并进行技术革新,或是加强产品宣传,并在包装上下功夫,或是上述三者并用等等。

第三,艺术性和非拟化。超常的创造性思维活动是一种开放的、灵活多变的思维活动,具有极大的特殊性、随机性和技巧性,他人不可以完全模仿、模拟。如徐悲鸿画的马,齐白石画的虾,人们都可以去画马画虾,然而,艺术的精髓和内在的东西是无法模仿的,如梵高的创造性创作能力只属于个人,是他人所无法仿照的。

第四,对象的潜在性。超常的创造性思维活动从现实的活动和客体出发,但它的指向不是现存的客体,而是一个潜在的、尚未被认识和实践的对象。例如,中国在建设有中国特色的社会主义,实行对外开放,走市场经济的发展道路,这条路究竟怎么走,大家都在探索,即根据自己所经营的行业和面临的各种现实情况,进行创造性的思索。大胆试验,有的成功了,有的没有成功,所以这条道路至今还在继续探索,还是潜在的、变化的。企业的经营者只能猜测它的存在状况,以超常的创造思维从深度和广度上进一步认识,这就是对象的潜在性。

第五,风险性。超常的创造性思维是一种探索未知的活动,因此要受到多种因素的限制和影响，如事物发展及其本质暴露的程度、实践的条件与水平、认识的水平与能力等，这就决定了创造性思维并不能每次都能取得成功，甚至有可能毫无成效或者以失败告终。

就以我在十年前进入深山老林养殖娃娃鱼来说，当时立下志向的第一件事是在 10 年内，扛着锄头挖山洞，要挖出一千万的生态产业。话是说了出来，但风险是很大的，说实在话，我自己在当时并没有确切的把握，也只是超常的创造思维而已。传统的、偏见的议论接踵而来，我冒着生命危险，数年如一日熬过来，才完成了一千万生态产业的积累。所以超常的创造思维中，风险与机会、成功与失败并存。

再回到每一个人的生存、生活、生命，都需要超常的创造思维。因为一个人无论活 80、90 或 100 岁，都只有一辈子，不可能有两辈子。一辈子的人生是珍贵的，珍贵得不可能重来。珍贵的人生都需要生活，需要快乐，需要成功。但人生的成功不是天生就有的，不会从天而降，人生的成功需要机会成全。没有机会，显然难以成功。然而，机会从哪里来？机会也不是天生就有的，更不会从天而降。现实中，等待机会已成为相当一部分人的习惯，致使这部分人难以成功，导致对生活的信心，对工作的热心都逐渐在等待中磨掉。当然，对于那些不肯学习，不思上进，大事做不来，小事又不做，却胡思乱想的人，不会把机会当作一回事。只有那些勤奋学习，努力工作，渴望成功的人，有机会不放弃机会，没有机会创造机会的人，才珍惜人生，把握机会，获取成功。我曾经看过一本书，上面说：一流的人才自己创造机会；二流的人才善于抓住机会；三流的人才懂得抓住机会；四流的人才有机会也抓不住。

从我的亲身体会得出，拥有超常的创造思维必须要具有三点：一是心智；二是神智；三是行智。

亲爱的读者朋友：超常的创造思维需要人们付出艰苦的脑力劳动；超常的创造思维成果的取得，往往需要经过长期的探索、刻苦的钻研，甚至多次的挫败之后才能取得；而超常的创造思维能力也要经过长期的知识积累、智能训练、素质磨砺才能具备。

超常的创造思维名言

◆ 创造包括万物的萌芽，经培育了生命和思想，正如树木的开花结果。——（法国）作家莫泊桑

◆ 创造者才是真正的享受者。——（法国）伯爵富尔克

◆ 毫无疑问，创造力是最重要的人力资源。没有创造力，就没有进步，我们就会永远重复同样的模式。——（德国）世界创新思维大师爱德华·波诺

超常的创造思维

创造思维金三点

第七十七课　超常的时光思维

　　世界上最大的成本是时间成本。市场经济时代，别人在珍惜时间进步，你在浪费时间原地踏步，你就被淘汰了。《明日歌》唱曰："明日复明日，明日何其多？我生待明日，万事成蹉跎。"这首《明日歌》要表达的，就是要想万事不蹉跎，就得要有超常的时光思维，珍惜时间。

　　我对时间的重要性有感：有志向、有抱负的人，如果不珍惜时间，不抓住时间，其实就是埋没自己的能力，埋没自己的水平，也是葬送自己的前途，葬送自己的成功。

　　古今中外有超常的时光思维的故事太多了，朱自清曾经在他的《匆匆》一文中说过："洗手的时候，日子从水盆里过去；吃饭的时候，日子从饭碗里过去；默默时，便从凝然的双眼前过去。我觉察它去的匆匆了，伸出手遮挽时，它又从遮挽的手边过去，天黑时，我躺在床上，他便伶伶俐俐地从我身上跨过，从我脚边飞去了。"美国启蒙运动的开创者、科学家、实业家和独立运动的领导人之一富兰克林就在他编撰的《致富之路》一书中收入了两句在美国流传甚广、掷地有声的格言："时间就是生命"！"时间就是金钱"！居里夫人为了不使来访者拖延拜访的时间，会议室里从来不放坐椅。76 岁的爱因斯坦病倒了，有位老朋友问他想要什么东西，他说，我只希望还有若干小时的时间，让我把一些稿子整理好。

　　就此，我讲个土豆网的案例。2011 年，在业界对土豆上市前景普遍不看好时，王微和他的团队选择逆市而上，或许只能说明，除此，他们基本没有退路和选择余地。这几乎成了土豆的最后时刻，因为它已经耽误了 9 个月时间，而这 9个月中市场发生的变化几乎可以毁掉一家公司。同为国内第一批视频网站的土豆和优酷在过去的几年里一直是相互共同前行，难分伯仲，尤其在 2008 年金融风暴淘汰了一批视频网站之后，两者更是遥遥领先于全行业。

　　2010 年 11 月，土豆先于优酷提交了 IPO 申请，就在外界还猜测谁将能首先登陆纳斯达克时，意外发生了。就在土豆提交申请的第二天，王微的前妻杨蕾提出起诉，要求分割婚姻存续期间的财产。王微在该公司中占股 95%。这部分股份中，有 76% 涉及到夫妻共有财产问题，杨蕾遂提起诉讼，对这部分股份的一半予以权利主张，法庭随后冻结了该公司 38% 的股份进行保全，禁止转让。土豆的上市计划瞬间泡汤，直至 2011 年 6 月，双方达成庭外和解，消除了离婚官司的影响，土豆顾不得市场环境的恶劣，就迫不及待地启动了重新上市的进程。

但离婚案已经葬送了土豆上市的最佳时机。仅仅半年的光景，市场发生了巨大变化。驶上高速路的优酷和仍处泥潭的土豆，差距越拉越大。

对比二者财报，2011 年第二季度财报显示：土豆网该季度净收入为 1782 万美元，同比增长 94.5%；优酷净收入为 3060 万美元，同比增长 178%。土豆网该季度净亏损为 1204 万美元；优酷净亏损为 435 万美元。土豆网拥有现金及现金等价物约 2070 万美元，而优酷的现金及现金等价物为 6.25 亿美元。回到 2005 年的春天，在土豆网上线的前夜，王微坐在上海衡山路的一家酒吧里，试图为这个网站写一句简单明了的口号。最终他在半湿的餐巾纸上留下了这样一句话："每个人都是生活的导演"。这一年是互联网创意迸发的一年。在大洋彼岸的一间车库里，两位青年在土豆网上线 2 个月后，推出 Youtube.com，今天，它成为全球最著名的视频分享网站。无论是优酷还是土豆，成功上市都是借用了它的概念和故事。尴尬的是，作为先行者的土豆，只能眼睁睁看着后来者成为世界第一或者中国第一，而自己却只能"起大早赶晚集"。这是典型的缺乏超常的时光思维，或因时光问题带来的商业悲剧。

所谓超常时光思维，不是单纯提高效率，尽可能地做更多的事情，而是给自己设置限制，让自己的时光专注于最喜爱最重要的事情。超常的时光思维，才是效率！

所以，超常的时光思维要牢记三点：一是唯真；二是唯美；三是唯一。

亲爱的读者朋友：每个人每天都是 24 个小时，每个人到工作退休也基本上是相同时间，但每个人之间的知识、水平、能力、差距等，都在于每个人如何利用时间带来不同的差别。

我希望你看此书时一定记住：把握好超常的时光思维，发奋努力！一旦错失良机，只有空悲切！

超常的时光思维名言

◆ 时光静悄悄地流逝。世界上有些人因为忙而感到生活的沉重，而有些人因为闲而活得压抑。——（中国现代）作家路遥，作品《平凡的世界》

◆ 没有一个人能够制造那么一口钟，来为我们敲回已经逝去的时光。——（英国）作家狄更斯

◆ 不要为已消尽之年华叹息，必须正视匆匆溜走的时光。——（德国）戏剧家、诗人贝尔托·布莱希特

超常的时光思维

唯一

唯真 唯美

时光思维金三点

第七十八课　超常的存活思维

　　市场经济时代是"剩者为王"的时代，在艰难残酷的创业路上，企业的生存永远是第一位的，因此，在创业之前，在取得胜利之前，为保证自己的事业在未来的市场竞争中存活，必须要有超常的存活思维。

　　有这么一个小故事，少年时的他最喜欢的是舞蹈，渴望能成为一名优秀的舞蹈家。可是，因为家里很穷，父母根本拿不出钱来让他去专门的舞蹈学校学习，只能让他去一家裁缝店当学徒工。

　　他一点也不喜欢做裁缝，觉得这样下去是在耗费自己的生命，他为无法实现自己的理想而痛苦。

　　有一天，他突然想起了无比崇拜的一位舞蹈家，觉得只有这位舞蹈家才能理解他热爱舞蹈艺术的心情，于是，满怀希望地给那位舞蹈家写了一封信，希望对方能收他做学生。

　　三天后，他收到了舞蹈家的回信，可是打开信一看，舞蹈家并没有说要收他做学生，而是告诉他，自己小时候的理想是做一名伟大的科学家，可是，因为家境贫寒，只好跟随一名街头卖唱的艺人四处卖唱。舞蹈家说，人活在世上，理想和现实之间有着很大的距离，但是，人首先要选择生存，只有先让自己生存下来，才会有机会去实现自己的理想，不能生存的人是没有资格谈论理想。

　　舞蹈家的回信深深震撼了他。从此，他在裁缝店里勤奋学习各种缝纫和裁剪技术，在20多岁的时候，他在法国的时装之都巴黎开始向时装业进军，并成立了自己的时装公司，打出了自己的时装品牌。因为他的时装设计新颖，制作精良，很快就享誉世界。

　　他就是世界时装大师皮尔·卡丹。由于他的精心设计和勤奋经营，在28岁那年，其公司就有员工200多名了，许多世界名人都是他的顾客，对他设计制作的时装格外青睐。后来，皮尔·卡丹公司的产品还发展到服饰、钟表、眼镜以及化妆品等领域。皮尔·卡丹成了世界闻名的时装品牌，他本人也成了令人瞩目的大富翁。

　　但他始终无法忘记那位舞蹈家的话："人首先要选择生存，只有自己先生存下来，才会有机会去实现自己的理想。"

究竟什么才是最理想的存活生意呢？

贝佐斯说，一个最理想的生意应该由四个特点组成：

第一，消费者喜欢的；

第二，能够增长到足够地大；

第三，资本的回报率很高；

第四，它能够经受时间的考验。

然后再说一个历史故事，朱元璋从一个农民，最后当上了皇帝，其成功的因素有很多，并不只是狠辣一点而已。在某种程度上说，他最主要的是依靠了超常的存活思维，活到了最后，然后"剩者为王"了。

朱元璋赖以成名和取天下的战略是"高筑墙、广积粮，缓称王"，即：在军事上，稳固防御，不着急向外扩张，先把自己的军事根据地打牢，这就是"高筑墙"的含义。在经济上，拼命积蓄兵马粮草，广揽人力物力，把自己的实力做大做强。这就是"广积粮"的含义，在政治上，韬光养晦，不称霸不挑头，戒急用忍，待机而行。这就是"缓称王"的含义，需要注意的是，这里的"缓称王"并不是不称王。之所以缓，是因为事缓则圆。"缓"下来，就能不断创造称王的条件；条件还不具备，非得强行称王，其结果，不仅称不了王，恐怕还得见阎王。这个道理，就是超常的存活思维的体现。

而且，这三句话九个字，具有次序上的不可调换性。这是因为，只有首先在军事上稳固防御，才能获得防守发展自己的空间。不能成功地保护自己，活下来都无法保证，就无法获得进一步发展的可能。等到稳固防御，确保不被"出局"之后，再想方设法抓住机会扩展自己的力量。等到力量也强了，能出头了，还得继续隐忍一段时间，待到强有力的对手们互相厮杀得差不多了，再伺机而起。

马云有一句经典名言，他说："今天很残酷，明天更残酷，后天很美好，但是绝大多数人死在明天晚上看不到后天的太阳！"

如果不是创业的人，很难体会到存活的重要。因为对于那些不愿意创业的人而言，他们一直都活着，甚至觉得活得还挺好。或者，他们把这种平淡的人生当成自己毕生经营的事业。这样的心态无可厚非。但即便是经营家庭和平淡的生活，首先要考虑的依然是吃、穿、住、行、生、老、病、死的存活问题。

要想有个丰足的晚年，就在年轻时必须要有一份收入可观的工作，要想有份收入可观的工作，就必须要有足够的能力，而要想有足够的能力，就必须接受良好的教育，而要有良好的教育，就必须要有足够的财力或者勤奋，而要有足够的财力，父辈就得努力。当用超常的存活思维来总结这一个过程，就意味着为了子女未来的幸福存活，我们必须要努力奋斗。或者，为了我们个人20年、30年、40年后的幸福存活，我们现在就必须要努力奋斗。

所以，超常的存活思维要有三生：一是生活；二是生产；三是生存。

亲爱的读者朋友：你想过平凡而普通的生活，就会遇到普通而繁琐的挫折；你想过上最好的生活，就一定会遇上极限的磨难。上天很公平，你想要最好，首先就一定会给你最大的痛苦。你能熬过去，你就是赢家；你熬不过去，你就是输家。所谓成功，并不是看你有多聪明，也不是要你出卖自己，而是看你能否笑着渡过难关。对于创业的人来说，事业就像是我们的第二生命，为了让我们的第二生命能够在未来存活，我们就必须运用超常的存活思维，提升自己的思维格局，做好我们的事业布局，然后通过努力，赢得一个好的结局。

超常的存活思维名言

◆ 安而不忘危，存而不忘亡，治而不忘乱。——（中国古代）《易经》

◆ 毛遂自荐，好处多多——让别人看到你，知道你的存在，知道你的能力。——网上摘语

◆ 不要独想荣耀，今天独享荣耀，明天就可能独吞苦果。——网上摘语

超常的存活思维

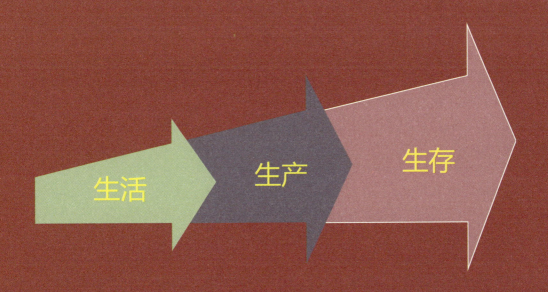

生活 生产 生存

存活思维金三点

第七十九课　超常的求实思维

　　写到超常的求实思维，我先说两个小故事。

　　一是孔子是春秋末期的思想家、政治家、教育家。他不但博学多才，而且非常诚实谦虚。有一次当两个孩子请教孔子"太阳什么时候离我们近、什么时候离我们远"时，孔子实事求是地说"不知道"。两个孩子非常惊讶，说："先生这么一个大人物，怎么会不知道呢？"孔子说"我确实不知道。知道就说知道，不知道就说不知道，这才是诚实的态度。"大家看，连孔子这样的大学问家都有不知道的问题，并且能承认自己不知道，更何况我们。其实在学习上、在生活中每个人都会碰到很多"不知道"的事情，"不知道"其实并不可怕，也不必害羞，可怕的是明明不知道，却要不懂装懂，甚至闹出笑话，这才是让人脸红的呢。

　　二是晏殊是北宋著名词人，他从小聪明好学，从小也能写出一手好字，是远近闻名的"神童"。到了考状元的岁数，他进京参加科举考试，试题发到手，他惊呆住了，原来试题竟然是自己以前做过的。他想，这样不就等于把自己的文章重新抄出来吗？又快又有很大的把握。最后，他还是告诉了监考官和皇帝宋真宗，要另换一题。宋真宗见这人襟怀坦白，为人诚实，十分高兴，就另外出了一题。晏殊拿到新试题后，沉思片刻，一挥而就。由于晏殊文章写得好，又说真话而且为人诚实，得到了宋真宗的赞叹、好评、信任，后来晏殊当上了宰相。

　　超常的求实思维是指，以实际结果为导向的务实思维。市场经济时代，是一个虚实相生的时代，但归根到底是以实为基础的时代，如果说基于信用的金融是虚的，那么实体企业、固定资产就是实的，没有实体的支撑，金融无从依附，就像中国的股市一样变成套取无知老百姓钱财的工具，无法实现健康的发展。而没有固定资产的支撑，银行也不会提供信用贷款。所以，干事业，一定要有超常的求实思维，一切以实物为准。

　　股票本身没有价值，但它可以当作商品出卖，并且有一定的价格。股票价格又叫股票行市，它不等于股票票面的金额。股票的票面额代表投资入股的货币资本数额，它是固定不变的；而股票价格则是变动的，它经常是大于或小于股票的票面金额。股票的买卖实际上是买卖获得股息的权利，因此股票价格不是它所代表的实际资本价值的货币表现，而是一种资本化的收入。股票价格一般是由股息和利息率两个因素决定的。

举例来说明，有一张票面额为 100 元的股票，每年能够取得 10 元股息，即 10% 的股息，而当时的利息率只有 5%，那么，这张股票的价格实际上就是 10 元 ÷5%=200 元。计算公式是：股票价格 = 股息 / 利息率。可见，股票价格与股息成正比例变化，而和利息率成反比例变化。如果某个股份公司的营业情况好，股息增多或是预期的股息将要增加，这个股份公司的股票价格就会上涨；反之，则会下跌。这是股票的实际价格，但还有个虚的价格。

虚的价格是直接受股票本身的供求关系的影响，一支没有盈利甚至一直处于亏损状态，毫无股息的股票，只要释放出一个利好消息，加上资本的炒作，可以迅速飙升到一个极高的价位，当散户资本跟进的时候，则趁机高位抛出，赚取巨额差价。这种脱离企业自身盈利状况的行为，就是投机行为。但一个企业如果通过这样的手段哄抬股价，而忽略企业自身的盈利能力，那么迟早会被市场所抛弃。相反，如果一个投资股票的人拥有能够判断一家上市企业真实价值的能力，放弃投机的心理，在低于实际价值时买入，在达到实际价值时抛出，而不使用务虚的投机手段，不管中间他怎么变化，抑或将来会高到什么程度，那么，就可以长久地立于不败之地。股神巴菲特，就是典型的求实型投资者，或者说，正是由于他求实，所以才成为了股神。

即便上升到国家层面，超常的求实思维也是同样适用的。例如抗战结束后，国共和谈，毛泽东和蒋介石在重庆谈判，这是务虚，而实际上，国共双方都在背后排兵布阵，抢着接收投降的日军的地盘、军械和资产，这就是求实。因为双方都知道，桌子上谈的都是虚的，归根到底还是要凭实力说话，最终谁占的地盘多，谁的军队强大，谁的武器先进，谁的筹码就越多，只有通过谈判或万不得已的开战，才能获得更多的实惠。

所以，超常的求实思维必须要运用好三点：一是实际情况；二是实际效果；三是实际变化。

亲爱的读者朋友：实才能干成事！有实才有势！

超常的求实思维名言

◆ 天下作伪是最苦恼的事情，老老实实是最快乐的事情。——（中国现代）革命家、政治家、军事家、外交家周恩来

◆ 修学好古，实事求是。——（中国东汉时期）史学家、文学家班固《汉书》

◆ 临渊羡鱼，不如退而结网。——班固

超常的求实思维

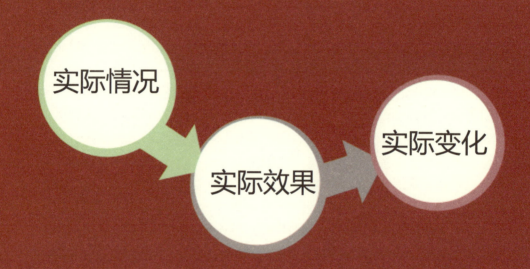

求实思维金三点

第八十课　超常的细节思维

　　虽然方向决定成败，但细节却决定了好坏，很多时候，当方向正确时细节的好坏就决定了成败。而提前考虑细节问题，就是超常的细节思维。

　　古英格兰有一首著名的民谣："少了一枚铁钉，掉了一只马掌，掉了一只马掌，丢了一匹战马，丢了一匹战马，败了一场战役，败了一场战役，丢了一个国家。"这是发生在英国查理三世的真实故事。查理准备与里奇蒙德决一死战，查理让一个马夫去给自己的战马钉马掌，铁匠钉到第四个马掌时，差一个钉子，铁匠便偷偷敷衍了事，不久，查理和对方交上了火，大战中忽然一只马掌掉了，国王被掀翻在地，王国随之易主。百分之一的错误导致了百分之百的失败，一钉损一马，一马失社稷，你是否听到一个远去的王朝风中的悲鸣——细节决定兴亡！

　　这就是超常的细节思维的重要之处。当然，有因细节而致的失败，就一定有因超常的细节思维的成功。虽然我们经常喝矿泉水，但你不会在意，刚刚拧开的那瓶矿泉水，瓶盖上会有几个齿。如果我拿这个问题考你，你一定会嗤之以鼻，因为这个问题太无厘头了。

　　一家电视台做了一期人物访谈，嘉宾是宗庆后。知道宗庆后的人不多，但几乎没有人没有喝过他的娃哈哈水或饮料。这个 42 岁才开始创业的杭州人，曾经做过 15 年的农场农民，在短短 20 年时间里，他创造了一个商业奇迹，将一个连他在内只有三名员工的校办企业，打造成中国饮料业的巨无霸。

　　关于他的创业，关于娃哈哈团队，关于民族品牌铸造等问题，在问了若干个大家感兴趣的问题后，主持人忽然从身后拿出了一瓶普通的娃哈哈矿泉水，考了宗庆后三个问题。第一个问题："这瓶娃哈哈矿泉水的瓶口有几圈螺纹？""4 圈。"宗庆后想都没有想肯定地回答道。主持人数了数，果然是 4 圈。第二个问题："矿泉水的瓶身有几道螺纹？""8 道。"宗庆后还是不假思索地一口答出。主持人数了数，只有 6 道啊。宗庆后笑着告诉她："上面还有 2 道。"两个问题都没有难倒宗庆后，主持人不甘心。她拧开矿泉水瓶盖，看着手中的瓶盖，沉吟了片刻，提出第三个问题："你能告诉我们，这个瓶盖上有几个齿吗？"

　　观众都诧异地看着主持人，不知道她葫芦里卖的是什么药。很多人赶到电

视录制现场，就是为了一睹传奇人物的风采，有的人还准备了很多问题向宗庆后现场讨教呢？可是，主持人竟将宝贵的时间，拿来问这样一个无聊的问题。

宗庆后微笑地看着主持人说"你观察得很仔细，问题很刁钻。我告诉你，一个普通的矿泉水瓶盖上，一般有 18 个齿。"

主持人不相信地瞪大了眼睛，"也知道？我来数数。"主持人数了一遍，真是 18 个。主持人站起来，做最后的节目总结："关于财富的神话，总是让人充满好奇。一个拥有 170 多亿元身家的企业家，管理着几十家公司和两万多人的团队，开发生产了几十个品种的饮料产品，每天需要决断处理的事务何其繁杂？可是，他连他的矿泉水瓶盖上有几个齿，都了如指掌。也许我们可以从中看到，他是如何一步一步走向成功的。"这种超常的细节思维也就是一个人经商赚大钱的原因之一！

再举一个医学上的案例，那就是青霉素的发现。青霉素是一种高效、低毒、临床应用广泛的重要抗生素。它的研制成功大大增强了人类抵抗细菌性感染的能力，带动了抗生素家族的诞生。它的出现开创了用抗生素治疗疾病的新纪元。然而 20 世纪 40 年代以前，人类一直未能掌握一种能高效治疗细菌性感染且副作用小的药物。当时若某人患了肺结核，那么就意味着此人不久就会离开人世。为了改变这种局面，科研人员进行了长期探索，然而在这方面所取得的突破性进展却源自一个意外发现。亚历山大·弗莱明由于一次幸运的过失而发现了青霉素。在 1928 年的夏天，弗莱明外出度假时，把实验室里在培养皿中正生长着细菌这件事给忘了。3 周后当他回实验室时，注意到一个与空气意外接触过的金黄色葡萄球菌培养皿中长出了一团青绿色霉菌。在用显微镜观察这只培养皿时弗莱明发现，霉菌周围的葡萄球菌菌落已被溶解。这意味着霉菌的某种分泌物能抑制葡萄球菌。此后的鉴定表明，上述霉菌为点青霉菌，因此弗莱明将其分泌的抑菌物质称为青霉素。然而遗憾的是弗莱明一直未能找到提取高纯度青霉素的方法，于是他将点青霉菌菌株一代代地培养，并于 1939 年将菌种提供给准备系统研究青霉素的澳大利亚病理学家弗洛里（Howard Walter Florey）和生物化学家钱恩。

后来，通过一段时间的紧张实验，弗洛里、钱恩终于用冷冻干燥法提取了青霉素晶体。之后，弗洛里在一种甜瓜上发现了可供大量提取青霉素的霉菌，并用玉米粉调制出了相应的培养液。此后一系列临床实验证实了青霉素对链球菌、白喉杆菌等多种细菌感染的疗效。在这些研究成果的推动下，美国制药企业于 1942 年开始对青霉素进行大批量生产。到了 1943 年，制药公司已经发现了批量生产青霉素的方法。当时英国和美国正在和纳粹德国交战。这种新的药物对控制伤口感染非常有效。到 1944 年，药物的供应已经足够治疗第二次世界大战期间所有参战的盟军士兵，挽救了无数的生命。

1945 年，弗莱明、弗洛里和钱恩因"发现青霉素及其临床效用"而共同荣获了诺贝尔生理学或医学奖。如果亚历山大·弗莱明不注重细节，在发现培养皿中生长了青霉的时候没有把握这个细节进行深入的研究和分析，那么，他将与这个伟大的发现失之交臂，青霉素的发现也将不知道要推迟多少年，而在这个过程中，又该有多少生命因得不到有效的治疗而死去？

摘录我在 1979 年 10 月 20 日写的一篇日记，即：

"我在 22 岁时从养路工班调入县公安局工作，领导安排我搞刑侦痕迹技术工作，刘副局长找我谈话说：'勘查现场，提取痕迹是一项非常细致的工作。'不禁使我想起古时候，在春秋战国时期，孔子在林中见到一个驼背老人粘蝉，上下挥动竹竿，如同拾取一般。孔子好奇地问：'你粘蝉如此灵巧，其中有无规律可循？'老人回答：'是的，为了捕蝉准确，我在竿头累加弹丸，反复练习持竿平稳。累二不坠，粘蝉失误已甚少；累三不坠，失误只是十分之一；累五不坠，粘蝉便像拾取之易。捕蝉时，我立身有如树桩牢固，举臂有如树干枝稳健，心神凝于蝉翼。天地虽大，万物虽多，但我意念专一，不以万物取代蝉翼，如此，有何而不得？'孔子闻言深有感触地说：'用志而不分心，乃凝于神。'我看现场就应该像驼背老人捕蝉一样，专心致志，多看现场，细看现场，力争在现场上发现犯罪分子留下的蛛丝马迹，以细致的方法将犯罪分子遗留下来的鞋印和指纹提取下来，为尽快破案提供依据。"

所以，超常的细节思维要牢记三点：一是事小；二是事件；三是事物。

亲爱的读者朋友：我们在人生路上，不要轻视小事，不能忽视小节，要牢牢记住：你的创业，你的奋斗，你的成功，都是从小事开始的。

超常的细节思维名言

◆ 把每一件简单的事做好就是不简单；把每一件平凡的事做好就是不平凡。——（中国现代）企业家张瑞敏

◆ 在中国，想做大事的人很多，但愿意把小事做细的人很少；我们不缺少雄韬伟略的战略家，缺少的是精益求精的执行者；决不缺少各类管理规章制度，缺少的是对规章条款不折不扣的执行。我们必须改变心浮气躁、浅尝辄止的毛病，提倡注重细节、把小事做细。——（中国现代）学者、政者卢瑞华

◆ 细节是一种创造，细节是一种功力，细节表现修养，细节体现艺术，细节隐藏机会，细节凝结效率，细节产生效益，细节是一种征兆。要想比别人更优秀，只有在每一件小事上比功夫。泰山不拒细壤，故能成其高；江海不择细流，故能就其深。1%的错误会带来100%的失败。——网上摘语

超常的细节思维

细节思维金三点

第八十一课　超常的分解思维

　　超常的分解思维是指将复杂的事物分解成简单的事物，将远大的目标分解成简单的步骤，然后将简单的问题一个一个解决，将简单的步骤一个一个完成，最终把复杂的事情做好，是把远大的目标实现的思维。它有个流行的名称，叫做模块化思维。

　　随着时代的发展，今天的人类所使用的工具越来越复杂，一架飞机、一辆汽车、一台电脑，动不动就由成千上万乃至上百万的零部件组成，其复杂程度是难以想象的。如果将一架飞机的零件拆开来放在地上，任何一个人都无法独立将这些零件重新组装成一架飞机。那么，我们的飞机、我们的汽车、我们的电脑，是怎么快速制造出来的？答案就是超常的分解思维、模块化思维。工业设计师们，用超常的分解思维把复杂的飞机、汽车、电脑分解成若干简单的模块，而这些简单的模块，又由若干简单的基础原件组成。随后，负责不同基础原件制造的人把原件提供给制作模块的人，制作模块的人把原件组装成一个个简单的模块，然后制造飞机的人又把这一个个简单的模块组装成一架复杂的飞机，把一架复杂到看似无法完成的飞机，轻松地制造出来。

　　同样的道理，对于干事业的人来说，掌管着的企业就是一个复杂的大系统，在这个大系统下，又有财务系统、风控系统、人力资源系统、销售管理系统、行政管理系统等等诸多系统，每一个问题，都是牵一发而动全身的。例如财务，如果资金链断裂，则企业将不复存在，如果人力资源出现问题，则发展无从谈起，如果战略决策出现问题，企业将走入死胡同……如果没有超常的分解思维，未能把企业在空间结构和纵向的发展规划上进行分解化、模块化，建立相应的管理系统，面对问题，将会千头万绪，无从下手。

　　所有除了企业管理，超常的分解思维同样适用于任何复杂的领域或事物。发展战略战术规划、职业规划等等是纵向的时间超常分解思维，航空母舰的模块化制造、建筑工程的设计规划、医生通过排除法诊断病因等是横向的空间超常分解思维。

　　以前有一个著名的木桶理论，即一个木桶能装多少水，取决于最短的一块板。在计划经济时期或在工业化时代，这个理论的确非常有效，人财物、路水电、产供销这 9 个字都非常重要，似乎缺一不可。但到了市场经济时代及全球互联网后，这个理论须与时俱进更新了。

请大家看国内外大中型实业公司，如品牌饮料、品牌电脑手机、品牌服装鞋帽等等，今天的这些品牌公司已没有必要精通所生产产品的每一个细节，如果需要某一个零配件，只要找专业的加工企业；如果财务不够专业，可以聘用比自己更有优势的会计师事务所；如果在人力资源上欠缺，可以聘用猎头或者人力资源咨询机构；缺什么找什么，市场里也应有尽有，找什么也会有什么，这是什么呢？这就是巨大市场无形的需求在满足你的需要，把你的短处分解后变为长处，你只需要有一块足够长的木板以及一个有完整的桶的超常思维的管理者，在超常分解思维下通过和各种比你更有优势的公司或企业合作的方式补齐你所缺陷的短板。

也就是说，当你把桶倾斜，你会发现能装最多的水决定于你的长板（核心竞争力），而当你有了一块长板，围绕这块长板展开布局，为你赚到利润。如果你同时拥有系统化的超常思维，结合超常的分解思维，你就可以用合作、购买的方式，补充你其他的短板。百事可乐在中国的战略就是这样：他们把所有的制作、渠道、发货、物流全部分解外包，仅仅做好品牌这个长板就好。

所以，在职业生涯发展中，最好的能力策略是："一专多能零缺陷"，"一专"指让自己有一项专长非常非常强；"多能"指有可能多储备几项能力可以搭配着使用；"零缺陷"指通过自身努力和对外分解合作，让自己的能力变得及格即可。

例如，我在 10 年前立志在 50 至 60 岁这 10 年期间写一本 50 万字的《创造人生》，定下目标后，我没有等待机械式、死板教条式地去做，而是罗列成九本小册子。当时我并不知道要写什么内容，但我预见到：只要我努力去做了，肯定会有值得写的内容。由此，我在山洞内挖土挑石块 3 年多，挖出中国原始生态第一洞，我就写出《创造人生》的第一本小册子《创业践行录》，把挖洞的真实照片加上我个人感受写了出来；随着黄桑神龙洞对外开放，实行旅游观览，我又写出《创造人生》的第二本小册子《神龙洞景观录》；又随着我养殖娃娃鱼产业的发展，我把近五年在山洞内观察、驯养娃娃鱼后所记载的一点一滴进行归纳，写出《创造人生》的第三本小册子《揭开娃娃鱼的神秘面纱》；又由于我在深山老林挖山洞 5 年，住山洞 5 年，引起人们误解，总觉得我可怜、痛苦、不快乐，我约绥宁县前文联主席隆振彪先生一问一答，写出《创造人生》的第四本小册子《快乐工作访谈录》；随后，我到京城，担任中国休闲农业联盟执行主席，主编《创造人生》的第五本小册子《休闲农业》内参全国性杂志；又接着，我担任中国创意城镇投资建设联盟执行主席，主编《创造人生》的第六本小册子《乡土观察》全国性杂志；再接着我担任中国小城镇联盟监事会主任，以三个联盟为依托，担任总编写出《创造人生》的第七本农业权威著作《再崛起》——中国乡村农业发展道路与方向；随之，我担任中奥伍福集团副总裁及北京和平旅游景区管理有限公司总经理，写出《创造人生》的第八本小册子《福缘和平寺》；随后，结合我从 18 岁立志开始，到 58 岁回顾 40 年的经历，写出《创造人生》的第九本小册子《人生定理》；如果算上我 60 岁时写的人生经典著作《赢在超常思维》，刚好是《创造人生》的第十本小册子。

时间是 10 年整，因为有着超常的分解思维，50 万字的《创造人生》在一年又一年的分解中变成 10 本小册子，远远超过了 50 万字。

所以，超常的分解思维要有三个概念：一是替代概念；二是相加概念；三是观念概念。

亲爱的读者朋友：越是复杂的事情，就越需要超常的分解思维，因为梦想被赋予时限就是目标，目标被合理分解就是计划，计划被植入强大的执行力就是成果，成果累积的过程就是梦想实现的过程。

超常的分解思维名言

◆生活的理想，就是为了理想的生活。——（中国现代）革命家、理论家、政治家张闻天

◆君子爱财，取之有道。——（中国古代）孔子

◆掌握知识不是为了争论不休，不是为了藐视别人，不是为利益、荣誉、权利或者达到某种目的，而是为了用于生活。——网上摘语

超常的分解思维

替代概念

相加概念

观念概念

分解思维金三点

第八十二课　超常的系统思维

　　超常的系统思维就是把认识对象作为系统，从系统和要素、要素和要素、系统和环境的相互联系、相互作用中综合地考察认识对象的一种思维方法。简单来说就是对事情全面思考，不单纯就事论事。是把想要达到的结果、实现该结果的过程、过程优化以及对未来的影响等一系列问题作为一个整体系统进行研究。超常的系统思维能极大地简化人们对事物的认知，给我们带来整体观。

　　古人说：不谋全局不足以谋一隅，不谋长久者不足以谋一时。这些都是超常的系统思维的运用，前者是空间上的系统思维，后者是时间上的系统思维，一纵一横共同构成时空的超常系统思维。

　　在古代，有很多东西保持得非常长远，但系统性保存下来的一个庞然大物，莫过于秦始皇开创的中央集权体制。中国历史上，秦始皇算君王之一，而他的伟大之处，在于他超常的系统思维。秦朝自商鞅变法以来，150余年未能实现统一天下的梦想，是因为六国是一个系统，当其中一个国家受到攻击时，其他国家会因担心唇亡齿寒而进行救援，时而合纵，时而连横。洞察到这一点后，秦始皇派人大肆贿赂六国权臣，瓦解了这个系统，逐一攻灭了六国，一统天下。而在天下一统后，他又建立起一个以中央集权制为核心的庞大系统，在这个系统里，每个人都是螺丝钉，每个人都有自己的职责，学技术的不能同时学两种，只能深入研究一种，做箭头的每个箭头上都会有名字，出现质量问题可以追查到个人，种地的就种地，种的粮食多照样可以晋升爵位……分工之明确，连一千多年后资本主义萌芽时的西方都无法比拟。可以说，他是中国专业化的鼻祖，而专业化的前提，恰恰是超常的系统思维，因为只有在一个严密的系统里，才会有严密的分工。

　　遗憾的是，后世的封建君王没有秦始皇那般的进取心，落入天朝上国贪图享受的圈套，保留了对自己利益最大化的中央集权。却为了避免自己被淘汰，不欢迎变化，所以努力将秦始皇建立的极具进取意识和能力的系统改造成一个停滞不前、故步自封的系统，终至清王朝在世界发展的大潮中日渐落后，最终惨遭列强凌辱。

　　在当前市场经济下，从超常的系统思维出发，我认为有五种赚钱方式：

第一种是站着赚钱，依靠辛勤劳动赚钱；

第二种是坐着赚钱，依托经营管理赚钱；

第三种是躺着赚钱，依赖无形资本赚钱；

第四种是睡着赚钱，依照法规制度赚钱；

第五种是玩着赚钱，依据体系系统赚钱。

所以，我们应该把复杂问题简单化，把简单问题数量化，把数量问题程序化，把程序问题体系化。

对于大家都很熟悉的新木桶理论，我们可以从中得到：做长不做短，做点不做面，做深不做浅，以及做快不做慢，这就要求我们打造一个有竞争力的系统。

由此，超常的系统思维要记住三点：一、内涵功力；二、全局谋虑；三、外延发展。

亲爱的读者朋友：超常的系统思维，从系统自身的优劣来说，也是分优劣的。以合作共赢、彼此成就为目的构思系统，则是优秀的超常系统思维；以自私自利、损人利己为目的构思系统，则是劣质的超常系统思维。

市场经济时代，是一个合作共赢的时代，是一个彼此成就的时代，要想干事业，就一定要使用优秀的超常系统思维，不能重蹈古代帝王们的覆辙。

超常的系统思维名言

◆科学是系统化了的知识。——（美国）教育家赫·斯宾塞

◆在系统中，如果单纯改造某些要素，这些新的要素则可能会由于不能与旧要素相匹配而被排异。——网上摘语

◆利用提高现有资源的有序程度和增加资源来提高系统的整体功能，对于管理者来说是两项同等重要的工作。——网上摘语

超常的系统思维

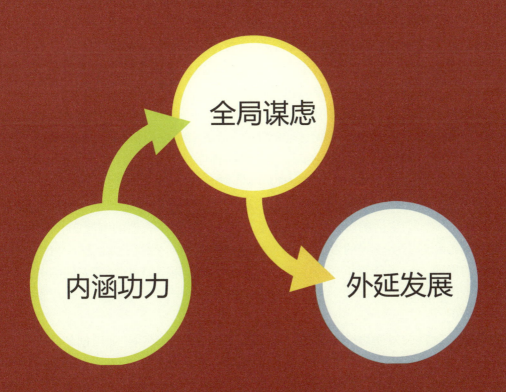

全局谋虑

内涵功力

外延发展

系统思维金三点

第八十三课　超常的发明思维

　　超常的发明思维就是应用自然规律和客观规律解决人们的需求及技术领域特有的问题而提出创新方案和措施的过程。发明不同于科学发现，发明主要是创造出过去没有的事物，发现主要是揭示未知事物的存在及其属性。

　　超常的发明思维得出的成果应该含有新颖的技术成分，不是单纯防止已有的器物或重复前人已提出的方案和措施。

　　同时，超常的发现是带有解释世界性质的，而问题关键在于改变世界，改变世界通过什么渠道呢？这就要有超常的发明思维。在世界历史发展的进程中，超常的发明思维在其中起着决定作用。我们现今所看到的数不尽的美好东西都是通过有超常发明思维的人的努力得来的。所以，超常的发明思维是技术和生产的起点，有了打制石器，人工取火的超常发明思维及应用，才开始了人类的物质生产和社会生活的历史。古代社会的进步，依赖于石器的磨制、冶铜炼铁、陶制晒砖和养蚕制丝等的发明。18世纪的产业革命，发端于新的纺织机、蒸汽机等的发明。电子计算机和一系列现代的发明，从根本上改变了人们的劳动方式、生活状况和社会面貌。一言以蔽之，人类的文明史，首先是一部超常的发明创造史。

　　我国超常的发明思维最著名的是"和田12法"，又叫"和田创新法则"，它是我国创造学者许立言、张福奎在对奥斯本稽核问题表的基础上，借用其基本原理，加以创造而提出的一种思维技法。我从二十几岁担任食品饮料厂厂长开始，设计产品商标，后来到省城开办公司，生产产品以及经营宾馆，一直在应用实践。借此机会简述如下：

　　1.加一加的超常发明思维可以在你思考的内容上添加些什么吗？加大一些，加高一些，加厚一些，加多一些，行不行？通过添加以后，会变成什么新东西？这新东西会有什么新的功能？新的内容？新的效果？新的结果？

　　2.减一减的超常发明思维可以在你思考的内容上减去什么部分么？把它减小一些，减少一些，减低一些，减轻一些，减短一些，减薄一点，行不行？通过减少以后，可以省略取消什么吗？可以减轻重量吗？可以减少次数吗？可以减少些时间吗？可以降低成本吗？可以减少价钱吗？

3. 扩一扩的超常发明思维在你思考的内容上扩大或扩展会怎样？把它扩大一些，扩高一些，扩宽一些，如把声音扩大、面积扩大、距离扩大，它的功能与用途会有变化么？

4. 缩一缩的超常发明思维在你思考的内容上压缩一下会怎样？把你思考的内容压缩、折叠、缩小，它的功能、用途、内容会发生什么变化？会有什么意想不到的发现？意想不到的收获？意想不到的结果？

5. 仿一仿的超常发明思维在你思考的内容上进行模仿，使你少走弯路和不走弯路，以最快的速度和最好的方式达到自己的目的。

6. 联一联的超常发明思维在你思考的内容上跟它的起因发生联系，看是否可以找到最佳的解决办法？看是否能达到自己所需要的目的？还可以把一件、两件、数件不相干的事物联系起来，从中发现是否有什么规律？是否能帮你解决什么问题？

7. 改一改的超常发明思维在你思考的内容上改进，通过改进，把你所需要的东西的缺陷、缺点、不足之处一一减去，达到你创新的结果。

8. 代一代的超常发明思维在你思考的内容上用其他的事物或方法来代替现有的事物，从而进行创新的一种思路。有些事物，尽管应用的领域不一样，使用的方式各有不同，但都能完成同一个功能。因此，可以试着替代，既可以直接寻找现有事物的代替品，也可以从材料、零部件、方法、颜色、形式和声音等方面进行局部替代。

9. 搬一搬的超常发明思维在你思考的内容上将原有事物或设想、技术转移至别处，使之产生新的事物、新的设想和新的技术。即把一件事物从甲处移到乙处、乙处移到丙处、丙处移到丁处，还能有什么用途？或者将某个想法、原理、技术，搬到别的场合或者地方，能派上别的用处吗？

10. 反一反的超常发明思维在你思考的内容上将某一事物的形态、性质、功能及其正反、里外、横竖、上下、左右、前后等加以颠倒，从而产生新的事物。"反一反"的超常发明思维方法又叫"逆向思维"，一般是以已有事物的相反方向进行思考。

11. 定一定的超常发明思维在你思考的内容上对某些发明或产品定出新的标准、型号、顺序，或者为改进某种东西，为提高学习和工作效率及防止发生的不良后果作出的一些新规定，从而进行创新的一种超常思路。

12. 变一变的超常发明思维？在你思考的内容上改变原有事物的形状、尺寸、颜色、滋味、音响等，从而形成新的物品。同时，它也可以在内部结构上，如成分、部件、材料、排列顺序、长度、宽度、密度、浓度和高度等方面去变化；还可以在使用对象、场合、时间、方式、用途、方便性和广泛性等方面变化；也可以在制造工艺、质量、数量，对事物的习惯性看法、处理办法即思维方式

等方面去变化。

有了以上十二种发明方法，我还试着运用以下三种，也简述如下：

13. 混一混的超常发明思维？可以在你思考的内容上把甲和乙、甲和丙、乙和丙及甲、乙、丙三者都可以混合在一起么？通过混合之后，会增加或减少什么新东西？新的东西又会产生什么新的功能？新的内容？新的效果？新的结果？

14. 拆一拆的超常发明思维？在你思考的内容上拆下一些东西会有什么改变？能否使你需要的东西更好更完善？

15. 学一学的超常发明思维？在你思考的内容上学习古代、国外、同行、内行的经验，不能凭自己的主观现象，凭自己的老经验，一成不变，而应向清代启蒙思想家、政治家、文学家魏源提出的"师夷长技以制夷"的思想，认识外部世界的广阔和先进性，随时学习。

所以，超常的发明思维要掌握三点：一、可行措施；二、设计方案；三、收获成果。

亲爱的读者朋友：不管有多少种发明方法，总的来说，所有的发明创造离不开超常思维。离开了超常思维，发明创造的东西就不会有生命力，不会有市场，也就不会传承下去。

超常的发明思维名言

◆ 想出新办法的人在他的办法没有成功以前，人家总说他是异想天开。——（美国）作家、演说家马克·吐温

◆ 在地球上，没有一样东西在开始出现的时候，不被一些人笑得死去活来。——（英国）狄更斯

◆ 同上发明：一切发明创造都是经过许多失败的经历而后成功的。——网上摘语

超常的发明思维

可行措施

设计方案

收获成果

发明思维金三点

第八十四课　超常的机遇思维

　　机遇就是这样，当很多人都觉得是好机遇的时候，还不一定是机遇，也许是危机。只有在被人看不懂，看不起，不想做，不敢做的时候，这才是机遇。

　　机遇永远属于敢于冒险的人！机遇也只留给有准备的头脑。而超常的机遇思维，指的就是提前做好充分的准备，以迎接机遇到来，或者创造机遇，成就有准备的头脑最终成就自己的超常思维。

　　机遇是看不见，摸不着的东西，但超常的机遇确实存在，只要你不放弃努力，超常的机遇总会找上门来。很多人认为自己总是时运不济，命途多舛，以致一事无成，但是却很少从自己的身上寻找原因。世界上真的缺少机遇吗？还是缺少超常发现机遇、超常抓住机遇的头脑？

　　讲一个故事，是一个穷小子发财的故事。

　　19世纪中期，一股淘金热潮在美国西部悄然兴起，成千上万的人涌向那里寻找金矿，幻想能一夜暴富。一个十来岁的穷孩子瓦浮基，也准备去碰碰运气。因为穷，买不起船票，就跟着大篷车，忍饥挨饿地奔向西部。不久，他到了一个叫奥丝丁的地方，这儿金矿确实多，但是气候干燥，水源奇缺。找金子的人最痛苦的是拼死苦干了一天，连能滋润嘴唇的一滴水甚至也没有，抱怨缺水的声音到处弥漫，许多人愿意用一块金币换一壶凉水！这些找矿人的满腹牢骚，使瓦浮基得到了一个十分有用的信息，他寻思着如果卖水给这些找金矿的人喝，或许比找金子更容易赚钱。他看看自己，身单力薄，干活儿比不过人家，来了这么些天，疲惫不堪，仍然一无所获，但自己挖渠找水，他还是能办得到的。

　　说干就干，瓦浮基买来铁锹，挖了口井打水，他将凉水经过过滤，变成了清凉可口的饮用水，再卖给那些找金矿的人。在短短的时间里，就赚了一笔数目可观的钱。后来，他继续努力，成为了美国小有名气的企业家。

　　再讲一个故事，是一个小兵成为霸主的故事。拿破仑·波拿巴，是法国18世纪政治家、军事家，法兰西第一帝国和百日王朝皇帝。

　　可他原来只是一个小小的尉级炮兵军官。1793年，他前往前线，参加进攻土伦的战役。

　　正当革命军前线指挥官面对土伦坚固的防守犯难的时候，拿破仑立刻抓住这个机会，直接向特派员萨利切蒂提出了新的作战方案。在特派员苦无良策时，看拿破仑的方案很有新意，就立即任命拿破仑为攻城炮兵副指挥，并提升为少校。拿破仑抓住这个机遇，在前线精心谋划，勇敢战斗，充分显示出他的胆识和才智，最后攻克了土伦。他因此荣立战功，并被破格提升为少将旅长，一举成名，为他后来叱咤风云，登上权力顶峰奠定了基础。

人总是在自己的认知范围内做出判断和决定。而那些认知及判断无法达到一定高度的人，即使机遇找上门来，就在他身边，他也无法发现，更无法抓住。

所以，超常的机遇思维要牢记三条：一是有利时机；二是有利人事；三是有利环境。

亲爱的读者朋友：看完这三个故事，请问诸葛亮、瓦浮基和拿破仑为什么能够抓住机遇？他们或许一开始也不知道机遇何时降临，诸葛亮不知道刘备会来找他，瓦浮基本来是去挖金子的，拿破仑事先怎么知道土伦会攻不下来？一切都是因为他们有超常的机遇思维，在当时的实际情况中因人因时因地因事善于发现问题，提前有所准备。所以，机遇一旦出现，他们就紧紧地把握住了。因此，要有超常的机遇思维。

超常的机遇思维名言

◆ 机不可失，时不再来。——（中国古代后汉书记载）

◆ 弱者坐失良机，强者制造时机。没有时机，这是弱者最好的供词。——网上摘语

◆ 乐观主义从每一个灾难中看到机遇，而悲观主义却从每一个机遇中看到灾难。——网上摘语

超常的机遇思维

有利时机

有利人事

有利环境

机遇思维金三点

第八十五课　超常的优势思维

　　超常的优势思维是指提前发现自己的优势，或在没有优势的情况下提前创造出优势，以便建立起信心，在优胜劣汰的自然法则中谋求生存和发展的超常思维。

　　优势分成两种，一种是既成优势，一种是创造优势。既成优势是你与参照对象相比已经有的优势；而创造优势，是在与参照对象相比没有优势的情况下创造出来的优势。中国有句名言，叫做"有条件要上，没有条件创造条件也要上"，意思就是有优势就发挥既有优势，没有优势就创造优势。

　　说起来"有条件要上，没有条件创造条件也要上"是铁人王进喜率领石油工人，为实现把中国贫油落后"帽子"，甩到太平洋而喊出的口号。它与"宁可少活 20 年，拼命也要拿下大油田！"等豪言壮语一样风靡中外、震撼世界。

　　1959 年 9 月，被评为劳动模范的王进喜参加了全国工交群英会。当得知东北发现了大油田的消息后异常兴奋，找到石油部领导要求参加石油会战。

　　1960 年 3 月 25 日，王进喜率领 1205 队到达萨尔图车站。下了火车，他一不问吃，二不问住，而是询问钻机到了没有？井位在哪里？

　　3 月 31 日，王进喜在萨中指挥部先进队长座谈会上讲："眼下头上青天一顶，脚下荒原一片，要说困难可真不少。但有要上，没也要上。

　　我们队一定 3 天半上工，5 天打完一口井！"回来后全队为此写决心书、保证书。当时油田物资供应和后勤保障都跟不上，没有公路，车辆不足，吃和住都成了大问题。王进喜一心想的是早点开钻，为国争光，决不能坐等条件。然后，4 月 2 日，没有汽车和吊车，他们就以"人拉肩扛"的方式安装钻机。4 月 14 日，组织全队破冰取水，萨 55 井开钻，19 日完钻，用时 5 天零 4 小时，创造了新纪录。

　　如果要说钻井条件，王进喜们可谓除了一双手，运送安装的设备都没有，这算是优势还是劣势？当然是劣势，但是为了让中国摆脱贫油国的帽子，他们以大无畏的精神，手拉肩扛，用最原始的办法创造优势，在被列强搜寻过，但是一无所获的黑土地上，钻出了中国最大的油田。

　　而反观中国共产党的成长史，也是一个关于优势思维的故事。与国民党相

比，共产党一开始就处于劣势。但是，他们擅于创造优势：人少，那就发挥灵活的优势，打运动战、游击战；被封锁，那就发挥工农阶级吃苦耐劳的优势，自己动手丰衣足食；基础工业底子薄，综合国力弱小，那就发挥最原始的人口优势，多生娃娃人多力量大；受到国际社会的核武器威胁？那就对不起，核武器一万年也要搞出来！

毛泽东"战略上藐视敌人，战术上重视敌人"的著名论断，这就是超常的优势思维的最佳体现。为什么，因为从长远来看，我的优势肯定比你大，尽管目前你的优势比我大。

所以，超常的优势思维必须掌握三条：第一是特点突出；第二是与众不同；第三是情理之中。

亲爱的读者朋友：干事业，最重要的不是你现在拥有什么优势，而是你在将来打算创造出怎样的优势，或者说干事业的过程，就是创造优势的过程。既然如此，那么，你有没有超常的优势思维呢？

超常的优势思维名言

◆歼灭战和集中优势兵力、采取包围迂回战术，同一意义。没有后者，就没有前者。——（中国现代）革命家、战略家、理论家、政治家、思想家、哲学家、军事家、诗人毛泽东

◆张扬优势，走属于自己的人生之路；拓展优势，不要停止自我提升和磨砺。——网上摘语

◆许多的时候，我们不是跌倒在自己的缺陷上，而是跌倒在自己身上优势上。因为有的人认为自己有哪方面的优势，就不用担心，不再努力，所以往往就会跌倒在自己的优势上。——网上摘语

超常的优势思维

特点突出

与众不同

情理之中

优势思维金三点

第八十六课　超常的圈子思维

　　圈子指具有相同爱好、兴趣或者为了某个特定目的而联系在一起的人群。"圈子"实际上就是物以类聚，人以群分。交什么样的朋友，就预示着有什么样的人生。如果你的朋友都是积极向上的人，你可能成为奋发有为的人，假如你希望更好的话，就一定要和比你更优秀的人在一起，因为只有他们才能提供你迈入成功的人生之路。

　　我从18岁开始到60岁，经历了46种工作岗位，实际上我就和46种工作岗位的人群交往过，我也就接触并学习46种以上的成功经验和遇到46种以上的良好机遇，我的思维模式就跟着变了。假如我一开始在养路工班扫马路到至今，我再优秀也还只是一个养路工，我的成长显然是有限的；假如我与不思进取的人厮混，我也会慢慢堕落；假如我经常与投机钻营的为伍，我肯定不会忠厚老实；假如我经常和抱怨发牢骚的人在一起，我慢慢就会变得喜欢怨天尤人。简言之，有一句话说得很好："告诉我，你和什么人在一起，我就知道你是什么样的人。"

　　人是一种圈子动物，每个人都有自己的生存圈子，有所区别的是，有些人圈子小，有些人圈子大；一些人圈子能量高，一些人圈子能量低；有的人善于经营圈子，有的人却不谙此道；有的人利用圈子左右逢源、飞黄腾达，有的人远离圈子捉襟见肘，一事无成。比如汽车发烧友可以加入"汽车圈子"，数码产品发烧友可以加入"数码圈子"，甚至喜欢喝酒的人都可以加入"品酒的圈子"等等。事实上，很多圈子的形成是通过人们之间的社会行为特征自然形成的，如"社交圈子""IT圈子""演艺圈子"等。而这种圈子的划分，实际上就是对人群进行了一次分类划分，即分众的模式。从营销角度来讲，这样就极易形成一个定向准确的广告投放众人群，更易实现营销效果。而所谓的圈子思维，指的就是根据自己的目的建立自己的圈子，用好自己的圈子的思维。

　　圈子一说，在百姓而言只是个生活范围的概念，但在政治系统中，却是一个官员安身立命的本钱。一个圈子就是一股政治势力，要想完全置身事外，其结果很可能就是被边缘化了：上边没有人照顾你，下边也不会有人追随你，孤家寡人的一个，既成不了气候，也就难以施展自己的抱负。

古代对圈子的研究和经营，可以说是当官从政者最重要的基本功之一。为何从古至今，有才华的能人多得是，能顺风顺水施展自己才能的人则少得可怜，在我看来，原因有三点：一是"圈子不对，努力白费"；二是"心态不对，一切枉费"；三是"圈子太小，拓展不了"。所以，当官从政者在仕途中要解决好两个最重要的问题：

　　第一个重要问题是跟对人。否则"一失足便成千古恨"啊！曾国藩带领湘军围剿太平天国之时，清廷对其是一种极为复杂的态度：不用这个人吧，太平天国声势浩大，无人能敌；用吧，一则是汉人手握重兵，二则曾国藩的湘军是曾国藩一手建立的子弟兵，又怕对自己形成威胁。在这种指导思想下，对曾国藩的任用上经常是，用你办事，不给高位实权。苦恼的曾国藩急需朝中重臣为自己撑腰说话。

　　忽一日，曾国藩在军中得到肃顺的密函，得知这位精明干练的顾命大臣在西太后面前荐自己出任两江总督。曾国藩大喜过望，咸丰帝刚去世，太子年幼，顾命大臣虽说有数人之多，但实际上是肃顺独揽大权，有他为自己说话，再好不过了。

　　曾国藩提笔想给肃顺写封信表示感谢。但写了几句，他就停下了。他知道肃顺为人刚愎自用，有些目空一切，用今天的话来说，就是有才气也有脾气。他又想起西太后，这个女人现在虽人没有什么动静，但绝非常人，以曾国藩多年的阅人经验来看，西太后心志极高，且权力欲强，又极富心机。肃顺这种专权的做法能持续多久呢？西太后会同肃顺合得来吗？

　　思前想后，曾国藩没有写这封信。后来，肃顺被西太后抄家问斩，在众多官员讨好肃顺的信件中，独无曾国藩的只言片语。

　　第二个重要问题是要有人跟，也就是说你还需要经营好自己的小圈子。这个以你自己为核心的小圈子是你的重要政治本钱之一，它也决定了你在上一个层面的圈子中的地位，要妥善分配好下层的利益关系，学会用各种手段团结人。古代为官行政者，要组建自己的圈子，最忌讳的是贪婪和刻薄寡恩：好处和利益都归功于自己，过失和责任推诿给下属，而且对下属严苛，少有笼络和示恩。

　　具体的行政事务千头万绪，再好的政策也必须要有得力的人手给你去实施。所以，没有一支精明能干忠心耿耿的队伍，自己在政治上也很难有好的前途。

　　同时，给下属利益和好处是最起码的条件：人家跟着你干有前途，那么干得才有劲。而且，必要的时候，还要保护他们。"有声望，没势力"这是一些政治家的致命硬伤之一，声望固然重要，但只是面上的东西，就如无根的浮萍也很好看，可一阵风就给吹跑了。反观另外一些人，也许没什么大"本事"，不显山，不露水，可盘踞政坛多年，皇上都换了好几任了，他还是个"常青树"、"不倒翁"，他的势力如同海平面下的冰山，大得很呢！更多的时候，政治是一种妥协和平衡。任何改革新政需要大部分原来的人马去施行，在现实面前，就需要一定程度的妥协。古代政治系统中的这些无名之辈是严密关系网的组成部分，也是盘根错节的生态系统的一份子，是政治舞台上表演的众多配角似的人物，但他们却是最基础的力量，轻视不得。

对于经商的人而言，对圈子的研究同样是无比重要的，不光要超常思维研究顾客这个圈子的构成、兴趣和爱好，还要在经营层面超常建立自己的领导圈、管理圈、融资圈、人才圈、渠道圈、时尚圈、运动圈、音乐圈、美食圈、旅游圈等等，定期与自己圈子里的朋友保持联系，比如：常打打球，看电影，喝咖啡，吃饭，结伴旅行，沟通聊天，做有益的事情，各种不同的圈子里都要有几个自己最知心、最了解、最和谐的朋友，常来常往，朋友才会感情更深厚，不管你遇到什么困难，要办什么事情，都有圈子里的朋友能帮助你。比尔·盖茨曾经说过："赚不到钱，并不是没钱可赚，而是不在赚钱的圈子内。"有圈子，有人脉，有市场，才有可能立于不败之地。所以，成功人士需要让自己更加突出，然后创造自己的圈子，并把成功的人拉进来。

而且，超常的圈子思维要有三同：一是相同的志向；二是相同的格局；三是相同的目标。

亲爱的读者朋友：你要的是物质的成功还是人生的成功？物质的成功只是名与利的满足，而人生的成功是和一群人，过想过的生活，做想做的事，是共同达到、达成的生命过程。

人生成功的秘密是找到以及培养一群和自己一样的人，彼此增加对方的精神价值和生命意义。

因此，超常的圈子思维固然重要，也力争要有，但一定是正知、正念、正行、正能量的圈子，否则，宁愿没有！

超常的圈子思维名言

◆故近朱者赤，近墨者黑；声和则响清，形正则影直。——（中国晋代）文学家、思想家傅玄

◆选择一个朋友，就是选择一种生活方式。能够交上什么样的朋友，先要看自己有什么样的心智，有什么样的素养；看自己在朋友圈子里面，是一个良性元素还是一个惰性元素，是有害的还是有益的。——（中国现代）文化学者于丹

◆人人都会说好话，讨人家的喜欢，但作为真正的朋友，反而说的都是难听的。朋友绝不会顾忌你的感受而天天拍马逢迎，如果他是真正的好朋友，必定这样直言不讳，因为他知道这样做完全是为了你好。——网上摘语

超常的圈子思维

相同志向　　相同格局　　相同目标

圈子思维金三点

第八十七课　超常的实干思维

一万个零不等于一个"一"，一万个"一"相加是万元户。所谓超常的实干思维，就是从一干起，从小干起，从实干起，"积跬步以至千里，积小流以成江海"的务实思维。

有个说法，叫做"会做的不如会想的，会想的不如会说的"。诚然，只会做不会想，只适合当流水线上的工人；会想却不会说，也难成大器。但是，如果会想会说，却不会做、不去做，那么将永远是空梦一场，不管多么宏伟的蓝图、多么伟大的梦想，都将只是停留在脑海里、嘴巴上。

10 年前，我对外的名片背面写着一段话，即："依照县委、县政府提出建设生态经济大县的战略目标，我遵循一万个零不等于一个'一'的准则，从一干起，从小干起，从实干起，斗胆建立娃娃鱼养殖繁殖基地。我知道凭我个人的力量是有限的，只是坚信——日积月累，天长地久，一步一个脚印，迟早会被人们认识，养殖繁殖娃娃鱼必定会成功，也一定会使绥宁的特色养殖形成一个产业！"当时，这段话还只是我的理想，我的目标，我的方向。说客观点，是空话，大话，志气话。

但是，这段话中"一万个零不等于一个'一'"是我做人做事的最基本原则。几年来，"一万个零不等于一个'一'"一直是挂在我嘴上的常用语，思维决定行动。

10 年来，我从养殖娃娃鱼开始，到现在管理着数万条娃娃鱼，我从神龙洞内挑出 10 万多担泥土石块，到拥有三家协会、四个养殖种植合作社、五家公司，管理着一百多家养殖种植基地，都体现出"超常实干思维"的实用性和正确性。有的人可能不相信，有的人也许觉得没有什么了不起的。

我到深山老林挖洞 5 年，且不说在洞内住 5 年，没日没夜从洞内挑泥土石块 5 年，我经常对跟着我到洞内看娃娃鱼的人说："有没有谁愿意留下来，一个人在这六层深古洞的最底层待上三个小时，坐在我曾经睡过 5 年的铁床上。"绝大部分人都不愿意。

一方面，互联网的快速发展是千变万化的时代，另方面，不管做什么行业，必须要有脚踏实地去干的打算。当你进入一个新的行业，都有一年的学徒期，两年的生存期，三年的职业期，第四年才算事业期。

我自己年轻的时候，对"徒弟、徒弟，三年奴隶"这句话不理解，如今我快进入60岁，反思这句话还真有道理，我个人的经历基本上是3至5年一大变，下乡到农村务农和在养路工班是5年，进入公安搞刑侦破案是5年，到机关办公室和下到企业任厂长是5年，跑四个乡镇任职是5年，到机关任职3年，往中央大型企业5年，经营宾馆酒店5年，进入深山老林挖洞创业5年，到京城开发农庄、旅游产业、休闲农业又快5年了，我才能天马行空，但又落地有声来写《赢在超常思维》这本书。

所以，一旦认定某个行业，只要开始了就要用心去做，坚持下去，做好以后再转行。否则，跳岗，就意味着重新开始，古人说得好："学不精，要误身。"半途而废只能让你停留在生存期，然后不断地降低自己的要求，人一旦习惯凑合凑合，那这辈子可能会永远凑合下去，最终一事无成。

由此，超常的实干思维要记住三点：一是出发点；二是常进点；三是落脚点。

亲爱的读者朋友：这里说明一个道理，"一万个零不等于一个'一'"是超常实干思维的精髓。有了超常思维就要干，从一干起，从小干起，从实干起，这才是超常实干思维的可贵之处。

自古成功自有道，这个道，往往就是在众人认为不可能、办不到的地方去闯，去践行。

超常的实干思维名言

◆要迎晨光实干，不要面对晚霞幻想。——（苏格兰）作家托·卡莱尔

◆一切都靠一张嘴来做而丝毫不实干的人，是虚伪和假仁假义的。——（希腊）哲学家、学者德漠克利特

◆伟大的思想只有付诸行动才能成为壮举。——（英国）文艺评论家、散文作家威·赫兹里特

超常的实干思维

落脚点

前进点

出发点

实干思维金三点

第八十八课　超常的努力思维

超常的努力思维，是指珍爱时间，争分夺秒，全力以赴地为了目标而奋斗，提高能力以迎接机遇的思维，一分耕耘一分收获，没有付出就没有回报，只有提前付出、提前努力、提前打好基础，才能避免"黑发不知勤学早，白发方悔读书迟"之类的悲剧。

讲两个故事，第一个叫做"闻鸡起舞"，说的是晋朝名将刘琨的故事。

刘琨年轻的时候，有一个要好的朋友叫祖逖。在西晋初期，他们一起在司州（治所在今洛阳东北）做主簿。晚上，两人睡在一张床上，谈论起国家大事来，常常谈到深更半夜。

一天夜里，他们睡得正香的时候，一阵鸡叫的声音，把祖逖惊醒了。祖逖往窗外一看，天边挂着残月，东方还没有发白。

祖逖不想睡了，他用脚踢踢刘琨。刘琨醒来揉揉眼睛，问是怎么回事。祖逖说："你听听，这可不是坏声音呀。它在催我们起床了。"

两个人高高兴兴地起来，拿下壁上挂的剑，走出屋子，在熹微的晨光下舞起剑来。就这样，他们一起天天苦练武艺，研究兵法，终于都成为有名的将军。

第二个是"囊萤映雪"。晋代时，车胤从小好学不倦，但因家境贫困，父亲无法为他提供良好的学习环境。为了维持温饱，没有多余的钱买灯油供他晚上读书。为此，他只能利用这个时间背诵诗文。"夏天的一个晚上，他正在院子里背一篇文章，忽然见许多萤火虫在低空中飞舞。一闪一闪的光点，在黑暗中显得有些耀眼。他想，如果把许多萤火虫集中在一起，不就成为一盏灯了吗！于是，他去找了一只白绢口袋，随即抓了几十只萤火虫放在里面，再扎住袋口，把它吊起来。虽然不怎么明亮，但可勉强用来看书了。从此，只要有萤火虫，他就去抓一把来当作灯用。由于他勤学苦练，后来终于做了职位很高的官。"

同朝代的孙康情况也是如此。由于没钱买灯油，晚上不能看书，只能早早睡觉。他觉得让时间这样白白跑掉，非常可惜。一天半夜，他从睡梦中醒来，把头侧向窗户时，发现窗缝里透进一丝光亮。

原来是大雪映出来的，可以利用它来看书。于是他倦意顿失，立即穿好衣服，取出书籍，来到屋外，宽阔的大地上映出的雪光，比屋里要亮多了。孙康不顾寒冷，立即看起书来，手脚冻僵了，就起身跑一跑，同时搓搓手指。此后，每逢有雪的晚上，他就不放过这个好机会，孜孜不倦地读书。这种苦学的精神，促使他的学识突飞猛进，成为饱学之士。后来，他也当了高官。

从古今中外各行各业人士努力的无数事例里，我认为，无论做什么事，从事什么行业，担任什么职务，除非你开始一概不介入，只要介入了，就要把它作为一件快乐的事去做，不要浪费自己的时间，埋灭自己的才能，归纳四个字：全力以赴。

我在《快乐工作访谈录》中第11点的题目是："快乐工作应当全力以赴！"现摘录一段对话如下：

"隆振彪：问题是在现实中不是你所想象的这样？

九溪翁：是呀！社会是复杂的，每个人都受到很多因素的制约。如：体制的原因，身体的原因，环境的原因，性格的原因，人本身惰性的原因等。有的人，万事所求皆绝好，一旦如愿又平常。开始想做某件事时、开始想进入某个新的行业时，开始担任某个职务时，雄心勃勃、干劲十足，一旦真做那件事时，由于这样或那样的原因，碰到困难，遇到暂时难以逾越的障碍就泄气了，放弃了；也有的人进入了新的行业，得到了想得到的职务时，又不以为然，不加珍惜，不愿全力以赴，有始无终；还有的人认为自己水平高、能力强，在所处的工作上、行业上、职务上，总是不满意，自认为我这么能干，不应该做这样的工作，不应该从事这样的行业，不应该担任这样低的职务，由此而轻视现有的工作、现有的行业、现有的职务，不满意，不安宁，不快乐。

隆振彪：你是怎么对待的？

九溪翁：我的态度很明朗，只要你快乐工作，认定了，无论什么工作，什么行业，什么职务，都值得去做。开发神龙洞，开始五年多的时间我日复一日从洞内挑泥土、担石块出来，从洞外背砖头、背沙子、抬水泥进去。由于是我认定了的事，有着快乐的心情，全力以赴的态度，倒还真的掯出一个中国原始生态第一洞出来，凡是到神龙洞内看见红色蝙蝠、看到头上闪闪发光的花蝴蝶、看了大大小小的原生态娃娃鱼和其它野生鱼种的游客们都脱口称赞：'好！'我在收到门票收入的同时，我心情的快乐也油然而生。"

所以，一个人的成功不是求来的，而是自己更加主动，更加优秀吸引来的。超常的努力思维必须记住三条：第一条珍惜时间；第二条奋斗目标；第三条收获总结。

亲爱的读者朋友：除了闻鸡起舞、囊萤映雪之外，中国历史上还有很多运用超常努力思维的励志故事，如悬梁刺股、随月读书、依缸习字等等。一份耕耘一份收获，超常努力的付出，不一定能及时得到回报，但没有付出就一定不会有回报！

超常的努力思维名言

　　◆人生在勤，不索何获。——（中国东汉时期）天文学家、数学家、发明家、地理学家、文学家张衡

　　◆从古至今以来学有建树的人，都离不开一个"勤"字。——（中国现代）践行者·九溪翁

　　◆古往今来，凡成就事业，对人类有所作为的，无不是脚踏实地，艰苦登攀的结果。——（中国现代）核物理学家钱三强

超常的努力思维

珍惜
时间

奋斗
目标

收获
总结

努力思维金三点

第八十九课　超常的公式思维

万事万物都存在一个公式化的规律或规则，而创业者必须要超常认识这种内在的公式或规则，才能在开创事业的过程中游刃有余，挥洒自如，这就是超常的公式思维。例如：

1. 二八法则：1897 年，意大利经济学家帕列托在对 19 世纪英国社会各阶层的财富和收益统计分析时发现：80% 的社会财富集中在 20% 的人手里，而 80% 的人只拥有社会财富的 20%，这就是"二八法则"。

"二八法则"反映了一种不平衡性，但它却在社会、经济及生活中无处不在。在商品营销中，商家往往会认为所有顾客一样重要，所有的生意、每一种产品都必须付出相同的努力，所有机会都必须抓住。而二八法则恰恰指出了在原因和结果、投入和产出、努力和报酬之间存在这样一种典型的不平衡现象：80% 的成绩，归功于 20% 的努力；市场上 80% 的产品可能是 20% 的企业生产的；20% 的顾客可能给商家带来 80% 的利润。

遵循"二八法则"的企业在经营和管理中往往能抓住关键的少数顾客，精确定位，加强服务，达到事半功倍的效果。美国的普尔斯马特会员店始终坚持会员制，就是基于这一经营理念。

2. 马太效应：《新约·马太福音》中有这样一个故事，一个国王远行前，交给三个仆人每人一锭银子，吩咐他们："你们去做生意，等我回来时，再来见我。"国王回来时，第一个仆人说："主人，你交给我的一锭银子，我已赚了十锭。"于是国王奖给他十座城邑。第二个仆人报告说："主人你给我的一锭银子，我已赚了五锭。"于是国王便奖给他五座城邑。第三个仆人报告说："主人，你给我的一锭银子，我一直包在手巾里存着，我怕丢失，一直没有拿出来。"于是国王命令第三个仆人将他的那锭银子赏给第一个仆人，并且说："凡是少的，就连他所有的，也要夺过来；凡是多的，还要给他，叫他多多益善。"这就是马太效应，它反映了当今社会存在的一个普遍现象，即赢家通吃。

对企业经营发展而言，马太效应告诉我们，要想在某个领域保持优势，就必须在此领域迅速做大。当你成为某个领域的领头羊的时候，即便投资回报率相同，你也能更轻易地获得比弱小的同行更大的收益。而若没有实力迅速在某

个领域做大，就要不停地寻找新的发展领域，才能保证获得较好的回报。

3. 手表定理：手表定理是指一个人有一只表时，可以知道现在是几点钟，而当他同时拥有两只表时却无法确定时间。两只表并不一定能告诉一个人更准确的时间，有时候反而会让看表的人失去对准确时间的信心。你要做的就是选择其中一只较信赖的一只，并以此作为你的标准，听从它的指引行事。记住尼采的话："兄弟，如果你是幸运的，你只需要一种道德而不需要贪多，这样，你过桥更容易些。"

如果每个人都"选择你所爱，爱你所选择"，无论成败都可以心安理得。然而，困扰很多人的是：他们被"两只表"弄得不可开交，心力憔悴，不知自己该信仰哪一个；还有人在环境、他人的压力下，违心选择了自己并不喜欢的道路，为此而郁郁终生，即使取得了受人瞩目的成就，也体会不到成功的快乐。

手表定理在企业经营管理方面给我们一种非常直观的启发，就是对同一个人或同一个组织的管理不能同时采用两种不同的方法，不能同时设置两个不同的目标。甚至每一个人不能同时由两个人来指挥，否则将使这个企业或这个人无所适从。手表定理所指的另一层含义在于每个人都不能同时选择两种不同的价值观，否则，你的行为将陷于混乱。

4. "不值得"定律："不值得"定律最直观的表述是：不值得做的事情，就不值得做好。这个定律似乎再简单不过了，但它的重要性却时时被人们疏忘。"不值得"定律反映出人们的一种心理，一个人如果从事的是一份自认为不值得做的事情，往往会保持冷嘲热讽、敷衍了事的态度。不仅成功率小，而且即使成功也不会觉得有多大的成就感。

哪些事得做呢？一般而言，这取决于三个因素。

1）价值观。关于价值观我们已经谈了很多，只有符合我们价值观的事，我们才会满怀热情去做。

2）个性和气质。一个人如果做一件和他的个性和气质相背离的工作，他是很难做好的。如一个好交往的人做了档案员，或一个害羞者不得不每天和不同的人打交道。

3）现实的处境。同样一份工作，在不同的处境下去做，给我们的感受也是不同的。例如，在一家大公司，如果你最初做的是打杂跑腿的工作，你很可能认为是不值得的，可是一旦你被提升为领班或部门经理，你就不会这样认为了。

总结一下，值得做的事情是符合我们的价值观，适合我们的个性和气质，并能让我们看到期望。如果你的工作不具备这三个要素，你就要考虑换一个工作，并努力做好它。

因此，对个人来说，应在多种可供选择的奋斗目标及价值观中挑选一种，然后为之而奋斗。"选择你所爱的，爱你所选择的"，才可能激发我们的奋斗毅力，也才可以心安理得。而对一个企业或组织来说，则要很好地分析员工的性格特性，合理分配工作，如让成功欲较强的职工，单独或领头来完成具有一定风险和难度的工作，并在其完成时给予定时的肯定和赞扬；让依附欲较强的职工更多地参与到某个团体中共同工作；让权力欲较强的职工担任一个与之能力相适应的主管。同时要加强员工对企业目标的认同感，让员工感到自己所做的事情是值得的，这样才能激发职工的热情。

5. 彼得原理：管理学家劳伦斯·丁·彼得（Laurence.J.Peter），1917 年生于加拿大的范库弗，1957 年获美国华盛顿州立大学学士学位，6 年后又获得该校教育学博士学位，他阅历丰富，博学多才，著述颇丰，他的名字还被收入了《美国名人榜》、《美国科学界名人录》和《国际名人传记辞典》等辞书中。

彼得原理正是彼得根据千百个有关组织中不能胜任的失败实例的分析而归纳出来的。其具体内容是："在一个等级制度中，每个职工趋向于他所不能胜任的地位。"彼得指出，每一个职工由于在原有职位上工作成绩表现好（胜任），就将被提升到更高一级职位；其后，如果继续胜任则将进一步被提升，直至到达他所不能胜任的职位。由此导出的彼得推论是："每一个职位都将被一个不能胜任其职位的职工所占据。层级组织的工作任务多半是由尚未达到不能胜任阶层的员工完成的。"每一个职工最终都将达到彼得高地，在该处他的提升商数（PQ）为零。至于如何加速提升到这个高地，有两种方法。其一，是上面的"拉动"，即依靠裙带关系和熟人等从上面拉；其二，是自我的"推动"，即自我训练和进步等，而前者是被普遍采用的。彼得认为，由于彼得原理的推出，使他无意间创设了一门新的科学——层级组织学（Hierarchiolgy）。该科学是解开所有阶层制度之谜的钥匙，因此也是了解整个文明的关键所在。凡是置身于商业、工业、政治、军事、行政、宗教、教育各界的每个人都和层级组织息息相关，亦都受彼得原理的控制。当然，原理的假设条件是：时间足够长，层级组织里有足够的阶层。彼得原理被认为是同帕金森定律有联系的。

帕金森（C，N，Parkinson）是著名的社会理论家，他曾仔细观察并仔细的描述层级组织中冗员积累的现象。他假设，组织中的高层主管采用分化和征服的政策，故意使组织的效率降低，借以提升自己的权势，这种现象即帕金森所说的"爬升金字塔"。彼得认为这种理论设计是有缺陷的，他给出的解释：员工累增的原因是层级组织的高级主管真诚追求效率（虽然徒劳无功）。正如彼得原理显示的，许多或大多数主管必已达到他们的不胜任阶层。这些人无法改变现有的状况，因为所有的员工已经竭尽全力了，于是为了再增进效率，他们只好雇佣更多的员工。员工的增加或许可以暂时提升效率，但是这些新进的人员最后将因晋升过程而到达不胜任阶层，于是唯一的改善方法就是再次增雇员

工，再次获得暂时的高效率，然后是另一次逐渐归于无效率。这样就使组织中的人数超过了工作中的实际需求。

彼得原理首次公开发表于 1960 年 9 月美国联邦出资的一次研讨会上，听众是一群负责教育研究计划，并刚获晋升的项目主管，彼得认为他们多人"只是拼命想复制一些老掉牙了的统计习题"，于是引入彼得原理说明他们的困境。演说招来了敌意与嘲笑，但是彼得仍然决定以独特的讽刺手法来呈现彼得原理，尽管所有案例研究都经过精确编纂，且引用的资料也都符合事实，最后定稿于 1965 年春完成，然而总计有 16 家之多的出版社无情的拒绝了该书的手稿。1966 年，作者零星地在报纸上发表了几篇论述同一主题的文章，读者的反应异常热烈，引得各个出版社趋之若鹜。正如彼得在自传中提到的："人偶尔会在镜中瞥见自己的身影而不能立即自我辨认，于是在不自知前就加以嘲笑一番"这样的片刻正好可以使人进一步认识自己，"彼得原理"扮演的正是这样一面镜子。

6. 零和游戏：一个游戏无论几个人来玩，总有输家和赢家，赢家所赢得都是输家所输的，所以无论输赢多少，正负相抵，最后游戏的总和都为零，这就是零和游戏。

零和游戏之所以受人关注，是因为人们在社会生活中处处都能找到与零和游戏雷同或类似的现象。我们大肆开发利用煤炭石油资源，留给后人的便越来越少；我们研究生产了大量的转基因产品，一些新的病毒也就跟着冒了出来；我们修建了葛洲坝水利工程，白鳍豚就再也不能洄游到金沙江产卵了……

人类在经历了经济高速增长、科技迅猛发展、全球经济一体化及日益严重的生态破坏、环境污染之后，可持续发展理论才逐渐浮出水面。零和游戏原理正在逐渐为"双赢"观念所取代，人们逐渐认识到"利己"而不"损人"才是最美好的结局。实践证明，通过有效合作，实现皆大欢喜的结局是可能的。领导者要善于跳出"零和"的圈子，寻找能够实现"双赢"的突破口，防止负面影响抵消正面成绩。批评下属如何才能做到使其接受而不抵触，发展经济如何才能做到不损害环境，开展竞争如何才能做到使自己胜出而不使对方受到伤害，这些都是每一个为官者应该仔细思考的问题。还是那句话，世界上没有现成的标准答案。这些企业经营管理定律只能供我们参考和借鉴，至于什么条件下适合借鉴哪一种，回到手表定律上去，你需要自己选择一块带着舒适而又走时准确的手表。

7. 华盛顿合作规律：华盛顿合作规律说的是：一个人敷衍了事，两个人互相推诿，三个人则永无成事之日。多少有点类似于"三个和尚"的故事。人与人的合作不是人力的简单相加，而是复杂和微妙得多。在人与人的合作中，假定每一个人的能力都为 1，那么 10 个人的合作结果有时比 10 大得多，有时甚至比 1 还要小。因为人不是静止的物，而更像方向不同的能量，相互推动时自然事半功倍，相互抵触时则一事无成。

8. 酒与污水定律：酒与污水定律是指，如果把一匙酒倒进一桶污水中，你得到的是一桶污水；如果把一匙污水倒进一桶酒中，你得到的还是一桶污水。几乎在任何组织中都存在几个难弄的人物，他们存在的目的似乎就是为了把事情搞砸。他们到处搬弄是非，传播流言，破坏组织内部的和谐。最糟糕的是，他们像纸箱里的烂苹果，如果你不及时处理，它会迅速传染，把果箱里的其他苹果也弄烂，"烂苹果"的可怕之处在于它那惊人的破坏力。

一个正直能干的人进入一个混乱的部门可能会被吞没，而一个无德无才者能迅速将一个高效的部门变成一盘散沙。组织系统往往是脆弱的，是建立在相互理解、妥协和容忍的基础上的，它很容易被侵害、被毒化。破坏者能力非凡的另一个重要原因在于，破坏总比建设容易。一个能工巧匠花费时间精心制作的陶瓷器，一头驴子一秒钟就能毁坏掉。如果拥有再多的能工巧匠，也不会有多少像样的工作成果。如果你的组织里有这样的一头驴子，你应该马上把它清除掉；如果你无力这样做，你就应该把它拴起来。

9. 蘑菇管理原理：蘑菇长在阴暗的角落，得不到阳光，也没有肥料，自生自灭。只有长到足够高的时候才开始被人关注，可此时它自己已经能够接受阳光了。

蘑菇管理是大多数组织对待初入门者、初学者的一种管理方法。从传统的观念上讲，"蘑菇经历"是一件好事，它是人才蜕壳羽化前的一种磨练，对人的意志和耐力的培养有促进作用。但用发展的眼光来看，蘑菇管理有着先天的不足：一是太慢，还没等它长高长大恐怕疯长的野草就已经把它盖住了，使它没有成长的机会；二是缺乏主动，有的本来基因较好的蘑菇，一钻出土就碰上了石头，因为得不到帮助，结果胎死腹中。让初入门者当上一段时间的"蘑菇"可以消除他们一些不切实际的幻想，从而使他们更加接近现实，更实际、更理性地思考问题和处理问题。领导者应当注意的是，这一过程不可过长，时间过长便会使其消极退化乃至枯萎，须知不给阳光、不给关爱不仅是任其自生自灭，而且更是对其成长的抑制。如何让他们成功地走过生命中的这一段，尽快吸取经验，成熟起来，这才是领导者应当考虑的。

10. 钱的问题：当某人告诉你："不是钱，而是原则问题"时，十有八九就是钱的问题。照一般的办法，金钱是价值的尺度、交换的媒介、财富的贮藏。但是这种说法忽略了它的另一面，也撇开了爱钱的心理不说，马克思说，金钱是"人情的离心力"，就是指这一方面而言。

关于金钱的本质、作用和功过，从古到今，人们已经留下了无数精辟的格言和妙语。我们常会看到，人们为钱而兴奋，努力赚钱，用财富的画面挑逗自己。

金钱对世界的秩序以及我们的生活产生的影响是巨大地、广泛地，这种影响有时是潜在的，我们往往意识不到它的作用是如此巨大，然而奇妙的是：他完全是人类自己创造的。致富的驱动力并不是起源于生物学上的需要，动物生活中也找不到任何相同的现象。它不能顺应基本的目标，不能满足根本的需要。的确，"致富"的定义就是获得超过自己需要的东西。然而这个看起来漫无目标的驱动力却是人类最强大的力量，人类为金钱而相互伤害，远超过其他原因。说一个故事：一天街东头的那个乞丐去摸彩票，中了五等奖，得款 50 元。甚喜！这个冬天好过了，他拥有棉袄、棉裤和棉鞋了。街西头那个乞丐也去摸彩票，中了一等奖，得款 50 万元，狂喜！首先大宴宾客，热闹三天，煞是风光，耗资三千元，小意思。然后买西服、配手机、穿金戴银，容光焕发，一扫穷气。再次，买房子，满街转悠，还要带车库的。第四，就是买车了，"夏利"太便宜，"奔驰"太贵，还是"桑塔纳"吧！第五……第六……第七……过年的时候，街东头那个乞丐还在到处晃悠，穿着那 50 元买的家当，而街西头那个乞丐却在劳教所里，据说是因为赌博、嫖娼、吸毒、闹事……拥有 50 元，街东头的乞丐不再受冻，自得其乐；拥有 50 万元，街西头乞丐成了个大富翁，却也把自己送上了死路。不懂得善用钱财的人，还是没钱点才安全。

11. 奥卡姆剃刀定律：12 世纪，英国奥卡姆的威廉主张唯名论，只承认确实存在的东西，认为哪些空洞无物的普遍性概念都是无用的累赘，应当被无情的"剔除"。他主张"如无必要，勿增实体"这就是常说的"奥卡姆剃刀"。这把剃刀曾使很多人感到威胁，被认为是异端邪说，相反，经过数百年的岁月，奥卡姆剃刀已被历史磨得越来越快，并早已超越原来的狭小空间，而具有广泛、丰富、深刻的意义。

奥卡姆剃刀定律在企业管理中可进一步演化为简单与复杂定律：把事情变复杂很简单，把事情变简单很复杂。这个定律要求，我们在处理事情时，要把握事情的主要实质，把握主流，解决最根本的问题，尤其要顺应自然，不要把事情人为地复杂化，这样才能把事情处理好。

12. 帕金森定律：美国著名的历史学家诺斯古德，帕金森通过长期调查研究，写出了名叫《帕金森定律》一书。他在书中阐述了机构人员膨胀的原因及后果：一个不称职的官员，可能有三条出路：第一是申请退职；第二是让一位能干的人来协助自己工作；第三是任用两个水平比自己更低的人当助手；看来只有第三条路最适宜。于是，两个平庸的助手分担了他的工作，他自己则高高在上发号施令，他们不会对自己的权利构成威胁。两个助手既然无能，他们就上行下效，再为自己找两个更无能的助手。如此类推，就形成了一个机构臃肿、人浮于事、相互扯皮、效率低下的领导体系。

13. 苛希纳定律：西方管理学中有一条著名的苛希纳定律：如果实际管理

人员比最佳人数多两倍，工作时间就要多两倍，工作成本就要多四倍；如果实际管理人员比最佳管理人员多三倍，工作时间就要多三倍，工作成本就要多六倍。

14. 250定律：美国著名推销员拉德在商战中总结了"250定律"。他认为每位顾客身后，大约有250名亲朋好友。如果您赢得了一位顾客的好感，就意味着赢得了250位顾客的好感；相反，如果你得罪了一名顾客，也就意味着得罪了250名顾客。这一定律有力地论证了"顾客就是上帝"的真谛。由此，我们可以得到以下启示：必须认真对待身边的每一个人，因为每一个人的背后，都有一个相对稳定的、数量不小的群体，就像点亮一盏灯，照亮一大片。

15. 达维多定律：达维多定律是以英特尔公司的副总裁达维多的名字命名的。他认为，一个企业要想在市场上总是占据主导地位，那么就要做到第一个开发出新产品，又第一个淘汰掉自己的老产品。这一定律的基点是着眼于试产开发和利益开发的成效。因为人们在市场竞争中无时无刻不在抢占先机，只有先入市场才能更容易获取较大份额和较高的利润。以上规律，只是万千规律中的一小部分，每一个规律的背后，都对应着一个简单的公式，超常地认识这些规律，超常地用好这些公式，将会起到事半功倍的效果。同时，超常的公式思维要熟练运用三点：一是灵活；二是原则；三是规律。

亲爱的读者朋友：公式是很短的，超常的公式思维这篇文章却是比较长的，我希望你不要嫌它长，当你仔细看完后应该有所感悟，此乃我写的目的。

超常的公式思维名言

◆现实＋梦想＝心痛；现实＋梦想＋幽默＝智慧。——（中国现代）著名学者、作家、文学家、语言学家、新道家代表人物林语堂

◆人生价值＝实际才能＋自己估价。——（俄国）作家、思想家、文学家、列夫·托尔斯泰

◆成功＝艰苦劳动＋正确方法＋少说空话。——（瑞士、美国）物理学家、科学家爱因斯坦

超常的公式思维

原则

灵活

规律

公式思维金三点

第九十课　超常的环境思维

环境思维，说的不是环境决定性格一类的思维环境，而是指清醒认知外部环境与自己之间的关系并把握住其中的机遇，规避风险的思维方式。孙子兵法中"知己知彼，百战不殆"，就是对环境思维的最基本的运用。而最高境界的环境思维，是能够预测大环境的发展趋势的思维。

例如小米手机的成功，就是以雷军为首的团队，超常认识到中间商被电子商务取代、硬件盈利被软件盈利取代、库存销售被订单销售取代、品牌营销被粉丝营销取代等一系列行业发展大环境趋势。然后针对大环境，采取网络直销、饥饿营销、粉丝经济等一系列营销方式，在短短数年内创造了数百亿的产值。

又如中国的核工业，今天的中国，是五个核大国之一，核武器的存在为中国的长治久安提供了长远的保障，而核武器的研制，正是中国共产党超常的环境思维的体现，随着国际环境的变化，他们早早地就预料到，未来的世界是一个核威慑的世界，不能使用，但一定不能没有。

1945 年 8 月，美国人在日本投下了原子弹，几天以后，毛泽东在延安的一次干部会议上说："原子弹能不能解决战争？不能！原子弹不能使日本投降，只有原子弹而没有人民的斗争，原子弹只是空的。"1946 年 8 月 6 日，美国记者安娜·路易斯·斯特朗女士在延安枣园树下采访了毛泽东，毛泽东说出了流传于世的一句话："原子弹是美国反动派用来吓人的一只纸老虎，看样子可怕，实际上并不可怕。"1951 年下半年，法国科学院院长、世界著名科学家、诺贝尔奖获得者约里奥·居里（他是居里夫人的女婿，法国共产党员）让从法国回国的中国科学家传话给毛泽东：请转告毛泽东，你们要反对核武器，自己就应该先拥有核武器。1950 年 10 月，中国人民志愿军抗美援朝，志愿军在劣势装备的条件下，英勇无比，取得节节胜利，美国的当权者为了挽回战局，多次企图对中国使用原子弹。1950 年 11 月 30 日，合众社报道，杜鲁门总统说："他已考虑同朝鲜战场有联系的原子弹问题"。美联社也随即报导："杜鲁门总统正在积极考虑使用原子弹来对付中国共产党人，如果有必要这样做的话"。1952 年，艾森豪威尔当选总统，12 月份去韩国"访问"，1953 年初，他下达命令，将携带核弹头的导弹秘密运到日本的冲绳岛，为向中国发射核导弹而做准备。

甚至到 1955 年，人民解放军陆、海、空三军联合作战，解放了江山岛和大陈岛时，美国国会正式通过授权，总统可以对中国使用核武器，根据这一授权，美国军方研究制定了用原子弹攻击中国东南沿海地区的多种方案。毛泽东面对美国当权者不断对中国进行的核威胁，完全意识到：为什么美国当权者动辄就要向我国进行核威胁？为什么美国敢于这样做：就是因为我们中国没有原子弹、氢弹及其运载工具，中国没有核遏制力量，没有同样的打击报复手段，没有抗衡的力量。毛泽东面对国际形势变化的现实，随着时间的推移，从对原子弹在战略上蔑视，逐步在战术上重视起来，在超常的环境思维的作用下，毛泽东决定发展核武器。

1954 年秋，我国最初发现有铀矿。1955 年 1 月 15 日，毛泽东在中南海主持召开中共中央书记处扩大会议，听取李四光、刘杰、钱三强的汇报，作出了中国要发展核工业的战略决策，标志着核工业建设的开始。

1956 年 4 月 25 日，毛泽东在中央政治局扩大会议上说："我们还要有原子弹。在今天的世界上，我们要不受人欺负，就不能没有这个东西。"于是乎，中国的核工业全面上马了。而之后的国际形势，以及原子弹所发挥的维护和平的作用，在发展中得到了充分的检验。

所以，超常的环境思维要考虑三条：一是事物；二是人群；三是现实。

亲爱的读者朋友：超常的环境思维决定着你的产品的方向，你的产业的发展，你的事业的成功！

超常的环境思维名言

◆ 人创造环境，同样环境也创造人。——（德国）思想家、政治家、哲学家、经济学家马克思、（德国）思想家、哲学家、革命家、教育家恩格斯

◆ 志气这种东西是能传染的，你能感染着笼罩在你的环境中的精神。那些在你周围不断向上奋发的人的胜利，会鼓励激发你作更艰苦的奋斗，以求达到如像他们所做的样子。——（荷兰）数学家、工程学家斯蒂文

◆ 成功的管理艺术有赖于在一个充满偶然性的环境里为自己的活动确定一个理由充分的成功比率。——（美国）卡斯特

超常的环境思维

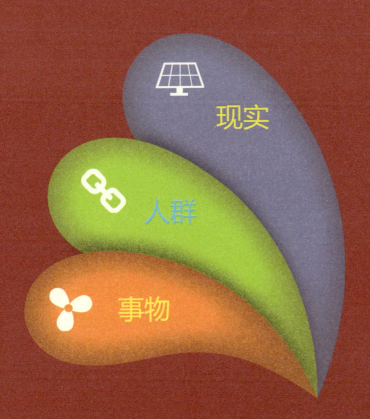

现实

人群

事物

环境思维金三点

第九十一课　超常的逆向思维

当大家都朝着一个固定的思维方向思考问题时，而你却独自朝相反的方向思索，这样的思维方式就叫逆向思维。人们习惯于沿着事物发展的正方向去思考问题并寻求解决办法。其实，对于某些问题，尤其是一些特殊问题，从结论往回推，倒过来思考，以求解回到已知条件，反过去想或许会使问题简单化。

有人落水，常规的思维模式是"救人离水"，而司马光面对紧急险情，运用了逆向思维，果断地用石头把缸砸破，"让水离人"，救了小伙伴性命。这是中国历史上对逆向思维广为人知的经典应用。

又如发电机的发明。1820年丹麦哥本哈根大学物理教授奥斯特，通过多次实验存在电流的磁效应。这一发现传到欧洲大陆后，吸引了许多人参加电磁学的研究。英国物理学家法拉第怀着极大的兴趣重复了奥斯特的实验。果然，只要导线通上电流，导线附近的磁针立即会发生偏转，他深深地被这种奇异现象所吸引。

当时，德国古典哲学中的辩证思想已传入英国，法拉第受其影响，认为电和磁之间必然存在联系并且能相互转化。他想既然电能产生磁场，那么磁场也能产生电。

为了使这种设想能够实现，他从1821年开始做磁产生电的实验。无数次实验都失败了，但他坚信，从反向思考问题的方法是正确的，并继续坚持这一超常的逆向思维方式。

10年后，法拉第设计了一种新的实验，他把一块条形磁铁插入一只缠着导线的空心圆筒里，结果导线两端连接的电流计上的指针发生了微弱的转动，电流产生了！

随后，他又设计了各种各样的实验，如两个线圈相对运动，磁作用力的变化同样也能产生电流。

法拉第10年不懈的努力并没有白费，1831年他提出了著名的电磁感应定律，并根据这一定律发明了世界上第一台发电装置。如今，他的定律正深刻地改变着我们的生活。

法拉第成功地发现电磁感应定律，是运用超常的逆向思维方法的一次重大胜利。

以上讲的是在历史上和科技产业上的两个故事，再从衡量一个人事业上成功的标志看，我认为，不是看他登到顶峰的高度，而是看他跌到低谷的反弹力。此句话我感悟很深，42年来我一直不走顺风路，从下乡知青招工到养路工班扫马路，再从养路工班调入县公安局，又从县公安局转到县交通局，再从县交通局下到亏损企业任厂长，接着又返回县交通局，又从县交通局下往乡镇，直至50岁下岗，无职无岗无薪无劳保，进入深山老林挖山洞，5次到企业，5次返回行政事业单位，我还能写《快乐工作访谈录》，我还能说：60岁的年龄，30岁的心脏，20岁的心态。我还能心态淡然写《赢在超常思维》这本书，我是真快乐！真幸福！这与我有超常的逆向思维是分不开的。

在超常的逆向思维里，必须要运用三新：第一是新方法；第二是新行为；第三是新结果。

亲爱的读者朋友：与常规思维不同，超常的逆向思维是反过来思考问题，是用绝大多数人没有想到的思维方式去超常思考问题。运用超常的逆向思维去思考和处理问题，实际上就是以"出奇"去达到"制胜"。

因此，超常逆向思维的结果常常会令人大吃一惊，喜出望外，别有所得。也正因为此，在干事业的过程中，一定要有超常的逆向思维。

超常的逆向思维名言

◆熟悉的习惯，熟悉的路线，熟悉的日子里，永远不会有奇迹发生。改变思路，改变习惯，改变一种活的方式，往往会创造无限，风景无限！——网上摘语

◆这个世界唯一不变的真理就是变化，任何优势都是暂时的。当你在占有这个优势时，必须争取主动，再占据下一个优势，这需要常瞻的决断力，需要的是智慧！——网上摘语

◆给人金钱是下策，给人能力是中策，给人观念是上策。财富买不来好观念，好观念能换来亿万财富。世界上最大的市场，是在人的脑海里！——网上摘语

超常的逆向思维

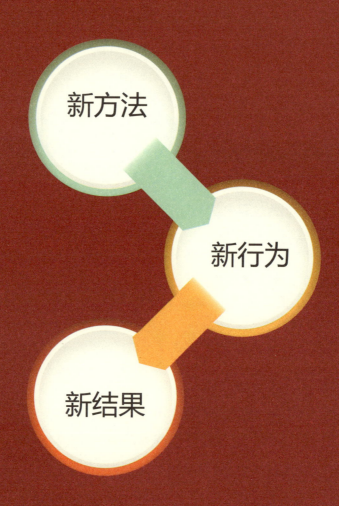

逆向思维金三点

第九十二课　超常的高低思维

俗话说"枪打出头鸟"，可俗话又说了"早起的鸟儿有虫吃"，这并不矛盾。因为这是高低思维的表现。所谓高，即高调做事，所谓低，即低调做人。不做出头鸟，是低调做人，做早起的鸟，是高调做事。

我曾经看到一篇《做人要低调，做事要高调》的文章，很受启发，特摘录如下：

"一、在姿态上要低调。平和待人留余地："道有道法，行有行规"，做人也不例外，用平和的心态去对待人和事，也是符合客观要求的，因为低调做人才是跨进成功之门的钥匙。

二、在心态上要低调。做人不要恃才傲物，当你取得成绩时，你要感谢他人、与人分享、为人谦卑。如果你习惯了恃才傲物，看不起别人，那么总有一天你会独吞苦果！请记住：恃才傲物是做人一大忌。

三、在行为上要低调。深藏不露，是智谋，过分地张扬自己，就会经受更多的风吹雨打，暴露在外的椽子自然要先腐烂。一个人在社会上，如果不合时宜地过分张扬、卖弄，那么不管多么优秀，都难免会遭到明枪暗箭的打击和攻击。

四、在言辞上要低调。莫逞一时口头之快，凡事三思而行，说话也不例外，在开口说话之前也要思考，确定不会伤害他人再说出口，才能起到一言九鼎的作用，你也才能受到别人的尊重和认可。虽说沉默是金，但沉默并不是让大家永不说话，该说的时候还是要说的。就像佛祖那样境界的人，也还是会与人说话，传授佛法，适度的语言本身也是一种沉默。

五、在思维上要高调。不论你遇到了多揪心的挫折，都应当以坚持不懈的信心和毅力，感动自己，感动他人，把自己锤炼成一个做大事的人。

学会自己鼓励自己：能自己鼓励自己的人就算不是一个成功者，但绝对不会是一个失败者，你还是趁早练练这"功夫"吧！

六、在细节上要高调。注重细节，从小事做起。看不到细节，或者不把细节当回事的人，对工作也会缺乏认真的态度，对事情只能是

敷衍了事。而注重细节的人，不仅认真地对待工作，将小事做细，并且能在做细的过程中找到机会，从而使自己走上成功之路。

所以，人生的高度，不是你看清了多少事，而是你看轻了多少事；心灵的宽度，不是你认识了多少人，而是你包容了多少人。"

常说：做事要把握度，掌握分寸，不能过分，也不能不及，遇到实际问题难以把握，直到后果发生了才知道过了。人各有不同，有的随便就过去了，遇事还是把握不好。有的善于总结，能做到清醒，遇事冷静，才能知道把握。要想很好把握，需要一定的控制力，就是自我克制的能力，同时还需要一定的耐心做保障。现实中需要把握的有很多：

一是对金钱与财富的把握。人的生存离不开金钱物质，但是又不能把金钱与财富放在第一位，因为物质只是维系生命的最低层次的需求，次序不能颠倒，有主有次，这就需要明白，清醒，冷静自控。这样才能做到有效的把握。

二是对金钱财富的获取也需要把握。君子爱财，取之有道，违背道义，违背法律，财富带来不是幸福，而是灾难和良心的不安。所以财富的获得不能违背法律，更不能违背自我的良知。

三是对情的把握。情可分为亲情、友情、爱情、亲情之间的关心和爱护，也需要把握，也不能太过，当人需要关心时，我们的关心才能被接受，当人不需要时，即使是好心，也不一定被接受，过分的关心和坚持，还会让人反感，自觉不平衡，好心不得好报。

友情之间的关心也要有度，各人都需要自由独立的空间，都有自己的处事原则和方法，所以要给予充分的尊重，否则关系就会紧张，维持不会太久，

同时要把握恰当的方法，这种方法不是虚情假意的，也不是强迫性的，如果是强迫关怀的好意也不会被接受，还让人反感。因为强迫违背了人的自由意志。所以关心别人也是有学问的。

爱情之间的度难以把握，把握不好就变成了私有独占，使爱情双方被牢牢控制，没有自由，没有幸福，最终由爱转恨，分道扬镳。

不明白别人真正需要什么？不尊重对方的人格和需求，是自私的表现，就如爱一只鸟，若是限制在笼子里，即使给再好的食物，也不能使鸟感受到幸福，因为鸟需要自由，需要广阔的空间，它真正的需要是飞翔。所以人与人之间需要理解，更需要彼此的尊重。若是把幸福建立在别人的痛苦之上，那是自私的，那样得不到别人的真爱，也不会有幸福可言。所以爱情需要理解，需要尊重。否则，这种爱情是不幸福的。

四是做事也要把握。

不能怠，也不能急，怠则影响进度，急则出错，欲速则不达，凡事尽力而不强求，冷静而不冲动，自尊而不下贱，自信而不自傲，对人尊敬而不傲慢，

崇敬而不崇拜，学习而不挑剔，欣赏而不忌妒，关心而不放纵，希望而不强迫，感恩而不怨恨，一视同仁而不分高低贵贱。

凡事都是说的容易，做到很难，因为没有很好去落实，还没有形成习惯，落实的过程其实是改变自我的过程，是改变原有的习惯的过程，包括思维习惯和行为习惯。所以难改的是习惯，改变习惯的过程，也需要把握，不要因为难而退缩，也不能急于求成，不改则痛苦，人生不幸福，事业不能算成功。所以不能为难而退缩，想改也要遵循法则，持之以恒，循序渐进，功到自然成，恒心毅力是法宝。

五是看淡而不看重。看重什么，就被什么所束缚，心就围绕什么转，视野受限，不能自主，不得自由，看重孩子就会过分关心，就会被伤害，就会寄托很高的希望，没有达到时，就会失望，受到的打击就大，因为看重，所以容易心动，看重爱人，看重财富，看重荣誉，看重事业，看重自我等等，都会使心灵受到束缚限制，本来心灵是生命的主人，肉身只是工具，由认识的错误颠倒，致使心灵的迷失，误把无常的肉体当成生命的主人，心灵沦为物质的奴隶，深陷苦海，不能自拔，平淡才接近自然，符合本性，平淡是真，味浓多食即伤身，平淡适量即天年，所以凡事不能看轻，也不能太看重。

最后要把握的，也是最关键的、最根本的是次序，也就是要分清主次，以什么为主？以什么为中心的问题，否则主次颠倒，轻重不分，本末倒置，就舍本逐末，事与愿违，痛苦烦恼是不可避免，在生命面前，名利财富不值一提，在自由面前，生命也是不重要的，心灵的终极需求是自由，虽然生命的需求离不开物质，但是不是主要，虽然要实现自我价值，但是自我价值的实现只是实现自由的手段和方法，因为人在实现自我价值的同时，可得生命的飞跃与升华，实现最大限度的自由和解放。

由此，超常的高低思维必须具备三种能力：一是想象能力；二是应变能力；三是逻辑能力。

亲爱的读者朋友：我们在运用超常的高低智慧思维时，必须把握好度的运用。

超常的高低思维名言

◆ 人之才器，各有分限；大小异宜，不可逾量。——（中国唐代）政治家魏征

◆ 生活随人的勇气大小而收缩或膨胀。——（美国）思想家安耐丝·尼恩

◆ 理智不能用大小或高低来衡量，而应该用原则来衡量。——（古罗马）哲学家爱比克泰德

超常的高低思维

想象能力

应变能力

逻辑能力

高低思维金三点

第九十三课　超常的增值思维

　　垃圾是一种人见人恨的污染，处理垃圾需要消耗财富，但建立垃圾发电厂后，垃圾就成了可以用来发电的原料，能够创造财富。变废为宝，让没有产生效益的东西产生效益，让已经产生效益的东西产生更多的效益，这就是增值思维。

　　在生活中，在干事业的过程中，在人的整个生命历程中，我们要遇到多少像垃圾这种产生污染，处理起来还要劳民伤财的事物？人生不如意者十之八九，我想是很多很多的。但如果有超常的增值思维，情况就不一样了，因为这些不如意的事情，都能产生自身的正面价值。一句"不经一番寒彻骨，哪得梅花扑鼻香？"就差不多解释了所有苦难的价值。但如果没有超常的增值思维，那么所有的苦难，就永远都只是苦难，是怨天尤人的资本，是人生永远无法挥去的伤痛和累赘。

　　当然，财富分精神财富和物质财富两种。在市场经济中，超常的增值思维更多的是和物质财富挂钩，如果没有能够创造更多的物质财富，就没有达到增值的目的。

　　在日常生活，人们听得最多的是电信或 IT 领域里面的增值服务，很少有在其他领域里的增值的思维意识，更多的是停留在创造更多的经济效益的层面。

　　湖南省绥宁县曾经被联合国教科文组织命名为"地球上一块未被污染的绿洲"这本身就是无形品牌资源，绥宁县境内黄桑国家级自然保护区内山势起伏，峰峦叠翠，溪谷幽深，古木参天，高山流水相映成景，鬼斧神工，构成了南方原始次生林自然而古朴的神奇景象。铁杉林、鸳鸯岛、六鹅洞、曲幽谷等都是特级的生态旅游资源，其中，黄桑神龙洞也是一项溶洞旅游资源，但还不能算财富，为什么呢？黄桑神龙洞原名叫龙宫洞，经过当地人原始粗加工，里面装了一些电灯，凡是进洞观览的游客，每人收门票 10 元，增加到两三人时，每人交两三元也可以进去一游，看上十几分钟就出来了。我接手管理后，根据南岳玄真大师的命名，改称神龙洞，将洞内三层增加到六层，挖掘出红蝙蝠、花蝴蝶、野生娃娃鱼、飞翔天龙和雄伟地龙等特色旅游亮点，被考察洞穴权威专家命名为中国原始生态第一洞、湖南省地质公园、省市文物保护景点，被湖南

省旅游局评定为"湖南省乡村四星级旅游景区",神龙洞景点门票定为每人每次60元,游客们未进洞前觉得有点贵,游玩洞出来后都说花上60元值得看,其实这就是增值。

而在10年前,我进驻到黄桑神龙洞,在一无资金,二无人力的情况下,头5年我吃住在洞内,一担土又一担土从洞内背出来,一块砖又一块砖从洞外搬进去,日复一日,年复一年,吃野菜、睡洞内,承受世人各种各样的议论,始终坚持不懈,毫不动摇。10年后的神龙洞,只要进入洞内游览的人们都说好,都说神奇。很多人问我为什么有这样的眼光?为什么有这样的信心、决心、恒心?我很明确地回答:因为我有超常的增值思维。

我听到不少人在聊天谈心时总是说:现在赚钱愈来愈难了,不知道干什么才好。

我说一个两位年轻人的故事:一个叫小周,每个月省吃俭用,把打工得来二分之一的工资都省下来,到处找投资机会,同时工作也还算努力,工资逐年增长;另一个叫小赵,每个月省吃俭用,也把打工得来二分之一的工资都省下来,用于学习各种技能,提升自己的管理能力和专业水平,比如英语、设计、软件等。三年后,由于小赵工作能力不断提高,工作认真负责,事业上稳步上升,进入了公司核心管理层,自然收入上跟小周拉开了差距,进入的圈子也和小周不同,交往到更优秀的朋友。

这是什么原因呢?很简单,小周的方法是投资增值用钱挣钱,小赵的方法是投资用在自己身上增值,让自己在这个社会上更值钱。

投资挣钱不稳定,有风险,投资自己值钱长久稳定,风险可控。所以,三百六十行,行行都有商机,行行都有钱赚,关键是你不管进入何种行业,都要打开超常增值思维的思路,不要看短期的、眼前的现状,而要从长远去想如何把它做得更好。即:

你个人是否值钱?

你跟定的管理者是否值钱?

你进入的行业是否值钱?

只要三者都值钱,你只管提升其内在的和外在的价值,这就是超常的增值思维。

有些小幽默段子很有意思,如:

1. 银行是怎么增值的?

银行家的儿子问爸爸:"爸爸,银行里的钱都是客户和储户的,那你是怎样赚来房子、奔驰车和游艇的呢?"银行家:"儿子,冰箱里有一块肥肉,你把它拿来吧。"儿子拿来了。"再放回去吧。"儿子问"什么意思?"银行家说:"你看你的手指上是不是有油啊?"

2. 投行的增值？

有一个投行菜鸟问："投行的资金怎么增值？"前辈拿了一些烂水果问他："你打算怎么把这些水果卖出去？"菜鸟想了半天说"我按照市场价打折处理掉。"这位前辈摇头，拿起一把水果刀，把烂水果去皮切块，弄个漂亮的水果拼盘说："这样，按照几十倍的价格卖掉。"

3. 销售增值？

男生对女生说：我是最棒的，我保证让你幸福，跟我好吧。——这是推销。

男生对女生说：我老爹有三处房子，跟我好，以后都是你的。——这是促销。

男生根本不对女生表白，但女生被男生的气质和风度所迷倒。——这是营销。

女生不认识男生，但她的所有朋友都对那个男生夸赞不已。——这是品牌。

4. 分享的升值？

如果你有 6 个苹果，请不要都吃掉，因为这样你只吃到一种苹果味道。若把其中 5 个分给别人，你将获得其他五个人的友情和好感，将来你会得到更多，当别人有了其它水果时，也会和你分享。

人一定要学会用你拥有的东西去换取对你来说更加重要和丰富的东西。放弃是一种智慧，分享也能增值。

如果要归纳超常的增值思维，我认为要记住这三条：第一条是内在价值；第二条是外在价值；第三条是资源价值。

亲爱的读者朋友：以我开发建设黄桑神龙洞为例，我总结一句话：拥有各行各业的资源还不能算财富，善于将各行各业的资源用好用活，使之超常增值才能创造财富。

超常的增值思维名言

◆ 其实任何一个领域都可以有很大的改善，当大多数人恐惧的时候就是最好赚钱的时候。——网上摘语

◆ 赚钱之道很多，但是找不到赚钱的种子，便成不了事业家。——网上摘语

◆ 不赚钱的商人是不道德的，不赚钱你就只能确保自己的生活，不能给员工好的工资福利待遇，不能给国家上缴利税，不能给客户带来实惠。——网上摘语

超常的增值思维

资源
价值

内在
价值

外在
价值

增值思维金三点

第九十四课　超常的退让思维

　　进一步粉身碎骨，退一步海阔天空。为了更好地前进，有时候必须要退让，这就是退让思维。干事业，最怕的是蛮干，不知退让。

　　说一个故事，曾经有一位建筑商，年轻时就以精明著称于业内，那时的他，虽然颇具商业头脑，做事也成熟干练，但摸爬滚打许多年，事业不仅没有起色，最后还以破产告终。

　　在那段失落而迷茫的日子里，他不断地反思自己失败的原因，想破脑袋也找寻不到答案。

　　论才智，论勤奋，论计谋，他都不逊于别人，为什么有人成功了，而他离成功越来越远呢？

　　百无聊赖的时候，他来到街头漫无目的地闲转，路过一家书报亭，就买了一份报纸随便翻看。

　　看着看着，他的眼前豁然一亮，报纸上的一段话，如电光石火般，击中他的心灵。

　　后来，他以一万元为本金，再战商场。

　　这次，他的生意好像被施加了魔法，从杂货铺到水泥厂，从包工头到建筑商，一路顺风顺水，合作伙伴，趋之若鹜。短短几年内，他的资产就突飞猛进到一百亿元，创造了一个商业神话。

　　有很多记者追问他东山再起的秘诀，他只透露四个字：只拿六分。又过了几年，他的资产如滚雪球般越来越大，达到一百亿元。

　　有一次，他来到大学演讲，期间不断有学生提问，问他从一万元变成一百亿元到底有何秘诀。他笑着回答因为我一直坚持少拿两分。学生们听得如坠云里雾里。

　　望着学生们渴望成功的眼神，他终于说出一段往事。他说，当年在街头看见一篇采访李泽楷的文章读后很有感触。

　　记者问李泽楷："你的父亲李嘉诚究竟教会了你怎样的赚钱秘诀？"李泽楷说："父亲从没告诉我赚钱的方法，只教了我一些做人处事的道理。"记者大惊，不信。

李泽楷又说："父亲叮嘱过，你和别人合作，假如你拿七分合理，八分也可以，那我们李家拿六分就可以了。"

说到这里，他动情地说，这段采访我看了不下一百遍，终于弄明白一个道理：做人最高的境界是得利退让，所以精明的最高境界也是退让。

细想一下就知道，李嘉诚总是让别人多赚两分，所以，每个人都知道和他合作会占便宜，就有更多的人愿意和他合作。

如此一来，虽然他只拿六分，生意却多了一百个，假如拿八分的话，一百个会变成五个。到底哪个更赚呢？奥秘就在其中。

我起初犯下的最大错误就是过于精明，总是千方百计地从对方身上多赚钱，以为赚得越多，就越成功，结果是，多赚了眼前，输掉了未来。

演讲结束后，他从包里掏出一张泛黄的报纸，正是报道李泽楷的那张。多年来，他一直珍藏着。报纸的空白处，有一行毛笔书写的楷体：七分合理，八分也可以，那我只拿六分。

这位建筑商就是台北全盛房地产开发公司董事长林正家。他说，这就是一百亿的起点。

小胜靠智，大胜靠德，厚积薄发，气势如虹。只懂追逐利润，是常人所为；更懂分享利润，是超人所行。

人生百年，不可享尽世间所有荣华富贵；惠及退让，能够得到更多无量功德。

人的一生给别人借道时，实际是在给自己修路。金钱、权力、名望都是自己的福报，都靠什么承载？靠符合万物规律的德行。所有的财富、智慧、一切，老祖宗用一个字来代表叫物。厚德才能承载万物，千金财富必定是千金人物。

回首我自己，在小小的县城，特别是年轻一辈的干部里面，不一定认识我，说到"宋会鸣"三个字，有相当部分的青年干部都知道。我曾经在所管辖的宾馆内带人打扫卫生或端饭菜，碰上一些青年干部，扯上两句，有来往人员中喊"宋总"，这些青年干部往往露出很惊讶的神态说："哦，你就是宋书记"。"哦，你就是宋主任"。有相当一部分干部提起我，总是说："宋会鸣是个有水平的人"。"宋会鸣是个有能力的人"。我从来没有炫耀过自己有水平，也从来没有吹嘘过自己有能力。

其实，我一直评价自己是一个很普通的人，一个很平凡的人。也有人问我："你为什么总是这么看轻自己呢？"我觉得看轻自己好！看轻自己，我能够安心从事养路工作；看轻自己，我能够发奋学习，勤奋工作；看轻自己，我能够调出公安到交通工作；看轻自己，我可以放弃优越条件，到亏损、复杂的企业第一线工作；看轻自己，我到乡镇勇于提出只任副职，不任正职的要求；看轻自己，我敢于从县里到省城工作；看轻自己，我又敢于从省城返回县里从事抹桌子扫地的接待工作；看轻自己，我50岁下岗敢于到深山老林挖洞谋生存……

因为我能够看轻自己，我总是很知足；因为我勇于看轻自己，我对获得的成功珍惜有加；因为我敢于看轻自己，我不自傲和奢侈；因为我善于看轻自己，我不专横和贪婪；因为我一直看轻自己，我才能够逐渐实现个人志向，始终如一是一个普通的人和一个平凡的人。

当我进入老年之际，当我经历了人生风风雨雨之后，我深深体会到：看轻自己是福，当一个普通而又平凡的人真好。

所以，超常的退让思维有三样法宝：一是大度；二是宽容；三是谦卑。

亲爱的读者朋友：要有超常的退让思维，有时候以退为进，才是最好的选择。

超常的退让思维名言

◆到了热血沸腾、理智允许的时候还不敢挺身向前的人，就是懦夫；达到了预想的目的后还在冒进的人，就是小人。——（德国）诗人、散文家海涅

◆放弃同样是一种选择，放弃并不是自己无能，而是因为自己有了更好的选择。有时候，放弃比坚持更需要勇气。——（中国现代）践行者·九溪翁

◆不耐烦，干不得事；不忍气，做不得人。——（中国清代）思想家申涵煜

349

超常的退让思维

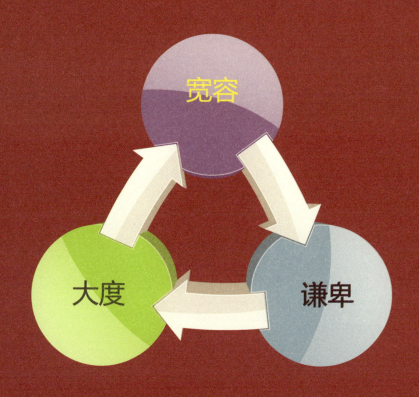

宽容

谦卑

大度

退让思维金三点

第九十五课　超常的金融思维

金融的核心是跨时间、跨空间的价值交换，所有涉及到价值或者收入在不同时间、不同空间之间进行配置的交易都是金融。所以，金融思维并非单单只是指的钱，而是指的价值交换，价值交换越活跃、门类越多、交叉越厉害、延伸越广阔，金融就越发达。而所谓的金融思维，就是拿自己有的，去换自己所希望得到的。

很多人说自己不懂金融，但是却无时无刻不在进行着金融的活动。用信用去换钱，用钱去换团队，用体力或脑力去换工资，用同样的工资去换更具能力价值的人等等最常见的交易，都是金融行为，只是没有上升到金融思维的高度，一旦上升到超常金融思维的高度，那么他的世界观、价值观、人生观和格局观都将发生质的飞跃，因为通过超常的金融思维，可以创造一切！

银行、保险、证券都是最赚钱的公司，它们有一个共同点都是拿别人的钱来赚钱！唐僧、刘邦、宋江、巴菲特、马云，古今中外这些人，都是借用别人的钱和资源完成了自己的梦想。所以，最赚钱的公司和最有钱的人都是用借别人的钱和动用别人的资源的顶级高手！

秦始皇想要一统天下，但是不知道如何才能实现。于是，他用自己的诚意和高官厚禄换来了尉缭的帮助，尉缭把消灭六国的计策作为交换物与秦始皇进行价值交换。而后，秦始皇遵从尉缭的策略，花费重金贿赂六国权臣，作为对秦始皇巨额贿赂的价值交换，六国权臣让六国相互之间再也没有联合起来。于是，秦始皇得以逐个消灭六国，成功实现秦国的梦想统一天下。从政治的角度来看，这是权谋，但是，从经济的角度来看，这就是超常的金融思维。秦始皇开办的企业——秦国，用可以量化的资金作为投资，用资金武装起来的军队攻势作为筹码，通过一番激烈的交锋，强行收购了六家企业——齐、楚、燕、韩、赵、魏六国，成为中华大地上唯一的一家大企业，以超常的金融思维垄断了中华。

当然，由于价值的体现形式是钱，所以金融的体现形式往往被货币本身所代替。正因为如此，所以人们通常只把与资金直接相关的市场经济活动才算作是金融。这种理解片面而且狭隘，严重限制金融意识和金融思维的养成，钱是给内行人赚的，如果不能在日常生活中养成超常的金融思维习惯，则极难在市场上运用好金融工具，取得更好的成绩。

说起罗斯柴尔德家族，懂得金融的人并不陌生，因为这个延绵数百年的家族早就被世人神化，成为现代阴谋论的主角，几乎每一场战争和灾难的背后，都有罗斯柴尔德家族的身影。实际的情况可能没有这么神奇，但是罗斯柴尔德家族通过超常的金融思维手段干预政治，从而左右一个国家的兴衰走向从中渔利的事情，却是的确发生过，而且不止一次两次。

罗斯柴尔德家族的创始人梅耶最小的儿子詹姆斯在拿破仑执政时期，主要来往于伦敦和巴黎之间，建立家族运输网络来走私英国货。在帮助威灵顿运送黄金和英国国债收购战之后，詹姆斯在法国名声大噪。他建立了罗斯柴尔德巴黎银行，并暗地里资助西班牙革命。

从 1818 年的 10 月开始，罗斯柴尔德家族开始以其雄厚的财力做后盾，在欧洲各大城市悄悄吃进法国债券，法国债券渐渐升值。然后，从 11 月 5 日开始，突然在欧洲各地同时放量抛售法国债券，造成了市场的极大恐慌。

当眼看着自己的债券价格像自由落体一般滑向深渊，法国国王路易十八觉得自己的王冠也随之而去了。此时，宫廷里罗斯柴尔德家族的代理人向国王进言，试图让富甲天下的罗斯柴尔德银行挽救局面。原本瞧不起罗斯柴尔德家族的路易十八，此时再也不讲皇家的身份地位，马上召见了詹姆斯兄弟。而詹姆斯也不负他的期望，一出手就制止住了债券的崩溃，成了法国上下瞩目的中心。

在法国军事战败之后，詹姆斯兄弟从经济危机中拯救了法国，他们的银行也成了人们竞相求贷的地方。至此，罗斯柴尔德家族完全控制了法国金融。控制法国，只是罗斯柴尔德家族金融战争的一个案例，除法国之外，同时期的奥地利、德意志邦联，都被罗斯柴尔德家族以所谓的超常金融思维手段攻陷，他们资助战争、扶持反对派、制造恐慌和危机，然后从中渔利。

所以，超常的金融思维要熟悉三点：一是资产扩张；二是资本放大；三是资源增值。

亲爱的读者朋友：金融大鳄们使坏的做法不能学习，但是，如果没有超常的金融思维，不懂得超常的金融思维，那么就只能任由他们使坏，而毫无招架之力了。因此，应有超常的金融思维，掌握金融知识。

超常的金融思维名言

◆一生能够积累多少财富，不取决于你能够赚多少钱，而取决于你如何投资理财，钱找人胜过人找钱，要懂得钱为你工作，而不是你为钱工作。——网上摘语

◆从事每笔交易，你都要有最坏的心理准备。因此要少量多次经营。——（英国）丹尼斯

◆跑销售，当你跑的不好意思的时候，就是客户不好意思不买的时候。——（中国现代）践行者·九溪翁

超常的金融思维

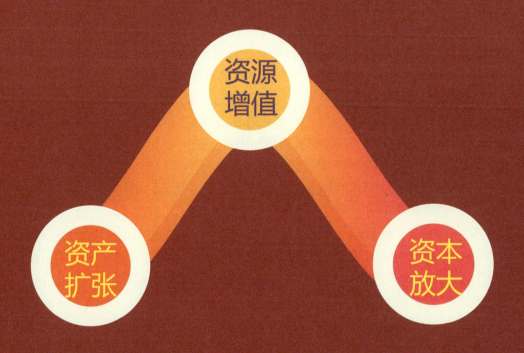

金融思维金三点

第九十六课　超常的造势思维

　　造势，简单地说就是制造出一种声势，以利于自己开展某项活动或某件事，从而达到预期的目的。值得说明的是，造势不是说假话，说空话，说大话。

　　造势是超常志向的体现，超常规划的体现，超常决心的体现，也是超常行动的体现。超常的造势思维，其目的在于用势。这里所说的势，包括态势、条件、环境、时机。"势"的本意就是一切事物独特的力量表现出来的趋向。

　　"《吕氏春秋》的《贵因》篇，让我们知道了'因'的重要。顺应时势，因时因势，才能无敌于天下。" 如果按照马克思的内因决定外因，外因反作用于内因的理论来说，"顺应时势，因时因势"是不能无敌于天下的，因为时势，因势都只是外因，而内因才是起决定作用的。 再想到"势"。 有一个比喻，说一块石头，放在平坦的地上，没有任何力量，因为"势"没有形成。可是，如果把它放在高山上，就有了"势"，一旦滚落，其力量不可小视，因为"势"成了。说到势，我就打一个很不恰当的比方，石头在高山上，如果它没有滚落，即使它在高山上 有了势，但它还是巍然屹立。大石头即使在平地，它稍微挪动个地方力量也不可小瞧，甚至让你躲闪不及；小石头则不然，小石因自身力量的弱小，就算滚到你脚下，你还能一脚把它踢开呢。天时，时机，是造势的有利条件，不是必然条件。顺应时势，是英雄当仁不让。但不是说有了时势就能造出个英雄来。英雄可以以自己的智慧造时势，中国近代历史上毛泽东，蒋介石，可以说是时势给他们创造了条件，让他们成为"英雄"，但是最主要的是他们造就了历史，造就了时势，这是大局势。

　　从小的方面说，就拿一个公司当例子吧，公司是平台，领导人是英雄，公司内部的总和是时势，领导人有"能"可以造时势，是"英雄"。如果公司领导人是"英雄"，那么他就能把握时局，适时而动，在公司造一种局面，这个局面对公司内部来说也是一种时势吧。

　　古人"大势所趋"中的"势"就是这个意思。古人很早就有造势思维。"求之于势，不责于人"，指的就是要善于求取大势，从全局上解决问题，不要着眼于细枝末节，苛求局部。因此，懂得势，培养超常的造势思维，学会利用势，对我们人生和事业的成功是很有好处的。如果从大处着眼，三国时期，曹操挟天子以令诸侯这种造势的做法是很可取的。东汉末年，民不聊生，黄巾军起义，盗贼纷起，天下纷争，豪杰并立，各方经常混战不已，朝廷已经没有能力节制诸侯们的行为。但是，对于朝廷的尊敬，在一般人的心中还是存在的。也因此，诸侯们行动的时候每每喜欢强调自己的正统，说自己奉了谁谁的密诏，将对方作谋反者与不君者，在舆论上取得先机，获得优势。

如果从小处入手，有一个空手套白狼的小故事，不管是真还是假，很有意思，特摘录如下：

"爹对儿子说，我想给你找个媳妇。儿子说，可我想自己找！爹说，但这个女孩子是比尔·盖茨的女儿！儿子说，要是这样，可以。

然后他爹找到比尔·盖茨说，我给你女儿找了一个老公。比尔·盖茨说，不行，我女儿还小！爹说，可是这个小伙子是世界银行的副总裁！比尔·盖茨说，啊，这样，行！

最后，爹找到了世界银行的总裁，说，我给你推荐一个副总裁！总裁说，可是我有太多副总裁，多余了！

爹说，可是这个小伙子是比尔·盖茨的女婿！总裁说，这样，行！"

所以，超常的造势思维往往形成三个阶段：一是借势；二是用势；三是有势。

亲爱的读者朋友：从大处着眼也好，从小处入手也罢，超常的造势思维没有一个固定模式，时间不同、地点不同、环境不同、所干的行业不同以及面对的对象不同，超常的造势思维的方式方法也有所不同。俄罗斯飞机穿越湖南张家界景区天门洞是热热闹闹地造势，诸葛亮空城抚琴退司马是冷静沉着地造势，二者的环境有极大的差异，超常造势的方式方法也就有了极大的差异。

超常的造势思维名言

◆人生重要的事情就是确定一个伟大而又看得见、够得上但又必须努力才能达到的目标，并决心实现它。——（中国现代）践行者·九溪翁

◆我们对于真理必须反复地说，因为错误也有人在反复地宣传，并且不是个别的人，而是有大批的人宣传。——（德国）文学家、自然科学家歌德

◆我对于事业的抱负和梦想，没有太多奢求，也没有过多的幻想，就是以"真"为开始，"善"为历程，"美"为目标。——（中国现代）践行者·九溪翁

超常的造势思维

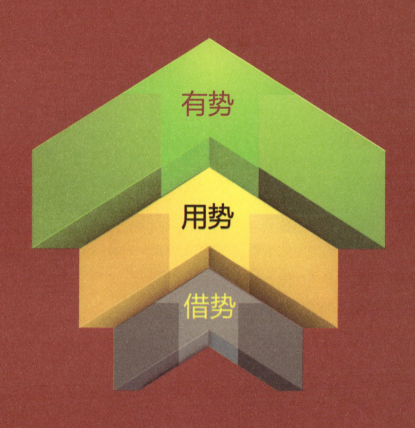

有势

用势

借势

造势思维金三点

第九十七课　超常的无悔思维

我写到"超常的无悔思维"，就和我个人联系上了，我在 48 岁之际，曾经写出个人自传，书名就叫《经历无悔》，上卷《实践人生》，52 万字，下卷《感悟人生》，48 万字，自序的结尾我写道：

　　"《经历无悔》的我，是千千万万本自传及回忆录的作者之一。我写出来的目的：每个人的生命只有一次，活着就应该是一本好书。我是这么想，也就这么做，是这么做了，我也就这么写，书的内容是鼓励人们热爱生活，尊重工作；对生活充满信心，对工作充满激情。力争使看过本书的人明白一个道理：每一个人都有自己不同的人生经历，都可以通过努力去创造。人生在世必须对自己负责，对家庭负责，对国家负责，做一个无愧无悔的人。"

由此，我归纳为八个字：人生无悔，人生无废。无悔思维，不是说犯了错误死不悔改，而是指要面向未来，而不是面向过去。不管什么事情，都不可能绝对完美。人有悲欢离合，月有阴晴圆缺，如果沉浸在过去的一些错误之中，悔恨不已，无法自拔，那么还如何前进呢？

古人说得好："往者已逝，来者犹可追"。又说："尽吾力而为之，可以无悔矣。"干事业，做人，都是一样的道理。尤其是对于创业的人来说，在做事时全力以赴，纵然失败，也无需后悔，而是总结经验教训继续前行，唯有这样，才能越做越好，遗憾越来越少。

马云第一次创业，是开翻译社，以失败告终。

即便是在创立阿里巴巴后，马云也犯了不少错误。2013 年的一次颁奖典礼上，马云说，如果将来要写书，就写《阿里的 1001 个错误》。他还说，阿里其实不止犯过 1001 个错误，许多错误看到了，但理会的时间都没有。15 年间，有人总结出马云犯过十大错误，这里只讲三个，因为在马云看来有 1001 个，是讲不完的。

第一大错误是好大喜功，盲目追求高大上，1999 年迁都上海铩羽而归，结果是公司总部重新迁回杭州，再也没离开过。1999 年，阿里刚起步，员工的办公场所，是马云那 150 平米的家。获得融资后，马云开始飘飘然，将公司总部搬到美国，国内总部搬到上海，马上发现水土不服，又重新迁回杭州。事后分析，上海多是大型国企、外资企业，而阿里服务对象多是中小企业，杭州聚集着大量制造外贸企业，它们有实实在在的电商需求。

第二大错误是 2001 年到 2003 年间，扩张过快，运营费用居高不下导致节奏失控，最终以公司大幅裁员减薪结束。1999 年创办之初，阿里实现市场净利润 287 万元。随后，又分别获得高盛、软银等 500 万、2000 万美元的投资。财力的增强，打乱了马云原有的节奏，拿到钱后的阿里反陷入混乱之中。2000 年，阿里在海外疯狂扩张，运营成本居高不下。在中国香港、美国、欧洲、韩国需要大量进行市场推广，广告费用每月开销是天文数字，且没有分文收入。2001年 1 月，阿里银行账户余额不足 1000 万美元。很快，阿里召开了历史上的"遵义会议"。当时担任首席运营官的是从 GE 空降的关明生，他在一天之内就把美国团队从 40 人裁到 3 人，并且相继关闭在香港、北京、上海办事处。剩下的员工，薪资减半但期权加倍。三个月后，阿里每月运营费从 200 万美元，缩减到 50 万，度过了危险期。

第三大错误是盲目相信空降兵，导致空降兵集体阵亡，而当年的 18 罗汉却有 7 位犹在。1999 年，阿里 18 罗汉放弃北京高薪，跟着马云回杭州创业。两年后一次演讲上，马云告诉他们："不要想着靠资历任高职，你们只能做个连长、排长，团级以上干部得另请高明。"大规模引进职业经理人。事后总结马云承认自己犯了错误。15 年过去，此次赴美上市，28 位合伙人名单里，还有 7 位"罗汉"，依然坚守在阿里，如彭蕾、戴珊、谢世煌、吴泳铭……个个身居要位。其余离开的 11 位，也大多担任要职。反而那些当时请的"空降兵"，早就"集体阵亡"。马云着实小看了当年那群"土鳖"，也小看了自己。一次公开演讲，马云说道："真没想到，10 年以后，我们变成了今天这个样子。"

"光列出来的三个错误，就都曾险些让阿里致命，然而还有更加凶险的。可能最让马云后悔的，是与雅虎的合作。雅虎以 10 亿美元的投入，换来了阿里 39% 的股份，后来雅虎易主，与马云私交甚好的杨致远下台，作为阿里最大股东的雅虎与马云起了控制权之争。为了夺回控制权，马云背着骂名将雅虎的股份逐渐赎回，付出惨重代价。"

马云有后悔过吗？是人就都会有后悔的情绪，但是，强者与弱者的差别就在于面对错误和危难的时候是向前看还是向后看。很明显，马云选择了向前看，不断地犯下错误，又不断地修正错误，正如他自己所言，有些错误连理会的时间都没有，更别提后悔了。

有一篇文章写得很好，我摘录如下：

"人生都在路上行走，坎坷泥泞都是心情，人生是一幅风景，描绘涂鸦都是心境，每一种心情的沉浮都能成就一种人生，每一种心境的曲直都能诠释一种人生，行走与风景都是人生选择的历程。至于，人生是生命的修行，还是生命的旅行，生命是在路上匆匆奔走，还是在风景中寻找追求，则完全取决于心情感染灵魂的深度，以及心境回归纯粹的程度。

一声叹息，牵心而行，念着的芬芳，用回忆去记得；一语欢喜，随心而往，追寻的梦想，用一生去创造；人生冷暖片段，珍藏在心，感悟在心；一些知遇，经得起风霜的侵蚀，就是最珍贵；一些情义，经得起时间的验证，就是最幸福。人生很短，不留遗憾，爱意不多，圆满最美，在每个季节交替中，微笑着清欢，快乐着幸福。

我们常常为一些事情感到纠结和烦恼，有的烦恼可以化解，有的烦恼是无法从根本上消除，唯一能够转变的就是我们自己的心态，另外就是让时光来冲淡这一切。人生的历程就是一个从不知到知，从否定到肯定，如此不断反复循环。无论怎样，都要给自己微笑，给自己信心。你微笑，世界也会给你笑脸。

生活中总有一些事，需要自己去体会，才能懂得；总有一些人，需要时间看清，才会理解；无所谓聚散，无所谓得失，不奢求太多，不刻意追寻，自己的路自己走，自己的心自己懂，无人可代替，无人可懂得，困难，我们自己去承受，欢欣，我们自己去感受。

世间尘缘万千，不可能缘缘完满，瞬间感动，也是真情流露；俗世纷扰不断，总有是非恩怨，牵挂惦念，是最真的情感。离别，是岁月的过；错过，是时间的错，曾经在生命里出现的人，带着感激去记得，要学会豁达。有些人，宽容，就无怨；有些错，原谅，就心宽；有些事，回忆，就温暖；有些景，入目，就绚烂；有些结，打开，就舒坦；有些怨，放下，就轻松；人生无悔，就是完整；生活愉快，就是完满。

凡事往好处想，凡事往前方看，命运给了我们悲哀，这不是我们的错，但是它不能左右我们的人生答案，一切都会有惊喜，一切都会有转机，相信自己就是自己的奇迹。人生没有挫折就不能堪称是完美的人生，只有见风雨，才能见彩虹？

年年岁岁花相似，岁岁年年人不同，生活不易，人心不同，不苛求太多，不刻意太多，花开花谢，送走的，都是过去；草木荣枯，留下的，都是美好。患得患失，都是收获，聚散分离，都是风景，悟过，思过，平凡淡然了心灵的喧嚣，宁静充盈了心智的成长，就用淡泊写意人生，用安然葱容时光，淡看流年烟火，细品岁月静好。

生活，因有情共享而温暖，日子，因有爱共存而幸福。一生很短，不必追求太多；心房很小，不必装的太满。家不求奢华，只愿充满温馨；爱不求浪漫，只愿一生相伴。在平淡中，感受真实；在牵挂中，体会温暖。幸福其实很简单，只要有人懂；快乐其实很容易，只要有人陪。遇见的多了，才知道相守最真；经历的多了，才知道平淡最美；失去的多了，才知道拥有最好。

很多时候，越是看重的东西，越得不到；越是在乎的感情，越抓不住。对一个人太好，总觉得是刻意讨好。对一些情太真，却得不到等同的回报。因为人都是有感情的，付出的是真心却是不重要，难在提起，更难是放下。痛在卑微，更痛是输给了认真。人这一辈子怎么活都是活，跨不过的门槛，别硬跨。得不到的感情，别强求。珍惜当下才配拥有，懂得放下才有从容。

生命是一种缘，你刻意追求的东西也许终生得不到，而你不曾期遇的灿烂，反而会在你的淡泊从容中不期而至。我们马不停蹄地寻找幸福，蓦然回首，幸福其实就在身边，我们需要做的是停下来，慢慢感受这份幸福。一生中，想要追求的东西太多了，殊不知，有舍才有得，这是一种智慧，而我们更需要这样一份心境。

生命原本就是一个摸索的过程，人间冷暖，世态炎凉，都会遍尝。怀揣心底的希望与梦想，悠然行走在生命的风雨历程，不能因一点小挫折就不去走路。尽管风雨依旧，尽管道路坎坷泥泞，但我们依然会继续坚持着走下去，因为心中的梦想如同每天的晨曦，时时都在赋予我们生命的希望与信心。让希望引航，与阳光同行。

人生，贵在淡心。有些事看得太清，乱于心；有些人看得太透，困于心；有些情看得太重，伤于心。没什么放不了的，痛了自然会放下；没什么过不去的，退一步海阔天空。人生苦短，少为离别伤感。生命不过几十年，世事不必看得太分明。尽力了，也就无憾；尽心了，就是无怨。简单的幸福，一切随心，一切随缘！"

因此，超常的无悔思维必须要拥有三点：一是自信；二是充实；三是快乐。

亲爱的读者朋友：对于创业的人来说，每天都是很忙的，高速发展下，除了致命的重大失误，有些错误的确连理会的时间都没有，即便是致命的错误，后悔也没有意义，只会耽误抢救的时间。

所以，超常无悔地向前吧！

超常的无悔思维名言

◆经历无悔！——（中国现代）践行者·九溪翁

◆你想有所作为吗？那么坚定地走下去吧！后悔只会使你意志衰退。——九溪翁

◆生活的道路一旦选定，就要勇敢地走到底，决不后悔。——九溪翁

超常的无悔思维

自信

充实

快乐

无悔思维金三点

第九十八课　超常的选择思维

也有先睹为快的朋友看我写的初稿和修改稿，问我为什么要把"超常的选择思维"放到最后第二篇呢？似乎选择嘛应放到前面才好？

是啊！按常理应将"超常的选择思维"放到前面。但我认为：选择太重要了！因为成功路上需要选择，但会选择的人不多。

太多的人是因为别人和他说了，这个行业不错，挺赚钱的，到我这里看看吧！由此而投奔那个人，在那个人的介绍下进入某家公司，开始运作属于他的事业。孰不知，这个是你本人的选择吗？你知道如何选择吗？也未必！很大一部分跟风者，因此被淘汰，成为行业过客。

故尔，超常的选择思维太重要了！

前面九十七篇如果离开了选择或选择错了，所有一切都将南辕北辙、出现严重错误，导致失败。所以我将选择放在最后第二篇，就好比看书一样，随着印刷技术的飞速发展，书籍愈来愈多，多到你看不完，再加上互联网的日新月异，网上的知识太多太全了。但是，我还是希望你能看看《赢在超常思维》这本书，这也是选择，选择你的生活，选择你的人生，选择你的所有一切！

"有的人活着，他已经死了；有的人死了，他还活着……"人与人之间之所以出现如此大的差距，在于选择的不同。

你 3 年前的选择，决定了你今天的现状；而你今天的选择，又可决定 3 年后甚至一辈子的你。所以，一定要有超常的选择思维。

选择是我们人生最大的挑战。一个人靠思想引导着他人生的方向和道路，超常的选择思维就是关键。一切消极的情绪都不利，只有积极的心境才能创造健康的未来。因此，如何认清自己的思想是关键，你必须注意观察自己的思维。

你是把思想放在好的一面，还是坏的一面？如果你知道怎样选择，就会改变你的人生。

辛亥革命失败以后，毛泽东弃武从学。但学什么呢？毛泽东就曾说："我并没有判断学校优劣的特定标准，也不明确自己究竟想干什么。"他对学校的了解一是报纸广告，二是朋友介绍，其选择过程很能见出他的性格，一个警政学校的广告引起他的注意，于是去报名投考。但在考试以前，他看到一所制造肥皂的"学校"的广告，它不收学费，供给膳食，还答应给些津贴。这是一则吸引人鼓舞人的广告。于是他改变了投考警校的念头，决定去做一个肥皂制造家。这时候，他的一个朋友成了学法律的学生，朋友劝他进他们的学校。另一个朋友则劝告他，说国家正处于经济战争中，当前需要的人才是能够建设国家的经济学家。毛泽东被打动，于是又花了一元钱向这个商业中学报名。而他真的被录取了并在那里注了册……经过诸多的选择后，毛泽东最终上了湖南省第一师范学校。但是，他依然不喜欢第一师范学校，因为第一师范学校的课程有限，校规也使人反感。毛泽东读了《御批通鉴辑览》以后，得出结论：不如独自看书学习。

鲁迅先生青年时期到日本留学选择的专业是学医，做出这个选择是因为他受到父亲因病而逝的影响，认为学医能够拯救受病痛折磨的人。之后他弃医从文，是在日本观看电影时，看到中国人麻木，心灵受到震撼，学医能诊治人的身体，但不能拯救灵魂，鲁迅先生想用文字来唤醒中国人的灵魂。

站在历史的角度看，毛泽东是伟人又是平常人，曾经也有对人生的不同选择；鲁迅先生是大文豪但也是平凡人，青年时代的弃医从文，改变了当初的选择。

超常的选择思维带来人生不同的结果。我常常举这么一个例子，两个人选择的职业不同，其中一个选择开一家快餐店，从早到晚，煮饭炒菜，年初忙到年尾，赚上10万元，很满足很自豪，自言自语地说，我自己买菜炒菜，清理卫生，一年赚10万，10年就是一百万，真的不错了；而另一个人选择特色养殖，开始没有钱，就自己做，一年下来还投入上百万，只好借钱继续干，第二年、第三年连续投入，到第四年或到第五年才持平，但也一直在坚持，拿出开快餐店的干劲出来经营特色养殖项目，到第10年就不是一百万的收入了，远远超过一百万的收入。前者是我的一位朋友，后者就是我。

如果再说具体点，我摘录2009年1月1日写的一篇选择自问日记：

"我为什么要养娃娃鱼？

我是上个世纪70年代的上山下乡知识青年，先后在县公路局、县公安局、县交通局工作过，也任过几个企业的厂长，后又到四个乡镇任党委副书记、书记，30来岁即担任县、部、办、委主任，曾经是所在部门的先进个人、先进工作者，县、市、省优秀党委书记，省、中央大型企业办公室主任、经营部主任。阴差阳错，我才40多岁，因到县委招待所任所长、书记而碰上改制，导致我数年无职无岗无薪无劳保无医保，生活无着落。怎么办呢？也就在此时，我想，我身为一名共产党员，一名受党培养多年的基层领导，难道就只能天天到县里去找县委书记、县长哀求岗位和工资或者发牢骚吗？难道共产党的干部就这么差吗？难道共产党的干部就这么无能吗？国家动乱时期常说：'国家兴亡，匹夫有责。'而我，在国家建设、发展、繁荣的经济年代，为什么不能把自己的才智发挥出来，为自己谋条生路，为绥宁的生态经济产业做点贡献，为民众走出一条致富之路呢？

为此，我订出10年规划，选择做三件事：一是打造一千万的生态经济产业；二是带动一百家农户致富；三是在写出52万字的《实践人生》和48万字的《感悟人生》这两本书的基础上，再写一本50万字的《创造人生》，即从负债开始怎么打造一千万的生态产业，真正实现《经历无悔》三部曲。由此，我到县档案局、县农业局、县畜牧水产局查阅资料，才得知，早在2002年，受县委、县政府邀请，湖南师大生物系专家教授们到我县详细考察后得出：'……和全国所有大鲵（娃娃鱼）生长地比较，绥宁的气候、地理、环境、水质是最适宜养殖、繁殖的。'我虽然对娃娃鱼不懂，是外行，但娃娃鱼是中国的生物活化石，也是高附加值的生态经济产业，我愿意投入拯救、保护、开发、发展。尽管我知道介入娃娃鱼养殖繁殖行业会碰到重重困难，很难很难……但我决意从一干起，从小干起，从实干起，从九溪山庄起步到神龙洞内发展，确实是：养大鲵，为生活；钱不够，力来凑；衣衫破，汗湿透；亲自干，心不惧。住在洞子里，每天从早晨干到深夜两点，自己煮饭、自己种菜、自己挖土、担砖、抬水泥、扬锄头、抡大锤、锯板子、挑石头、打风钻、摸砖刀、和砂浆……

我深信：只要挖上10年土，学上10年养殖娃娃鱼的技术，我一定会把娃娃鱼产业逐渐做起来，一定会实现公司加基地加农户的模式，一定会为绥宁建成生态经济大县而带动广大农户致富走出一条实实在在的新路子，也一定会实现我订的10年规划的三件事！

因为我扪心自问，我无愧地说：我是用心在尽最大的努力做，就连我的名字也改为九溪翁，我用九溪之水供奉神龙，我用九溪之水驯养神鲵（娃娃鱼），我深信会成功！我也一定要成功！"

以上就是我选择养殖娃娃鱼的自白，现在来回顾比较，两者的区别就在于，我的朋友开快餐店受人员场地的限制，圈子只有这么大，如今我那位朋友，年龄大了，体力也不行啦，儿子儿媳在浙江打工，现在只好在家带孙子。而我养殖娃娃鱼搞特色养殖，圈子太大了，坚持了5年，也不是我亲自干了，产业成倍增值，我也超脱出来；到如今，我订的10年规划完成三件事也超额完成，这就是超常选择思维的真实写照。

以上写出来平平淡淡，真正选择时也不容易，就好比每只毛毛虫都可以变成蝴蝶，只不过在变成蝴蝶之前，自己会先变成作茧自缚的蛹。在茧里边面对自己制造的痛苦，任何挣扎或试图改变的行为都是徒劳的。蛹只有一个选择，

赢 在超常思维 学则心路光明

那就是放弃所有的抗拒，全然接纳当下感觉，平静等待，直到有一天破茧而出成为蝴蝶。

其实，超常的选择思维也很简单，就是三句话：

第一句是选对人；

第二句是选对自己适宜的平台；

第三句是坚持做！我在这里只简述第一句选对人，很多人之所以没有成功，并不是不努力，而是不知道如何去做，不知道自己在干什么，因为他不会选择引路人。

当然，还要记住三条：一是心定；二是践行；三是自选。

假如你真正选对了人，选择到适合自己的平台，坚持做下去，其实，成功只是迟早的事！

亲爱的读者朋友：我经常说：超常的选择思维比发奋努力更重要！

超常的选择思维名言

◆许多人之所以在生活中一事无成，最根本原因在于他们不知道自己到底要选择做什么？在生活和工作中，明确自己的目标和方向是非常必要的。只有在知道你的目标是什么、你到底想做什么之后，你才能够达到自己的目的，你的梦想才会变成现实。——（中国现代）践行者·九溪翁

◆决定你是什么的，不是你拥有的能力，而是你的选择。——（中国现代）主持人、媒体人杨澜

◆人生选择：选择自信，收获勇气；选择磨砺，收获坚强；选择放下，收获轻松；选择知足，收获快乐；选择真诚，收获友谊；选择真心，收获爱情。生活中不是没有选择，而是需要选择的东西太多，我们无从下手。当茫然的时候，想想希望收获什么，就能懂得该选择什么。——（中国现代）践行者·九溪翁

超常的选择思维

自选

践行

心定

选择思维金三点

第九十九课　超常的伍福思维

上篇是第九十八篇，是超常的选择思维，我写了伟人毛泽东青年时代的择业，也写了鲁迅先生为什么改业，最后我写了自己的人生经历选择，那么，一个人来到世上究竟选择什么样的幸福呢？

首先，我想要说两个字的含义：

一是幸字，基本解释是：

1. 意外地得到或免去灾害：幸运、侥幸、幸存、幸免、幸未成灾；

2. 福气：幸福、荣幸；

3. 高兴：庆幸、欣幸、幸甚；

4. 希望：幸勿推却、幸来告语之；

5. 宠爱：宠幸、得幸。

二是福字，基本解释是：一切顺利，幸运，与祸相对，福气。

其次，我们再看幸福两个字合在一起的含义：幸福的意思是快乐、美满、甜蜜。基本解释是：一种持续时间较长的对生活的满足和感到生活有巨大乐趣并自然而然地希望持续久远的愉快心情。

其三，人生怎样才算幸福？

其实，世界上没有人能肯定或明确地回答你这个问题，不是没有答案，而是答案太多了。有的人觉得有钱就是幸福，有的人觉得有名就是幸福，有的人认为吃喝玩乐就是幸福，有的人认为做自己喜欢做的事就是幸福……曾经有一段时间里，中央电视台有一个节目，走访各行各业和各种人群，问：你幸福吗？始终没有一个统一的答案。

我提出人生怎样才算幸福？按照幸福的含义，人的幸福应该源于自己的需求和自己的欲望，说简单点，即：我想要的，然后我得到了，所以我幸福。

不过，问题又来了，"人之初，性本善；性相近，习相远。"人的需求和欲望又是无穷无尽的，有了钱又想名，名利双收又想身体健康、家庭和睦、子孙满堂……，正如一首名为《十不足》的江南小令写的那样：

> 终日奔忙只为饥，才得有食又思衣。
>
> 置下绫罗身上穿，抬头却嫌房室低。

盖了高楼和大厦，床前缺少美貌妻。

娇妻美妾都娶下，忽虑出门没马骑。

买得高头金鞍马，马前马后跟随稀。

招了家人数十个，有钱没势被人欺。

时来运转做知县，抱怨官小职位低。

做过尚书升阁老，朝思暮想要登基。

一朝面南做天子，东征西讨征蛮夷。

四海六国都降服，想和神仙下象棋。

洞宾陪他把棋下，吩咐快做上天梯。

上天梯子未做好，阎王发牌鬼催急。

若非此人大限到，升到天上还嫌低。

玉皇大帝让他做，定嫌天宫不华丽。

　　用通俗的话说，幸福是这山看着那山高，山山都在半山腰。人心不足高过天，做了皇帝想成仙。我们活在世间，每时每刻都在面对各种诱惑，譬如金钱、权利、美色等，在追逐这些诱惑的过程中，我们误将钱财、权利、物质的丰富当成了快乐，当成了有福。觉得自己有了钱就幸福了，当了官就幸福了……殊不知，人的欲望是一个无底洞，一旦你将这些外在的欲望与幸福混为一谈，就已经偏离了幸福的航道，只能被欲望的魔鬼欺骗的团团乱转，离真正的幸福越来越远了。

　　再回到人生怎样才算幸福？我的回答是：你要想找到幸福，首先你要知道自己需要什么。幸福只有在自己的需要中寻找。因此，这也是一个无底洞，没有固定的肯定的答案。

　　但是，在我们追求幸福的时候，要有一个方向，也要有一个目标。

　　以下我简要介绍世界上当今思想主要教派的信仰祈福的概况：

　　佛教产生于公元前6—5世纪的印度，2500年来的佛教重视人类心灵和道德的进步和觉悟，依照悉达多所悟到的修行方法，发现生命和宇宙的真相，最终超越生死和苦、断尽一切烦恼，得到究竟解脱，有相当一部分人求佛祈福。

　　距今2488年前，儒家思想的核心九个字，即仁、义、礼、智、信、恕、忠、孝、悌开始逐渐形成，如简要解释：仁即爱人，德治；义即评判人的思想及行为；礼即规范、准则；智即知识、智慧；信即诚实、信用；恕即包容、宽容；忠即忠诚、实在；孝即仁之本，赡老养小。追求心即理的人生幸福观。

　　在1800多年前，逐渐形成道家的核心思想，即：一是"道法自然。"从自然—释然—当然—怡然。二是"为而不争。"体现处世的态度：平和、宽容、自然。三是"清静为天下正。"宠辱不惊，去留无意。四是虚其心。一种美德，一种心胸。五是"正言若反。"阴阳对立统一。追求顺应自然，无为而治的人生幸福观。

距今 2000 年左右，基督教逐渐形成，其核心思想是：一是爱：神爱世人，所以我们也要爱神、爱他人。二是信：只要信耶稣，就能得到灵魂的拯救，复活的盼望。三是望：永生的盼望。告诉人们上帝是唯一的，人与神要建立一种关系，由神来拯救自己的幸福观。

在 1400 多年前，伊斯兰教逐渐形成，其幸福的核心思想是："万物非主，唯有真主；穆罕默德是主的使者。"表现在：一是信安拉；二是信天使；三是信经典《古兰经》；四是先知（圣人）；五是信后世；六是信前定。

综上所述，在这个时代，几乎人人都有信仰，只是各自的信仰不同而已，有人信仰权力，有人信仰金钱，有人信仰自我，有人信仰爱情，有人信仰幸福，有人信仰美食，有人信仰党派，有人信仰制度，有人信仰无神，有人信仰有神，有人信仰多神……有没有一种包含佛家思维、儒家思想、道家行为、基督教信仰、伊斯兰教追求的普世价值的导向，不需要神秘，也不要深奥，更贴切，更接近，让人们看得清，看得见，有希望，能实现，更适合我国国情，适合广大民众追求的幸福呢？

在我 59 岁之前，在我诸多的经历和众多地方的闯荡岁月里，我也知道"五福临门"这四个字，但也正如我知道"春夏秋冬"这四个字一样，见得太多反而不太去了解了，只知道"五福临门"就是好的意思。

好在什么地方？对我对你对他有什么好？对家庭对社会对民众有什么好？对国家对世界对人类有什么好？我确实没有去深入了解。

在我 59 岁之际，因为偶然的巧合，我认识了学者、医者、智者宋自福先生，他和我提出了"伍福"的概念。

为什么说赢在超常思维，思维不同，选择就不同；选择不同，理念就不同；理念不同，方向则不同；方向不同，布局则不同；布局不同，目标就不同；目标不同，道路就不同；道路不同，效果就不同；效果不同，成功就不同；成功不同，幸福则不同。

就因为学者、医者、智者宋自福先生提出的"伍福"，使我明白了怎样才算幸福？

为什么这么说呢？

古之"五福"概念源于三千多年前，据中国最早的历史文献《书经》记载，周武王十三年灭殷商后，武王向"殷末三贤"之一的箕子请求治国之道。箕子在信中向武王讲述了"洪范九畴"的故事，说大禹治水成功，天帝赐其洪范九畴，也就是治理国家的九种根本大法。其中第九畴是"飨用五福，威用六极"，也是当时的治国方略。在《洪范》篇中"五福"的注解是"一曰寿，二曰富，三曰康宁，四曰修好德，五曰考终命。"与"五福"相对的是"六极"，"六极"在《洪范》中指："一曰凶、短、折，二曰疾，三曰忧，四曰贫，五曰恶，

康宁(思想正能量，内心强大)

好德(左手辅助右手，辅助者必品德高尚)

富贵（双手创造财富，大部分是右撇子）

内心开悟 建立阴阳思维模式

长寿（人老腿先老）

善终（漂亮结尾就是善终）

九太极又是伍福太极，洪范九畴即伍福。建立合理的运动体系，身体立于不败之地。建立阴阳思维模式，心理立于不败之地。

六曰弱。"这六种被认为是人生悲惨不幸的，跟福相对。

今之"伍福"，则是学者、医者、智者宋自福先生在对中华传统文化进行梳理和对"福文化"的考究时，进行了更加深入、科学、创造性地开发，较之古人大大充实了"五福"的内涵，即"长寿、富贵、康宁、好德、善终。"其寓意体现在：

"长寿"是命不夭折而且福寿绵长；

"富贵"是钱财富足而且品行尊贵；

"康宁"是身体健康而且内心安宁；

"好德"是心性仁慈而且多行善举；

"善终"是安详离世而且饰终以礼。

它与古之"五福"最大的区别，是一个"伍"字，构成了人生终极追求的五大价值链内涵。《管子·小筐》对字义解释为"五人成伍"，是一种编制单位，有集体、团队的意思。学者、医者、智者宋自福先生首提"伍福"概念，为"五福"赋予了人本思想。"伍福"正能量与人生幸福的意义表现在：

长寿：是承载生命的方舟；

富贵：是开启财富的法宝；

康宁：是触动心灵的妙语；

好德：是点亮灵魂的明灯；

善终：是指引人生的旗帜。

这一字之变将一种传承数千年的美好愿望转化为一种与时俱进的普世价值观。

"伍福"文化的核心是什么？中奥伍福集团公司常务副总裁师云峰先生归纳了三点："一是以生命为中心的宇宙观；二是以价值为核心的人生观；三是超越开放的世界观。"所以，"伍福"是高度提炼的五千年文明的内涵，也应当是每一个人的自我价值实现的幸福目标。

其四，超常的伍福正能量思维：

说它超常，伍福是遵循人类幸福规律，稳重长久，接地气，正能量，有别于超强，不争强逞能，不在乎争什么第一；胜过于超前，比三千多年前的"五福"更具体、更完善，与时俱进，超出一般。内容表现在：

1. 伍福之长寿所承载的生命意义：

如果把一个人的身体健康比作1，那么财富、事业、房子、车子、妻子、孩子……都是1后面的0，如果没有前面依附的这个1，后面的零就都没有了存在的意义，一切也都将不复存在。因此，在伍福正能量当中，所有人最看重的就是寿命，没有寿命，其他的福都不存在。

"寿比南山不老松"，几乎是全人类的美好愿望。对于长寿，从它创立之初，就有着非同寻常的含义，在甲骨文里，最初的"寿"字，有人认为是一个古"畴"字，后来才演化为现在的寿字。在《说文解字》中，是这样解释的："畴，耕治之田也，从田，象耕屈之形。"人类最初的"寿"字与"畴"字十分形似，并与土地有很大的关系。这是为什么呢？

有人认为，这可能体现了土地对于人类的重要性，所谓民以食为天，有了土地才有了生存下去的保障，才有可能长寿。另外，还有人推测，这可能体现了我们的祖先最早的"生命在于运动"的理念，即认为只有在耕种中、运动中，人们才能长寿。这也反映了长寿之福所必备的两个要素，一个是生命的质量，要有生存下去的保障；另一个是生命在于运动，所谓流水不腐，户枢不蠹，只有多劳动，多运动，才能使人筋骨强壮，抵抗力强，健康长寿。

值得重中之重提出的是，一提起养生、长寿，很多人认为是上了年纪的人才去关注的问题。实际上，随着现代社会生存环境的恶化，各种疾病、污染、灾难威胁着每一个人的生命，谁也不能预测下一分钟或者下一个月会发生什么？

有这样一位年轻的母亲，她从小就是个完美主义者，对自己的要求也十分严格，不管是工作还是生活，她都细心筹谋，从不甘于人后。她以为生活就会像她安排的那样，顺意地走下去。直到有一天，她被发现乳房出现了恶性肿瘤。那一刻，她觉得天都黑了，孩子刚满周岁，刚刚交房的新家还没有装修，自己却被踢出了这个正常的生活圈，实在是太残忍了！自己的美好生活才刚刚开始，

难道就要戛然而止？

在经历了恐惧、愤怒、悲伤、绝望等多重情绪之后，她接受了这个现实，卖掉了新房，开始配合医生治疗。在病床上，她想起曾经读到过的一本书里的一句话："天若有定数，我过好我的每一天就是。若天不绝我，那么癌症却真是个警钟：我何苦像之前的三十年那样辛勤地做蝲拂。名利权情，没有一样是不辛苦的，却没有一样可以带去。"

佛陀在《四十二章经》中告诫弟子"从命只在呼吸间，"意思是说，一气不来，便属隔世。但我们却很少有人像珍惜金钱一样珍惜生命。所以，我们常说，大难不死，必有后福。因为一个人会在生死弥留间体味到活着的真正意义，才能分开俗世的烦恼，才能分辨出什么才是人生的究竟，这种对生命无常的觉醒就是智慧启悟的开端。

可惜的是，大难不死的毕竟只是少数的幸运儿，除了叹息之外我们不禁要问，本是身体，末是金钱。现实中往往本末倒置，有多少老板才过了40岁就"挂"了，难道我们非要付出这样沉重的代价，才能体会到健康长寿可贵吗？为什么一个人总是要在最后的生死关头才能够开悟呢？

古往今来，长寿都是有福的代表。但对于古代人来说，那时的医疗水平还停留在"巫医"阶段，人们的生命受到瘟疫、灾荒等影响，很难活到天年。所以寿命只能听天由命，不能自己做主。与古代的恶劣生存环境不同的是，如今的医疗技术和生产力在很大程度上改变了"生死有命"的先天宿命论，使长寿变得并不是那么遥不可及，只要得法，对每个人来说简单复制就可以企及。

当然，如果我们把生命长寿的意义仅仅归纳为活得久，却也不是真正的有福。请大家想想看，如果一个人只是简单的岁月的延迟，却活得质量很差、重病缠身，简直是"活"不如死，这样的长寿人生难道有意义吗？

有人说，保持健康可以经常去体检，这其实是西方流行的做法，所有的医疗机构、医疗服务、医疗人员、医疗技术、医疗器械都是市场经济模式运行，检查出你的病，药物和手术就成为防病治病的主要救命方式，由于医院对恶性疾病的过度宣传，愈来愈陷入"吸引力法则"的魔咒，让你乖乖地送上辛勤积攒的钱和负债借来的钱，直到你没有钱或治疗中出现的多发症状直至无法治疗。

所以，现代西方科学的体检方法并不能完全了解我们的身体状况。因为我们的身体里有些东西是隐而不见的，一个人经过几十年的风吹雨打，好似一架机器用久了一样，总有某个部位、某个螺丝松动或生锈，就好比癌症在爆发之初都无法检查一样。但是我们同样好奇的一种现象是：在中国从古至今的很多高人们好像完全了解自己的身体，连自己什么时候会寿终正寝都知道。这并不是传说，而是一种对自身生命个体的终极了解和掌握，他们了解自己的身体到了什么状况，并且能够控制它，所以他们创造了一个个含笑而去无疾而终的神话。

因此，在伍福的长寿概念中，学者、医者、智者宋自福先生将长寿的内容加入了"非病健康"的全新理念，凡是能够增强系统控制力并促进系统高度协同的因素，都是系统的营养。在大营养观的方式里，成份营养，性味营养，经络营养，时空营养，模式营养几乎涵盖了目前所有的人类用于健康的方式，从而避免了重复使用，更重要的是注入了"营养"的概念。即人不仅要活得长，还要活得健康，活得自在。在这个理念中，认为人并没有"犯病"一说，特别是在当今乃至以后的良好的生存环境下，每个人的生理年龄可达100岁以上，但因为受过去"人生七十古来稀"的心理暗示的影响，我们在潜意识里给基因下达了"活到七十岁就不错了"的指令。

借此来看，长寿的关键是生活态度和生活方式的彻底改变，再加上适当的营养调理和适量的锻炼，就能在"非病"的状态下尽量延长生命的长度。

如何把握好身体健康，做到生命长寿，就要像佛曰："心无所住。"不能总想着一件事情（病、死），否则，长期以往，你的心就会住进去，无病也有病，不死也半死。

尤其是，我们所追求的健康长寿，不必以疾病的诊治为核心，不必整天对检查的数字谨小慎微，而是教你用积极的正能量扶正心智，替换你心中对于疾病的消极暗示，让这种积极的心理状态与你的身体形成良好的互补互助，进入一种良性循环，从而避免疾病"自我实现"的心理魔咒。

当你没有给身体以疾病的消极暗示，天天乐观开朗，充满正能量的生活态度，这就是长寿福的根源所在。

2. 伍福之富贵所开启的财富智慧：

富贵，出自《书经·洪范》，是古代汉族民间关于幸福观的五条标准"伍福"中的第二福。通指钱财富足而且地位尊贵。一提到富贵，很多人第一反应就想到有钱。但是，我们总是说，钱不能带来幸福，不能一味地追求金钱，那么，为什么伍福中还有且还要追求有钱的富贵呢？这不是自相矛盾吗？

实际上，在大多数的世人眼里，对富贵都陷入了一个误区，这里说的"富贵"其实包含了两层意思：一个是富，一个是贵。

中国人对于富的概念比较熟悉，富的本意是充裕、充足，一般的理解就是物质充足，有钱，似乎很简单，其实，富并不是只包含"有钱"两个字，延伸开就是家庭人丁的充裕、感情的充盈、身体的充沛、德行的隆盛等等，都是富的含义。

富贵的另一层含义是贵，我们都听说过贵族这个词，一个人如果突然变得很有钱，人们会说他成了暴发户，但不会说他成了贵族。富与贵就像一对孪生兄弟，相似相连相依相靠却大不相同。举一个典型的例子：英国伊顿公学至今保持着贵族教育传统，学生在校必须接受严格的管束和高强度的磨练。校方规

定，家长在开学后三周内一律不准探望自己的孩子；每栋宿舍楼为一个集体，统一起居、就餐、锻炼、娱乐……贵族学校的学生们睡的是硬板床，吃的是粗茶淡饭，每天还要经过非常艰苦严格的训练，甚至比平民学校还要辛苦，这似乎让人难以理解。

这还是我们心目中的贵族么？我们想象中的贵族应该是那种住别墅、买豪车、打高尔夫，挥金如土、花天酒地，就是对人呼之即来、挥之即去的啊！怎么看到上面这个例子就是大不一样了呢？

实际上，上面严格和艰苦的军事化训练，目的是要培养学生的合作意识和自律精神。

真正的贵族一定是富于自制力，一定是有强大的精神力量的，而这种精神力量需要从小加以培养。

一言以蔽之，富只是物质的拥有，没有精神的高贵，永远成不了贵族。

所谓贵族精神：包括高贵的气质、宽厚的爱心、悲悯的情怀、清洁的精神、承担的勇气；以及坚韧的生命力、人格的尊严、人性的良知、不媚、不娇、不乞、不怜；始终恪守"美德和荣誉高于一切"的原则。

简言之，物质上富有，精神上贵气。富而不贵是土豪，贵而不富是清高，不富不贵是俗气，非富即贵是土匪。

同时，世界上不缺富有的人，但是有贵根的人却是凤毛麟角。

可以说，胡雪岩虽然被称是"红顶商人，"在世人眼中应该是有富有贵了，可我认为还不能算贵，常言说"穷不过三代，富不过三代。"胡雪岩熬不过一代，只称得上富裕，还没有贵根。我欣赏的是荣氏家族百年发迹史制定了家规中的一副对联："发上等愿，结中等缘，享下等福；择高处立，就平处坐，向宽处行。"

纵观荣氏百年，恍如高手的一盘围棋，开局虽然艰难，但是审慎的落子、周密的布局、大胆的博弈赢得的是越来越厚实的富贵福地。当然，每一步棋的艰辛与抉择，只有当事人才最明白与清楚。

当太平天国的战火从无锡肆虐过后，荣家第29世只剩子立一男丁，他就是荣熙泰——荣德生、荣宗敬的父亲，荣毅仁的祖父。恐怕当时谁也不会想到，这个进过铁匠铺当学徒、在外给商家当过账房先生、给官僚当过师爷，借此勉强养家糊口的男人，其后代能建立起一个庞大而充满荣耀的家族。

荣熙泰一生忙于奔波，没有留下什么遗产给荣德生、荣宗敬兄弟二人，但他却积累了丰富的生活经验。临终之际，他嘱咐儿子们要能"固守稳健，谨慎行事，绝不投机"，这12字箴言便是老先生留给荣氏兄弟最宝贵的财富。

1896年，荣家父子在上海开办了广生钱庄，正是由于经营稳妥加上绝不投机倒把，使荣氏兄弟在两年之后，便收获了人生的第一桶金。随后，荣德生南下广东，在这片充盈着投资和冒险的土地上，荣氏兄弟的事业往前迈出了决定性的一步。当时的荣德生读到了一本《美国十大富豪传》，他发现世界上居然还有比经营钱庄更能赚钱的事业，那便是实业。在琢磨到底要选择何种实业的时候，荣氏兄弟进行了缜密的观察和周全的规划。荣德生在广东管账时对大宗买卖的账本进行了分析、统计，发现从国外进口来的物质中，面粉这一项占据了很大的比例。而在钱庄工作的荣宗敬，通过业务便利，也发现用来买麦子和棉花的钱款数量巨大。于是兄弟二人不约而同地想到了做面粉生意。荣氏兄弟在面对人生第一次、也是至关重要的一次抉择的时候，表现出了惊人的勇气和长远的眼力，在当时的中国实业领域开辟出了自己的一片天地。

17亩地皮、四部法国石磨、三道麦筛、两道粉筛、处事谨慎周密的荣德生与敢冒险、有魄力的荣宗敬，这就是1902年保兴面粉厂的全部。虽然起步很艰难，但由于荣氏兄弟勇于求变、敢于创新，以及妥善的经营，在之后的岁月里，荣家的事业简直就是阪上走丸、一日千里！到抗战前，面粉厂已经飙升到14家，荣氏兄弟也成了当之无愧的"面粉大王"。另外他们还开办了9家纺纱厂，当时的申新纱厂誉满全国。

人生好比熬汤，对外人来说，也许是扑鼻之浓香，而内在之水深火热、挂肚牵肠只有自己慢慢品尝。也许你正处在灿烂的沸腾期，一瓢冷水便会突然从天而至。

荣氏兄弟的创业与守业何尝不是这样？他们承受过股东的撤资、面对过蒋介石的查封令、收到过杜月笙带子弹的恐吓信、无奈过宋子文的侵吞野心，更为了日本人的炸弹而心惊胆战，还有荣氏企业的分家以及荣德生的被绑架，这些恐惧挫折伴随着荣氏家族的荣耀一起过了四十多年，所谓木秀于林风必摧之大概就是如此。北伐时期，蒋介石希望荣家能承销一种名为"二五库券"的债券，但被时任上海纱联会会长的荣宗敬以纱业艰难拒绝。为此蒋介石大为震怒，通缉荣宗敬，查封家财，最后经过国民党元老吴稚晖等人的斡旋，才得以解脱。

其实，荣氏家族在新中国前的遭遇也是所有民族企业遭遇的一个缩影，水深火热中，有多少"汤"干涸了？又有几家熬成正果了？好在这俩兄弟能在关键时刻认准方向，为之付出艰辛汗水的同时也愿意为顾全大局而做出牺牲，最终成为了白手起家的实业双雄，而创业艰辛、守业更难的道理他们也只能全部吞下。

新中国成立，一个新的篇章开始了。除了那些身无分文或者不名一文的普通百姓外，其他有名有利的人都要作出自己的选择。是继续固守旧的体制，还是迎接新的时代，这是一个必须要面对的生死抉择。当然，迁往香港或者国外也是一种选择，但1938年荣宗敬离沪赴港并郁郁而终的阴影，显然还忧伤地徘徊在荣家人的记忆里。

"生平未尝为非作恶，焉用逃往国外？"荣德生这么说。

"共产党政府绝对不会比国民党政府更糟！"荣毅仁如是说。

在家族其他成员先后离开上海之时，荣德生父子作出了留下的选择。当然，选择的背后，父亲更多的是寄托于天命，儿子则是根据理性的时事预判。事后证明，儿子的判断是正确的，生子当如孙仲谋，德生有这样的儿子，荣氏屹立百年也就不奇怪了。

然而在当时，无论以怎样的理由，选择留下来都算得上是一次赌博。因为你无法预见未来！这里的确有很多种不确定，但在荣毅仁的心里有一种确定是永远都不会变的，那便是一个家族的兴衰需要跟整个国家的命运联系起来，没有国哪有家？上海解放后，荣氏企业面临困难，而当时的党和政府对荣氏企业予以大力扶持，实现了新的复苏。荣德生父子与共产党的信任由此建立。"跟着共产党，这条路我走对了。"荣毅仁曾这样评价他同中国共产党合作。

1954年，荣毅仁向上海市政府率先提出，愿意将自己的产业实行公私合营。作为上海民营资本的巨头，荣家的主动示好，无疑对其他企业起着方向标的作用。中共资本主义工商业改造的顺利进行，这件事情实在功不可没！而荣毅仁因此被授予"红色资本家"荣誉称号。

3年后，他被选为上海市副市长；

29年后，他被选为全国人大常务委员会副委员长；

39年后，他被选为国家副主席。

十一届三中全会后，荣毅仁在邓小平同志的支持下，为探索国际经济合作之道，于1979年10月成立了一个直属国务院的投资机构——中国国际信托投资公司。荣毅仁没有辜负历史的重托，在他的带领下，中国国际信托投资公司的触角伸向各个领域，具有银行、贸易公司、法律、会计事务所等各项功能，涵盖贷款、进出口贸易、咨询、国际投标代理等业务，在国际经济合作方面积累了宝贵的经验。

如果说，决定留在上海是一种赌博的话，主动示好是一种高远的决策，一个关键的选择。从"红色资本家"这个称呼起，荣家已经在国家权力中拥有了影响力和话语权。这个话语权根本不是金钱所能比拟和衡量的，荣氏家族改革开放后在商业上的重新崛起，绝不仅仅是偶然。

荣氏百年，经历了晚清、民国、抗战、解放、"文革"直到改革开放的全部历史。在每一种格局下，荣家人都显示出了高超的生存智慧，他们善于抓住每一个时代的拐点，抉择、选择，然后头也不回地干下去。这个家族似乎有着往下始终延续的基因，总能蓬勃旺盛。

荣德生在创业艰难之时曾经说过："天道变，世道不变。"确实，有很多因素是我们每个人都掌握不了的。但是，人心与世道，总有可遵循的规律。荣氏家族五代以来的百年奋斗，从无到有，从小到大，就是抓住了其中的规律，与各种力量周旋、妥协、融合。他们冷静而平和的处理发生的危机，巩固自己的财富并走向权势。其中，选择留在大陆并且主动公私合营是最为精彩也最具代表性的一次抉择，通过这次，荣氏家族拥有了前所未有的政治资源，这就是所谓的变通，古语云之："穷则变，变则通！"

在《赢在超常思维》这本书里，我所列举的所有故事里，荣氏家族五代奋斗的百年历史，我是写的最长的，因为我们从中不仅看到了富裕在哪里！贵根在哪里！我们更重要的是从荣氏家族五代的百年奋斗史里，验证了学者、医者、智者宋自福先生提出以人为本的伍福长寿、富贵、康宁、好德、善终的正确性和重要性。

对于当今很多赚了钱的中国人来说，都是富而不贵。为什么呢？

心中无缺叫富，被人需要叫贵！因为富只是物质的拥有，没有精神的高贵，永远成不了贵族。而且贵是价值高，分量重，值得珍惜与重视，贵也可以形容一个人在社会中的重要性，优越性，关键性，也可以是一件物品在人们心目中的位置，或人们向往的位置。

富贵二字，富要有贵根。很多人很富有，为什么却富不过三代？其实，就是没有一个"贵"字，即：没有贵根。

为什么那么多有权的有钱的始终高贵不起来呢？那是因为他们潜意识里还有动物的思维，在物质上精神上感情上，始终是弱肉强食，攀比争夺。羞涩的文明之花，高贵的谦让气节，离他们太远了。海明威在《真实的高贵》中说："优于别人，并不高贵，真正的高贵应该是优于过去的自己。"

贵根的体现，就是感恩之心。感恩犹如一棵参天大树的根部，不停地吸取大地养分，让大树枝繁叶茂，成为栋梁之材，为人类带来巨大价值。

感恩，让我们具有无限正能量，让我们真正实现富有贵根。

知父母养育恩，图大孝之报；

知贵人赏识恩，图涌泉之报；

知平台承载恩，图成长之报。

贵根需要时间的培养和厚德的传承，注重财物的实业积累，家庭人丁的兴旺繁衍，身体的康健长寿，感情的专一呵护，知识的代代积累，品德的岁月修行，所有的这些都需要我们暗能量的植入，带领我们在各个方面去富足，才能达到富而且贵的财富智慧境地。

3. 伍福之康宁所触动的心启示：

康宁来自伍福之中的第三福，顾名思义，"康"指健康无病，"宁"指安宁、宁静。合起来指一个人身体上和心理上健康的状态。中国古人认为，体型挺拔强壮为"健"，体内滋润和谐为"康"。"宁"的本意是安居乐业，丰衣足食，娱乐颐养。古人称娶妻成家宁神度日为"安"，称衣食充足而娱乐养心曰"宁"，

"安"是"宁"的初级阶段，"宁"是"安"的高级境界。康宁在内指身体滋润和谐，在外指充欲娱乐颐养。这种内在和外在的就好像太极的阴阳两仪，即是表里不同的，又是相辅相成的。

生活中我们经常有这种感觉，生活上衣食不愁，工作也没有过分劳心费神的事，但就是觉得心里特别地累，每天心烦气躁。如有这样一个普通的白领工薪的小伙子，他就正处在这样一个不安宁的状态之中，每天心神不宁，怎么都安静不下来。倒不是生活中或工作上遇到了什么棘手的事，而是一些小事加起来让他无端烦恼：上次参加同学会，以前不如我的人如今都成了大款，我却连房子的首付都凑不齐；上回聚餐，经理没喝我的酒，是不是心里对我有什么意见？父母的年纪越来越大了，自己这么忙也没有时间去陪陪他们，真是太不孝了……每次他一闲下来，这些负面的情绪都会一股脑地涌现出来，让他瞬间压力巨大，接着他又会涌现出很多幻想："假如我有一个当大官的父亲就好了"，"假如当初我好好上学就好了"……清醒过后，又是极度的失望。

后来，为了逃避这种念头，他想了各种办法让自己"热闹"起来，跟朋友聚会啊，看电视节目啊，工作啊等等，但是，表面上的活动并不能掩盖他内心的荒芜，一些表面的问题虽然被转移了，潜意识的心理压力无时无刻都在影响着他，经常让他从噩梦中惊醒，时间一长，严重影响着他的工作和生活，连身体都出现了问题。

我们每天在为太多的事算计、筹谋，因为我们想要的太多。殊不知，人的欲望太多太强，便产生了无数的痛苦烦恼。佛祖释迦牟尼曾说过，人的欲望一动，一弹之间就有960次转动，一昼一夜，我们的念头就会转13亿次，人怎么能不累呢？

传说有一天，南容拜见老聃，道："弟子南容，资质愚钝难化，特行七日七夜，来此求教圣人。"老聃道："汝求何道？""养生之道。"老聃曰："养生之道，在神静心清。静神心清者，洗内心之污垢也。心中之垢，一为物欲，一为知求。去欲去求，则心中坦然；心中坦然，则动静自然。动静自然，则心中无所牵挂，于是乎当卧则卧，当起则起，当行则行，当止则止，外物不能扰其心。故学道之路，内外两除也；得道之人，内外两忘也。内者，心也；外者，物也。内外两除者，内去欲求，外除物诱也；内外两忘者，内忘欲求，外忘物诱也。由除至忘，则内外一体，皆归于自然，于是达于大道矣！如今，汝心中念念不忘学道，亦是欲求也。除去求道之欲，则心中自静；心中清静，则大道可修矣！"

原来，世上本无事，庸人自扰之。并不是这个世界上真的有那么多值得忧虑的担心，而是我们的内心有了污垢。心不动则外物不为所动。

我们每个人在生活中都会遇到担心，让自己忧虑的事情，例如对往事的无法释怀，过度在乎别人的评价，喜欢揣测别人的想法，对未来的不确定忧心忡怵等等，这些思维习惯看似谨慎小心，但全无用处，还会使你的身心长时间处于紧张状态，降低自己生活的质量。

美国心理学家朱利安·塞耶说："人是易于陷入毫无裨益的过度思考的惟一物种。我们复杂的大脑让我们实现了伟大的文明，但它们并非什么都能适应。"而相关临床研究也表明，那些长时间处于思虑过度的人，他们的血压和心率都比正常水平高，但免疫水平却比正常人低。思虑过度会将生活中的小问题发展成大问题，并延长压力的持续时间，对健康十分不利。

明代医学家江绮石说："节嗜欲以养精，节烦恼以养神，节愤怒以养肝，节辛勤以养力，节思虑以养心，节悲哀以养肺。"就是从养生角度，对思虑劳心这一现象向人们提出了忠告。如果你总是对过去的失误念念不忘，又对未来忧心忡忡，带着如此多的负荷，人生怎么能不累呢？

一个小男孩正在痛苦不止，因为他身上最后的一枚硬币掉入了深水潭中，这个时候，一位好心人走过来劝道："好啦！孩子，不要再哭了，我给你一枚硬币好吗？"可没想到，听了好心人的话孩子哭得更凶了，见好心人纳闷的样子，孩子说："如果那枚硬币我没有掉到水里，那我现在就有两枚硬币了。"

如果按照这个逻辑，就会有股民对小男孩说："一枚硬币算什么，我如果当初能够早点把手里的股票抛掉的话，我就不会损失 2000 多元。"老板对股民说："你那 2000 元算什么？如果我当时能够在准备上充分一些，我那 5 万元的生意就不会泡汤了！"比尔盖茨对老板说："照你这么说，如果我能减少几次小失误，那我会少损失数百万美元呢？"由此推论，拿破仑对比尔盖茨说："你们失去的仅仅是钱，如果当初我没有决策失误的话，我也就不会兵败滑铁卢了！"希特勒的母亲对拿破仑说："滑铁卢算什么呀，如果我当初不听医生的劝告，坚持堕胎，那也就不会有第二次世界大战的发生了。"

我们在形容梦想的生活时，经常用一个词，叫"现世安稳，岁月静好"，但却是最难达到的。因为我们身边接触到的诱惑和事物太多了，世界物欲横流，世事纷杂，人心贪婪，浮躁不安，追名逐利，没有片刻安闲。安身立命于这个不完美的世界，何以心安呢？

因此，康宁的核心意义就是内心强大，乐观精神。从另一个角度来说，要学会平息事态，息事宁人。只有具备这种处理问题的强大能力，才能真正做到内心康宁。

人没有了欲望和渴求，心就会坦然，心中就没有牵挂。现在的忧虑如果没有办法去阻止即将发生的事情，那更要放下心中的算计，该睡觉的时候就睡觉，该起床的时候就起床，该行动的时候就行动，该停止的时候就停止，一切按照自然之道顺势而行。

唐代诗人白居易说："我生本无乡，心安是归处。"又说："无论海角与天涯，大抵心安即是家。"宋代无门和尚有诗云: "春有百花秋有月, 夏有凉风冬有雪。若无闲事挂心头, 便是人间好时节。"其实, 这福那福, 归根结底心灵的安宁才是真正的福祉。这种心灵上的强大与康宁, 与外界物质的多少无关, 而是一个人智慧的体现。走哪一条路, 需要你自己去选择。

4.伍福之好德所强调的修行法则:

一个人最宝贵的东西是什么? 善良、有德行。一个人什么都可以缺, 如缺钱缺物, 就是不能缺德, 如果当着某一个人的面说他缺德, 他肯定不高兴。美国作家马克·吐温称: "善良为一种世界通用的语言, 它可以使盲人'看到', 聋子'听到'。心存善良之人, 他们的心滚烫, 情火热, 可以驱赶寒冷, 横扫阴霾。"同样, 一个人要想达到伍福圆满, 第四个标准就是"好德"。

很多人一听到"德"这个字, 就认为是在伦理观念上的道德、品德、善行等。那么, 按照这个意思就是做个好人吗? 但是, 为什么我们经常听到一句话, 叫"好人有好报", 但事实上并不是一个好人最后都过着幸福的日子, 这是怎么回事儿呢? 前段时间的新闻中, 有这样一个故事: 一个单位里的大姐, 对谁都是一副热心肠, 谁家的姑娘没找对象, 谁最近生病需要照顾, 谁家要搬家, 她都知道的一清二楚, 即使别人没有找她帮忙, 她都会主动提供帮助, 虽然有时候也会好心办坏事, 给当事人带来麻烦, 但是大家念她一片好心, 还是非常感谢她的帮忙, 对她也非常敬重。

一次, 单位里来了一个小姑娘, 大家一起吃饭时, 小姑娘不好意思地说, 自己从小对动物脂肪过敏, 自己点个青菜就好, 让大家不要介意。别的同事听后, 都很照顾小姑娘的特殊情况, 好心的大姐也听到了, 但她以为, 小姑娘就是新来的不好意思, 自己活了这么大了, 哪听说过对动物脂肪过敏的人呢? 都是现在的小孩太娇气, 都那么瘦了, 怎么能不多吃点肉呢? 为了帮助小姑娘改掉这个"毛病", 她特意做了一盘加"料"的菜给小姑娘送来, 小姑娘也吃的很高兴, 说从来没过这么好吃的饭, 大姐觉得自己做了一件好事, 心里还很得意。

没想到第二天一早, 小姑娘没来上班, 听说是食物过敏送进了医院, 现在还昏迷着没醒过来。好心的大姐听了, 却没有因为自己做错事而感到内疚, 反而觉得一定是小姑娘老这么挑食, 营养不良才晕到了, 要不是自己给她送饭, 说不定还会出什么大事儿呢!

按照这个例子来说, 这个大姐不能不说是一个好人, 但是她算不算一个有德的人呢?

老子曰: "天道无亲, 常与善人。"如果望文生义, 会觉得老子这句话的意思是"好人有好报", 其实不然, 老子认为天道是没有偏爱的, "天之道, 周行不殆, 独立不改。不为尧存, 不为纣亡。"自然的规律、社会的规律是客观存在的, 只能人去适应规律, 而没有规律去适应人的。就像太阳每天东升西落，却不能根据人的心情而改变一样，"天道"没有感情意识，没有善恶分别，也不能因为你是个好人就让太阳多在天空呆一会儿。它无意为善，也无意为恶，只是顺其自然的存在和发展。所以，老子这句话中的"善人"，并不是指"善是人"，而是指有能力明道、守道、善于利用自然规律的人。天道为什么"常与善人"，不是因为这个人心眼儿好，而是因为他做的事同于道、合于德，所以"同于道者，道亦乐得之；同于德者，德亦乐得之"。好人不一定都是"善人"，"善人"却是聪明的好人，不遵守天道的好人，只能算作滥好人，反而还会办坏事。

同样，在伍福的概念中，"好德"与"善良"也并不是完全的同义词。"德"在甲骨文创字之初指的是"看清方向，大道直行"之意，后与"道"字相对，"道"字指自然规律，"德"指合乎自然规律的法则。这里所说的"德"，并不仅仅指现在的伦理观念上的道德（思想品质），也不仅仅指善行、恩惠。道德有两层意思，一指顺应，二指合规，此外，德还有感恩，善行，执义扬善的意思。

所谓"故道生之，德畜之，长之育之，成之熟之，养之覆之。""道"生成万物，"德"畜养万物，道与德对万物爱养、保护，却不据为己有，推动了万物，而不自恃有功，长养了万物而不自以为主宰，这是最深远的"德"。就像一个伟大的母亲对孩子最大的爱不是占有，而是尊重和自由一样。孩子虽然是由母亲所生，但在他落地之始，就已经变成了一个独立的个体。母亲不能因为自己养育了子女，就可以对子女的生活横加干涉和判定，甚至出现父母管教将孩子置于死地的新闻，这都是违反道的表现。

所以，品德是永远用不完的钱。有句话说："道是宇宙中万物之母，德是万物得以生息之本，故万物因其德得以成其形，因其形而成其宗始。是以万物无不尊道重德，尊其道是因为道的无私、道的至善与道的大忍之德。"万事万物都有其自己的发展规律，各凭自己的天命生长，知道自己什么可为，什么不可为，才是至高的品德。

真正的好德之人，内心永远是满足的、幸福的。虽然他也会因为境遇不同而有所得失，但他的精神世界却不致匮乏，也会最终找到属于自己的幸福之路。

5. 伍福之善终所指引的人生真谛：

在抗日战争胜利70周年之际，习近平总书记曾引用"靡不有初，鲜克有终"这一古典名言，引发热议。没有人不想善终，但很少有人能做到善终，这就需要有很高的智慧，才能达到善终的结果。

问所有人一个问题：你怕死吗？绝大多数人都会给出肯定的回答：怕！其实，不光普通人怕死，所有伟人、名人、高人、强人都怕死。可以说，希望青春永驻，长生不老的美好梦想，是人类与生俱来的愿望和追求。但是，你怕也好，不怕也好，没有人能逃过死亡的追逐，虽然死亡听上去与福毫不相关，但"善终"却是伍福的最后一福。

为什么死去还能称"福"呢？

一般我们说的所谓"善终"，用大白话来说就是"好死"。大富大贵的人不一定能善终，长命百岁的寿星也不一定可以死的安详。所谓"黄泉路上无老少"，死亡随时可致。在《十二品生死经》中，佛陀分析描述了死亡的十二种类别，其中一般善终的情况分为下列三种：

第一种是小善终——没有遭到意外横祸，无病而终的；

第二种是中善终——不但没有病苦，而且心中没有怨气和内疚，仰不愧于天，俯不怍于地，安心地逝世的；

第三种是大善终——自己预先知道自己临终的时间，而且身心了无挂碍，走得洒脱，甚至还亲眼看见佛菩萨来迎接，前往到佛菩萨的净土，这才算是最有福的人生。

有这样一位活到 95 岁的老人，儿孙满堂，身体一直也都非常结实，每年去医院体检，除了耳朵不太灵敏以外，身体的所有指标都非常健康。一天中午，他突然对儿子说，想吃你妈活着的时候烙的大饼。儿子听着蹊跷，但是老父想吃就赶紧做吧，忙着让媳妇好好烙了张大饼，给老人送过去。老人吃着饼，非常高兴，笑着说，跟你妈当年做的一个味道啊。吃完以后，老人就在午睡的时候，带着满足的笑容走了。在农村，像这种高寿又无疾而终的，办丧事都用红花、红帐子、红联，白事喜办，称之为"喜丧"。

为什么呢？

《洪范》中关于善终的记载是"考终命"。因此，善终包括有三种含义，就此我陈述如下：

善终的第一层含义是指：享尽天年，自然而亡。中国人自古就有颐养天年的幸福观。养不难，但是颐养却很难实现。善终就是漂亮的结尾，要想漂亮的结尾，以上长寿、富贵、康宁、好德这四福是前提条件，没有前面四福的基础，善终也很难实现。

人生有开始便有结束，很多人认为活到老是很轻松的一件事，其实不然，如果说富贵、长寿可以靠自己的修行来争取，但善终却带有幸运的成分，善终是非常不易的，历史上有很多精英都没活过 40 岁，如：韩信 35 岁、霍去病 24 岁、周瑜 36 岁、岳飞 39 岁、亚历山大帝 33 岁、莫扎特 35 岁、梵高 37 岁……要想活命，除了要躲避疾病之外，还要小心地震、海啸、战争、爆炸、事故、从政从商风险等天灾人祸，大富大贵的人不一定能善终，长命百岁的人也不一定可以死的安详，无病无灾的活到老其实是一种天大的幸运。

对于我们来说，想要获得善终的结果，绝对不能存在侥幸心理。一个人能否获得善终，跟一个人过去的善业有关，所谓"行上品十善者升天，中品十恶者堕饿鬼道，十品十恶者沦畜道"，一定要广修福慧，培养我们今生好德和宁静的心灵，在广积德和止息妄念上多下功夫，否则临命终时便很难得到自在。

善终的第二层含义是指：我们待人处事也要有善终的思想。

古人云："善终者始繁而克终者概寡"，把好最后一关，把事情做好，获得好的结局。企业、公司、行业、团队所有的合作发展一定要以终为始，才能做强做大做长久，也就是人们常说的"善始善终"。

在电影和电视剧及反腐倡廉的情节中，很多人的人生都毁在自己最后一班岗上。官员说：快要退休了，就贪这最后一次吧；盗贼说：干完这最后一次就收手；输惨了的赌徒说：只要赢回来了就金盆洗手不赌啦……所有的结局可想而知，当一个人的思维频道不在伍福的正能量运行轨道上，只会越陷越深，作茧自缚。以人老为例吧！作为人生的最后一班岗，人到老年的时候应该有个漂亮的结尾，中国人自古就有颐养天年的幸福观，养不难，但是颐养很难实现。所以，真正幸福的老年不是什么事都不干，人老了只是身体衰老了，机能下降了，精力比不上年轻的时候了，却是种种欲念困惑更少了，年轻时候羁绊缠绕的"罗曼蒂克"没有了，更多见识了，更有智慧了！

善终的第三层含义，这个"善终"包含了忠诚、靠谱的思想。古人云："人要忠心，火要空心。"一个懂得善终的人，必定是忠诚靠谱的，这也是每个行业中的团队最需要的人才品质。以伍福延伸的度学人才为例，宋自福先生提出，前面几十年的改革开放，是让一部分人"富"起来，从现在开始，我们伍福正能量，应该让身边的人"正"起来！一个充满正能量的行业，应当是一个"正"字结构，用伍福正能量的文化来"度正"，它对应的人才价值可从以下五个方面来认识。

1. 贤者居上，仁者寿。

"正"字，第一画"横"，对应伍福"长寿"，寓意长寿是其他一切人生目标和价值的载体，若没有这一横，"正"字就成了"止"字，生活生命到此为止，其他一切皆无从谈起。

所谓贤者居上，仁者寿，一个行业的领导者居于高位，必须高瞻远瞩，对外把握时代发展的趋势，看得清自己所处行业市场竞争的格局，制定好自身行业的发展战略；对内则贤良仁厚，管理有方，是行业精神的塑造者。如果归纳一句话，综观古今中外，没有贤者和精神引领的行业是难以获得持续发展的。

2. 能者居中，开天辟地。

"正"字第二画"竖"，像一棵顶梁柱，撑起一片天，它对应伍福的"富贵"。

所谓能者居中，开天辟地，他们是创造财富的中坚力量，自然就是行业（团队）的大梁，上可以辅佐贤者，下可以身先士卒，独当一面。能者多劳，按照"二八法则"，一个行业能者占据20%的比例，却可以创造企业价值的80%。当然，一个逃避责任，不承担压力的能者，尽管有其"能"，但还不能称之为"能者"，

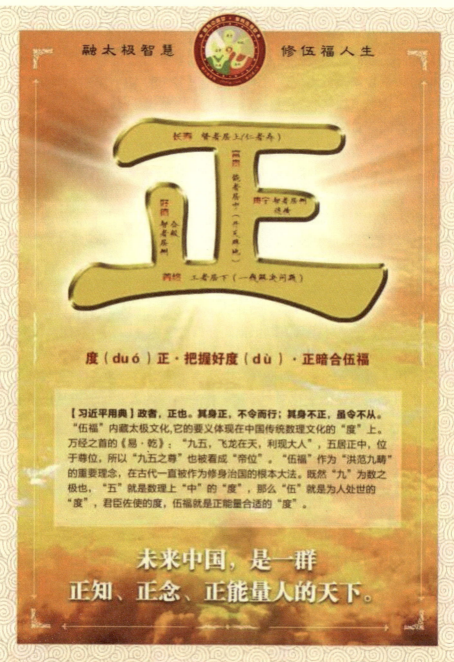

真正的"能者"与行业价值观高度匹配，有担当，有使命，腰杆挺直，坦荡做人，勤奋做事，上承下达，中流砥柱，与贤者是君臣佐使的关系。

3. 智者居右侧，康宁者连横。

"正字"第三横"短横"，对应伍福"康宁"，此"短横"横向居中，是贤者的智囊、能者的右臂。居此位，须内心强大，意志坚韧，处事圆融。

所谓连横者，对外善于聚合资源，强强联合，为行业发展扫除障碍，对内建言献策，化解矛盾，打造行业（团队）的凝聚力。

4. 智者居左侧，好德者合纵。

"正"字第四画"短竖"，对应伍福"好德"，"德"的字面形象比拟，左边双人"彳"，上是"十"字路口，中是"四"面，下是"一"个目标，用"心"沟通干事，本意是众人在前进道路上的十字路口，聚集四方人才，四方财源，一心顺应自然、社会和事物的客观规律去做人做事的为"德者"。

自古德者居左，左尊右从，左文右武，左丞右相，大德之人亦是大智之人。一个行业的德者，不会斤斤计较，也不看重蝇头小利，对外可以组织弱者合纵，可以成为行业形象的代表，对内可以身体力行，成为团队的表率，懂得吃亏是福。同时，德者宠辱不惊，经得起外界的诱惑，看得清行业的发展方向，因而能成为行业的长期受益者。

5. 工者居下，善始善终。

"正"字第五画"长横"，对应伍福"善终"，此"长横"居下，是最后一笔，寓意漂亮的结尾，就是善终。若没有这一横，"正"字无以立，若没有执行者，任何事情无法实现善终。

所谓"工者"是指专业的人，在行业通常是在一线工作的执行者。"工欲善其事，必先利其器"，要成为术业有专攻的人，除了不断地学习，还要不断在实践中总结经验，不断地自我复盘，才能提高解决复杂问题的能力，成为行业的基石。

而伍福文化的"善终"思想就是在这三种含义基础上，结合现代社会需求引申出来的一种新思想，它的核心是人生在世，无论年龄大小，无论身在何种阶段，都要尽心做好每一件事，尽力获得每一个好的结果，让信誉、形象等正能量不断累积，将来无论怎样"老"去，都没有遗憾，都可赢得生前身后名。如果能达到这样的思想境界，才能真正做到不畏生不畏死，完美的始终。

我举一个亲身经历的例子，我走入人生独立生活开始，42年以来，我经历了十几次工作岗位的大变动，在工作交接上，我是做得比较好的，无论是离开养路工人的岗位，还是离开公安刑侦岗位，无论是上升职务的时候，还是落选乡长下降职务的时候，我均办好移交手续，力争不留后遗症，不管我算成功也好，不算成功也罢，这是我对自己要求的一个起码标准。长期以来投入工作，

赢在悲常思维 学则心路光明

我还体会不到，当我写《经历无悔》一书时，整理翻阅昔日的资料，看到从乡村生产队保管员到养路工班时移交，离开养路工班时的移交，离开公安机关时的移交，离开办公室时的移交，离开厂长岗位的移交，离开四个乡镇的四次移交，离开县城往省城的移交，从省城返回县里的移交，宾馆改制的审计移交……每次清清白白、干干净净，我深深体会到，看一个人的人品如何，不仅要看他平时做得怎么样，还要看他离开的时候怎么做的。其实，这就是善终思维。

其五，福从哪里来？

古人说："积思成言，积言成行，积行成习，积习成性，积性成命。"福是积出来的，正如学者、医者、智者宋自福先生所说："积福是需要智慧的！福是越想求越求不来的，就好比赚钱，你追着钱跑反倒赚不到钱，但如果你把自己变得值钱，就是钱追着你跑了。"积福更是如此，我先说这样一个人，是中国科学院院士，美国国家科学院外籍院士，第三世界科学院院士，联邦德国巴伐利亚科学院院士。中国第一至第六届全国人大常委会委员，曾任全国政协副主席。他是中国解析数论、矩阵几何学、典型群、自守函数论与多元复变函数论等多方面研究的创始人和开拓者，并被列为芝加哥科学技术博物馆中当今世界 88 位数学伟人之一。

也就是这么一个人，小时候被同伴们戏称为"罗呆子"，初中毕业后因交不起学费而一生都只有初中毕业文凭，19 岁时不幸染上伤寒病，落下左腿终身残疾，走路要借助手扙。

他是谁呢？他就是数学家华罗庚。

他的福分是从哪里来的呢？他的一些话很能说明福的慧根在哪里？我在此摘录五句如下：

1. 埋头苦干是第一，发白才知智叟呆。勤能补拙是良训，一分辛苦一分才。——勤奋。

2. 没有雄心壮志的人，他们的生活缺乏伟大的功力，自然不能盼望他们会

有杰出的成就。——志向理想。

3.自学，不怕起点低，就怕不到底。——认准认真。

4.人家帮我，永志不忘；我帮人家，莫记心上。——感恩。

5.学习和研究好比爬梯子，要一步一步地往上爬，企图一脚跨上四五步，平地登天，那就必然会摔跤了。——循序渐进。

同时，福分不是专利，不是有些人就有，有些人就没有。福分无处不在，福分无时不在，每个人都有福分，每个行业都有福分，至于福分大还是福分小，福分多还是福分少，全在于你自己和你所在的行业怎么去积福了。

前面我举了荣氏家族富而有贵的例子，实际就是积聚伍福的典范例子，首先是长寿，荣氏企业一百年奋斗史的长寿，荣氏家族五代人传承的长寿，荣氏家族文化家训之一"发上等愿，结中等缘，享下等福；择高处立，就平地坐，向宽处行"刻在荣氏祖辈荣熙泰的墓碑上永恒的长寿，荣氏家族成员身体健康的长寿；其次是富贵，能够在上世纪民国抗战前，荣宗敬、荣德生兄弟有14家面粉厂、9家纺纱厂，成为当之无愧的"面粉大王"，应该称得上富；荣毅仁41岁任上海市副市长，43岁任国家纺织工业部副部长，62岁任全国政协副主席，67岁任全国人大常委会副委员长，77岁任国家副主席，实属贵；其三是康宁，荣氏家族文化家训之一的24个字，浓缩了我国古贤"极高明而道中庸"的康宁人生哲学。所谓"发上等愿、结中等缘、享下等福"，就是胸怀远大抱负，只求中等缘分，过普通人的生活；"向高处立、就平处坐、向宽处行"，则是看问题要高瞻远瞩、做人应低调处世、做事该留有余地。如果把上下两联按对仗拆开后分成三组，就可以发现相互对仗的上下联意思又是彼此呼应的，分别体现了儒、佛、道的处世哲学："发上等愿"和"择高处立"是佛家的——应参透宇宙人生，抱普度众生宏愿；"结中等缘"和"就平处坐"是儒家的——应履中蹈和，以求平安；"享下等福"和"向宽处行"则是道家的——应超脱自在，及时行乐；其四是好德，荣毅仁能够任上海市副市长、国家副部长、全国政协副主席、全国人大常委会副委员长、国家副主席，是有大德之高人，1956年，他经过深思熟虑后，把自己的商业帝国无偿交给国家，为新中国的工业振兴做出了卓越贡献，赢得了普遍的尊重；1993年，荣毅仁这位做出伟大贡献的资本家在76岁高龄把资金缔造的商业帝国第二次交给了国家，他是一个大智大德值得敬佩的传奇人物；其五是善终，荣毅仁先生享年89岁高龄，伟人毛泽东曾这样评价荣氏家族，说："荣家是中国民族资本家的首户，中国在世界上真正称得上是财团的，就只有他们一家。"一位对荣家颇有研究的学者表示："荣家之所以能一直这么富有，一个根本的原因就是很善于处理跟政府之间的关系。"实际上就是善终的福报之源。

亲爱的读者朋友：中国三千多年前的《书经》记载的"五福"，比佛教早

700多年，比儒家早600多年，比道教早1400多年，比基督教早1200多年，比伊斯兰教早1800多年，自有其"五福临门"的道理。在医者、学者、智者集于一身的宋自福先生以人为本的天人合一的超常思维下，发扬光大，传承创新"伍福智慧文化"，即：长寿、富贵、康宁、好德、善终。我断言：

个人遵循伍福，将富而有贵！

家庭遵循伍福，将代代兴旺！

行业遵循伍福，将昌盛繁荣！

众人遵循伍福，将平和吉祥！

国家遵循伍福，将普天皆福！

为此，个人创造价值，团队聚合价值，平台放大价值，伍福体现价值。路是人走出来的，历史是人流传下来的。你的每一步行动都在书写你个人的历史，也在为你的后代，为你的家庭书写伍福历史。

我写的《赢在超常思维》一书，是遵循规律，稳重长久，接地气，正能量，有别于超强，胜过于超前，超出一般，不同寻常的九十九种思维。所以说：

超常思维九十九，人生路上不必忧；

超常思维九十九，人生伍福都会有！

其中，前面九十八种超常的思维是方法，是手段！第九十九种超常的伍福思维是追求，是目的！

因此，宋自福先生经常说：每一个人都需要五千万，即：千万要长寿，千万要富贵，千万要康宁，千万要好德，千万千万要善终！人生最后的结果是善终。不管你现在和将来在社会上做什么，如果没有超常的伍福思维，整天含辛茹苦地追名逐利，就算你最后拥有再多的财富，再高的地位、名望，也可能活得比以前还苦不堪言。

超常的伍福思维名言

◆ 融太极智慧，修伍福人生。——（中国现代）医者、学者、智者、"伍福"倡导者宋自福

◆ 经营伍福，从暗能量布局开始，从经营人才到经营人物，从经营竞争力到经营竞争关系，从经营成功到经营成就，从经营智商情商到经营福脑福商。——"伍福"倡导者宋自福

◆ 伍福正能量文化是中华民族高度认同的最高价值观，也必将成为人类未来的普世价值观。——"伍福"倡导者宋自福

超常的伍福思维

伍福思维金五点

第二部分

超常思维的九十九条
人生建议

勤写日记功效高，温故知新思忆牢；
经历无悔平生志，人生建议不可少。

——九溪翁

第一条　立身处世的超常思维建议

顾名思义，所谓立身，即在社会上容下身来；所谓处世，则是和社会上的人及事打交道。怎样立身处世呢？各人有各人的观点，各人有各人的做法，我把自己的想法和做法归纳如下十二点，供参考。

1. 学习是进步之母，各行各业的成功都离不开学习，虽然是老生常谈，但这是立身处世成功的法则之一。

2. 不要幻想不劳而获，人间的好事绝对不会从天上降临，即使有偶然的机会，也来自积极的努力。

3. 好的习惯改变你的人生，但好的习惯又来源于你平时的行为。

4. 干事还是要自己动手，不要过分相信电视上、书本里及别人说的缘分，巧合及机遇。古人言：纸上得来终觉浅，要知此事须躬行。

5. 客观上必须顺应潮流，一个人的理想、抱负必须和家庭及国家紧密结合起来。假如你连自己的家都不爱，自己的国家都不爱，所拥有的理想、抱负也就空洞无物了。

6. 主观上要有自己的志向和个人的具体目标，世上的路千万条，你不管走哪一条，只要坚持走下去，就会有出息。

7. 要学会适应自己的处境和生活，当你还没有机会显示自己的才能时，即不要自卑、悲观，也不要乞求别人对你高看一眼，厚爱一等，命运在于自己去努力、去创造。

8. 从每一件小事干起干好，如果你从身边小事干起，开始干好一、两件不能显示什么，一旦干好十件，二十件、上百件，日积月累，小事多了，就会变成大事业。

9. 要善于抓住机遇，每个人都有机会，只要你利用好了，就是机遇，机遇也是你进步和成长的台阶。

10. 珍惜时间，一寸光阴一寸金，寸金难买寸光阴。不管社会如何变化，科技如何进步，时间是宝贵的财富，时间永远不停步。要记住：想做的事就去做，今日的事不要推到明天。

11. 从失败中总结经验，将坏事变成好事，出现失误不要紧，办错了事也不要怕，只要改正过来，退一步也许能进两步。

12. 处理好身边的人际关系，你所干的事业不论大小，离不开身边的人，如果你和身边的人关系都搞不好，也就谈不上干好事业。

第二条　品行修养的超常思维建议

我曾经在不同的时间、不同的地点、不同的场合多次说过：工作是第二的，做人是第一的；我对女儿的要求也是：读书是第二的，做人是第一的。我说的做人就是品行修养，根据我自己的体会，罗列以下十点：

1. 建立个人健全的品格和稳重沉着的性格。
2. 保持个人内心的平静，免除心中的怒气乱了自己的方寸。
3. 踏实做事，消除不劳而获的欲望。
4. 要有一种个人主见的自立精神。
5. 在对人对事上，自己要能以身作则。
6. 知识不足可以学习，能力欠缺可以培养，但正直、公正、诚实的品格不能丢。
7. 尽量回避别人的恶意攻击。
8. 要有一种帮助别人既是帮助自己的思想。
9. 摒弃自私、贪婪、嫉妒、报复等可鄙的念头。
10. 保持着无怨无悔、轻轻松松过日子的心情。

第三条　思想明确的超常思维建议

思想支配着行动，思想明确同样支配着一个明确的行动。思想明确也就有以下好处：

1. 思想明确就有坚定的思想和踏实的行动。
2. 思想明确就有助于制定好的计划开展工作。
3. 思想明确使人有自己的主见。
4. 思想明确可以通过别人的帮助获得知识、经验和成功。
5. 思想明确有助于头脑清晰，分析正确。
6. 思想明确有助于提高工作效率，克服拖延和犹豫不决的习惯。
7. 思想明确可以激发人的灵感，增强人的信心，培养人的胆量，从而采取更大的行动，取得更大的成功。

8. 思想明确能坦诚对待得失，导致心灵的平静，得到真正的快乐。

9. 思想明确能够使最小的付出获得最大的名利。

10. 思想明确有助于身体健康、充实生活。

第四条　面对现实的超常思维建议

不管你家庭条件好也罢，不好也罢，不管你个人的能力强也好，不强也好，不管你所求的职业顺心如意还是不顺心如意……一句话：你必须面对现实。如如果你按照我以下所写的去做，必定会对你有所帮助。即：

1. 人人都有不同的目标，你也应该有一个具体而又实在的目标。

2. 不要放弃目标，如果你把目标当做是追求幸福，也许你不觉得苦，也不觉得累了。

3. 坦诚地面对自己，行就行，不行则承认不行，不要根据别人的爱好改变自己的个性，附庸风雅，干自己不愿干的事。

4. 努力、发奋、刻苦地学习，可以改变你的人生。

5. 人生一辈子，创业干事业就是几十年，切记不要把它浪费在忧愁烦恼上，这样太可惜了。

6. 善于想象美好的未来，敢于想象心中目标的成功。

7. 承认自己的弱点，可以退一步再进两步，笨鸟先入林。

8. 永远不要叹息时间过得快，永远不要厌烦事情多。

9. 逐渐改变自己的坏习气，渐渐养成一种良好的习惯。

10. 要能宽容别人。

11. 对每一点进步都要有感恩的心情和必胜的念头，时刻有成就感和幸福感。

第五条　超常思维的求职建议

在世界上所有的国家里，中国什么最多呢？不用说，中国人最多。所以，省城一级好的部门有的领导对聘用的员工说，中国最不缺的就是人，你不愿干，有的是人干。这是实话，为了某个职业、好的岗位、好的工种，求职的人愈来愈多，竞争激烈，有时上百人、上千人竞聘某一个岗位。我曾经既求过职，也招聘过员工，有自己的体会，也有别人的感受，特总结如下：

1. 求职就是求工作、求饭碗，如果下了决心求职，首先态度要坚决。

2. 明确求职的目标。

3. 事先准备一份有特色的自我介绍。

4. 带好求职的一些必备材料。

5. 所带的资料要按顺序放好，自己预先多看几次，加深印象，记住所放位置，以免找不到，乱了方寸。

6. 预先了解你即将求职工作单位的环境和经营状况。

7. 了解招聘的程序和招聘人的一些情况。

8. 知道自己在学习上的长处和不足。

9. 清楚自身素质上的长处和不足。

10. 写好自己的简历。

11. 面试时一定要提前到达。

12. 不要在大庭广众和求职门口整装打扮。

13. 走路要稳重，不快不慢。

14. 不要紧张，耐心等待面试人通知你面试。

15. 不能打扮得太妖艳或奇异。

16. 不要显露很贫困的样子。

17. 照片端庄大方，多准备几张。

18. 见面时不要怕羞，眼睛平视，不要左右顾盼，上下打量。

19. 与人交谈时说话不要太快。

20、不讲粗话。

21. 面试人快问完时，要避免守势，学会问三到五个问题，但不能超过五个。

22. 不透露自己曾经工作过单位的秘密。

23. 在面试的最后要强调出自己对薪水和福利方面的要求。

24. 应聘时要学会称赞求职单位的一两件事。

25. 应聘时要主动为问话人办一件小事，如倒开水或加水等。

26. 应聘结束，有始有终有礼貌，不要忘记说"谢谢"二字。

27. 出门时不慌不忙，不要碰到或碰翻房间物品。

28. 出门记住关好门。

29. 在应聘门口不要和同去的人议论应聘之事。

30、应聘完了，可以到卫生间整理一下着装，调整心绪。

第六条　打工求职成功后严己自律的
超常思维建议

打工求职难，求到一份满意的职业更难。因此，通过你自身努力，得到一份职业时，须有以下严己自律的要求：

1. 迅速进入角色。切忌万事所求皆绝好，一旦如愿又平常。要继续保持求职时的旺盛斗志，了解和熟悉所干的职业，把自己好不容易得到的职业干好。

2. 一心一意。也许你求职的部门对外招聘时有夸大的宣传，也许你未进入这个部门时，看到的广告和公众形象是那么美好，也许你对所求职的部门有过高的期望，当你求职成功以后又有大失所望的感觉，这时，不管你有任何想法，首先要想到世上没有十全十美的事情，应该排除杂念、一心一意干好求职到手的工作。

3. 坦诚正直。人们在闯荡社会后总说，外面太复杂了，稍不注意就上当受骗。因此，有"在外只说三分话，不可全抛一片心"的说法。求职则不同，在你求职成功以后，对自己所干事业上的决策不应盲从，如有不同意见，应该坦诚申明自己的观点、见解。即使不被采纳，也应坦诚对待，无须埋怨或抵触，而是适应与合作，努力完成。

4. 善于控制自己。要知道职业是第一的，但生活也是第一的。求职成功后不能把工作中的压力带到生活中，也不能因生活中的烦恼影响工作。

5. 做事要有始有终。要明白这样一个最简单的道理，即：丢一个石子到水里总会有回声。那么，你所干的事情应及时向主管反馈真实情况，而不应该幼稚地等待主管的追问。

6. 抑恶扬善。古人言：勿以善小而不为，勿以恶小而为之。出门在外，不要以为细小的善事而不做，也不要认为细小的坏事就可以做，从国内外管理经典中已经有很多类似的大小事例证明：只能做好事，不要做恶事。

7. 同事相处免是非。要以工作实绩来显示才能，不要拉帮结派，搞小团体，这是每一个主管均厌恶的。

8. 同行相处多沟通。懂得面对同行，选择合适的沟通方式，通过交谈、表述、倾听来增进友谊，加深感情。

9. 为你工作的部门节约成本。为了部门利益，一张纸、一个笔记本，如果你都考虑到了，也是你的主管很欣赏而且喜欢的。

10. 注意个人的形象。注意穿着、谈吐、表情等个人细节，这些都会提高你个人修养和自身素质，会有利于你所干的职业。

第七条 工作相处的超常思维建议

我们经常说："在家靠父母，出外靠朋友。"这个朋友，就是你在人生路上不断结识的人，其中和你一起工作的同事占很大比例，那么，怎样和同事相处和睦呢？我罗列以下十点，供你参考：

1. 不管到哪里工作，都不要说同事的闲话，因为当今社会发展趋势，人的流动性大，三五年后，也许又和你同处一起共事。

2. 有缘千里来相会，无缘对面不相逢。和同事相聚一起工作就是缘分，要珍惜，和同事打成一片，把工作搞好。

3. 人无完人，金无足赤。同事责怪你的工作失误，不要去争辩；而你发现同事在工作上出了差错，影响到你，可以指出来，但不要发脾气。

4. 当你与同事之间有了误会，有了矛盾，不要回避，可以冷静地与他交谈，力争化解误会和矛盾。

5. 学会赞扬你的同事，肯定他的长处。

6. 每个人都有心情不好的时候，如果你的同事无缘无故发火，要想一想他是否碰到烦心的事，不要和他计较。

7. 农村中常言："吃得起亏，做得一堆。"同事相处时多做点事不要紧，不要斤斤计较，小家子气。

8. 患难之中见真情，同事碰到困难，遇到麻烦时，你应该给予真诚的帮助和支持。

9. 同事能力比你强，不要嫉妒；同事能力比你弱，不要鄙视。

10. 应该牢牢记住：同事之间关系顺畅的时候，大家的工作也会感觉快乐。

第八条 人生路上要有十心的超常思维建议

一说到心，我心潮澎湃，心领神会，心知其意，心手相应，心眼明亮，心口如一，心心相印，心心念念，心有灵犀一点通，九九归一心中有数，人生路上要有十心：

1. 人生立志要有恒心，忌心不在焉。

2. 个人抱负要有雄心，忌心浮气躁。

3. 立身处世要有爱心，忌心狠手辣。

4. 学习知识要虚心，忌心高气傲。

5. 干事业要下苦心，忌心猿意马。

6. 对待工作要热心，忌心如死灰。

7. 经营大小事要细心，忌心粗气浮。

8. 接人待物要诚心，忌心急火燎。

9. 碰到困难要有耐心，忌心术不正。

10. 解决问题要有信心，忌心灰意冷。

第九条　信念坚定的超常思维建议

世上无难事，只怕有心人。什么事都有人做，什么事都是人做的，如果你拥有坚定的信念，你将什么事都敢去做。那么，怎样才能做到信念坚定呢？我总结了以下十三条，供你参考：

1. 万事皆从一做起，一万个零不等于一个一，这都是信念坚定的基础。如果你一开始就不愿意做小事细事容易办的事，我想：你的信念坚定也只是一句口水话，说说而已。

2. 不要忽视理想，不要认为理想是空想。其实，有了理想才会有行动，成功总是从理想开始的。

3. 不要因某一小点而顾忌全部，要学会因势而行，随机应变，随时作必要的调整。

4. 谦虚是做人的美德。但不能过分谦虚，谦虚到放弃可能获得的成功，则不应该了。

5. 不要因为事情的不完善而认为不可能，也许正因为不完善，才有了改进的机会，也才有了你出名的机会。

6. 成功的事业都是三分天注定，七分靠打拼取得的。

7. 不要因为暂时的困难，暂时的挫折，暂时的失败而放弃坚持，什么事都是有成功，也会有失败，有失败也就会有成功。

8. 不要自卑，不要总是认为自己不行，把自己看得很渺小，心理上把自己打败。

9. 不要因为缺乏人力、财力、体力而放弃自己的信念。其实，在你没有成功以前，不止你一个人，所有想成功的人都面临这些困难。

10. 不要因为名誉、地位而背包袱。其实，名誉地位和干具体事关系不大，往往没有名，没有位的人不在乎"面子"或"里子"，做事更坦然。

11. 不要总是抱怨自己条件不成熟，如果你不坚持去干，你的条件将永远不成熟。

12. 不要顾虑别人已经在做，也不要怕会引起一系列的问题。即使别人已经在做，也会由于思路不同，结果也会不同，如果过分多虑，你将一事无成。

13. 不要想当然，先入为主而失掉信念。

第十条　超常思维培养素质的建议

我想说的是，素质体现在个人身上，如果你在人生路上具备以下十条，将对你的生活、学习、工作带来很大好处。即：

1. 有自信心。

2. 有奋斗目标。

3. 有正直和公正的个性。

4. 有进取心和责任心。

5. 有冷静，稳定的情结。

6. 有恒心和忍耐力。

7. 有对事物发展的洞察力和预见性。

8. 有一定的理论知识。

9. 有接受事物的创新能力。

10. 有人际关系协调能力。

第十一条　超常思维的学习方法建议

看书学习已经是我的一种爱好，我这一辈子要想戒掉看书，已经做不到了。但我学习也有不少坏习惯，在我写的《经历无悔》上卷《实践人生》里可以看到我在厕所看书的坏毛病等等。为此，我归纳一些方法如下：

1. 应当依照你个人需要、心境、体力、挑选爱好的书籍。

2. 在头脑清醒时，多读思索性的书籍，在大脑疲倦时，读一些轻松易解书籍。

3. 要睡觉时，不要把看书当作催眠剂，有了这种习惯后，会使你一捧起书，就想打瞌睡。

4. 上厕所不要看书，这样对你身体有害。

5. 读书必须有一定的目标，当你正在办某一件事时，应专心探求这方面的

知识，将其他学习内容暂时撇在一边。

6. 要力求做到学以致用，对于所读过的书籍，都应有深切的了解。

7. 养成广博的求知兴趣，熟悉多方面的知识，开阔眼界。

8. 看书的同时，一定要坚持做笔记，做到"不动笔墨不看书。"

第十二条　超常思维的生存建议

随着社会的进步，科学技术的发展，人的知识水平的提高，求职立业的竞争愈来愈激烈。为此，我提出以下生存建议，供读者参考：

1. 要有志向。志向又体现在你的精神面貌上，要有精神饱满，朝气勃勃的斗志。

2. 实干是最有说服力的。一万个零不等于一个一，所以，不能偷懒取巧。

3. 敢于吃苦。这个苦不是吃东西的苦，而是事情多、繁忙、疲劳跟着而来，也能干好，这也是吃苦。

4. 不要嫌弃小事。天下大事必作于细，天下难事先做于易。办公室打扫卫生或起草会议通知等，这些微不足道的小事是养成好习惯的开始，这对你的事业，也是一笔平衡可信的资本。

5. 平和待人。好人缘、好人品、好口碑是你生存的厚实基础。

6. 万事开头难。也许你觉得是最难的时候，也就是不要放弃的时候，只要过了开始的难关，今后的日子会逐渐好的。

7. 要敢于显露自己的才华。显示自己的长处，有才华而不懂得表现是人生中最悲哀的，因为这会使你白白丧失很多成功的机会。

8. 好学上进。吸取新的知识和好的经验，不能夜郎自大，不做井底之蛙。

9. 要看到自己的不足，克服自己的弱点。

10. 可以不随波逐流，但不可以改造你的同事或世俗习惯，善于和同伴们打成一片。

11. 同事之间的生存竞争是很正常的，但不能搞人身攻击，失掉人格。

12. 面对主管或同事的轻视和怠慢，不要回避和退缩，争取主动。

13. 工作做好了。可以自我宣传，推销自己，但不能言过其实，夸夸其谈。

14. 碰上困难时不要垂头丧气，诙谐、幽默的乐观情绪会给你增强信心。

15. 出现了问题，不要怨天尤人，推卸责任，不敢承担责任的人是没有出息的。

16. 如果你没有过硬的社会人际关系也不要忧愁，肯吃苦，有能力，能忍耐会使你脱颖而出。

17. 每人每天都只有二十四个小时，要学会利用时间，提高办事效率。

18. 及时反思，善于总结。

第十三条　超常思维的自学好习惯建议

我是这样认为的，自学是靠自己自觉地学习，没有人约束你，没有人要求你，也没有人限制你。但好的自学习惯靠自己养成，好的习惯可以改变你。为此，我把十几年以来的一些学习习惯介绍如下：

1. 如今条件好了，要创造一个比较固定的学习地点，便于翻书查资料。

2. 自学时要集中精力，不要想其他事情。

3. 自学要有自己的计划，在一段时间里，重点学习哪方面的内容，心中要有目标。

4. 晚上要坚持自学，离开打牌跳舞、看电视上网娱乐等诱惑。

5. 自学地点最好选择客厅后面房间，离开噪音和电视声音。

6. 不要在吃饭的时间看书，既对身体有害，又学不到什么东西。

7. 不要边看电视边看书。

8. 不要躺在床上看书。

9. 学习地点要空气流通，保持头脑清醒。

10. 看书时眼睛不要离书太近，防止近视和头痛。

11. 自学的桌子可以做大点，充分利用词典和电脑解除疑问。

12. 要学会利用字典、词典和电脑解除疑问。

13. 不动笔墨不看书，看书就要有记载。

14. 学会安排自己的时间，每天至少集中精力学习一个小时。

15. 有些书快速看了一遍，要学会回头细阅精读。

16. 每次集中精力，专心致志看一本书。

17. 每一本书要能记住一些重点、要点或故事情节。

18. 保管好自己记载的卡片，以备查阅。

第十四条　超常思维的毅力培养建议

每当三人或五人在一起闲谈时，我经常听到这样的后悔话："唉，上次那件事只要再坚持一下就好了。""唉，上次那件事，我再去找一个人，也许就

办好了。"就因为没有坚持，就因为没有再去找，才引来一次又一次的后悔，这就是没有毅力。怎么样才有毅力呢？我提出以下十条，供读者参考：

1. 第一次失败了，再试一次；第二次又失败了，好好想一想原因，再试第三次；第三次失败了，那么，你就不是想原因了，而是分析原因了。

2. 当你遇到困难确实无法解决时，不妨暂时搁一下，这不是退缩，而是调整心绪，重新再来。

3. 大多数人办事总喜欢先易后难，实际上你也可以倒过来，先难后易，把难点攻下来，容易的也就迎刃而解了。

4. 把你最有效的时间和最充沛的精力用在关键的事情上。

5. 在你所干的行业里，必须要精通某一项，让你的同行关注、佩服，这样不仅会给你带来信心，也会给你带来好的名声。

6. 经常和比你强的人交往，增强斗志，拥有危机感。

7. 每当你有所弃时，必须有所弃的充分理由和心理准备，不要后悔。

8. 如果你的事业暂时没有成功，不要担忧焦虑，也不必急于求成，要坚信成功。

9. 每干一件事，宁肯讲话保守一点，做时要干好一点，切勿成为说话的巨人，行动的矮子。

10. 一个人的毅力，归根结底就是坚持到底，只要认定的事，坚持一天、十天、一月、半年、十年、二十年……经过不懈的努力，就能克服一切不利的因素，走向成功。

第十五条　超常思维的经营建议

说起超常思维的经营管理，还是我进驻湖北宜昌三峡电站招揽工程时，和福建某水电工程公司的林工程师住在"三七八"联营体工地招待所内，我们相互熟悉后，林工向我倾诉生活上的痛苦、工作上的烦恼，我顺笔写了十条，当时取名为"人生定律"赠给林工，我自己写多了，倒还不在意，林工却把它作为座右铭，一再谢谢我，此次归纳整理超常思维的人生建议，我就将其改名为超常思维的经营建议，特登载如下：

1. 人生是不完美的，十分完美也是没有的，你在得到一些的时候，也会失去一些，因此，只有唯美。

2. 人生旅途的自信很重要，你每天看看来往匆匆行人，比上你可能不如别人，比下你也许比很多人强，如：——又如：——因此，在你心境愁闷时，你要时刻保持自信，因为，经历生与死的困境你都熬过来了，你还有什么可怕的！

3. 在任何困境下请不要悲观，宇宙的万事万物都是在运动和变化的。你暂时业务少，事业不大，起点低，并不意味着你永远这样，随着社会的变革，年龄的变大，经历的变化，地点的变迁等，只要挺过去，你就会逐渐变好。

4. 逆境能使你成熟，但不能放弃学习喔，人生处万类，知识最为贤。请你记住：一要向书本、电视、电脑等理性上的学习，此乃前人积累的经验；二要向周围同行学习，三人行，必有我师也；三要向比自己强的人学习，他是人，你也是人，为什么他比你强，不要去强调客观理由；四要积累成功的经验和吸取失败的教训，亲身的感受胜过理性的说教。

5. 珍惜诚爱，追求真爱，理解心爱，拥有珍爱。只要你长久地以四爱的心情去热爱人，理解人，尊重人，关心人，就好比一根领带、一本书、一席话，平淡犹如粗茶淡饭，也在你人生中打下深深的烙印，得到真诚的回报。

6. 理想可以头顶天，经营必须脚踏地。一万件事都是一件又一件事积累起来的，大事业都是由小行当一步又一步干出来的，你现在就必须以良好的心态、充实的心境，做熟你现在经营的实实在在的行当。

7. 你不要悔恨昨天不努力，也不要幻想明天会更好，你就干好今天的事，今天充实，今天不后悔，天天干好今天的事，你就不会悔恨昨天，明天也会更好。

8. 不要随波逐流，要学会抓住机遇，有时一次机遇会改变你的人生。

9. 闹处赚钱，静处安身。

10. 天道酬勤，地利兴业。

第十六条　超常思维的快乐工作建议

大千世界，就是这么不公平，有的人工作忙得要命，有的人工作闲得无聊。不管你忙还是闲，如果能够快乐地工作，也就是快乐的事，快乐的事也就请你看快乐的工作建议。

1. 要抱着积极的心态工作。很忙，要想到我能达到目的，会一件事一件事地做好；很闲，要想到我不能这么闲，主动想并主动找些事情做。

2. 你的外表体现你的精神面貌。经常注意自己的外表，穿戴整齐，保持个人良好的卫生习惯，工作的时候心情就是不同。

3. 不要让你上班的地方乱七八糟。顺手能找到物品比你东寻西找翻到物品的心情是不一样的。

4. 无论你干什么工作，只要在干，就要当作自己愿意干的事。至于不满意，也不能在干的中途变换，只有干好以后，当你到了新的岗位，你才会为原来干的事不后悔。

5.笑容是工作中带来好情绪的一副良药。

6.在工作时，要能判明自己能够做到的和不能够做到的，确实不能做到的，坦率地和主管谈出自己的理由。

7.不要从表面判断一个人或一件事，有时候表面往往是假象，原因就是你还没有了解清楚。

8.在工作中碰到困难或问题，不要隐瞒，要学会寻找能开这把锁的人。不要觉得不好意思，其实很正常，县官不如现管，你不是万能的。

9.不要太注重名利，太注重了，你就没有快乐感了。

10.学会忙或闲时的放松，这会使你心情平静和心理稳定。

11.不要把困难想象得太艰巨，也不要把问题估计得太复杂，否则等于自寻烦恼，容易引起紧张和焦虑。

12.当你心情不顺畅时，不要闷在心里，愈闷愈痛苦。

第十七条 超常思维的快乐简单建议

我发现，有的人总是抱怨自己不快乐，其实，化繁为简，快乐很简单，快乐不快乐，全在于自己，你自己感觉快乐，认为快乐，哪怕是在做难度再大的事也快乐；你自己感觉不快乐，认为不快乐，哪怕是在做容易的事也会不快乐。因此，如果你能按照以下十点简单生活，你就会快乐而且很快乐：

1.要和楼上楼下、左邻右舍的人处理好关系，而不是只有远朋没有近友。要知道，远亲不如近邻，邻居好，赛金宝。和周围的人搞好关系，你就少了烦恼，少了烦恼就快乐多了。

2.不要沉迷于消费、赶时髦。过分追求物质享受，稍不注意就会增加烦恼。要记住：时髦是赶不尽的。

3.把你从来不使用的东西处理掉，而且不要购买自己没有用的东西。

4.不要欠债，不要总去讲国外如何提前消费，我们有自己的国情，不欠债就轻松，轻松就快乐。

5.尽量住在离工作近的地方，会带来很多方便，方便也会带来快乐。

6.随时放松心情，天塌下来会有比你高的山峰、房屋及比你高的人顶着，至少你不是第一个顶住天的人，你就应该感到快乐。

7.不要去相信打折、大放血的日用品，自古以来便宜无好货，好货不便宜。否则，便宜货买回家后天天看着也不会快乐。

8.只看那些让你心情愉悦的书籍，因为世上的书籍太多了，你没有必要劳心费神看太多的书而烦恼。

9.控制看电视和上网的时间。看电视、上网，本身就是快乐的事，不要漫无目的，无休止地看电视、上网，甚至无节制地上瘾，无端添烦恼。

10.取消可去可不去的宴席和聚会，取消没有必要参加的会议，都会减少烦恼，增加快乐。

第十八条　迈向成功的超常思维建议

我认为，成功没有尺寸计算，成功也没有斤两衡量，成功有大成功，也有小成功，不同的人有不同的成功，但不同的人在迈向成功时有其共同的特点，特罗列如下：

1.迈向成功的人必须有追求成功的信念。

2.迈向成功的人有自己一种良好的习惯。

3.迈向成功的人会不惜一切地追求目标。

4.迈向成功的人总有吸引人注意及欣赏的个性。

5.迈向成功的人善于运用时间和金钱。

6.迈向成功的人会充分抓住人才和利用信息。

7.迈向成功的人在失败后能吸取教训，不屈不挠，东山再起，直至成功。

8.迈向成功的人善于协调公共关系。

9.迈向成功的人意志坚定，心胸开阔。

10.迈向成功的人能够接受新事物，敢于创新。

第十九条　获取成功的超常思维建议

人人都想成功，人人都在追求成功。那么，怎样才能获取成功呢？我归纳了以下十条，供人们参考：

1.有自己的思路，不随波逐流。

2.追求知识，注重学习。

3.待人处事温文尔雅。

4.富于想象力。

5.注重人情友情。

6.能吃苦耐劳。

7. 与同行及同事真诚合作。

8. 心胸宽阔、不记仇。

9. 有恒心，有毅力。

10. 有克服困难的勇气。

第二十条　人生路上成熟的超常思维建议

人的成长规律是从幼稚——懂事——成熟而来，只是有的人懂事早，有的人懂事迟；有的人成熟早，有的人成熟迟。

我对自己的评价是：懂事早，成熟迟。我七、八岁就坚持天天上山砍柴，不让外公伤心，应该算是懂事；十八岁即立下五十岁以前办三件事，在当时来说应该算是比较懂事的。但成熟迟，一直到二十九岁时，在企业任厂长，我才被"逼"出来了，也就渐渐变得成熟，按当地习俗，男进女满，二十九岁也就是三十岁了，应了古人言：三十而立。我形容自己是：笨鸟也开始入林了。

人怎么样才算成熟，我在日记里东一条、西一条归纳了个人成长的过程，罗列了以下十条，供人们参考：

1. 对待事物，对待困难，对待问题，能够全面地、客观地看待，承认生活中有积极的、好的一面，也有消极的、不好的一面。

2. 做事开始分析，能够考虑前因后果，正确对待成功或者失败的结果。

3. 办事有自己的想法和主见，虽然也采纳别人的建议或意见，但不会以别人说好或说丑做为办事准则。

4. 能够谦虚谨慎，戒骄戒躁，不拿自己的长处与别人的短处去比较。

5. 学会了与上级、与同事、与朋友、与妻子怎么相处，能够学习其长处，亦能容忍其短处。

6. 懂得了人际关系的重要性。

7. 开始以辩证法的观点看人看事，相信世上的人和事都是在变化中进步的，也会改变自身落后的东西。

8. 做人做事不搞一边倒，不搞极端化。

9. 做人做事光明磊落，勇于负责。

10. 明白了我为人人，人人为我的道理，也明白了要想办好一件事，必定会有困难，有问题，有付出的道理。

第二十一条　超常思维的好习惯建议

在每一个人的人生路上，都曾经有幸运之神眷顾过你，有的人抓住没有成功，其原因是这个人没有好习惯；有的人抓住成功了，其原因是这个人有很好的习惯。为此，我把好的习惯罗列如下：

1. 追求知识，接受新生事物。
2. 对幸运的机会，有一种梦寐以求的欲望，当幸运之神光顾时，始终抓住不放手。
3. 能够迅速确定目标。
4. 透彻了解信息。
5. 勇于拍板，迅速决策。
6. 有着丰富敏锐的想象力。
7. 沉着稳重。
8. 心胸开阔，性格开朗。
9. 拥有自信心，对幸运之神忠实。
10. 有好的人格人品。

第二十二条　超常思维的轻松愉快工作建议

同样一项工作，不同的人去干，就有不同的心情，有的人很愉快，有的人不舒服；有的人很快乐，有的人很痛苦。就好比我经营宾馆一样，我干得很认真，很起劲，洗碗选菜摆桌子扫地等等。尤其是我五十岁下岗，跑到深山老林挖洞子，挑泥土、担石块、养殖娃娃鱼，我没有什么不好意思，假如换一位曾经担任过部、办、委、局一把手的人来，就不是这么想了，也许放不下面子，放不下架子，心里就不舒服，不愉快了。因此，我总结了轻松愉快的工作十条，勉励自己，也供人们参考。

1. 心情放松，保持祥和的心态办事或解决问题。
2. 不要把自己看得十分重要，关键是发挥大家的力量。
3. 凡事预先有计划，不要有手忙脚乱的感觉。
4. 做事追求效率。

5. 养成立刻就做的习惯，当日事，当日毕。

6. 不要把事情复杂化，为自己增加不必要的心理负担。

7. 一件事一件事地来，不要承诺过多的事。

8. 所干的事要以喜欢的心情去做。

9. 树立信心，不要畏难。

10. 处理好上下级关系。

第二十三条　成功者的超常思维建议

百行百业，都有大大小小的成功者。我在实际工作中和在读书看报翻阅杂志时，看到不少成功者的典范，我将其共同的特点归纳了十条，我虽然还称不上是成功者，但我一方面按照我所写的十条在努力做着，另一方面也供人们参考：

1. 成功者都能立足第一线，了解第一线的情况，从第一线做起。

2. 成功者总在某些方面与众不同。

3. 成功者敢于梦想，并去干梦想的事。

4. 成功者是一个接受新思想、尝试新事物的改革者。

5. 成功者总有自己的观点，自己的思路，而且把自己的观点和思路影响周围的人，得到大家的充分信赖。

6. 成功者有常人未有的期望值，渴望成功。

7. 成功者有较强的亲和力，能够结交与众不同的人。

8. 成功者不惧怕失败，遇到失败敢于从头再来。

9. 成功者敢于授权，利用别人去做事。

10. 成功者善于造势，随势而成就事业。

第二十四条　立刻就做的超常思维建议

在具体工作和抓工作落实上，我有两句口头禅，一句是："一万个零不等于一个一。"另一句是："万事皆从实做起，成功还应苦追求。"我也养成雷厉风行，立刻就做得好习惯，也就体会到立刻就做所带来的好处和应该注意的事项。即；

1. 立刻就做不要等到万事俱备以后才去做，世上绝对没有完美无缺的事，如果有，等到你去做时，也许像乡村俗语说的："水过三丘田——迟了。"

2. 立刻就做是用精神推动行为，主动去做，自然就信心百倍。

3. 立刻就做是不要把时间浪费在开会或繁琐的准备上，假如不完善，也可以按农村俗语说的："草鞋无样，边打边像。"在行动中完善并给予解决。

4. 立刻就做是要当个真正干事的人，是怎么样想就怎么去做。

5. 立刻就做证明你有事业心，有成功的能力和决心。

6. 立刻就做是把创意付诸实施成功，值得立刻就做。

7. 立刻就做能增加你的自信，真正干起来了，你的恐惧也就消失了。

8. 立刻就做能提高你的才能，因为只有在实际行动中才能进步成长。

9. 立刻就做不必考虑下午做、明天做、后天做、没有心理负担和牵肠挂肚。

10. 立刻就做可以带来成就感和幸福感。

第二十五条　超常思维的劝导建议

当你心情上有不舒服、不愉快的感觉，或心情郁闷，打不起精神，如果要我来劝导你，我告诉你以下内容：

1. 走到你的朋友中间去，按照哲学家培根说的："友谊使快乐倍增，使痛苦减半。"与朋友在一起，总要扯这样或那样的话题，无形之中分散了你的郁闷，减轻了你的心理压力。

2. 要学会敞开心扉讲心里话，我们每个人都是普通人，都有苦恼，只要开诚布公说出来，总会得到别人的信任和理解，别人也会把他的苦恼告诉你，两者掺和就淡了，苦也不苦了。

3. 大部分人都有善良本质，不要猜疑人、不相信人，把烦恼闷在心里，最后愁病，闷死的还是你自己。

4. 不要在背后议论别人的是非，给自己本来不愉快的心情增加无谓的烦恼。

5. 在小家庭，在私事上，少发脾气，发了脾气容易引起夫妻不和、朋友翻脸，践害身体健康。

6. 不要总是认为别人比你强，不要总是认为别人比你好，有了嫉妒的想法，你就好比戴上了一副有色眼镜，无形之间会自卑，会疏远别人，会心理上失去平衡。

7. 要说真话，好就是好，不好就是不好，心里反而痛快，不会有包袱，说了假话，心理上总会惴惴不安。

8. 干一些实实在在的事，在忙碌之中忘记烦恼，在踏实之中去掉空虚。

9. 走在大街上看看来来往往的人群，有高的矮的，胖的瘦的，老的少的，

穷的富的，一样在走路，一样在生活，你也是其中一员，有忙忙碌碌的时候，也有空虚无聊的时候，有快乐的时候，也有痛苦的时候，一切就是这么过。

10. 到新华书店看看书的目录，到超市逛逛商场，放松心情。

第二十六条　超常思维的办事见面建议

我们常常说，人生在世，不是和钱打交道，而是和人打交道。为公事，为私事，上门找人见面是经常的事，见面以后怎么样才能达到目的，这里面还有一些方法和学问，根据我的体会，归纳以下要点，供人们参考：

1. 注意着装和发式，人与人之间第一次见面的第一印象是很重要的，如果第一次见面就给对方留下不整洁的印象，往往会给你的自我表白投下阴影。因此，要穿得整洁、大方。

2. 找人前要理清思路，明白自己找人的目的，希望办成什么事，鼓足信心，充满自信。

3. 进门前保持镇定的情绪，以不慌不忙、沉着稳重的心态出现。

4. 见面时主动称呼对方。如张主任、周县长、刘老师、赵大伯等。

5. 如果对方没有请你坐下，你最好站着。坐下后如对方给你倒茶，不管喝不喝，应真诚地说："谢谢。"然后双手礼貌地接过来。

6. 如对方年龄比你小，职务比你低，资历比你浅，你应格外谦虚，不要引起对方的反感。如对方年龄比你大，职务比你高，资历比你深，你要尊重诚恳，不卑不亢，不要引起对方的鄙视。

7. 在谈话没有进入正题时，不要急于出示你随身携带的资料及书信或礼物。只有在你提及这些话题，并已引起对方兴趣时，才是出示的最佳时机。

8. 见面时学会主动提问，珍惜见面机会。

9. 学会听对方回答的内容。首先给对方留出讲话的时间，其次是听话听音，领会其中的含义。

10. 面部表情应显示相应的热情，不能答非所问，心不在焉。

11. 注意克服不良的动作和姿态。如斜靠、架二郎腿、东张西望、左顾右盼等。

12. 遇到见面效果不佳，甚至对方说出很难听的话，也要学会忍耐和控制自己。否则，不仅办不成事，反而会办糟。

13. 要诚实、坦率、有个性，出言不凡，但又要有节制。

14. 见面结束，无论事情办好或未办好，也不要情绪激动，遗落资料或公文包等。

第二十七条　激情励行的超常思维建议

我小时候，曾经听大人们说："小孩子信哄，泥鳅听捧。"我成为大人后，发现大人和小孩有着同样的心理，虽然不能以"哄"来表达，但可以用"鼓励、激励、奖励"来代表。所以，对一个人的激情励行很重要，我站在客观、公正的角度上，认为一个人在干事的心理上，必须要有激情励行。即：

1. 不论你干什么事，不要总只是嘴上说说而已，应该敢说敢干，付诸行动。否则，再好的想法，如果不行动，永远只是空想，永远只是后悔。

2. 明确你的行动目标，让目标意识留在你的脑海里，也让目标意识时时显象在你眼前，然后支配你的行动。

3. 相信自己的能力，千里之行，始于足下，只要你迈出了第一步，坚持下去就会迈过；只要你迈过了第二步，第三步，你距离成功就愈来愈近。

4. 社会在不断发展，你想成功但又不迈出第一步，实际上你就落后了两步，你必须随着社会的发展而进步，而成长。

5. 只要你有信心，你完全可以取得比自己预想好得多的成就。

6. 困难、问题、挫折、失败，实际上都是成功的阶梯，迈上去了，你也就成功了。

7. 永远不要倦怠、泄气，这是快乐成功之前的考验。

8. 你的心胸有多宽广，你就有多大的志向；你有多大的志向，你就有多大的目标；你有多大的目标，你也就有多大的成功。

9. 如果你坚定地认为可能，你就会充满信心；如果你悲观地认为不可能，你就会垂头丧气。

10. 干什么事都要有自己的主见。如果有人说，"我想做的事不敢去做，而你去做了。"你应该感到高兴；如果有人说："前人都不敢做，我劝你也不要做。"你应该不要害怕，因为后人都是不断超越前辈的。

第二十八条　解除烦恼的超常思维建议

如果说一个人完全没有烦恼，这是假话，穷有穷的烦恼，富有富的烦恼，老人有老人的烦恼，小孩有小孩的烦恼，男人有男人的烦恼，女人有女人的烦

恼，从政有从政的烦恼，经商有经商的烦恼……常言道，人人都有一本难念的经，是很有道理的。只不过，烦恼归烦恼，时间还是这么过，日子还是照样过。我想说的是，有了烦恼怎么解除烦恼，请看以下十点：

1. 有了烦恼或者遇上烦恼，尽可能快点处理好，不要让烦恼进入心里，进入身体某个部位。

2. 学会自我控制情绪，借助人固有的潜意识，忍住十五分钟或半个小时再说。

3. 烦恼是一种激烈的情绪，如果此时凭意志力从容不迫把双手伸开做操一样，舒展运动，烦恼就会慢慢冷却下来。

4. 训练自己，每次有了烦恼就扪心自问：这真的值得我发脾气吗？我不发脾气可以吗？何必为了烦恼发脾气呢……之类的话。

5. 也可以自问自答：发脾气对我有什么好处吗？算了吧，有的人知道你有烦恼，会同情；有的人不清楚你有烦恼，并不会同情你，反而会认为你姿态低，个性不好，发脾气只是出自己的丑而已。

6. 从容地坐在椅子或沙发上，闭目养神，想一想烦恼有客观上的原因，也有主观上的原因，自己也许有某些方面没有考虑到或做得不对而引起的。通过比较及反思，把大烦恼化小，小烦恼化无。

7. 学会数数，从一数到一百，反复进行。

8. 想一想自己一些快乐的事或办得很漂亮的事。

9. 烦恼往往不是一件事引起的，也许是积蓄已久的麻烦事一下子涌来几件引起烦躁烦恼。因此，你干脆在一张纸上把所有的麻烦事罗列出来，一件一件分析反思，把它们转化为困难或问题，你的烦恼又减轻了。

10. 确实太烦恼了，找一个你最好的朋友或亲人倾诉，也许你认为是烦恼的事，通过朋友劝导，又不是烦恼了。

第二十九条　超常思维地克服担忧心虑的建议

其实，我的妻子就属于担忧心虑类型的人，树叶掉下来怕打伤脑壳，顺境的时候担着忧，困境的时候心常虑。为此，我经常给妻子打气，慢慢地我总结了以下十条，供人们参考：

1. 早上起床应该心情轻松，不要胡思乱想烦恼、忧愁之事，为一天的开始留下阴影。

2. 没有困难不要过多地想困难，有了困难不要过分地扩大困难，好像就真的迈不过似的。

3. 心情要开朗，不要总是生活在忧虑和惧怕的状态中，养成了一种忧闷的性格。

4. 好好安排生活，过好每一天。

5. 担忧心虑的事情不要过夜，无端增加烦恼。

6. 总要有一点承受忧愁的能力，不要碰上小小的忧虑就逢人倾诉。

7. 每办一件事就要做好。

8. 对于自己办不到的事情就不去做。

9. 多想快乐的时光和顺境的时候。

10. 看书看电视看电脑，看历史看周围的人，每一个人的事业成功都有困境的时候，每一个人的潦倒失败都有顺境的时光。

第三十条　人生路上精神崩溃预防的建议

当一个人到了精神崩溃之际，只觉得惶惶不可终日，仿佛人生到了尽头，似乎世界到了末日。我在九岁时曾经有过精神崩溃的过程，也有过想去死的念头，五十岁时又想去投河自尽，当时也没有考虑那么多，随着年龄增加，阅历增多，也开导、安慰一些受打击、受伤害、心理负担沉重的人，写了一些心理上的预防感想，现归纳供精神崩溃者思虑参考：

1. 想象以前美好的回忆，坚信危境总会过去。

2. 让自己彻底放松，和别人去下棋或唱歌或喝茶等。

3. 和比你差的同事、同学、同乡比较。

4. 只担心一件事，不要引伸思虑。

5. 记住今天或最近发生的一件愉快的小事。

6. 放慢说话的速度。

7. 集中精力去干一件实实在在的小事。

8. 控制住脾气，不要发火。

9. 不要被所担心、所焦虑的事围住。

10. 坚持外出锻炼。

第三十一条　难与更难的超常思维建议

难与更难实际上是一分为二的观点看问题，在人生路上你预先想到了难与更难，你就会有思想准备，其实也就不难了，以下请看我罗列的难与更难，供你参考：

1. 制定人生志向和目标很难，但要实现志向和目标则更难。
2. 追求真理很难，但始终与真理同在则更难。
3. 刻苦学习，做有知识的人很难，但做有道德品行的人则更难。
4. 从政仕途很难，担从政以后升或降仍能保持从政前的心态则更难。
5. 经商赚钱很难，但富裕或亏损都能保持平常心态则更难。
6. 干自己想干的事很难，但干自己应该干的事则更难。
7. 经历成功很难，但经历失败则更难。
8. 作出承诺很难，但兑现承诺更难。

第三十二条　人生路上失败者的建议

有成功者就必定有失败者，成功者与失败者并存，为什么有的人会失败呢？我罗列了以下现象，也算是人生失败者的建议吧，对与不对，供参考：

1. 不思进取，养成懒惰的习惯。
2. 工作没有目标，人云亦云。
3. 言语和行动孤僻，不愿与人合作。
4. 没有责任心，工作丢三落四。
5. 骄傲，不虚心，目空一切。
6. 讲一套，做一套，言而无信。
7. 怕苦怕累怕吃亏，斤斤计较。
8. 心胸狭窄。
9. 不敢创新，不敢冒险。
10. 没有恒心和毅力。

第三十三条　超常思维的成功诀窍建议

万事万物都有其规律，成功也有其诀窍。人人都渴望成功，人人都在追求成功，在未成功以前，如果能了解成功的诀窍，必定会为你的成功带来帮助，我罗列以下十六条，请你一定要看：

1. 信心会使你神经放松，消除恐惧，给你带来机会。

2. 思路是否对头，会给你成就大事业打下基础。有的人并不是能力差，而是思路跑不出小圈子，所以总不能成就事业；也有的人并不是能力强，而是思路在无限大的圈子里，所以一旦做起来了，事业也就跟着大了。

3. 时间是世界上最公平的产品，对每个人都是一样，每天只有二十四小时，成功属于有效利用时间的人。

4. 无论你的才能有多高，人品如何好，在人的世界里，如果没有交际的艺术，成功的机会就非常小。交际是你成功的桥梁，你学会了，成功的可能性也就大。

5. 对一件事物的认识，取决于人的态度，成功与失败也取决于你的态度，你有什么样的态度，也就有什么样的结果，你有积极的态度，所干的事才能成功。

6. 有了艰辛的努力，还要学会把握机会，丢掉了机会，你也就放弃了成功。

7. 每个人都有自己的生活方式，成功属于那些不随波逐流，拥有个人独特个性的人。

8. 在进入社会的开始，也许你没有目的，一旦你立志创造自己的人生时，就必须有一个目标！你有了目标，就等于已经赢得了一半的成功。

9. 世界上的职业那么多，路子那么广，号称成功的天神为了磨练你，总要以种种成功名义来诱惑你。你想这也成功，那也成功，你就会一样也不成功，你抵制了诱惑，你离成功也就不远了，这就是成功的人总是少数的缘故。

10. 没有事情想事情，有了事情不尽心。世界上的事多的是，只要你尽了百分之百的努力去做，不愁干不好，你想成功，但你尽心了吗？

11. 我看了不少的书，说欲望是个坏东西，我认为，看是什么样的欲望？如果是强烈渴求成功的欲望绝对是好东西，它是改变你命运的力量。

12. 小时候读书，我记得两句话，即：马列主义对别人，自由主义对自己。要想成功就必须马列主义对自己，自己了解自己，自己反思自己，到底是否能成功，你自己心中要有数。

13. 你有好的思路，你有能力，必须要化为现实的行动。如果你自我欣赏，没有是马还是骡子，拿出来遛遛的胆量，也就只有等待岁月的流逝，你摸后脑壳后悔了。

14. 个人追求成功，要考虑市场是否需要，市场不需要，你就不能成功；市场需要，你才能成功。

15. 凭一个人是干不成事业的，成功需要一个团队发挥作用。

16. 今天的学习，就是明天的应用；今天的投资，就是明天的收获！成功需要不断地完善和投入。

第三十四条　人与人之间免除冲突的
超常思维建议

正职与副职不和，上级与下级发生争执，下级对上级有意见，妻子或丈夫对丈夫或妻子不满等，怎么样免除人与人之间工作上的冲突，生活上的冲突，我归纳了以下十种，供读者参考：

1. 单独谈心，诚恳地征求对方的意见。
2. 就事论事，只谈具体问题，不要牵涉双方家庭。
3. 避免揭短，斤斤计较。
4. 设身处地地理解对方，宽恕对方。
5. 解剖自己，承认自己的不足。
6. 尊重对方的倾诉，耐心沉稳聆听。
7. 不要过分怪罪对方。
8. 诚恳对待，公平协商，找到一个双方都能接受的方案。
9. 双方的谈话不对外宣扬。
10. 不要企求一次就解决根本问题，要有第二次，第三次的打算。

第三十五条　超常思维的邻里关系建议

我曾经搬过多次家，无论是住一楼、住二楼，住五楼，又返回住二楼，也无论是住平房、住高楼、住宿舍或者住在小院子里，我和妻子都能处理好上下左右邻居关系，要问我有什么经验，我很明确地告诉大家，"邻居好，赛金宝"、"远亲不如近邻，近邻胜过远亲。"具体做法如下：

1. 见面主动打招呼、问候。
2. 说话开玩笑注意分寸，不给邻居带来不快，常言说：祸从口出。管好自己的嘴巴。
3. 在阳台上洗衣晒衣浇花打扫卫生，不给楼下邻居添烦恼，如水流到楼下、脏物往楼下扔等。
4. 煮饭炒菜的烟雾进入烟囱，不给楼上邻居带来烟雾。
5. 从来不和邻居相骂吵架。

6. 邻居有事真诚帮助，有好吃的食物，给上下邻居送一点，不是钱的问题，而是感情的交往。

7. 住房宽敞阳台上不养家禽家畜。

8. 晚上不吵闹、不喧闹。如唱卡拉 OK、把电视声音调大等。

9. 不占用邻里之间的公地，也不在公地上丢弃废物。

10. 从来不在背后议论邻居的长短或者不是。

11. 借钱借物，有借有还，一清二白。

12. 对待小孩子之间失误争执，只管好自己的女儿，不偏袒、不轻信、不纵容。

第三十六条　人生路上影响身体健康的建议

　　回想起我幼时体弱多病，少年时期的艰难岁月，青年时代的拼命工作，经历困难、磨难、灾难，至今我能健康地活着，我由衷地感到自己快乐、幸福、满足。如今，我已进入花甲之年，再看我在人生旅途上曾相处过的同学、同事、朋友、战友等熟人，身体状况，有好有坏。尤其值得惋惜的是：有那么一些人，身体比我强壮，条件比我好，却被平时的一些坏习惯拖垮身体，一个一个"走"了。为此，我归纳了以下影响身体健康的现象，一是警诫自己，二是供读者参考。

　　1. 生活没有规律，不吃早餐，爱吃夜宵，饿一顿饱一餐，不懂或不信保健养神之道的人。

　　2. 不喜欢锻炼也不愿意参加体力活动的人。

　　3. 有了病顾虑这顾虑那，喜欢瞒着不愿意去医院检查、听之任之的人。

　　4. 抽烟上瘾，一根接一根，不想戒烟也不愿意戒烟的人。

　　5. 喝酒上瘾，而且经常大醉的人。

　　6. 对人对事心胸狭窄，喜欢逞能逞强，爱发脾气，使小性子的人。

　　7. 忽视精神作用，过分依赖药物治疗的人。

　　8. 个性孤独，封闭自己，不愿意结交朋友的人。

　　9. 过于疑虑、顾虑、忧虑而心情闷闷不乐的人。

　　10. 性欲、娱乐、社交过度的人。

第三十七条　超常的身体健康思维建议

　　我们在平时经常说：平安是福，健康是金。没有健康，实现志向、搞好工作、

417

干成事业，获取成功太难太难了。因此，我归纳了以下十条，既是我个人的实践体会，也供人们参考遵守。

1. 养成奋发向上的人生观。
2. 正视困难，并克服它。
3. 注意身体健康，戒掉不良生活习惯。
4. 工作、学习、生活力争有规律，保持劳逸结合。
5. 面对生活困窘，不能失去生活下去的勇气。
6. 拒绝有诱惑力的消遣。
7. 建立和谐的上下级关系、同事关系、邻居关系。
8. 知足满足。
9. 培养积极有益的兴趣爱好。
10. 家庭和睦。

第三十八条　寿命延长的超常思维建议

人们常用"阎王要你三更死，小鬼不会让你活到五更"的话，说明人的寿命是定死了的，天命不可违也。其实，谁也没有看见过阎王，谁也没有看到过小鬼，阎王和小鬼都是人们塑造出来的，虽说天命不可违，但通过人自身的努力，其寿命是可以延长的，对自己对父母对妻子（丈夫）对子女活下去最重要的是什么？其实，就是一个"寿"字！我写出以下十条法则，可供读者参考：

1. 多笑尽量笑。笑使你舒服，笑使你快乐，笑使你忘掉烦恼，笑使你丢掉痛苦，笑能使你寿命延长。
2. 生命在于运动。经常做健身运动或适当参加劳动，可以使你寿命延长。
3. 工作是干不完的，身体是自己的，要劳逸结合，找机会，挤时间休息，在轻松的工作和生活中度过，会使你寿命延长。
4. 好的朋友是不花钱的良药。多找机会跟你所爱或所喜欢的人相处一起，心情愉快而寿命延长。
5. 瞒病必死。有了病不要惊慌，心态好，病魔就怕你；心态不好，病魔就欺负你，必须尽早看医生，在没有威胁你之前就治好，寿命也就延长了。
6. 睡眠要好，不要熬夜，白天也要坚持一、两次小睡，能够延长寿命。
7. 富要淡然，穷要快乐；穿着随意，饮食随便；切勿孤独，流入群体，保证能使你寿命延长。
8. 忘记年龄大小，乐观过好每一天；态度决定一切，习惯延长寿命。

9. 养成好奇、新鲜的嗜好、爱好，让寿命跟着更新。

10. 有压力才有动力，有动力才有精力，有了精力也就有了生命力。

第三十九条　尊重老人的超常思维建议

家家户户都有老人，人老了容易遭遇冷落，人老了容易遭遇年轻后代的嫌弃，为此，我归纳了尊重老人十二条，希望年轻后代记住，也希望我们每一位读者记住：

1. 记住经常询问家里老人的身体状况，如有身体不适，应当及时陪同参加检查诊治，如有条件，可以定期上医院体检身体。

2. 记住购买一些和做一些老人爱吃的食品，不在乎多少，而在于心意。

3. 记住理解人老了后的生理心理特点。常言道："人老话多，树老根多。""老小老小，老了变小。"原谅他们话多、啰嗦、古怪、固执及爱生气、爱怀疑的性格。

4. 记住在家庭一些大事上，不管老人有无经济条件和持家能力，主动征求老人的意见、听老人的教诲，尊重老人。

5. 记住外出办事为妻子女儿购买礼品时，不要忘记了给老人买礼物。

6. 记住经常将一些高兴的事、顺心的事告诉老人，安慰老人。

7. 记住在工作中碰到困难，在生活中不顺心，夫妻吵架，儿女不听话等不要告诉老人，不要在老人面前发牢骚、发脾气。

8. 记住经常邀老人上公园、看戏或吃一餐饭等参加娱乐性的活动。

9. 记住老人的生日，根据自己的经济能力或多或少买一点礼品。

10. 记住老人的爱好和老人老了以后遇到的困难。如老人喜欢散步，则购买散步器，老人喜欢听新闻，练拳练剑等，则买微型收音机、拳法书、剑术书及碟片及工具，老人的拐杖、口杯、烤火炉等等。

11. 记住进门出门问候老人。

12. 记住教育小孩子对老人有礼貌，尊敬老人。

第四十条　超常思维劝导老人的建议

人老了，从单位按部就班中退下来，从商场忙忙碌碌中退出来，如何才能身体健康，心情愉快，我提出以下十个应该，供老人们参考：

1. 应该参加多项活动，不要闷在家里。如介入散步、打牌、打球等活动。

2. 应该多和同学、同乡、战友来往，不要独来独往。

3. 应该启发思想，多动脑筋，不要无所事事。即：想一些快乐的事，干一点充实的事，就少一份忧愁，少一些空虚。

4. 应该多动手脚，不要整天坐着。人老后干大事做不了，可以慢慢地做些小事，也不是非要干成什么什么事，只要起到锻炼心血管功能的作用。

5. 应该多说话，不能沉默寡言。因为多说话可以帮助老人心情愉快，活跃思维。

6. 应该无忧无虑地投身到大自然中去，不要闭门不出，坐井观天。

7. 应该多交年轻的朋友，不要嫌弃或鄙视年轻人。多有几个年轻的朋友，你自己也会跟着变得年轻。

8. 应该和老伴恩恩爱爱，不要吵架生气。少年夫妻老来伴，这是古今良言，应该互相尊重，互相照顾走过两人世界。

9. 应该坚持和养成好的习惯，不因一些陋习而损害自己的身体。

10. 应该努力去干一些年轻时想干的事，不要抱着悲观的心情，认为人老了学什么都没有用的想法。如学书法、学电脑等。

第四十一条　超常思维的家庭尊重建议

夫妻双方贵在尊重。互相尊重，夫妻之间就没有意见；互相尊重，夫妻之间就没有争吵；互相尊重，夫妻之间也没有烦恼。有了尊重，夫妻之间就有了面子；有了尊重，夫妻之间就有了快乐；有了尊重，夫妻之间就有了幸福。为此，我写下人生路上家庭尊重建议，希望每一个小家庭幸福美满，小夫妻白头偕老：

1. 既然结婚了，你就不必后悔，要回到你们来自不同的家庭，接受不同的教育，有着不同的习惯，结婚度过蜜月后就是互相适应的阶段，双方之间出现矛盾也可以理解，应该互相尊重。

2. 接受对方的习惯比强迫对方改变要好，也更容易。这就是尊重问题。

3. 允许对方有不同的见解，其实就是尊重了对方思考和行为的方式，对家庭只会更有利。

4. 由于双方存在的差异，而引起争吵，其实，只要有一方放下架子，尊重对方就可以了。

5. 要明白两个一样性格的人不一定快乐，有时候取长补短，性格差异反而更幸福。因此，不要说性格合不来。

6. 引起不尊重的根源还是从互相指责，骂人引起的，力争不要发生。

7. 如果对方的性格、习惯你缺乏不适应，不值得指责，可以委婉地提出足够而有效的理由，逐渐改变。

8. 诚心的爱就是接受对方，也是尊重对方。

9. 切忌把你的亲戚朋友介入夫妻的争吵中来。

10. 事实是相爱的时候，双方都是以最好的面貌出现在对方，结婚以后，男女之间真正的个性就显示出来了。所以，要结婚就要能够尊重对方。

第四十二条　人生路上夫妻结婚危机避免的建议

有人说：结婚是爱情的坟墓。但我说：结婚也是爱情更新的开始。当夫妻之间的生活已经枯燥无味，出现矛盾、鸿沟时，请遵守以下十条建议：

1. 双方之间必须说真话，切记不要相信"朋友面前莫说假，妻子（丈夫）面前莫说真"的鬼话。时代不同了，在信息灵通的年代，有了事是瞒不住的，只有开诚布公，才有信任的基础。

2. 要看到对方的长处，切记不能抱有"小孩是自己的乖，老婆是别人的好"的想法，每一个人都有自己的长处或好处，要多想一想丈夫（妻子）的长处或好处，要多想一想丈夫（妻子）的长处及好处。

3. 要多留一些时间给对方，你再忙也要挤时间陪伴妻子（丈夫），时间是愈合心灵创伤的最好处方。

4. 要耐心听取对方的意见，不管妻子（丈夫）说话再没有道理，再怎么啰嗦，你先听她（他）说完。

5. 要尊重对方，在别人面前不要讲妻子（丈夫）的不是，尤其是妻子（丈夫）不在场的情况下，不要说长道短。因为讲了不起作用，只会损害感情。

6. 要勇于承认自己的不足之处，不要怕丢面子或里子。其实，在两人世界里，丈夫承认自己的不足，并不因此低下或无能，妻子承认自己的不足，也并不因此矮小或丑陋。相反，真诚的认错只会增进感情。

7. 要学会给对方带来不同的惊喜，用一些意想不到的细小事情给妻子（丈夫）带来惊喜，如：几颗水果糖，一件小礼物或对方喜欢的衣服等。

8. 不要当着外人或亲戚朋友及子女的面争吵，哪怕当时的火气冲天，意见再大，有第三人在场就要忍住，即使妻子（丈夫）指责或谩骂，做为丈夫（妻子）也不要对骂，这样至少有两个好处：一是一个巴掌拍不响，对方指责或骂上几句，如果你不吭声，对方再骂也无趣了；二是对方骂初一，我不骂十五，恰恰是和解的药方。

9. 要学会回忆结婚前的美好情景。双方结婚不可能突然见面，突然结婚，

421

总有一个熟悉、接触、产生好感的过程。

10. 要多想一想未来，多看一看周围离婚、再婚的家庭。所谓未来，人生就是那么几十年，婚姻经不起折腾，折腾几个回合，美好的年华一晃就过去了；关于周围离婚、再婚的家庭，不管这些人的做法对不对，我不下结论，但可以肯定的是：新组合的家庭比原配夫妻沟通要难得多。

第四十三条　人生路上夫妻之间
软矛盾解决的建议

什么叫软矛盾？就是小家庭里不打不骂不吵不闹，有烦有恼有唠有叨，夫妻之间叽叽喳喳，你数落我几句，我埋怨你几句，好比才出锅的嫩豆腐沾上灰，吹不掉又不敢拍，心里总是憋着闷气。为此，我总结了以下十条如何解决夫妻之间软矛盾的方法，供你参考：

1. 夫妻之间由于年龄、职业、文化程度、经济收入有差别，有一方在唠叨啰嗦，另一方要这么想：是我的妻子（丈夫）才和我讲，如果和别人去讲，或许我还会有意见，首先在情绪上要稳定下来。

2. 也要仔细听一听对方唠叨是否有道理，有哪些方面的道理。如果确实是有道理的事，即使碍于面子，也要记在心里，慢慢去改，如果确实是没有道理的事，那就另当别论。

3. 对方唠叨啰嗦，不要用尖酸、刻薄、讽刺、挖苦一类的话去伤害对方，常言说：良言一句三冬暖，恶语伤人六月寒。

4. 要看到对方的大长处，学会容忍其唠叨啰嗦的小短处。从心理学上分析，凡唠叨啰嗦的，也是一面做事一面唠叨之人。因为做了点事，总认为有资本唠叨别人，既然对方多做了点事，唠叨几句就当风来了，想听就有声音，不听也不要紧，学会容忍。

5. 面对妻子（丈夫）唠叨啰嗦时，开几句玩笑，说几句幽默的话，也不失为一种好方法。

6. 平等对待，关心对方，给予尊重、帮助、体贴。

7. 世上没有一贯正确的人，也没有完全正确的事，对方唠叨啰嗦，责任不会总是错在对方、也要反思一下自己的言行。

8. 对唠叨之事，要学会解释。

9. 古人言：近墨者黑，近朱者赤。学会适应对方。

10. 不要把唠叨啰嗦上升为吵骂、打架、小题大做。

第四十四条　人生路上夫妻平安渡过婚后危险期的建议

　　我也是过来人，有过亲身的体会，当我在县公安局工作时和妻子结了婚，随后，我又调入县交通局，接着，妻子生了女儿，由于双方父母都不在身边，我的工作繁琐、杂事很多，妻子在商业部门搞财会也时常加班加点，双方之间出现一些说不清、道不明的纠纷，虽然不至于离婚，但也有一段磨合过程。

　　为此，怎么样才能度过婚后危险期？我总结出以下十条：

　　1. 彼此尊重对方。对待小家庭事务的分工，夫妻之间最好顺其自然，形成一个能发挥各自特长的最佳组合，愿意为对方付出一点休息时间，多做些自我牺牲，帮助对方搞好工作。

　　2. 在相容互补的基础上学会谦让和忍耐。为一些非原则的生活琐事作出谦让，为对方存在的某些缺点进行忍耐。

　　3. 双方之间有什么事，有什么误会，不能闷在肚子里，要经常交换意见，常言说：鼓不敲不响，话不讲不明。把话说明了，也就不会有什么事，不会有什么误会了。

　　4. 夫妻之间要随意，多一点幽默感。尤其在一方心境不好或发生冲突之际，正面的说教或刺激性的语言往往容易引起火上浇油，你一言，我一句地会顶起来、此时，倒不如静下心来，开两句玩笑，转移话题或许会更好。

　　5. 夫妻之间的生活没有大事，争吵又往往是由小事引起的，只要经常注意小节，如：为对方买礼物，记住对方的生日等等，就能使对方得到很大的快慰。

　　6. 工作忙，有了孩子，还是不能忘记性生活的协调。性生活的和谐，会使夫妻之间的感情更加稳固。

　　7. 年轻的夫妻在举行婚礼后，接着又有了小孩，这时，经济上不会很宽裕，要学会勤俭节约，量入为出，协调生活。

　　8. 结婚以后，双方都要保持婚前的仪表修饰，保持一定的吸引力。

　　9. 切忌冲动离婚。实践证明，绝大多数年轻的夫妻由于赌气，一时冲动离婚，以后再组合新家庭，还是不如原配丈夫或原配妻子好。

　　10. 婚后不要把一些冲突、争吵的矛盾扩散到外人耳中，谨记古言："夫妻之间没有隔夜仇""家丑不可外扬。"

第四十五条　人生路上夫妻吵架遵守的建议

我是这样认为的，富有富的活法，穷有穷的活法，高层有高层的活法，底层有底层的活法，城市有城市的活法，乡村有乡村的活法，不管哪种活法，夫妻之间闲言碎语、磕磕碰碰的事情会有所发生。但不管怎样的吵架，最好能遵守以下十条：

1. 吵架不动手。切记不能出现打人、甩东西的现象。
2. 吵架不伤人。即不要骂脏话，骂过头的话，如：你滚出去，你去死了还好些等等语言。
3. 吵架不惊邻。即争吵时尽量把声音放小，以免吵得邻居不安。
4. 吵架不翻旧。吵架只说发生的问题，不能尽翻陈年芝麻大的事情。
5. 吵架不传播。夫妻吵架就是夫妻吵架，不必要说给别人听。
6. 吵架不告亲。吵了架不要去找自己的父母、兄弟姐妹倾诉，这样只会更糟。
7. 吵架不记仇。吵了就吵了，不能耿耿于怀，想着下次怎么报复。
8. 吵架不持久。当日事当日了，不要形成你不喊我，我也不喊你的僵持局面。
9. 吵架不分居。不能出现一发生争吵就各奔东西，互不往来。
10. 吵架要避小。在儿女面前不要争吵。

第四十六条　人生路上结婚女人的建议

纵观社会上每一个小家庭，我看到大多数幸福和睦的夫妻两口子，也看到极少数磕磕碰碰、争吵不休的对头冤家两口子，还看到一些以这样或那样理由离婚的两口子，我是个男人，也许是当局者迷、旁观者清的缘故，我觉得结婚的女人，应该明了以下道理：

1. 恋爱和结婚是两回事。恋爱是互相欣赏对方，一般而言，双方只看到对方的长处，容忍对方的短处；结婚在经过短暂的蜜月生活以后，面临重复的、繁琐的家务，不同的个性，不同的习惯等等，明白了这个道理，思想就会有准备。
2. 两性相爱就是爱对方。说到爱，不是挂在嘴上，而是爱在具体行动中，时时想到对方，处处为对方着想。因为婚姻是从衣食住行的日常生活中感受爱的，所以，不要讨价还价，出现在家务事上，你不做，我也不做，你做一点，我也做一点，这样只会伤害感情。

3. 结了婚就不要这山望着那山高，时时刻刻将丈夫和外人比较，不要总是说，别人的丈夫如何有钱、有地位。其实，世上有钱有地位的还是少数人，既然你愿意和他结婚，是爱人，不是爱钱、爱地位。

4. 人都不是十全十美的。男人有其长处必有其短处，自己的丈夫有其优点，也有其缺点，不要嘲笑或讥讽自己丈夫的缺点，要容忍自己丈夫的一些不足，而对丈夫的长处及优点多给赞赏或鼓励，或许更有用。

5. 丈夫的父母就是自己的父母，丈夫的亲戚、朋友就是自己的亲戚、朋友，做到了这一点，实际上就是尊重了自己的丈夫。

6. 绝大部分男人天生喜欢温顺的妻子。一个女人的好强、争胜，往往是小家庭分裂的导火线。

7. 男人喜爱美女是天性，只要不做出越轨的事，在街上看来往的美女就不要过分计较，正如你出门时也要打扮一下，女人喜欢显示美是天性，你也会引来过往男人关注一样。

8. 不要太爱虚荣了，时髦是赶不尽的，物质的追求是无止境的。

9. 夫妻之间出现一些误会、一些隔阂，不要找娘屋里的人和朋友及外人诉说，这样无济于事，反而有害无益。

10. 为丈夫的顺心事而高兴，也为丈夫不顺心时给予安慰。

第四十七条　父母对待孩子的超常思维建议

作为当今大部分都是独生子女的家庭，子女就是名副其实的小皇帝，可怜天下父母心，对待孩子，顶在头上怕摔下来，含在嘴里怕融化，能给的尽力给，不能给的也想给，能做的尽力做，不能做的也去做，望子成龙，望女成凤。但是，再怎么爱孩子，也要力争做到以下十点：

1. 父母不要过分啰嗦，唠唠叨叨，否则，容易引起孩子的逆反心理，以顶撞的方式或装聋作哑的方法来对待父母。

2. 父母不要过分宠爱自己的孩子，否则，容易引起孩子目中无人，唯我独尊的骄横赌气。

3. 父母不要过分袒护自己孩子的过错，否则，容易引起孩子一错再错，铸成大错。

4. 父母不要在人前指责自己的孩子这也不是，那也不是，否则，容易损伤孩子的自尊心。

5. 父母不要过分在意自己孩子的细小毛病，否则，孩子会变得唯唯诺诺。

6. 父母不要轻率作承诺，记住：孩子是希望父母说话算数的，当诺言没有兑现时，孩子会非常失望，也会跟着说假话。

7. 父母不要变化无常，时而高兴，时而生气，否则，孩子会感到迷惑，失去对父母的信任。

8. 父母不要厌烦孩子提出的为什么，因为你们是父母，因为依赖你们，因为单纯无知，才问你们。否则，什么事都不问你们，你们反倒会担心了。

9. 父母不要以恐吓、谩骂的方式来教育孩子，否则，孩子开始怕你们，久了就不怕你们了，表面上怕你们，从内心上并不怕你们。

10. 父母之间不要在孩子面前开过分的玩笑，更不能露出男女之间亲昵的动作，否则，在孩子心灵里会留下不好的影响。

第四十八条　管理层正职的超常思维建议

在没有担任管路层正职领导以前，好像谁都可以当，一旦自己担任了，又感到这也不如意，那也不如意。所以，当正职领导也要做到以下十条，才称得上是好的正职领导。

1. 必须要有自己的一套工作计划。

2. 要有自己的观点和主见，充满自信，有着坚定不移的勇气。

3. 必须要正直，对待所有的下属，手掌手背都是肉，一视同仁。

4. 有办事成功的正确决定。

5. 注意工作细节。

6. 和副职团结协调。

7. 控制自己的私欲。

8. 要有比副职和下属多干工作的奉献精神。

9. 敢于承担工作失误和失败的责任。

10. 需要有一种个人人格的魅力。

第四十九条　正职把握的超常思维建议

古人言：铁打的衙门流水的官。大大小小的行政部门，都需要一名正职领导，这些正职领导也是三、五年期间不断更换。因此，对每一个上任的正职领导，都有必要把握好组织上交给你管理的部门，我根据自身体会，罗列以下十二条建议，供新上任的正职领导参考。

1. 团结基础——事业标准；
2. 对待前任——扬弃结合；
3. 用人范围——五湖四海；
4. 班子分工——合理搭配；
5. 高层决策——民主集中；
6. 发生分歧——求同存异；
7. 评价自我——一分为二；
8. 待人处事——公正不偏；
9. 被人误解——涵养大度；
10. 评价别人——尊重人格；
11. 工作方法——讲究方式；
12. 规范别人——从我做起。

第五十条　正职品质的超常思维建议

到了行政领导正职位置上，一般是担任副职多年或在基层任过一把手的职务，已经是一位成熟的领导，也就应该有以下十点品质特征：

1. 公正廉洁，已经意识到自己担负的责任和自身拥有的社会价值，不为名利所诱惑。
2. 有着十足的自信心。
3. 能够很好地把握自己，控制自己的情感。
4. 工作、责任、目的均明确。
5. 善于把所学到的知识巧妙地运用到工作上。
6. 有着较强的协调能力。
7. 随时了解下属想什么？需要什么？
8. 有着充沛旺盛的精力。
9. 有推动工作激励下属努力的工作方针和工作思路。
10. 坦诚，言行一致。

第五十一条 正职习惯的超常思维建议

好的习惯可以改变人的一切。担任一名行政领导一把手是吸引人而又富有挑战性的职业，好的行政领导一把手的习惯是搞好工作的前提。就此，一个好的行政领导一把手应该养成以下十个习惯：

1. 思虑超前。行政管理工作虽然不如产品市场那样竞争激烈，但对于所管理的部门或行业必须要有超常意识。

2. 以身作则。如今，从领导到干部到群众，普遍有一种责众心态，总是说腐败现象滥行，一把手威信不高，其实说来说去还是在自己身上，如果自己真正能做到不该议的不去议，不该做的不去做，人家也不会说你腐败，你的威信也自然会提高。

3. 牢牢抓住重要的工作。你所管的行业或部门的每一件事不一定都是重要的，这就必须要分清轻重缓急，抓住重要的事或急需办的事。

4. 心胸宽阔，团结班子。按行政管理体制，不一定完全按照你个人的意愿配备副手，也许你的副手资历比你高，年龄比你大，也许你的副手业务比你熟，管理能力比你强，甚至有的副手想法和你不一样，性格也和你合不来，这就必须要能容纳副手，团结、感化副手。

5. 主动沟通，消除隔阂。不要认为自己是一把手，是老大，别人找你汇报是理所应该的，自己找副手或干部就没有面子。其实对副手、对干部，主动找其沟通，没有什么大不了，相反，面子并不值钱，思想统一，搞好工作才是最重要的。

6. 取长补短、互相协调。始终要记住：靠你自己是搞不好工作的，如果你个人忙忙碌碌累得团团转，并不是好习惯，要学会运用各人的长处，人人都去努力做事，才称得上是好的一把手。

7. 要有好的思想。即要有大部分干部及工作人员的支持，又要能搞好工作，如果为了搞好工作，你成了孤家寡人，并不等于你成功了，当然，如果你一团和气，怕得罪人而不敢抓工作，更不是一个好的一把手。

8. 要尊重人、理解人。行政管理体制一把手不是终身制，切记不能认为自己担任了一把手就万事不求人，这样不好。你尊重对方，理解对方，对方也就会尊重你、理解你。

9. 有始有终。说话有呼声，也要有应声；办事有开始，就要有结尾。

10. 保持良好的生活方式。生命只有一次，身体是你自己的，像抽烟、喝酒、吃夜宵、打麻将等不好的生活方式要节制，要克制，要抵制。

第五十二条　管理者超常思维的了解情况建议

了解情况是抓好各项工作的前提，不管哪一个部门的主要领导，上任到新的部门后，都需要了解情况，了解情况的注意事项会带来好的效应。为此，特将了解情况中需要注意的事项归纳如下：

1. 了解情况要有大部分群众的观点，不能只听几个副职或个别人的意见。
2. 了解情况要带着分析的观点，一分为二，辩证地对待所了解到的情况，不能带着形而上学的观点走过场。
3. 了解情况要有深入的观点，能够调查到真实情况，不要被表面的假象所迷惑。
4. 了解情况要有全面的观点，不要片面地看待事物。
5. 了解情况要有客观的观点，不能从主观上带着老框框和个人的偏见去了解。
6. 了解情况要有具体的观点，不能抽象地去看事物。
7. 了解情况要有比较的观点，不要自以为是，想当然。
8. 了解情况要有灵活的观点，不能一刀切，死板硬套。
9. 了解情况要有耐心细致的观点，不能操之过急。
10. 了解情况要有发展的观点，不能一成不变。

第五十三条　管理者超常思维的安排工作建议

身为一把手，工作安排时总要召集有关人员参加，既是组织者，又是主持人，既是部署者，又是监督人。为了把工作安排好，我有以下十条经常用的方法：

1. 提前准备好讲话提纲。
2. 明确讲话的内容。
3. 区分不同的场合。
4. 注意听众对象。
5. 次序要安排得当。
6. 论点要明确精炼。
7. 逐个征求意见。

8. 归纳、完善、接受好的建议。

9. 散会前强调所安排的工作内容。

10. 定人负责，定时检查。

第五十四条　管理者超常思维的获取人心建议

有组织上的一纸任命书，你获得了管理上的职务，你可以根据职务来行使规定内的权利，也就有了一种名正言顺的权威，如果你把个人的行为结合起来，无疑你就是一个很优秀的领导了。为此，我罗列了以下十种获得人心的方法，供参考。

1. 精神状态要好，随时让人感觉到你的朝气。

2. 权威是一件无形的神秘外衣，你愈大方，待人和气，别人就愈尊重你。

3. 记住你所管理部门的人员的名字，尽量了解这些人的家庭情况。

4. 有一种乐观感染人的态度，充满幽默风趣的言行。

5. 虽然很忙，但也不要显得太忙，要有一种稳重，大气的个性。

6. 不要吝啬，称赞做出成绩的下属，此乃不花成本的推动器。

7. 随时注意自己的不足之处，勇于改正。

8. 不要认为自己在管理岗位上无所不能，居高临下，狂妄自大，应该礼待下属。

9. 吸取同行的长处。

10. 不要随便发脾气，不能当着下属发牢骚。

第五十五条　管理者超常思维
找人谈话的建议

主动找人谈话，是每一位管理人员的基本功。谈话有各种各样的内容，针对不同的人有不同的谈话内容，根据我的体会，归纳了以下的内容：

1. 部署工作的谈话。这是走上管理工作岗位以后，每逢参加上级或部门工作会议，接受了任务，针对本部门的全体干部和工作人员的报告性谈话，意在清楚、明朗，由谁干，完成到什么程度。

2. 了解新任工作谈话。对象是副职或下属部门的领导及工作人员，意在全面、客观，多听多记，少说少议。

3. 接近麻烦工作的谈话。解决困难，解决问题，此乃担任管理人员的天职。在谈话时，意在细致、公正、不偏不倚，掌握第一手资料，了解前因后果，为解决困难和问题提供正确依据。

4. 征求工作谈话。对待前任领导、本部门的老同志、骨干等，应以问询、尊重的口气征求意见。

5. 启发引导谈话。对待年轻的干部和工作人员，应该主动找其谈话，打消其顾虑，以启发引导的方式，转到工作议题上来。

6. 汇报工作谈话。担任了管理人员，就是要多干工作，干好工作，将所干的事和干好的事主动向领导汇报，这种汇报一定要实在，切忌夸大其词。

7. 解疑排难工作谈话。担任了管理人员，就是这个部门的"父母"一样，下属有疑问、有困难，身为"父母"要主动找其谈话，意在为其解疑排难。

8. 鼓励嘉勉谈话。对待能力差一些，水平低一点的下属，也要主动找其谈话，意在鼓励加油。

9. 预防工作谈话。能够担任管理岗位的职务，一般而言，要比所在部门的人员有见识、有能力、有水平、有经验，在日常工作的谈话过程中就要有一定的预见性，意在防止出错，防患于未然。

10. 研究工作谈话。对象是班子开会，部门开会，意在有自己的观点，自己的方法，自己的创新。

11. 建议或批评的谈话。对象是工作失误、失错的下属，必须有理有据，批评教育从严，处理惩罚从宽，意在搞好工作。

12. 祝贺或慰问的谈话。对象是干出了成绩的下级和遇上各种困难的下属，必须给予祝贺或慰问，意在人情化管理，凝聚人心。

第五十六条　管理者超常思维的称赞下属建议

称赞是管理者对下属的品行进行肯定性评价的一种方式，有个别称赞、当众称赞等，对下属的培养和教育应以称赞为主。但身为管理者，欲使自己的称赞取得搞好工作的效果，必须明确应在何时和什么方式进行称赞，我曾经是下属，又曾经任正职主管，根据自己亲身经历，归纳了以下十条：

1. 称赞应具有情报性和真实性，使下属了解自己的能力或已取得的成绩的价值。而不是用来控制下属，以一种虚假的形式和空洞的赞语来体现。

2. 在下属取得真正进步或成绩时予以称赞，远比平淡的"你好、你好"的问候式重要得多。

3. 要提前、及时称赞，在下属还未意识到或鉴赏自己的成绩时予以称赞。

4. 称赞应具体，指明成绩的细节。

5. 称赞时口气要自然，不要戏剧化。

6. 称赞时应以客观成绩为依据，不要扩大化。

7. 称赞应把成绩归功于下属的努力和能力。

8. 称赞应以公众为主，个别为辅，达到树立典型，弘扬正气的目的。

9. 称赞应个性化，称赞内容新颖、有特点，不平庸。

10. 称赞应注意多样化，不同的下属，不同的个性，采取不同的称赞方式。

第五十七条　管理者超常思维注意的建议

以辩证法的观点看待事物，千篇一律的管理方法，工作方法是没有的。每位管理者都有自己不同的个性，在不同的时间、不同的内容、不同的人面前，即使对待同一件事，都有不同的工作方法。我只不过是在所有不同里面寻找出一些相同的准则，提出以下在担任管理者时应该注意的事项：

1. 好的管理者对上级或对下级都要一视同仁讲礼貌。说话不要忘记用"您""请""谢谢"的词句，倒水端茶不要忘记用双手奉上等。

2. 好的管理者要提前向所在管理层提出自己的设想和计划，在听取管理层集体领导的意见，达成共识后应及时地通报给下级，建立信任、共同努力的气氛。

3. 好的管理者要认识到任职是暂时的，做人是长久的，要理解与人为善的艺术，懂得太阳的力量比风大，善良和温暖是无形力量的特征。

4. 好的管理者在肯干、耐劳、厚道、忠诚的下级面前，要学会表达谢意，这是肯定下级，鼓励下级努力工作和勤奋工作的有效因素。

5. 好的管理者在任何时候都不要嘲笑、讽刺、瞧不起沉默寡言或能力稍差的下级，切记不要伤害下级的自尊心。

6. 下级来找你，要么你一开始就说忙，别约时间。一旦你接洽了，答应听下级的汇报，你就要静下心来，就听一件事，切记不要露出不耐烦或心不在焉的样子，更不能一面听下级汇报，一面又看报纸或审阅文件，似乎忙得不亦乐乎的样子，这非常不妥！你也是从下级上来的，即使你到了一定的位置，当你到上级面前，如果他这么对待你，你也会有想法。

7. 你的工作，你的能力有相当部分是从听汇报、答复问题中体现出来的。所以，你要学会听取意见、听懂意见，作出合适的答复。

8. 好的管理者在批评人或处分人以前，总会耐心听取有过错人的回答，因为有些事情往往是有出入的。

9. 好的管理者总是把自己手里的工作分出去，让下级享有成就感。

10. 好的管理者充分信任下属，托交的是权利，托付的是责任和方法，然后让下级大胆地去完成。

11. 好的管理者在发现下级明显差错时，必须申斥批评时，往往是单独严厉指出，不留情面。

12. 好的管理者应该清楚阶级斗争已经不存在，不要把下级分为坏人或好人，一些观点不同，意见不同，都是内部矛盾，只有能力强与能力差之分，只要你没有歪心，谁对谁错，一是少数服从多数；二是实践检验事实正确与否。

13. 好的管理者不搞两副面孔待人，对上级是一套，对下级又是另一套。

14. 好的管理者不和下级争功或争荣誉。

15. 好的管理者不推卸出现的差错。

16. 好的管理者不保守，能够与时俱进。

第五十八条　管理者防治"官场病"的超常思维建议

值得说明的是，"官场病"不是某一个人造成的，也不是某一个人有这种病；"官场病"不是社会主义国家就有，资本主义国家同样有；"官场病"是国家机关统治的遗产，产生于多头领导，政出多门，机构庞杂，人浮于事等等方面，相比之下，我经历的岗位太多啦，我经历的行业太多了，特把"官场病"归纳予以防治。具体表现在：

1. 大小一把手繁忙，副职和干部及工作人员则清闲。

2. 大会小会天天有，大会小会要求主要领导参加，白天开会，晚上开会，平时开会，节假日开会，并且实行开会点名制或签到制。

3. 横纵层次多，条块管理过多，意见难以交流，上情不易下达，下情不易上传。

4. 各部门意见分歧，又需要主要领导为之协调，不得不为日常事务而忙碌。

5. 在组织错综复杂的情况下，由于需要表态的部门太多，要等大家意见统一后才作最后决定，致使决策缓慢，工作效率低下。

6. 本位主义思想严重，各部门各行其是，各为其利，不相为谋。

7. 在复杂的组织机构下，公文旅行，手续繁多，程序复杂，难以简化。

8. 部门之间，权责混淆，职责重叠，干多干少一个样，干好干差一个样，干与不干一个样。

9. 由于主要领导集中办理的工作过多，显得头重脚轻，大量事务等待、依

赖主要领导办理解决，致使整个工作效率受到严重影响。

10. 由于存在人在政热，人走政息的现象，只要上一级的主要领导更换，必然会带来新的思路，新的工作，导致朝令夕改、政出多门。

防治对策如下：

（1）主要领导只做自己应该做的事，跳出繁忙的事务圈。

（2）大胆地、合理地发挥副职的作用，各就各位，对号入座。

（3）以目标管理事，以制度管理人。

（4）一把钥匙开一把锁，谁能干就用谁，赏罚分明。

（5）一级只管一级，主要领导的精力要放在监督、检查上面。

（6）主要领导要有超常规的工作思路。

（7）主要领导要有自己的工作重点。

（8）以会议推动工作，但必须明确，谁参加会议谁就要负责落实，让主要领导从会议圈里超脱出来。

（9）主要领导要能克制自己的私欲，不能有利的事就越级去干，不利或有麻烦的事则推诿不管。

（10）树立典型，以点带面，推介经验，善于总结。

第五十九条　管理者失败原因的建议

"铁打的衙门，流水的官"，行政部门的一把手每过几年，总会变动，所有行业的管理者，也有变化。同样一个部门，为什么别人能管理好，而你却管理不好呢？实际上说明你已经失败了。失败的原因在哪里呢？请对照以下十条看一看：

1. 过分注重职务，喜欢使用行政权力，其实职务只能压人，不能服人。

2. 没有超常的预见能力。

3. 没有组织细节的工作能力。

4. 私欲太重。

5. 理论上的事没有落实到行动上。

6. 不善于抓两头典型，即好的一面和不好的一面。

7. 自身不诚实。

8. 懒于同行竞争，没有上进心。

9. 有职有权没有坚持原则和大刀阔斧管理。

10. 没有毅力，有头无尾，有始无终。

第六十条　乡镇正职上任超常思维的建议

我曾经在四个乡镇任职，到一个新的乡镇担任一把手，应该要熟悉哪些方面的工作呢？我的体会在以下七个方面，供参考：

1.认真做好交接工作。也许调走的一把手可能不在乎，但你接手时不能含糊，重点掌握三点：一是人；二是财；三是物。

2.熟悉县委、县政府的工作思路。了解清楚三点：一是什么？二是为什么？三是怎么办？

3.调查任职乡镇的优势及不足。包括三点：一是过去；二是现在；三是下一步怎么办？

4.了解现任乡镇党委、人大、政府、政协一班人及干部的基本情况。主要是三点：一是家庭；二是兴趣；三是思想。

5.听取各方面的意见和建议。内容有三点：一是愿望；二是要求；三是批评及议论焦点。

6.因乡因镇制宜提出自己的想法。把握三点：一是规定制度；二是工作思路；三是工作目标。

7.将县委、县政府的工作方针和自己的工作思路相结合。执行时明确三点：一是原则性；二是灵活性；三是坚韧性。

第六十一条　乡镇正职须知的超常思维建议

本来是好汉不提当年勇，写到此条，我也自夸一下，我经历四个乡镇，无论是任副职还是正职，我是交了一份好的答卷的，尤其是任正职期间，我曾经被评为县、市、省三级优秀乡镇党委书记，那么我是怎么任职的。我归纳了十条，供参考：

1.判断工作的轻重缓急。从三点上去判断，一是必须做的工作；二是可以做的工作；三是可做可不做的工作。

2.工作要让副职分担。遵循三点：一是共想；二是共干；三是共享。

3.每项工作要使副职及干部明确三点：一是方针；二是方向；三是目标。

4.愈是碰到困难就愈是要和副职商量三点：一是问题要点；二是方法要点；

三是解决要点。

5. 要全力以赴地解决必须完成的任务。主要抓好三点：一是集中思想；二是集中人力；三是集中财力。

6. 检查工作要引导让数字说话。但要注意三点；一是罗列有序；二是准确清楚；三是科学可靠。

7. 工作中要学会培养人。重点是三点；一是选人；二是用人；三是育人。

8. 要广泛收集信息。做到三点；一是实际；二是实用；三是实效。

9. 要学会站在客观立场上反思。力争做到三克服：一是克服主观；二是克服片面；三是克服偏见。

10. 要学会顺其自然规律办事。达到三解：一要了解；二要理解；三要剖解。

第六十二条　乡镇正职掌握内容的超常思维建议

县级工作分系统，乡镇工作是总统。乡镇党委书记和乡镇长的工作千头万绪，主要应该掌握哪些内容呢？根据我的体会，主要有以下十项，供参考：

1. 时刻掌握和领会党和国家的方针、政策。不管你点子再多，必须在党和国家的方针、政策的前提下创新理事。

2. 牢牢遵守国家法律法规办事。不能认为自己是一方诸侯，一乡寨主，可以超越法律法规办事，此乃大错特错，必须依法治乡、依法治镇。

3. 抓好目标管理的制定和实施。乡镇目标管理可大可小，可高可低，取决于书记、乡长的灵活运用，用活了，用好了，各项工作也好搞了；没有用活，没有用好，各项工作也难搞好。

4. 理清本乡镇的财源，搞好资金预算。每个乡镇有其不同的特点，每个乡镇也有其不同的财源，如果身为书记或乡镇长不知道本乡镇的特点，不了解本乡镇的财源，实际上也是不合格的书记及乡镇长。

5. 科学地按管理程序抓工作，管好党委政府一班人，一级抓一级，层层抓落实。

6. 合理分工，用人之长。每个副职都有负责的事务，每名干部都有具体的工作。

7. 关注并掌握各项工作的进度。

8. 了解平时工作和突击任务的完成或没有完成的原因。

9. 监督工作过程，检查完成结果。

10. 奖惩兑现，诚信为本。

第六十三条　乡镇正职工作方法的
超常思维建议

我是这样认为的，担任乡镇一把手的任务就是用人。在用人上是根据不同的工作用不同的人去解决，也就是一把钥匙开一把锁，这就是工作方法。在工作方法和引导上，我归纳了十一点，供乡镇党委一把手参考：

1. 要引导副职及干部，有树雄心，立壮志的高标准要求。

2. 要相信副职及干部，给他充分发挥的权利。

3. 对下级不徇私情，保持客观公正。

4. 对上级好丑要讲，但必须秉公忠诚。

5. 对待上、下级的意见和建议要多听。

6. 对小团体、小宗派必须坚决杜绝。

7. 对反对你的人，要多接触，不记恩怨。

8. 对外向型的下级，要使他稳重而注意方法。

9. 对内向型的下级，要使他多和人与事接触。

10. 对资格老，年纪大的下级要尊重。

11. 对经验少，年纪轻的下级要注意引导。

第六十四条　乡镇正职能力范畴的
超常思维建议

到了乡镇党政一把手的位置上，也就到了管理，驾驭的层次上，其能力范畴在哪些方面呢？我归纳了九条，供参考：

1. 统帅能力。小至几千人，大至几万人的乡镇在你任职期间，你就是一乡或一镇之主，管理好必须有一定的统帅能力。

2. 观察能力。动观其行，静观其变，正确观察人和事。

3. 分析能力。分析才能制定出切实可行的管理目标。

4. 判断能力。判断能得出是与否的结果。

5. 发现问题能力。不同的工作需要不同的岗位上的人员去做，不懂交流，也就不懂工作。

6. 行动能力。光说不做，是做不好工作的。

7. 解决问题能力。一把手的责任和能力及威信，就是在你的副职及干部碰到确实解决不了的困难和问题时，你能出主意、想办法，解决好。

8. 创造能力。只有创造出新的局面才能显示出你的能力。

9. 培养教育能力。一把手搞好工作的法宝就是：选人、用人、育人。

第六十五条　乡镇正职凝聚人心的超常思维建议

值得说明的是，我是由一个普通而又单纯的知识青年，到招工为养路工人，再转为干部，逐渐锻炼成为各行业的直接管理者，到乡镇工作也是先当副职，再任正职的，即了解下级的心理，也了解领导者的心情，究竟从哪些方面凝聚人心，我有十点亲身体会，供参考：

1. 建立以诚相待的人际关系。

2. 与副职及干部同甘共苦。

3. 发现和发挥副职及干部的长处。

4. 详尽了解副职及干部的真实想法和心理活动。

5. 聆听副职及干部的意见和建议。

6. 采纳并实施副职及干部合理的意见和建议。

7. 亲切地直呼下级的姓和名。

8. 使副职及干部认识自身存在的价值。

9. 副职及干部有不对之处，只能单独批评教育。

10. 安排工作，要让副职及干部得到锻炼成长。

第六十六条　乡镇正职说服技巧的超常思维建议

说服技巧实际上就是一些说服方法，由于乡镇一级不是企业性质，更不是私营企业，乡镇的干部都是公务员，说服的方法也就不同于企业，日常工作中运用技巧有以下九种：

1. 动之以情，晓之以理。

2. 攻心为主，晓以利害。

3. 以事明理。

4. 寻找共同点。

5. 以退为进。

6. 以迂为直。

7. 幽默风趣。

8. 激将。

9. 揭短要巧。

第六十七条　乡镇正职自身素质的超常思维建议

常言说得好：打铁还要本身硬。乡镇党政一把手难当，更需要有较强的自身素质，特例以下十条，供参考：

1. 坚定的政治立场。

2. 过硬的管理技能。

3. 合理的知识结构。

4. 较强的组织才能。

5. 精明的经济头脑。

6. 扎实的工作作风。

7. 严格的纪律观念。

8. 积极的进取精神。

9. 纯正的清廉本色。

10. 创新的事业精神。

第六十八条　乡镇正职尊重副职及干部的
超常思维建议

在纪律上，必须强调个人服从组织，下级服从上级。作为下级尊敬上级是应该的，但在同时，上级也应该尊重下级，尤其是乡镇一级，乡镇党政一把手和全体干部共住一栋楼，共同在一个食堂开餐，上下两级之间的关系更为重要，为此，我建议，乡镇党政一把手应在以下方面尊重副职及全体干部：

1. 与副职及干部相处亲密，友善对待。

2. 诚恳对待副职及干部，合作无间。

3. 依赖副职及干部，支持副职及干部提出的正确意见或建议。

4. 遵守与副职及干部的约定。

5. 尊重副职及干部的自尊心。

6. 副职及干部感受深的事应有同情心。

7. 站在副职及干部的位置上考虑事情。

8. 尽量不处罚副职及干部，而是指导。

9. 关注并勉励副职及干部的成长。

10. 帮助副职及干部升职提薪。

第六十九条　乡镇正职反省自问的超常思维建议

反省两个字，并不完全是贬义词，反省可以起到发扬成绩，纠正不足的作用，我提出的反省，就是看你在以下方面做到了没有：

1. 党委、人大、政府、联工委的一把手是否为四明搭配？即：严明的书记；开明的主席；精明的乡镇长；聪明的联工委主任。当然，因中国的文字理解太多样化了，我在这里说明，"四明"中是侧重点，并不是书记就不要精明，主席就不要严明等，如果钻起牛角尖来就什么都不好说了。

2. 乡镇是否有三图？即：乡镇工作思路图；乡村两级人事图；每年工作实事图。

3. 办事是否做到了三实？即：说实话；办实事；求实效。

4. 工作上是否有三风？即：实事求是的思想作风；深入扎实的工作作风；廉洁朴实的生活作风。

5. 用人在德才兼备、又红又专的原则下，你是否做到了三个不拘一格？即：不拘一格引人才；不拘一格用人才；不拘一格育人才。

6. 在对待自身素质和对待干部管理上，是否要求三点？即：一是有德、有才、有胆、有识；二是敢想、敢讲、敢干、敢写；三是想办事、肯办事、会办事、能办事。

7. 在对待干部队伍上，是否能做到统分三结合？即：一是奋斗目标统一，工作职能分开；二是重大任务统一，一般工作分开；三是突击性工作统一，经常性工作分开。

第七十条 乡镇正职在工作现场观察副职及干部的
超常思维建议

把工作安排到每个副职或每个干部，你虽然无需干涉他们的工作，但不能安排了就完事大吉，还应该进行观察，其目的有两个：一是把工作干好；二是可以看到每个副职及每个干部的工作能力和工作方法。根据我的体会，一把手在工作现场观察副职及干部有以下十看：

1. 看是否听从指挥和调遣。
2. 看是否遵守制度和纪律。
3. 看有无发现问题的敏锐性。
4. 看有无解决问题的能力。
5. 看工作经验是否丰富。
6. 看责任心是否强。
7. 看工作实施时是否有始有终。
8. 看考虑问题是否细致周全。
9. 看表态是否大胆又坚持原则。
10. 看执行研究的决议是否坚定不移。

第七十一条 乡镇正职在指挥工作时注意的
超常思维建议

乡镇是基层第一线，乡镇党政一把手每天都要接触一些事务性的具体工作，虽然大部分工作都是副职及干部在做，但指挥者还是你。因此，你在指挥工作时必须注意以下要点：

1. 自我争当优秀指挥员。古人言："三军可以夺帅，匹夫不可夺志。"有志气当优秀的指挥员，工作起来才有信心。
2. 自我带头发挥能力。以身作则，对搞好工作永远不会失效。
3. 正确处理与上级的关系。如果你正在干的工作不能得到上一级的支持，你也就不必要去干这项工作。
4. 不要畏惧对立和纠纷。乡镇工作都是笑一个、哭一个，如果你怕有人哭，

你也就搞不好工作，当然，最好是笑的多，哭的少；一旦出现全部笑，没有哭的，工作又达到了预期的目的，自然是上上策。但开始还是要不怕，否则，就没有上、中、下策。

5. 指挥员之间要协同工作。意见不统一，工作就会搞不好。

6. 开展部门之间互助活动。有些工作，光靠乡镇一级的机关干部是搞不好的，必须要多部门之间的协调配合。

7. 促使副职及干部自我启发。虽然有了工作目标，但工作还是要副职及干部做，办法还是要副职及干部想，只要副职及干部思想通了，主动去做了，事情也就好办了。

8. 给副职分配适合工作。因人而用，工作好做。

9. 鼓励提出改进工作方案。有些事情不可能一步到位，一帆风顺，总是会出现"草鞋无样，边打边像"的情况，也不要着急，逐渐完善或许会把事情办得更好。

10. 全面考虑并有主攻方向。身为一把手的指挥员，必须眼观六路，耳听八方，突破一点，带动其他。

第七十二条　乡镇正职对待问题的 超常思维建议

在乡镇工作，只要想去做事，天天都能发现问题，问题等于是困难，困难也是问题，说穿了，困难或问题摆在你面前，怎么办？取决你的态度，有的人就是想得很单纯，怕发生问题，只希望不出现问题好，可是，希望归希望，该发生的问题还是要发生。为此，如何对待问题，我归纳十条如下：

1. 迅速组织精干人员了解。

2. 出现问题不要慌张，人总是在困难和问题中进步的。

3. 尽快地了解问题出现的来龙去脉。

4. 找出问题的另一面，看是否还有补救措施。

5. 任何问题都有一种解决办法，搜集多种解决方法后，反复筛选，选出其中最好的一种解决办法。

6. 对待引起问题的人先不要责备，过分斥责也没有用。

7. 不要怕出现问题，要当做是锻炼自己的机会，学会幽默和乐观。

8. 学会从问题中增长见识，总结经验。

9. 做好记录，收集一切可能收到的资料。

10. 不论出现多大的问题，要记住，随着时间的流逝，一切都会过去的。

第七十三条　乡镇正职工作失败的建议

组织上信任你，将你选拔到一个乡或一个镇担任党委书记或乡镇长，你也雄心勃勃，制定出一系列的管理目标，可事与愿违，各项任务偏偏完成不了，失败的原因在哪些方面呢？当你看了以下十条，对照自己的行动，也许会找到失败的理由：

1. 没有一个明确的目标。不管在哪一级位置上的一把手，工作管理的目标必须明确。目标不明确，等于打靶没有靶子，当然也就射不中目标。

2. 很难与同伴合作。乡镇一级党委政府一班人本身就流动性大，相聚一起工作就是缘分，如果身为一把手的不珍惜这个缘分，副职们也就多一事不如少一事，或许到了年底又各奔东西了。

3. 随意猜测，任意判断。主观上偏听偏信，客观上武断专横，带来的自然是人心涣散，四分五裂。

4. 不喜欢自己的领导工作。如果只在乎正科级的职位，不喜欢应该完成的管理目标，工作也就好不到哪里去。

5. 在事业上选错了伙伴。乡镇一级有两个一把手，如果一个往东，一个往西，问题也就来了。

6. 犹豫不决，拖延等待，有一位伟人很早以前就说：犹豫不决比无知还要可怕。所引起的后果就不言而喻了。

7. 缺乏专一精神和自制力。乡镇工作千头万绪，你只要想做，事情多得很。关键是你要记住：值不值得你一一去做。如果都值得做，何必还要配备分管副职和专职干部。

8. 自私、不诚实。一把手有了私心，由于你在其位置上，下面的干部心知肚明，虽然不说，工作上会带来应付的效果。

9. 意志不坚、缺乏恒心。乡镇一级的一把手在一个乡镇一般是两、三年，多则四、五年，如果几年都不能坚持，那你就不要制定工作目标，就当一个应付型的书记或乡镇长算了。

10. 身体健康欠佳，为什么乡镇党委一把手的年龄一般在三十岁左右，因为这是一个人精力充沛、最旺盛的阶段，可想而知，在乡镇工作，身体健康第一。

第七十四条 乡镇领导层团结的超常思维建议

乡镇领导层的团结不需要深奥的道理，只要能按照以下十点去努力也就可以了：

1. 开诚布公相处。
2. 彼此间关心。
3. 彼此间信任。
4. 彼此间尊重。
5. 彼此间商量。
6. 彼此间争论，但不计较。
7. 不议论不利于对方的言语。
8. 不造谣言。
9. 不分派系。
10. 不争名利。

第七十五条 事业单位管理者戒己自律的 超常思维建议

在计划经济体制遗留下来的事业单位里担任一把手，经营管理上没有打破大锅饭，又要在市场经济机制中运作，增加了一定的难度，故尔，很有必要制定一些戒律，特摘录如下：

1. 戒独裁。无论资格老或年纪大，每当做大一点的决策，提前吹风，反复酝酿，力争少出差错。

2. 戒教条。再按照计划经济体制的框框去抓管理，就抓不活：完全按照市场经济的机制来抓又行不通，应该走一条中间路线，灵活掌握，哪一条对单位的经济有利，就采取哪一条。

3. 戒制度不全。事业单位，介于行政和企业之间，哪一个环节没有制度约束，哪个环节就会出现问题。制度健全了，执行起来也就有章可循，禁区有了地雷（制度），也就很少有人去踩了。

4. 戒缺乏领导艺术。领导艺术就是好的工作方法，再说简单一点即防患于未然和兵来将挡，水来土掩。首先尽量做到不要出问题；其次，出了问题也不怕，能够解决好。目的是一个：安全稳定地提高经济效益，这就是领导艺术。

5. 戒犹豫不决。我记得国外有位名人说：犹豫不决比无知还要有害。无知是不懂，还情有可原，犹豫不决是前怕狼，后怕虎，最后，干起事来像农村里的方言讲的：等你去做时，已经水过三丘田迟了。

6. 戒时间管理不当。事业单位的业务有旺季，也有淡季，如何利用旺季时间抓收入，利用淡季时间抓维修改造，这就要巧妙地安排好时间。

7. 戒讽刺挖苦。人是平等的，只是人的能力有差异，个子有高有矮，身体有胖有瘦，脸型有不同，无论哪一种蔑视的嘲笑、讽刺都不可取，对工作只会有害无益。

8. 戒粗言秽语。批评是正常的，但骂人是不正常的。

9. 戒过分敏感。担任一把手就是这个部门的议论焦点，你不担任，别人来了也是一样，不要认为是对着你个人而来，其实是冲着你的职务而议论的。

10. 戒管理不到位。管字是竹笼里一个官字，如果竹片松脱，官就冒出来了，说明要管就要管牢、管好，否则，就会出现问题。

11. 戒组织不全。作为一把手而言，班子在你手中，机构设置在你手中，如果你自己不安排好，你就会活得很累，成为组织不全的忙碌者。

12. 戒制度不兑现。制度是死的，要靠活人去执行，再完备的制度没有人去执行，终究是死的，不如无制度还好一些。

13. 戒报喜不报忧。首先，报喜多，婆婆上门占便宜的也多；其次，职工并不了解经营的全过程，没有忧患意识就会对管理层产生怨恨情绪。

14. 戒不懂运用职权。经营管理中的一把手，在自己的岗位上都有一定的职权，会用权，就会为本部门多赚钱，多省钱；不会用权，就会为本部门多贷款，多花钱。

15. 戒不懂业务。在经营管理上，市场经济是残酷无情的，不懂业务就不会用活职权，不懂业务也就不懂赚钱来源。

16. 戒不善策划。常言说：吃不穷，穿不穷，不会打算一世穷。事业单位的管理有连续性，季节性，没有超前的策划，就会多花冤枉钱，甚至花了钱还办不好事。

17. 戒不善沟通。计划经济体制下的市场运作，和上级的沟通，和部门的沟通，和班子的沟通，和员工的沟通甚为重要，为什么说计划经济体制下会议多，没有会议的沟通，各项工作就难以开展下去。

18. 戒不注意聆听。在中国这个封建社会几千年遗留下来的温良恭俭样、当面不说，背后乱说，开会不说，会后乱说的旧习惯，尤为突出，有时候，下面议论纷纷，就是你一把手还蒙在鼓里。能够从片言片语里调整工作上的差错，不足为奇，因为倾听也是一门领导艺术。

第七十六条　公司管理者观念的超常思维建议

1. 职业道德观念。成为公司管理者的关键一点是要有职业道德，即：忠于所服务的公司，忠于董事会和员工。

2. 敬业观念。勤奋工作，公正坦诚，认真负责，自律严明。

3. 学习观念。必须适应社会的发展和市场竞争的需求，要不断学习，终身教育。

4. 市场观念。不懂市场的管理者不是好经理。

5. 法律观念。充分运用法律维护公司的内、外部经营环境。

6. 竞争观念。要明确认识到在市场竞争机制中，管理竞争、客源竞争、岗位竞争、生存竞争是无处不在的。

7. 团队观念。凝聚人心、团结班子发挥整体力量。

8. 国际观念。我国加入世贸组织以后，必须有接纳四面八方来客的心理准备。

9. 效益观念。只有牢固树立效益观念，才能在激烈的市场中立于不败之地。

10. 创新观念。必须要有创新意识，创新能力。

第七十七条　酒店宾馆失败的建议

经营酒店宾馆和经营其他企业一样，有成功也会有失败，有失败才会有成功。这个失败当然不是指破产或完全垮了下来，而是和其他酒店宾馆相比差一截。这就要从经营酒店宾馆的管理层，首当其冲是从总经理身上寻找失败的因素，不妨对照以下条款寻找原因。

1. 过分地相信运气。

2. 心中毫无计划。

3. 没有专心致志去干每一件事。

4. 没有掌握大方向、大目标。

5. 忽视了小事情、小环节。

6. 不愿意采纳别人的正确意见。

7. 不愿意和别人合作。

8. 信心不足，心灰意懒。

9. 以外表面貌取人。

10. 想干的事情太多。

11. 过于古板，没有幽默感。

12. 考虑得太周全，不敢越雷池一步。

13. 放任自流，使事情到无法挽救的地步。

14. 过分迷信金钱，忽视人的内在因素。

15. 过于主观武断。

16. 喜欢推卸责任。

17. 不尊重合作的伙伴。

18. 不能持之以恒地干下去。

第七十八条　酒店宾馆总经理走向成功的超常思维建议

总经理受酒店董事会及董事长信任，聘请上任时，距离成功需要一定的时间，在此，我把上任开始到实现成功这中间的一段距离需要掌握的十二条归纳如下：

1. 总经理必须保持良好的风度。风度好的人不一定有钱，但总会受到别人的欢迎和尊重。

2. 总经理必须保持良好的情绪，养成愉快面对酒店宾馆的习惯。

3. 总经理必须保持自信，不能在管理层和员工面前流露出悲观情绪。

4. 总经理必须保持实干作风，不要把时间浪费在对过去的回忆或对未来的梦想上。

5. 总经理必须把精力集中到搞好酒店宾馆上，一切为了酒店宾馆转。

6. 总经理无论遇到什么困难或问题，必须保持镇定、遇事不慌。

7. 总经理不能消极地等待客人上门，而应努力创造机会。

8. 总经理必须要把服务重于一切，服务高于一切作为座右铭。

9. 总经理必须学会从失误中吸取教训。

10. 总经理必须学会忍耐，坚持不懈。

11. 总经理必须做事一丝不苟，一抓到底。幻想一百件事，不如做一件事，做十件半途而废的大事，不如做好做成一件又一件的小事。

12. 总经理必须注意自己的身体，保持自己的身体健康。

第七十九条　管理者安排工作的超常思维建议

　　不管你是行政管理者，还是企业经营者，安排工作时如果依照以下六何要素开展，我想，你所管理的工作会要顺利得多。

　　1. 何人？可以有两点想法：一是由何人做比较好；二是有无他人可以做。

　　2. 何事？说明两点：一是要做何事；二是所安排的事有什么困难。

　　3. 何时？说清两点：一是什么时候去做；二是要求什么时候完成。

　　4. 何处？说明两点：一是到哪里做；二是到其他处是否可以做。

　　5. 何因？说清两点：一是为什么要做；二是不做又如何。

　　6. 何为？说明两点：一是如何去做；二是有无其它方法。

第八十条　经营者工作技巧的超常思维建议

　　在工作技巧上，请你对照以下十条看是否做到了，是否有用，供你参考：

　　1. 在抓好具体工作时还应有一个奋斗目标。

　　2. 善于抓住商机而又不随波逐流。

　　3. 经营要形成一个集体班子。

　　4. 牢记抓住现在而不幻想办不到的事。

　　5. 思考经营业务要有主见，切记人云亦云。

　　6. 在深思熟虑做了决定后就应迅速落实。

　　7. 勇于面对经营困境去解决问题。

　　8. 经营要坚定不移直至成功。

　　9. 从失误中吸取教训而以利再战。

　　10. 时刻防止内部的议论风波。

第八十一条　经营者注意的超常思维建议

　　经营本来就是复杂的事情，稍不注意就会出现问题。有备无患，是每一个经营者应该做到的，就此，我提出以下注意条款，供参考：

　　1. 要想干事业就必须专心致志，见异思迁是干不好事业的。

　　2. 要知道没有目标就没有奋斗的道理，每一个经营者都应该有自己的奋斗目标。

3.失去了事业心就会单纯考虑钱，如果不择手段地只考虑钱，事业就做不大。

4.要发挥多方面的管理才能，单一的才能在经营上是有限的。

5.相信部下并非放任自流，用人不疑也要有不疑的部下。

6.有反对者才会有进步，你不可能是百分之百地正确，也许反对者的意见是正确的。

7.对轻犯初犯都不能姑息，否则，因小而失大。

8.没有牢骚声肯定不正常，有一定的牢骚声，说明工作很顺利地在进行。

9.喜欢别人过分的恭维是注定要倒霉的，和骄兵必败是一样的道理。

10.把设想首先交给下级去规划，由于下级参加了规划过程，在执行时就会非常努力。

第八十二条　员工喜欢管理者的超常思维建议

管理者和被管理者是双向选择，在管理者希望找到好的员工的同时，员工也希望能碰上好的管理者。因此，一个好的管理者需要有以下特点：

1.充满信心，有感染力。

2.公私分明，有自制力。

3.办事果断，有决断力。

4.严待己，宽待人，有凝聚力。

5.方法多且有主见，有号召力。

6.以身作则，有影响力。

7.工作负责，有执行力。

8.同甘共苦，有吸引力。

9.经验丰富，有教导力。

10.敢担责任，有向心力。

第八十三条　在待人上员工喜欢管理者的超常思维建议

人们常说：说来说去，人生在世还是和人打交道，并不是和物打交道。古人也说：士为知己者死，女为悦己者容。说明人与人之间接触的重要作用。在待人上，如果管理者能够遵循以下十点对待员工，员工也会喜欢上管理者。

1. 主动和员工谈话。
2. 关心员工的工作和成长。
3. 能及时指出员工的不足。
4. 能关心员工的生活和困难。
5. 能真诚地和员工商量。
6. 能给员工工作、生活上的有益提示。
7. 能引导员工进步，增加待遇。
8. 不背后讲员工的坏话。
9. 不当众严责员工的过失。
10. 对员工的承诺守信用。

第八十四条　员工不满管理者的建议

管理者还是少些，员工还是多些，干事还是要员工去完成。有时候员工很不满意管理者的一些做法，而管理者还未必知道，为此，特将员工不满意管理者的原因罗列如下，供参考：

1. 管理者的工作安排无计划，信口开河。
2. 管理者无责任心，清闲度日。
3. 管理者表态硬梆梆，出现问题却不敢担担。
4. 管理者态度模棱两可，圆滑的讲话，使员工无所适从。
5. 管理者抓不住重点，尽说一些无关紧要的话。
6. 管理者摆出架子训人，很容易生气。
7. 管理者私欲严重。
8. 管理者不关心员工的升职加薪。

9. 管理者背后议论是非。

10. 管理者听不得反对意见。

第八十五条　员工什么时候有干劲的超常思维建议

身为管理者，必须要了解自己的部下在什么情况和在什么时候有干劲，然后再因势利导，使管理起到事倍功半的作用。为此，请你对照以下十条实施，当一个了解部下的管理者。

1. 与容易相处的领导时，部下有干劲。

2. 自己的见解被领导采纳时，部下有干劲。

3. 有提拔晋升的机会时，部下有干劲。

4. 能得到加工资或奖金时，部下有干劲。

5. 能表现个人的才能时，部下有干劲。

6. 做自己愿意干的事时，部下有干劲。

7. 专心致志干事时，部下有干劲。

8. 从事一项新的工作时，部下有干劲。

9. 身体状况良好时，部下有干劲。

10. 有竞争对手时，部下有干劲。

第八十六条　员工惰性的建议

为什么别人管理的部下干劲足、热情、工作负责，而你管理的部下提不起精神，没有积极性，工作推不动，这总是有一定原因的，就此，请你对照以下十一点，看是否属于这些原因：

1. 部下没有上进心？

2. 部下厌烦本行业工作？

3. 待遇太低？

4. 得不到重用或升值？

5. 同事之间不和？

6. 业务难、水平低，应付不了？

7. 业务多、方法少，承受不了？

8. 因个人有些问题没有解决好而无心工作？

9. 努力工作而受到误解或指责？

10. 不满管理者的工作作风？

11. 赏罚不明，厚此薄彼？

第八十七条　由管理者引起失败的建议

每次干事的开始，都进行得很顺利，快接近成功时，又差那么一点变为失败；或者已经成功了，想坚持下去时又失败了，这里总有一定的原因，为此我罗列了十五条，供经营管理者参考：

1. 还是缺乏一个明确的目标。

2. 缺乏足够的知识。

3. 缺乏持之以恒的毅力。

4. 过分谨小慎微。

5. 选错了所干的行当。

6. 放纵自己的不良习惯。

7. 狂妄自大的虚荣心。

8. 选错了合作伙伴。

9. 未能够专心致志。

10. 由于自己的固执，无法和他人沟通。

11. 过分粗心，不脚踏实地。

12. 拖延懒惰，错失良机。

13. 使用资金无计划。

14. 资金预算不足。

15. 身体健康原因。

第八十八条　评议好企业的超常思维建议

好企业应该好在哪些方面，根据我的亲身体验，归纳了以下条款：

1. 每天上下班时，主管和员工、员工和员工之间互相打招呼问好。

2. 按部就班，工作效率很高。

3. 主管交待的任务，员工能够按时或提前完成。

4. 企业上下有着文化氛围。

5. 主管受到尊重，而且不是职务带来的，是品行、能力受到尊重。

6. 员工之间有争论，但不争吵。

7. 工作中出了问题，不是推卸责任或追究责任，而是寻找原因和找出解决的方法。

8. 诚信、质量、数量，每个员工都在朝这些目标努力。

9. 企业的管理章程不是写在纸上、贴在墙上，而是一视同仁兑现执行。

10. 主管和员工一起工作，下班以后也与员工小聚，畅所欲言。

11. 员工敢于承担责任，乐于承担更多的工作。

12. 主管和员工之间，员工和员工之间互相尊重。

13. 工作上的困难和问题，主管和员工之间随意探讨，员工也敢于发表自己的意见。

14. 员工犯了过错，主管对其批评或兑现处罚，其他人站在主管的一面帮助其改正。

15. 在产品的竞争上，企业内部能够一致对外。

16. 对待用户的投诉，能够虚心接受。

17. 主管很尊重第一线提出的意见，并积极采纳。

18. 生产事故少，安全事故少，质量事故少。

19. 企业内客观上出现大的困难，员工能够理解。

20、企业鲜有小道丑闻。

21. 用户对企业的产品满意，也对提供的服务满意。

第八十九条　超常思维地发现企业有缺陷的建议

有好的企业，也就有不好的企业，不好的企业也不是完全不好，只是存在一些弊端。为此，我罗列了一些现象，供参考：

1. 每天上下班，主管不和员工打招呼，员工与员工之间也不打招呼，或者主管和员工都只和自己小圈子里的人打招呼。

2. 要办成一件事很难，工作效率低。

3. 主管交待的任务不能按时完成，总是一拖再拖。

4. 只有死气沉沉的做事，没有活跃的文化生活。

5. 员工执行主管的指令是畏惧他才不得不做，私下对他说三道四。

6. 员工之间很少交流，应付工作，不愿意出谋划策。

7. 每当工作上出现问题，首先追查责任人，总以为只有换掉责任人，问题也就解决了。

8. 认为诚信、质量、产品是形式，每天应付上班。

9. 制度多但不执行，主管凭个人喜好决定。

10. 主管和员工之间，员工和员工之间，各有其圈子，缺乏沟通，互相嘲笑，散布流言。

11. 员工不愿意承担责任。

12. 主管和员工之间，员工与员工之间，彼此缺乏尊重，争吵、骂架时常有之。

13. 员工也知道企业存在的问题，但抱着多一事不如少一事的心态，不愿意讲。

14. 员工出了差错，其它员工反而指责主管的不是。

15. 内部不团结。

16. 听不进用户的意见，反而责怪用户吹毛求疵。

17. 不愿意接受来自第一线的正确意见。

18. 生产事故、安全事故、质量事故经常发生。

19. 企业在经营上出现问题，员工抱着事不关己，高高挂起，袖手旁观的态度。

20、企业内小道消息不断出现。

21. 用户对产品的质量不满意，也对提供的服务不满意。

第九十条　筹建新厂应了解产品内容的超常思维建议

为了一样新产品问世，也为了你企业创造财富，少则投资数万元，几十万元，多则上百万元，上千万元，一切为了产品，产品是否对路，事关重大，负责组织筹建，应当了解新产品哪些内容呢？

1. 新产品的成份来源有几种？是钢、铁、铜、铝金属一类，还是木材植物品种；是化学物品，还是矿石原物料等等。请你了解清楚，一一排列出来。

2. 新产品的体积。包括长、短、大、小、高、低、方、扁、圆、块，你要心中有数。

3. 新产品的气味。是香味、臭味还是无气味，或刺激性强烈，对人体物质有无损害。

4. 新产品的色彩。黄、红、紫、绿各种颜色，你必须仔细了解，要想一想，为什么用此种颜色，是否可换一种颜色？

5. 新产品用什么包装？包括防止腐朽、生锈、丢失、防止皱压和搬移破损，产品处理上的方便，数量单位保持均匀，外形是否引人注目。

6. 新产品的价格。由谁决定？为什么？有无独占市场的可能？有关价格报道来源？

7. 新产品的商标。包括大小、形状、色彩、图样、使用范围等等。

8. 新产品的鉴定。标准化、等级和规格，检查鉴定验收和管理由哪里确定？

9. 新产品给谁用。即消费者是谁？

10. 新产品的市场。工业、农业、国防科学技术；专用、特用、常用；是衣、食、住、行等方面作为用场，还是工人、农民、学生经常使用，或是老人、妇女、儿童专用等等。

11. 新产品市场的潜力。有市场不一定有潜力，潜力实际上就是指产品生命力的长短。

12. 新产品的竞争对手有哪些？

13. 新产品的物质上、生产上、使用上的各种特征有哪些？

14. 新产品的保管方式和注意方法有哪些？（1）包括防止损坏，如防止盗窃、潮湿、干燥、寒冷、热气、鸟害、虫害、恶臭、细菌、腐蚀等等；（2）包括保管季节；（3）包括保管地点。

15. 新产品的搬运方式。包括距离和路程，采取什么方法运输。

16. 新产品的安装、修缮及今后服务。

17. 新产品要采取哪些广告形式。包括说明书、内容简介、印刷小册子、广播电视等等，你打算采取哪些方式进行宣传，扩大影响，让需求者主动找你，购买你的新产品。

第九十一条　超常思维地发现新办厂容易浪费的建议

1. 求快求简，没有正规的设计图纸，按照草鞋无样，边打边像的方式开始筹建，装卸、安装设备等都没有从长远规划着想，造成搬运浪费和材料、工时浪费。

2. 采购设备时过分追求节约资金，廉价购进外厂处理更新设备时更换下来的旧设备。导致设备老化，生产出来的产品不合格，而原材料、动力能源却消耗多，浪费大。

3. 未经调查研究和科学论证，引进设备浪费。如有一个村办饮料厂投资三十多万元引进全套流水线汽酒生产设备，生产单一季节性的饮料，用高射炮

打蚊子，致使有些设备长期闲置，得不到利用而浪费。

4.筹建中因技术人员产品设计不合理和不科学，造成投产后工时、材料的浪费。

5.车间设置、地形利用、设备安装不合理，前后工序不衔接、不配套，多环节、多周转而造成浪费。

6.管理人员业务水平低，无计划、无方法引起工作决策性失误的浪费。

7.购进原材料由于不合格而不能利用造成损失浪费。

8.财务上控制不死，请客送礼，业务费应酬多而引起浪费。

9.筹建经办人员文化、技术素质低，造成工作效率不高而引起浪费。

10.安全保卫工作松懈，保管材料不妥当，引起腐蚀、生锈、溶化、被盗、火灾等方面而造成损失浪费。

第九十二条　经营商店的超常思维建议

改革开放以来，整条街的门面成为商店，卖的都是一些百货、日用品、副食品等，竞争也十分激烈。我的朋友新开店子，聘请了服务员，要我谈怎么开好店子，我就写了以下条款，取名为经营商店的超常思维建议，即：

1.聘请的服务员必须衣着整齐、精神饱满地站在柜台边，使店子充满活力和生机。

2.学会观察顾客，根据其衣着、谈吐，有的放矢，见什么人，讲什么话。

3.所有来的顾客，无论是买额高还是买额低，都要一视同仁对待，这将给你的店里带来兴旺生意。

4.不要像防贼一样盯着顾客，使顾客心理上极不舒服，感到不自在。

5.不要追求卖顾客喜欢的，而是学会帮顾客参谋卖有用的物品。

6.学会站在设身处地、将心比心的立场上考虑问题，真诚为顾客服务。

7.学会与顾客交谈，缩短买与卖之间的距离，消除顾客的戒备心理。

8.对于带小孩的顾客要特别照顾；对于前来购物的小孩，更要无欺无诈。

9.切记不要当着顾客的面责备服务员或夫妻之间吵架。

10.对待顾客的选择、斟换，做到耐烦、细心、不嫌弃。

11.无论顾客说什么啰嗦，都能笑脸面对。

12.对于紧缺商品，应留下顾客的电话地址，来货以后，立即联系。

13.愈是挑剔的顾客，也许愈是需要买的顾客，不要去计较。

14.销售前的服务固然很重要，但售后的服务也不能忽视，售后仍然热情，你就可以得到很多回头客。

第九十三条　门面经营鞋帽服装或包箱的超常思维建议

1. 你经营的行业，心态是第一重要的。心态表现在你真诚的微笑，适时的化妆，得体的着装，诚恳的交谈，细致的观察，口才的运用。

2. 你不是在推销产品，你是在推销微笑，推销人格魅力。要记住：进了你的门面，都有可能成为你的用户，请不要厌烦。

3. 整洁、卫生、细致摆设会提高你的品牌档次。

4. 室内摆设的经常变化，会使你的人气、财气很旺。

5. 节约就使你增加了纯利润。把水费、电费、电话费及一切能够降低费用的项目，力争压到最低限度，实际上就增加了你的收入。

6. 无论任何行当，都必须牢记三三法制，一是部分资金作为营业开支；二是部分资金交税交费和生活开支；三是部分资金雷打不动，持之以恒存储作为发展或备用资金。

7. 建立你的顾客联系簿。也许一个电话，一项微小的服务，会增加你的新用户。

8. 必须熟悉了解你经营行业的源头，将用户的意见，同行的可取之处，个人的合理化建议反馈上去，以小门面，大事业的方式去做，为以后打下基础。

9. 不可能天天业务好，也不可能天天无业务。戒急勿躁养静气，镇定方能成大器。

10. 要学会培养人，有原则，有方法，有威有宠。

第九十四条　我超常思维经历的建议

1. 我在制定五十岁以前完成三件事的大目标以后，将精力集中在人生路途中的每一个具体目标上，并坚定不移地尽全力去干好。

2. 我始终保持自信心，有着壮志昂扬的情绪，坦然面对工作上、生活上的问题和困难。

3. 我不是消极地等待机会的到来，而是一方面用行动感动"上帝"（即领导和同事等），另一方面到了一定的时候，努力创造机会，推销自己。

4. 我从来没有把时间浪费在对过去取得的成绩上或对未来的梦想上，而是努力干好自己在干的每一件事。

5. 我一直保持不恋权、不贪财，始终有一颗平淡、知足的心。

6. 无论在何种环境下、气候里，在挫折、困难、打击面前，我能够忍耐并保持坚强的心态。

7. 我能够从书本上和别人的经验及自己的经历中总结经验，也能够从书本上和别人及自己的失败中吸取教训。

8. 牢记着自己身体先天性不足，我不抽烟，不喝酒，不吃辣椒，不吃干菜，不搓麻将赌钱等对身体有害的生活习惯及活动。

9. 结交八方朋友，但不陷入小圈子之中。

10. 尊重领导，尊重主管。

第九十五条　我养成超常思维的经历过程

从我小的时候收到外公的一把柴刀，上山砍柴开始，经历风风雨雨五十年了，我也养成了个人的一种性格，是对还是不对，披露如下：

1. 无论在何种环境下，我能够客观地面对现实，不管对我有利还是不利。如我任宾馆总经理期间，县委、县政府、作出决定，宾馆必须要改制。而且一改就是五年，在久拖未决的情况下，我仍然保持平常心态。

2. 我的头脑非常冷静，经历多了，每干一件事，提起头，中间和尾部就知道了大概，国外的电视剧由于国情不同，预计还不是很准，国内的电视剧，我只要看上一，两集，我把后面的情节说出来，老婆惊讶，总认为我看过，其实，是见多识广和历多识广的缘故。

3. 在自己已经有了主意时，养成一种喜欢听别人建议，和自己的想法比较，补充完善自己的想法。

4. 学会了发脾气，发脾气能够控制自己，掌握尺度，不会失去理智，能够宽容和理解别人。

5. 出现问题，敢于担当，不推卸。即：能够作出决定也乐于承担决定所带来的一切后果。

6. 工作、学习、生活能够有节制地进行，不论工作再忙再累，也能抽出时间学习、调整心态，也能享受闲暇和休息。

7. 很喜欢自己正在干的事，哪怕是扫地、抹桌子，也把它当作一件心情愉快的事情做。

8. 有个人的长远打算。即使眼前的事情很诱惑人，仍有自己的主见。

9. 我很喜欢孩子，不仅仅是对自己的女儿，看见幼儿走路、儿童滑冰等，内心也会产生喜欢小孩的感觉。

10. 我更加喜欢阅读书籍。吸取前人的经验，更进一步地丰富自己的人生。

11. 我精力很充沛，还没有老的感觉。

第九十六条　我个人超常思维的
自学自勉建议

1. 自学时不急躁，做到由浅入深，循序渐进。
2. 做到了不动笔墨不看书，自学就要有笔记。
3. 把思想高度集中到所看的书本上。
4. 能够吸取书中的精华，摒弃书里的糟粕。
5. 看书做到有自己的思想，自己的观点，不被书俘虏，成为书的奴隶。
6. 学会同时看几本书，互相比较，加深印象。
7. 看完一本书以后，要求自己如同亲生经历一样，能够鲜明而清楚地知道书中的内容。
8. 自学在于运用，把学到的知识和所干的工作、所在的岗位、所处的环境结合起来。一句话，不读死书。
9. 学会从书中培养做好人的思想，养成好的习惯。
10. 学会从书中培养自己的胆略、见识、才干、使自己成为一个有用的人。

第九十七条　自我调节的超常思维建议

不管我在那个岗位上，我的同事或下级都认为我的心态好，精力充沛，不管我在何种职务上，我的妻子总说我责任心强，时间观念强。其实，我身体单瘦，有些事也很烦，也很难办的，我是怎么样自我调节的呢？我提出十条，供参考：

1. 始终抱着不是为别人工作，而是为自己工作的念头，我身为下级时，每天上、下班，我就想：我是下级，上班时间不能迟到或早退，力争要比上级到岗早，下班要比上级迟，这样才算尊重上级；我身为上级时，每天上、下班，我就想我是上级，上班时间不能迟到或早退，力争要比下级到岗早，下班要比下级迟，这样才算以身作则。

2. 只要一接触事情，我就会排除杂念，精力集中，聚精会神地应付面对的困难或问题。

3. 我不喜欢卖后悔药，责怪自己这也不对，那也不对。如果确实自己做错了，我也不回避，承认错误，努力挽回由于自身错误带来的损失。

4，养成习惯先处理最容易或最愉快的事情，到最后处理最难最棘手的事情时，我就会全力以赴完成。

5. 不管遇到什么事，首先抱有天塌下来有比我高的人顶着的想法，然后按

459

照一万个零不等于一个一的做法，接触现实，从每一件实事干好。

6. 我也不喜欢抱怨别人这也不是，那也不是，而是以包容的心态和鲜明的干事个性来体现。

7. 我的自信心强，总是用乐观的态度对待任何事，哪怕是最麻烦，最难办的事情，我的想法是，路是人走出来的，只要有好的心态，就一定会找到好的解决办法。

8. 客观、公正地对待自己周围的人，很清楚知道自己什么样的话不能说，什么样的事不能做。

9. 不以物喜，也不以己悲。在自己心情烦躁，处于逆境之时，控制自己，举止得体。

10. 每天上、下班回家反思过去的一天，不忧虑不后悔。

第九十八条　我的保健身体建议

我常常为自己的身体能保持到现在的状况很满意。古人言：成事在天，谋事在人。我的身体先天不足，就靠长期的自我保护健康来弥补，究竟我有哪些方法呢？请看我的总结如下：

1. 我有一个好的心态。从政上的升降，我坦然；商场中的得失，我淡然；工作上的荣誉，我泰然；生活中的烦事，我自然。

2. 我有活跃、热情、诚恳、开朗的性格。在工作的方法上，我活跃；在为人处事上，我热情；在上下级的关系上，我诚恳；在家庭生活上，我开朗。

3. 我越来越喜欢笑。童年时苦笑；少年时独笑；青年时欢笑；到了中年，我总有一种知足、满足的快乐幸福的心笑。

4. 我有一定规律的生活方式。交际上，我决不熬夜；休息上，我要求随心所欲；工作上，我注意轻重缓急；生活上，我不过分挑剔。

5. 我有保健的饮食习惯。如：不喝酒、不抽烟、不吃干菜、不进店子里吃饭。

6. 我有身心充实的业务爱好。担任领导，我喜欢组织文体活动；休息时间，我喜欢看书或下象棋；和朋友在一起，我喜欢聊天；晚上，我喜欢看电视连续剧。

7. 我有锻炼身体的保健方法。根据自己的身体状况，坚持散步。

8. 我有坚强的意志。困难时，我不低头；挫折时，我不后悔；逆境时，我不悲观；顺境时，我不自喜。

9. 我进入中年后，有乐观的精神，充实的生活，勤奋的学习，年轻的心态。

10. 我在体弱多病的面前，心情不紧张，行动不恐慌，思想不过虑，精神不崩溃。

第九十九条　人生六十岁感受成功的
超常思维建议

　　我在十几岁、二十几岁、三十来岁，到如今六十岁，一直是专心致志于学习、工作，工作、学习的繁忙程序中；到了六十，人生的知天命之年，是《论语》中所谓之"耳顺"年，就是通达不违碍，入耳即入心。每次办事成功都有一定的感受，积少成多，我把它浓缩为十一条，供人们参考：

　　1. 进入了六十岁，我对个人的志向有了一种不单纯是个人的目标感，而有了一种对社会奉献的自豪感，由个人升华到对社会的高度。

　　2. 进入了六十岁，回忆青年时期从农村招工到养路班，历经多种行业后，屡次碰到险境，有过失误，都坚持了过来，我体会到人生在世，一定要有冒险精神，才能干好事情。

　　3. 进入了六十岁，我想起青年时期工作时完全投入，克服了其他任何艰难困苦的干扰，如今在享受曾经努力工作的快乐，我体会到一个有志向的人，也是一个非常热爱工作的人。

　　4. 进入了六十岁，我体会到由于不因阻挠或困难而沮丧，发扬勇气和坚持耐心顽强地走过来了，锻炼成一个坚韧不拔而有毅力的人。

　　5. 进入了六十岁，我已经培养了良好的沟通与解决问题的技巧，也有不少的人遇到问题主动征求我的意见，成为一个有丰富经验的人。

　　6. 进入了六十岁，我即是一个目标制度者，也是一个目标实现者，对生活的需求有着明确的观念，成为一个充满信心的人。

　　7. 进入了六十岁，我已经能够利用对比的方式、方法来培养自己的才干，成为一个有实力的人。

　　8. 进入了六十岁，我变得更加小心翼翼对待对方，崇尚公平原则，使双方都感到快乐，成为一个有完整人格的人。

　　9. 进入了六十岁，我身边已经有了一批依赖，可靠的人，成为一个有协调能力的人。

　　10. 进入了六十岁，我并没有因为已经实现了人生志向而不可一世，忘乎所以，而是沉着稳重，成为一个普通而又谦虚的人。

　　11. 进入了六十岁、我学会了妥善安排时间从事活动或休息，保持着旺盛的精力和进取心，成为一个有充沛精力而身体健康的人。

第三部分

九溪翁超常思维践行录

1975 年九溪翁下乡到农村留影　　　　1977 年九溪翁招工到养路班留影

1979 年至 1984 年九溪翁在公安局工作留影

商海遨游任纵横　　　　　　　　　品阅天下名山河

志向践行四十载，超常思维一身轻。

——九溪翁

第一录　50岁以前要完成的三件事，
超常思维的开始

1975年12月2日，我已经满了18岁，第一次把自己的志向在日记里写了出来，在此，我原原本本摘录下来：

"唉！我的父母是越调越远了，按省里三线建设的要求，把他们调到凤滩建设电站去了，今天是正月初二，下雨下雪，天寒地冻，修马路的其他社员还没有来，又是我最早来到，写日记时手冻得发抖，但我的心还承受得了。我崇拜的'三爹'（即舅舅）也病了，我简直无依无靠。今后只有靠自己苦干，比别人多做点事，不怕苦，不怕累，甚至不怕死。再有，就是搞什么安心什么，相信领导，跟党干革命不动摇。不过，我也要立下一个志愿，如果大队和贫下中农推荐我出去工作，不管干什么，到50岁时争取完成三件事：

1.按照高尔基写的用眼睛阅读人间这部活书。我力争经历工、农、商、学、兵、政、党咯些工作。

2.我虽然现在在生产队，今后力争到公社、到县里、省里工作。

3.李白、杜甫周游天下，我也要多读书，至少到10个省以上的城市游览。

这三件事能不能够办到，我不清楚，如果我办到了，50岁以后我一定要写回忆录。

但是，保密是最重要的，讲出来不光办不到，还要受批判的。

好！队长序连哥他们来了，我也该去挑土了。"

以上是我当时的心态，也是我真实的想法。

有人问我当时为什么有这种想法，我也分析过：

一是我看各类的书籍多，从书里面了解世界和了解历史，对古今名人修身立志的故事看得多、记得多，如毛泽东青年时期写的："天下者，我们的天下；国家者，我们的国家，社会者，我们的社会。我们不说谁说，我们不干谁干。"诸葛亮写的"夫志当存高远。""非淡泊无以明志，非宁静无以致远。"奥斯特洛夫斯基写的"人最宝贵的东西是生命，生命属于人只有一次。人的一生应该是这样度过的：当他回首往事的时候，他不会因为虚度年华而悔恨，也不会因为碌碌无为而羞耻。"古代传家宝上写的："年轻有为不做，老来想做不能"等等名人名言，激励、鞭策着我。

二是我生长在封闭、偏僻的山村里，从小离开父母，生活在一种孤独的环境里，有一种心理压抑的感觉，养成了不怕苦、不怕累、不屈不挠、脚踏实地的个性。加上有一种愈封闭就愈想了解外面世界的心情。

三是母亲、继父在外工作，我高中毕业后，每年到外面看望他们，看到也接触到一些新生事物。有一件现在来讲是最普通不过的小事，我记忆犹新，我8岁时跟着外公和"三爹"到母亲工作的地方回来后，因为我看到了汽车，还坐了汽车，在小镇上一起成长的小伙伴眼中，我是最幸福，最了不起的。其中一个小伙伴叫祥生，他的大娘对我说："你咯小就看到了汽车，我60多岁了还从来没有看到过汽车，要是我看见了汽车，死也闭眼了（闭眼即值得的意思）。"同时，三爹从小就灌输爱国、报国、立志、修身等国家大事和历史人物的故事启发和教育我。也是"三爹"的一句话归总：人生在世，要尽个人力量去做事。

四是我从小就很实际，砍柴就是为了填饱肚子，读书就是获取知识成为一个有用的人。从来不去干办不到的事。当时对当官、赚钱我还没有这种意识，立大的志向担心实现不了，立个小的志向，努力去做吧。

基于以上四点意思，我就写下了50岁以前力争办到三件事的志愿。现在回想起来，当时很幼稚，很单纯，旱鸭子过河——不知深浅。完全是凭着三军可以夺帅，匹夫不可夺志的执着，也遵守君子一言，驷马难追的约定，走出了后来的人生追求之路，扎扎实实地实现了个人的目标，成为一名丰富的有着超常思维的人生践行者。

第二录　有超常思维和无超常思维之间

有超常思维和没有超常思维，就是不一样。当我下了决心在50岁以前要办成三件事，我就对自己有了两点约束：

一是理想可以头顶天，实践必须脚踏地。要求自己干好正在干的事。有了这种想法，苦也不觉得苦了，累也不觉得累了，碰上吃亏的事也不觉得吃亏了，遇到挫折和困难，我也能坦然面对。就说下乡的日子里，当过生产队的五好社员，加入了中国共产主义青年团，在知识青年里面，年底决分我分到的钱和稻谷是最多的，遭到误解我也坦然面对。后来招工到养路班去扫马路我也义无反顾，全身投入。

二是书到用时方恨少，处处留心皆学问。我抱着一个死心眼的念头：有理想、有抱负、有志向的人，一定是一个虚心好学、具有渊博知识的人。

由此，我讲一个实实在在亲身经历的故事，我下乡期间，公社门口大河边修建一座横跨两岸的大桥，我作为生产队抽调的民工参加修建大桥行列，我住在一个初中同学的家里仓楼上，楼下就是大灶屋，我同学的妹妹和我的一些同学、朋友也参加了修建大桥，开始唱《洪湖赤卫队》、《天仙配》等电影戏剧里的老歌，每天下午散了工，楼下灶屋里坐满了男男女女的年轻人，围在火炉边烤火，说的说，唱的唱，嘻嘻哈哈，打情骂俏。我在楼上如入无人之境看书写字记日记，从来不参加他们的行列，我有两个很好的朋友，一个叫花子，另一个叫保德，他们两个分别到楼上喊我下楼玩，仍然没有动摇我的信心，他们不理解。但我自己清楚，暂时看起来没有用的学习，以后到社会上太需要了，正如我幼时伙伴杨焕长的父亲说的："读起书来顶大丘（田），不用耕种自然收；白天不怕人来借，晚上不怕贼来偷。"学到的东西储备在脑海里迟早会有用。

我住在楼上的女主人，即我同学的母亲是个很不错的人，后来当了十几年的大队党支部书记，她还是看到了，曾经对楼下灶屋里烤火的小伙子及姑娘们说："你们要像宋会鸣学习，他一个人在楼上看书，秀秀气气，像个妹子一样。"

后来她和我在一个组参加县里开会讨论时，她说："我晓得那批年轻人里面只有你有出息，我看到你和他们不同，你太爱学习了。"

第三录　突如其来的招工，超常思维的预想

1977年12月2日下午4点多钟，我挑着一担箩筐到公社粮站送粮谷回队上，我被生产队告知已招工到养路工班，我了解一些情况后，我对前来招工的陈远贵、杨其彪说："到养路班工作我不怕，也愿意去，我会尽力去做好，今后当个干部应该不成问题。"事隔十年后，我和陈远贵又相逢在同一个单位，他问我："从你在生产队的表现看，你到养路工班去的决心不奇怪，但当时你说今后当个干部应该不成问题，你为什么这么自信呢？"我答道："因为我有一个志向，当时听你们介绍说养路工班是国营单位，我就想只要自己能吃苦，不怕累，肯学习，今后肯定会有机会转为国家干部。"他说："原来如此。"

第四录　笨拙的学习，超常思维的准备

在养路期间，我写了一首《忆江南》的词来勉励自己，词的内容是：

诗鸣志，
无志枉度春。
不惧笨拙日久练，
勤奋学习惜秒阴。
当个有心人。

我从偏僻、闭塞的山村里招工到养路班做事，订了十余种报刊杂志，还倾

其所囊购买各类书籍，发展到有时买书买得没有钱买车票，没有钱买饭吃。

我愈看书看报，愈感到自己是高中生的牌子，小学生的底子，知识贫乏，人也笨拙。

我写《忆江南》这首词的意思也显露出我当时的心情。即：我写诗是为了鸣放自己的志向，一个人如果没有志向等于白白地浪费宝贵的年华。我很笨拙，但我不畏惧笨拙，一定要长久地练下去，勤奋学习，珍惜时间的每分每秒。世上无难事，只怕有心人，我就是要当一个有心人。

我写是这样写了，做法也很笨拙，具体方法如下：

1. 每天早晨6：30以前起床，学习一个小时，晚上除非和工班里的人到外面看电影，否则，一定要学习到晚上22：30分钟。

2. 不动笔墨不看书。看书看报都坚持写日记，摘抄名人名言、名句、名段，写自己的心得体会。

3. 每天要求自己背熟一首诗或一段话。开始是每天做工前把诗词或一段话抄在自己的手心里，由于在扫路或打土时手心出汗或磨擦，往往把手心里的字搞得模糊不清，认不出来，我就将一张信纸折三下，截成手掌大的八块纸条，刚好能记载一首诗或一段话，装在工作服上衣口袋里，无论晴天或雨天，热天或冷天，无论是扫路、打土、拖着板车，都要抽出空隙背熟纸条上的诗或一段话。

从1978年到1979年近两年的时间里，我采取笨鸟先入林的笨拙办法，硬是背熟了两百多首诗词和一些名人、名言、名句、名段，如毛泽东的诗词、陈毅的诗词，董必武的诗词，叶剑英的诗词等，报纸或诗刊上每次发表出来，我都力争背诵。

为此，我在1979年2月6日晚上，也写了一首自勉的诗，即：

> 自信聪明无天生，贵在坚持学不停。
> 工作学习争分秒，心中志向定能成。

第五录　先谋后事者昌，超常思维当班长

在养路工班，我想过很多事，我给自己出了一些题目，如：假如我是一个班长，假如我去筹建一个新的工班，等等话题，我都谈了自己的想法，现摘录原始日记如下：

"1979年7月13日于凤滩，趁休息时间，多想一想自己的工作，做到深思熟虑，心中有把握。我现在没有担任班长，今后肯定会担任养路班的班长，我现在还没有到新的工班去工作，今后也许会到新的工班去工作，预先想想也无害，有备无患，把我段所有工班好的长处学过来，也把一些工班存在的短处

弃之，一切从头想起。

选择工班地点的第一条：水。像文江工班一样，在工班背后，最好还要比屋面高一点有一口井，用青石板或砖和水泥修成四方围井，如周围没有溪水，可以在井水的下面挖个水塘，力争又大又深，用于洗衣服，如水源大，还可以买些鱼苗。当然，水虽然重要，开始去只要有水饮用就可以了，以后慢慢建好。

第二条：房子。要吸取茶江工班只有一层楼带来很多问题这个活生生的例子，做到少花钱，多办事，还是修楼房好，如兰家工班和唐家坊工班的式样都可以，根据预算安排的钱来，如有条件，每间房子的书桌、椅子、火盆、床、洗脸架等可一次性配齐，并入好册子，记好账目。同时，哪怕人再多，房子再少，食堂保管室和学习室不能少。

第三条：食堂。不要搞得太大，形式空荡荡的，地面要里面高，外面低，流水眼要搞大点，保持食堂内干燥，哪怕有水，也要能畅通无阻流出去，蓄水池离灶要有一定的距离，做好盖子，无论水泥池或木桶，都要两片盖子，轻便好盖；灶的位置最好是隔开间墙从外面往里烧火，便于食堂清洁干净，喂猪的潲锅最好是在外面打灶。在打煮饭炒菜的灶时，空间不要太高，空腹不要太大，力争煮饭快又节约柴火。同时，灶要抢火，烟囱升高点，天花板的木方条不能挨近烟囱，以免着火。做一张结实耐用的案桌、砧板、碗柜。碗柜不要做的像农村里的那样繁琐，干脆大大方方，象两节柜的其中一节一样，分做三层，从下往上第一层放碗盆杯子，第二层放剩饭剩菜及其他东西，第三层放油盐酱醋辣，便于抹洗，饭后一把锁，虫鼠蚂蚁无隙可入。

另外，食堂的窗户要做大一点，光线透明、玻璃齐全，如玻璃烂了，也要考虑到工班离马路近，灰尘多，找纸糊好或用其它东西补好。"

"1979年7月14日，第四条：厕所。也有设计好的必要，要打好两担便桶，小便槽就不要做了，容易打扫卫生，免得棍棒丢进便槽不好打扫卫生。同时，进门的地面要高，逐渐矮下去，粪便槽要短而窄，做盖子盖好。"

"1979年7月20日，第五条：保管室。如只修一层楼，里面也要设计两层，上面用板子搭好，放锄头，筲箕等使用工具，下面放板车，保管室的门要做双页大门，朝外开，便于板车出入。

以上五条只是建设新工班的第一步。重点还是养路，要抓那几点才能把路面养好，假如我担任班长，根据我个人的体会，旁见侧出，谈自己的想法：

第一条，灵活机动。具体情况具体对待，新路一般边子、水沟多，抓季节，看天色，第一步就是要把边子铲光，水沟掏空，下大雨突击铲边子，雨后或小雨就掏水沟，晴天开片石，锤砂子、保养路面。

第二条，多碎砂子。路面不改造则已，每改造一节，就要不惜码好底层片石和铺上砂子，根据路面，把拱度铺出来，派专人管理好。

第三条，订任务要有紧有松。但讲话要准数，第一天没经验，估计不足，也只能责怪自己。在第二天分任务要向大家讲明，并不是一天接一天加任务，而是随着对工作的熟练、掌握了技术，加快了速度，适当地调整。

第四条，分任务一定要在头天晚上分好，并做好晴、雨天的两种打算，使大家好准备工具，心中有数。最好是在食堂里挂块小黑板，公布有关事项。

第五条，准备好工具。每人要准备好一至两套工具。即一把扫帚，一把三角刮子，两把锄头，一担筲箕，一副扁担勾，一把砂锤，这要作为一项制度，派班委会里的人专门负责，每月检查一次，需要换时，以旧换新。这样，做起工来不愁没有工具，也免得工具到处乱扔，需要时又到处找。"

"1979年7月22日，第六条，段里派车子下到工班来，要当做一件大事来抓。否则，小四轮拖拉机是14元一天，不好好利用，占用了工班的费用，而对养路起不了大的作用，减轻不了人们的劳动强度，那么，也就失去了机械化的作用。最起码一点，要做到班里打土不用板车。上下土也要有个规定。'"

以上虽然都是一些不时之需的想法，但拿破仑曾经说过：不想当元帅的士兵不是好士兵。我在养路工班时期，也曾经想，不能当好养路班长的工人不是一个好养路工。也是后来的机遇改变了我的命运，否则，我在养路工班里也许成为了一个好班长。

第六录　背诵两法记事，超常思维练技能

两法就是1979年7月1日第五届全国人民代表大会第二次会议通过的《中华人民共和国刑法》和《中华人民共和国刑事诉讼法》，以下简称刑法和刑事诉讼法。刑法设第一编为总则，第二编为分则，其中：总则共五章计89条，分则共八章计103条，合计192条；刑事诉讼法设第一编为总则，第二编为立案、侦查和提出公诉，第三编为审判，第四编为执行，其中：第一编共九章计58条，第二编共三章计46条，第三编共五章计46条，第四编共14条，合计164条；两法加起来有356条。

背诵两法，作为如今进入公安队伍的年轻干警们，肯定不理解当时的我为什么会想起去死记硬背两法的条款，我不得不向你们解释一下，你们从读小学起就有普法常识的课程，电视里有法律讲座、法制案例，书刊、报纸上有直接或间接的法律宣传。正面或反面的案例报道，在家里的爷爷、奶奶、爸爸、妈妈闲谈议论也离不开这个法那个法，一句话，你们已经生活在法制的社会。而我呢？两法是1979年7月1日才通过实施，普通公民才开始遵守各类法律条文守法，政法干部才依照法律严格执法。而公安破案也才依照刑法立案办案，

遵照刑事诉讼法的程序移交案卷。可以这么说，两法当时是公安的法宝和护身符。

我从一个普普通通的养路工，也是一个地地道道的法盲，到执法的公安人员，不学法，不知法，不懂法，怎么能面对社会开展工作呢？

我进入公安参加第一个会议，傅秀勇局长就提出公安机关是执法机关的第一道工序，学法、知法、懂法、执法，首先就要从公安人员做起，要全面地、准确地学两法。傅局长传达的"有法可依，有法必依，执法必严，违法必究"十六字就印在我脑海里。接着，我跟着黄斯明股长到基层开会说的一些干干巴巴的套话，还有我到公安报道的第一天，有人说我坐直升飞机上来的，都在激励着我，鞭策着我，常言说：卖了麦子买蒸笼——不蒸馒头蒸（争）口气。我下定决心在半年之内背熟两法。

首先，我拿出在养路工班每天背诵诗词名句的劲头，更加完善背诵的方法和技巧。

其次，我每天规定硬性任务，条款内容多的，我每天至少背熟一条，条款内容少的，我每天至少背熟两条，静观默察，烂熟于心，随时抽查背诵前面已经背熟的，以免背熟后面的，忘记前面的，一条一条地来，积少成多。

其三，机遇和幸运总是眷顾着勤奋和有心的人。我幸运地碰上地区党校组织公安队伍学习两法培训班，35天的学习给我提供了充裕的时间和强记背诵的机会。

其四，我年轻、思想专心、精力充沛、全神贯注、下定了不背熟两法，不罢休的决心。

说起来我在公安局，像个温顺、腼腆、不说多话的大姑娘一样，我也不愿意把背诵两法的事告诉局领导和同志们，一是好比灶里煨红薯，不到熟透不外掏；二是觉得说出来是自吹自擂，抬高自己，压低别人。第一个发现的是我的直接领导——刘长清股长，他对我有一种特殊的厚爱，发生了案件，他总是第一个喊我，我应得快也行动快，一般是他问我记录，开始两个月我没有显露什么，到了1980年2月份时，在调查证人和审问犯罪嫌疑人过程中，有时他问了一阵子话，中途去一会儿，我边问边记，他又进来，我刚好在宣传法律知识，没有看书就一条一条背诵出来，他还以为我只背熟了几条，一直到1980年5月份以后，我跟着他到黄土矿公社侦查破案，他发现我一叠叠巴掌大的纸条，分别记载两法的条款，还写了某月某日已背诵的话。他问我是不是在背诵两法，我见他已发现我背诵两法的字条，我回答说："是的。"他问："已背了多少？"我如实说："差不多了。"他听了着实吃惊，把我那一叠记载两法条款的纸条随意抽出来考我，我当场就背诵给他听，他连连说："你不错。"我说："刘股长，你要帮我保密。"他问："为什么？"我说："我是扫马路出身的，只

470

图实在，背诵两法纯粹是为了工作，说出来不好，免得别的同志说我逞能。"他答应说："好。"后来，还是被他无意说了出来，传到局领导耳里，派了政工袁干事来考我，他当场抽查了几条，我都一一背诵出来，局领导在全局干部大会上表扬我，搞得我很不好意思。

第七录　现场看足迹，超常思维破案

1981 年 4 月 30 日，我刚从省城学习提取指纹、足迹等痕迹技术回县，5 月 1 日洗了一天被子，5 月 2 日我就跟着师傅黄锋同志下到李熙区公所，投入侦破数起盗窃案件之中，5 月 8 日，黄锋回局里参加研究案情，到了晚上十点多钟，李熙公社下面一个大队的民兵营长兼治安主任气喘吁吁跑到区公所报案称："当晚九点多钟，大队放电影，三队一个保管员家里被盗 130 多元现金，现场已保护好，请公安特派员速去看现场。"区委委员兼公安特派员的老前辈黄先贤同志带着大队治安主任到饭店找我，我二话没说就和他们两个每人提着一只电筒，赶赴现场。该大队三队就在往省城公路的路边上，案发现场在院子中间一栋房子的二楼，当晚电影已经散了，还有部分社员在楼下议论纷纷，不过治安主任很不错，刚从部队回来不久，热情高、干劲足，有一定的现场保护知识，案发后立即要自己的弟弟守在楼梯口，不准任何人上楼，自己则跑去报案，所以现场没有被破坏。夜幕下我打着电筒仔细勘查现场，发现爬窗入室的桌子上有一个明显的右脚黄跑鞋印，放在床边一未上锁的小木箱被打开，里面有一个 280 元的存折，发票单据有：耕牛贷款票 1800 元，零售发票 12 元，社会减免票 301 元，大队存款票 38 元，公社存款票 250 元，折款 3001 元。据保管员介绍，内有 130 元的现金不见了。接着我又走访当事人和围观的社员简要问了一些情况，经过我和黄区委分析现场，我提出不同意见，认为这起案子和供销社、学校、粮站的被盗情况不同，前段时间发生的一系列盗窃案件不排除流窜作案的可能性，但当晚发生的案件，应该属于熟悉情况的本大队甚至本生产队的人作案所为。

理由在：

一是熟悉情况，当晚大队放电影，知道这个保管员也在看电影。

二是目标准确，一个两百多人的院子，其他社员家里都没有被盗，偏偏就是住在院子中间不起眼的一栋二层木房子里，280 元的存折，3700 多元钱的发票及其它物品没有翻动，仅仅是掉了 130 元的现金。

三是作案时间比较早，流窜犯罪分子一般在晚上 11 点至深夜 4 点前做案，晚上 9 点多钟作案的可能性甚少。

赢
在超常思维
学
则心路光明

四是没有作案工具的破坏痕迹，流窜盗窃犯罪分子普遍带有作案工具，只要进入了房间，对柜子、抽屉锁不会视而不见，应该撬坏锁。

五是院子里养着不少狗，如果是流窜犯作案，总会有狗叫，但当晚发案现场周围没有去看电影的几个老人也没有听到狗叫声。

六是从作案人的特征来看，个子应该不是很高很胖，因为农村里的木框窗户比较小，作案人进到房里，窗户上部一些陈旧、带有灰尘的蜘蛛网没有被破坏，尤其是留下的黄跑鞋印，量尺寸只有 34 到 36 码之间。我按照在省城学到的足迹鞋印测算方法，发现鞋印脚小，脚掌压力重，脚跟压力轻，后边沿有转宽的虚边，脚掌有瞪、挖痕，脚跟有擦痕，根据分析情况是：少年不到成熟期，走路特点不规律。前掌力重瞪挖抬，后压痕轻边路虚；步法积极前压重，压力面小又集中；拇指球压较明显，此人是个小青年。

通过分析画像，我心里有了底，立刻把作案对象划到 15 岁上 20 岁以下的小伙子。

此时已是晚上 12 点多钟，我找大队干部一起问了该院子青少年的一些情况，这时大队治安主任的弟弟一直在保护现场，看见公安局来破案，年轻人好奇，兴趣高，他反映一个情况，说当晚看电影时，看见本院子林志湘、陶永竹两个青年人比较晚才来，其中，在春节前，林买了一双黄跑鞋，到底是多少码就不清楚了。不久，我哥就喊我来保护现场了。林和陶都只有 16 至 17 岁，曾经偷过本院子的人的柴火卖。

我马上意识到，这两个人有作案时间，是重大的嫌疑对象，立即采取秘密手段对林的黄跑鞋和现场留下的脚印进行比照，压痕、纹路、尺码，问上两句，陶就哭了，说："我只是跟着到，没有进房，钱在林志湘手里。"我们赶紧到山里找到林志湘，也只有几个回合，林交待了，我们跟着到其居住的房里，在睡觉的床上垫被下面取出 130 元钱。

上午 9 点，和昨晚报案时间一起 10 个钟头，中间还睡了一觉，按照 15 元立案的标准，破获了一个不大不小的入室盗窃犯罪。上午我把现场勘查笔录、问话记录、调查材料搞好，下午，在大队开了一个现场会，我在会上讲了六点：

一是进行了法制宣传，学习《刑法》和《刑事诉讼法》及《中华人民共和国治安管理处罚条例》；

二是对案情的介绍，谢谢大队党支部和广大社员群众的支持；

三是发案后的经验教训，如何保护好现场；

四是在调查中须注意的问题，请大家理解，在案子未破以前，大家都有责任，有义务反映情况，也都可以作为嫌疑人，希望大家不要多心；

五是钱粮不能多多放在家里；

六是加强对青少年的教育，做贼没有种，只怕三个、四个拱。做贼偷瓜起，黄病摆子发痧起。

晚上，我的师傅黄锋同志下来了，我把案情向他作了汇报，也向局里电话汇报。我的师傅说："小宋，看你不出，不错，这个案子破得漂亮。"

第八录　调出公安志不移，超常思维心有数

从我 42 年来近 50 次岗位变动中，调出公安是我最难最难的一次。

自古以来，人往高处走，水往低处流。远的不说，现实生活的例子比比皆是，如果你从股长升为副局长，副局长升为局长，局长升为副县长，副县长升为副书记，副书记升为书记，都是可喜可贺的仕途上坡路，如果你从县委书记成为副厅级巡视员，副书记成为正处级顾问，副县长成为助理调研员，局长成为协理员，副局长成为正局级干部，股长变为股级干部，总有一种失落走下坡路的感觉；如果单位上安排你从一楼或五楼搬到二楼或三楼居住，你会高高兴兴，如果单位上安排你从二楼或三楼到一楼或五楼居住，你会怨气冲天；如果组织上把你从自负盈亏的企业或事业单位调到政府机关工作，你会有心情愉快、轻松自如的感觉，如果组织上把你从吃财政饭的机关调到自负盈亏的企业或事业单位工作，你会有心情沮丧、压抑很重的感觉，此类一系列现象，一切正常，合情合理，符合人生工作、学习、生活成长的规律，也符合人生的游戏规则。如果不按规律和常规办事，本来也不是什么大不了的，但是却显得不正常了，当我亲身来经历的时候，事情远非是我想象中的那么容易。古典小说《三国演义》里有关云长过五关斩六将，我从公安调出来也是过了五关的：

一是亲人关。首先是妻子不同意。妻子说话很实在，她说：我们谈婚论嫁在一起时，你说公安工作很苦很累，我理解你，也没有怨言，如果你工作能力不行，搞不下去了，或者犯了什么错误，是组织上把你调出去，我也认了。如今你工作搞得好好的，硬是主动要求调出去，我不理解你。其次，是我和妻子的双方父母不同意。老人有老人的顾虑，想得周到，看得远。他们说：以后找份稳定的工作不容易，政法部门属于加强的单位，我们不稀罕你当什么长，只要把本职工作搞好，两口子和和睦睦过日子就可以了。其三，是我的大姨、满姨不同意。我的大姨是看着我一步一个脚印成长起来的，经常找公安局的领导和老同志了解我的思想、工作、学习情况，满姨和我一起长大，在她的眼里，公安局已经是最好的单位了，她们极力劝阻我不要调出来。

二是领导关。我清清楚楚记得开始找各位领导时都是吃闭门羹。傅秀勇局长答复是铁钉入木的干脆话："不行。"龙宪茂教导员对我是恨爱交织，说："你工作干得好好的，要调出去，怕是有神经病？"新调来的刘副教导员耐心

做我思想工作，说："你要有什么困难可以和组织上提出来，调出去的事，组织上是不会考虑的。"袁副教导员是从部队回来的政治思想工作者，他轻言细语开导我："小宋，通过我观察，你是很不错的，工作认真，能吃苦，适应干公安，不要调出去，你会有出息的。"还有两位领导是我心感内疚又很不愿意和他们讲的。一位是主管刑侦的刘副局长，他是我从小到大认识的第一位公安人员，我还没有进入公安系统就和他打交道，进了公安局后就一直跟着他干，他当刑侦股长，我干刑侦侦察员，他任主管刑侦的副局长，我当痕迹技术员，他是一位身体力行的实干型领导，我和他配合得可以说是天衣无缝，我从一个普通的养路工到一个成熟的公安刑侦侦察员，我的进步大部分是在他的影响下成长起来的。配合如此好，关系如此好，我主动要求调出去，他想不通，我很内疚。他想方设法挽留我，和我促膝长谈多个晚上，反复问我到底是什么原因要调出？我则千方百计回避他，不敢面对他，因为我对领导确实没有丝毫不满的想法，是领导给了我在公安显示才干，锻炼才能的机会，我心中只有感激之情。对战友们没有产生半点隔阂，大家一起齐心协力，互相帮助，我始终只有感谢之意。对公安工作没有厌烦、不想搞的心思，总觉得公安工作是一门综合学科，牵涉面广，心中有一种说不出的感情之深。另一位是我的直接领导，刑侦股杨昌金股长。要挑出杨股长的毛病，很难很难，在我的心目中，杨股长是一个百里挑一的好人，担任股长又兼法医，每次安排工作，最难最繁琐的他首先担当，待人谦和，彬彬有礼、开朗、乐观，时常开玩笑，讲一些风趣的话，他剖尸，我拍照，他问话，我记录，就好象一个兄长带着一个小弟弟一样，在生活里我印象最深的是 1980 年 5 月 13 日，我跟着杨股长从俄公公社俄公大队走到他家里的事，天上下着雨，晚上 9 点左右才到他家，只见他的四个小孩子从五岁到十二岁左右，东倒西歪分头睡在灶屋凳子上，其爱人插田回来，两口子杀鸭、炒腊肉招待我，晚上 11 点左右搞好饭菜，把小孩子一个个从梦中喊醒来吃饭，第二天上午 9 点多钟，杨股长带着我返回局里，我劝他在家里待一天，他说案件太多了，工作紧。在这样的领导，这样的兄长手下工作，是不应该挑剔的。当我要求调出，确实不知和杨股长说什么好。

三是战友关。前面写到我们股与股之间，人与人之间的关系，互相都处理得好，我突然提出要求调出去，大家也都分头做我的工作，一句话，不要调出去。

四是朋友关。青年时期，也是结交朋友的旺盛时期。每一个青年人，都有自己的社交圈子。在我的社交圈子里，十个人听说我要调出来，十个人反对。

五是诱惑关。首先是入党的事，由于我没有及时到县党校学习，一起进公安的战友已经有人先加入了，组织上找我谈话，努力创造机会，争取下一次加入。一旦调出，入党又得重新再来。其次，是提拔的事，组织上也透出风，如果不调出去，提拔为副股长是可以的。其三，是深造学习。省公安厅已经来了通知，也定了我去，作为公安的重点人才培养。其四，是公安改革后的新制服。里里外外全身大换装，由蓝色和白色改为橄榄色，我个人的尺寸、号码、型号和局里全体干警一齐上报省公安厅装备处。

也许我的长处就是在这里，保密性强，搞公安是再适合不过了。如果不是我今天写公安岁月，大家并不知道我作了大量的学习日记和工作笔记，也不知道我经办的三百多个案件都有记载，更不知道我当时调出来的真正目的。

第九录　脱颖而出下企业，超常思维任厂长

其实我到企业任厂长，从个人角度而言，也有以下想法：

1. 我从公安要求调出来，不愿到县法院和县人事局，主要原因是这两家单位都是机关，下面没有企业。我选择交通，也就是看到了交通管辖着一些企业。我在农村下乡期间，立下志愿经历工、农、商、学、兵、政、党这些岗位的工作，当我经历了公安，我就增强了信心。公安虽然不能算正式的兵，也可以算得上半个兵，那时候当兵久一点是 5 年，我搞公安也有 5 年，是比较幸运的。到了交通局，我就钻研企业管理方面的知识，也很想到企业里面磨练自己。即使组织上不安排我到企业，我自己也会主动要求下去。

2. 我从踏入社会，就有一种哪里困难，就往哪里走的作风。我下乡在农村。当称草员啰嗦、麻烦，当监仓员辛苦、很累，我没有怨言；我招工到养路工班，分配在公路难养的工班，身兼统计员、核算员等，也没有额外补助，我照样干；到了公安局，搞刑侦，负责看现场，比其他战友下乡的时间要多，工作的份量要重，我始终扎扎实实工作在第一线；既然到企业去，我的意见是，要么不去，要去就要到最复杂、最难搞、最困难的企业去。这是我个人的第二点想法。

3. 医师诊断也好，算命也好，看相也好，你说我活不到 30 岁。我也并不是完全不相信，我只是在想如果确实活不到 30 岁，我也没有必要在局机关里忙一些看不见、摸不着、做了又要做的事情等死，倒不如轰轰烈烈到企业去干一点事，就是死了，也是自己经历了，没有后悔，完全把生死置之度外。如果医师诊断不准，算命、看相的不准，我到了 30 岁没有什么问题，我更没有什么损失和后悔，反过来我经历了企业，锻炼了自己。

有了以上三点想法，结合上一篇文章的记载，就毫不奇怪地了解我为什么到企业任厂长了。

第十录　前因后果调乡镇，超常思维迈新程

时间是 1989 年 11 月 19 日上午，寒冬冰冻季节，我到县组织部看发展新党员程序的有关基本知识，管干部的陈副部长问我："你是小宋吧！"我回答："是。"他说："这几年我们组织部门到你局里考察，了解到你是不错的，现在乡镇需要干部，组织上有意安排你到乡镇去。"我回答说：这样的事要通过局里，如果局里同意，我个人服从组织安排。他又说："这一点我们会按组织程序办，每年我们部里都安排人到各部、办、委、局考察班子，发现人才，组织上考察时，你一直是三梯队的后备干部。"我这才想起 86 年、87 年年底，县组织部派员考察我局各位领导，组织部有一位干部隐隐约约和我说："老弟，你工作不错，攒把劲，今后会走上领导岗位的。"我当时并没有在意，也知道组织部的人和公安一样，保密性强，就没有细问，直到如今我也不知道是怎么回事。我的猜测是：也许是我从厂里回到机关，年底干部报表上有我的名字，组织部考虑下乡镇的干部时才想到的吧。

我回到局里，过了一个星期，1 月 25 日下午，组织部打电话要我到部里去，陈副部长接待我时，主管组织的县委刘副书记也在办公室，我认识他，我读高中时，他曾经教过我的政治课，我也知道他为人正直，和我岳父的个性相似，按当时的话说：属于正统的马克思主义者的领导。刘副书记问我是不是少数民族，如果到关峡乡当乡长怎么样？此时的我，对从政、官场虽然不懂，但经过公安、机关、企业的锻炼，已经有了个人的主见，我回答："刘老师、陈部长，谢谢组织上对我的培养，下乡镇我也愿意去，不过，我有两个要求。"陈副部长问："你有哪两个要求？"我说："第一个是要下乡镇就到县里最大的乡镇去；第二个是只任副职，不任正职，请求组识上考虑。"也许我的要求出乎他们的意外，因为有的机关干部就是怕大乡镇复杂，大乡镇的事情多，不愿意到大乡镇去工作，也有的机关干部在组织上安排下乡镇时，提出的条件就是担任正职，不是正职就不愿意下去。我的要求引起两个领导的兴趣，陈副部长问："你为什么提这两个条件？"我回答说："到大乡镇去最能锻炼自己，不当正职是我没有管理乡镇工作的经验，搞不好就要害老百姓，先当副职，搞好工作，以后再说吧。"刘副书记说："你讲的也有道理，你先回去，组织上研究时再考虑你的要求。"

县里有个不成文的规矩，每年春节前或春节后的正月初六，初八或初十，召开全县乡村三级扩干会，总结上年度的工作，部署新的一年工作任务，干部

的调动也在这个时候多一些，至今我没有看到任命通知，但朱局长在 2 月 14 日通知我，说组织上把我调到武阳镇政府工作。

由于人的思维方式不同，站的角度不同，我的工作变动，也许是我人缘关系好，也许是看见我老实本分，怕我吃亏，担心我不适合乡镇工作，担心乡镇后难以调回机关，总有好心人的不同劝解。而我的心态是调整得比较好的，从我开始有下乡镇的念头，就没有非要当一个书记或乡长的想法。当时我心里想的是：到乡镇是我立志在五十岁以前经历的工作之一。到乡镇工作正好应了有志者，事竟成，无志者，万事空的话，真是上天关照我，命运之神眷顾我。我想的还是：既然我这么幸运，我一定要珍惜，一定要努力，全力投入乡镇工作中去。

为什么我钟情于乡镇工作呢？说来还是有诸多原因的：我的童年、少年、青年时代和乡政府的工作太密切了。那个时候叫公社，我离开父母，跟着外公、外婆生活，住的地方离公社仅十米左右，我童年时代就开始在公社坪坪里打尖力陀，放飞机，捉迷藏，公社干部在我们小孩子心目中有至高无上的地位，我所在窨子屋里的一伢子、三伢子、四伢子哭了或者不听话，他们的娘总是说："不要哭，公社干部来了。"或者说："不听话，我喊公社干部捉你去。"我进入少年时期，天天上山砍柴，回家到公社玩，每次在公社看见三五成群的干部一起吃钵钵饭，我心里好羡慕，当公社干部好，当干部一天三餐有钵钵饭吃；我爱看书，当借的《三国演义》被公社干部没收了，我心里想：当公社干部好，当干部有权，可以没收别人的书看；当我傍晚时分到公社坪坪里和公社干部一起打篮球，我也在想，当公社干部好，干部自由、快乐；外公是个爱喝酒、爱交际、很好客的老人，县里干部、川流不息来看望我外公，在一起吃饭时，我和满姨是小孩子，不能上桌吃饭，低头夹一点菜就离开，我总在想：当公社干部好，当干部受人尊敬，受人喜欢。我到了青年时代，下乡到农村，如果队上来了公社干部，我们知识青年都是把干部当稀客，当贵客对待，我们也到公社食堂打一餐牙祭，公社干部在我脑海里始终有着好的印象。我参加工作后在养路班、在公安局、在交通局、在企业，都离不开当地的公社、大队，离不开人民群众，和公社（即乡镇）干部，大队（即村里）干部，社员（即村民）群众接触共事太多了，我的观念，思想逐渐在变，再不是为了每天三餐的钵钵饭、一餐牙祭、打一场篮球的想法，觉得乡镇工作丰富多彩，五花八门，很有必要去尝试、去经历。至于好心人的一些劝解和担心，我想起了 1980 年在县公安局工作时的一件事，我下乡办案住在李熙区公所公铺房，晚上来了一位胖胖墩墩的中年人和我同睡一间房，区公安特派员黄老前辈喊他华组长，当时我也不知道华组长是什么官，他很谦和地问我个人的工作、生活、学习情况，其中我说学习总比不学有用，我坚持每晚写日记。他看了我的日记后说："坚持下去

好，你一定会有进步的。"我说："我都23岁了，还是一事无成。"他很诚恳地对我说："你23岁不算什么。组织上把我从县粮食局调到区公所来，我已经40岁了，一样在基层，只要把工作做好了，组织上会看得到的。"第二天，我问黄老前辈：华组长是什么人？"黄回答："华组长是从在市区调到李西区任区委书记的，刚刚来，没有房子，所以住在公铺房。"当我到乡镇时，就想到了华组长说的话，心想：他40岁下基层，我32岁下乡镇，比他还要早几年，只要努力去做，总会搞好工作的。

第十一录　六次考察十四村，超常思维访民情

我到黄土矿乡担任主管党群的副书记，虽然说管的工作比较多，党建工作就是一大摊子，加上乡镇企业年初制订目标计划，还有因恐怕有以下几点：一是经历到第三个乡镇，我掌握了乡镇工作的一些规律；二是我从盐井乡紧张的主要岗位上退到副手位置，考虑的问题没有那么多了；三是我到黄土矿乡，有一种安心落脚，长期在黄土矿工作的想法，心想组织上在两、三年的时间内应该不会调动我了。既来之，则安之，依靠书记、乡长的信赖和支持，尽心尽力把工作干好。

有了以上的想法和经验，我下村不搞突击式的罗通扫北——杂烩了，每次下村，我都是有重点、有针对性、有目的地开展工作。就以六次下到各村的任务为例：

我第一次下到各村，主要是了解各村的基本情况，如本村党支部、村委会领导班子的情况，本村党员和各组组长的情况，本村的经济状况。

我第二次下到各村，主要是了解各村教育的情况，下马观校，检查各学校的老师教学、校址及配套设施的有关情况。

我第三次下到各村，主要是了解各村的经济实力，下马观园，下马看林（林业）。

我第四次下到各村，主要是和各村呈报上来的建党对象逐一见面，进行考察了解。

我第五次下到各村，主要是检查教育工作，落实部署安排的硬指标任务是否完成了。

我第六次下到各村，主要是针对农村实行社会主义思想教育，按照条件对各村检查验收。

当然，下到各村，除了这六次有系统地走14个村，也撇开中源是我驻点的村去的次数多以外，平时就事论事或陪同其他干部下村。从2月14日至12

月 30 日，在十个半月的日子里，我统计了记事本，唐家村 18 次，同溪村 11 次，小安村 16 次，源头村 10 次，同乐村 13 次，半岭村 19 次，石溪村 14 次，板岭村 12 次，大安源村 10 次，牛栏冲村 12 次，大湾村 18 次，团丰村 15 次，自然村 20 次。

不言而喻，我在黄土矿乡工作是有威信的，威信的根源在哪里，我认为，下村解决困难，处理问题是关键。表现在：下村多了，办事也就多了，办事多了，你的能力也就体现出来了；下村多了，和村民们也就接触多了，接触多了，群众对你的印象也就加深了，印象加深了，你办事也就顺利了；下村多了，党群关系也就密切了，干群之间也就走的近了，你的威信提高了，党的形象也更好了。

所以，一个干部或一个领导，调到一个新的乡镇，是否能打开局面？是否能得到村、组基层干部的拥护？是否能得到广大村民的欢迎？我总结为：

> 乡镇工作没有巧，脚踏实地往下跑；
>
> 调查研究要先行，为民服务是法宝。
>
> 吃苦耐劳与民乐，工作廉洁需记牢；
>
> 政策法律必掌握，科技知识不可少。
>
> 分管工作很重要，中心任务也要搞；
>
> 一件一件抓落实，人民群众说你好。

第十二录　制定目标责任书，超常思维不图虚

目标管理起源于 1954 年美国纽约大学教授德鲁克首创，是企业提出一定时期内希望达到的理想状态，并组织全体职工共同使之实现的一种组织措施，是一种很好的企业管理方法。上世纪 80 年代中期进入我国企业，从实施岗位责任制演变而来，到了 1989 年，目标管理普及到我国各省、市、县、乡的行政部门和企业及事业单位，形成省里和市里签订两个文明建设目标管理责任书，市里和县里签订，县里和乡镇签订。本来，作为一种较先进的目标管理办法，在我们处于计划经济的行政管理部门，是比较适宜而切实可行的。从我看到的，也确实如此，目标管理在县、乡两级的工作中产生了重要作用。

但是，在实施过程中，也暴露出一系列的问题：

一是图形式。上下两级签订目标管理责任书，只签不管，年初签字的排场大，喊得凶，到了年底匆匆验收，吃一餐饭，喝两杯酒就过关了。

二是签订过滥。除了县委书记、县长和乡镇党委书记、乡镇长签订精神文明和物质文明的目标管理责任书以外，上面有多少管理机构，下面有多少管理部门，就有多少目标管理责任书，以一个乡为例，如党群战线，有组织、纪检、

宣传、统战、公安、司法、武装、民政、妇女、共青团、文化站、广播站，加上政府主管和县乡双层管理的一起有 30 多家，都要层层签订目标管理责任书，好像目标管理成了灵丹妙药，只要签订了，一切问题似乎都解决了。

三是走过场。时间已到了 5 月、6 月、7 月还在签订当年的目标管理责任书，制定全年计划，下达全年的任务指标。

四是照葫芦画瓢。有的书记或乡长，县里和乡里怎么签订；乡里也就和各部门及村里怎么签订；县里和乡里签订，是由县文明办制定出来后，书记、县长签一个字；乡里也跟着来，和各部门及村里的目标管理责任书，由乡里秘书起草出来后，没有认真研究，书记、乡镇长也只是在上面签一个字，表面上看，责任书一叠叠，检查起来应有尽有，实际上是形式主义，应付上面。

我很幸运经历了两个企业的厂长，也很幸运经历了三个大乡镇的副职工作，对岗位责任制、承包责任制、目标管理责任书了如指掌。当我成为一名乡党委书记后，我就下决心要把目标管理当作推进工作、抓好工作的一项硬措施来抓，我的做法也很简单：一是枫木团苗族侗族乡对乡里所有干部的目标管理责任书比其他 29 个乡镇都要早。

二是把县对乡的目标管理任务了解透彻，分化溶解到每一个干部肩上，形成千斤重担众人挑，人人肩上压指标。

三是根据本乡的实际情况，突出本乡的特点。如武阳镇的杂交制种、城镇建设、乡镇企业、多种经营等是其特色；盐井乡的低产田改造、水利设施、边贸集市是其特色；黄土矿乡的农业生产，西瓜经济，庭院经济是其特色；枫木团也有自己的特色。

四是我自己写，其他的材料都可以由副职或办公室写，作为一年一度目标管理责任书，分化瓦解落实到每一个干部身上的工作任务一把手一定要了解。同时，自己动手写就是一个熟悉过程，一个学习过程，也是一个提高进步的过程。

五是按照签订的目标管理责任书，依照季度检查，半年小结、年底验收，兑现职、责、权、利挂钩的承诺。

按照以上五点，1991 年枫木团苗族侗族乡两个文明建设目标管理责任书，我是农历正月初三清早下到乡政府，大家还沉浸在欢度春节之中，拜年的活动刚刚拉开序幕，全乡的目标管理责任书我已经全部写了出来，农历正月初六日，办公室秘书来了，我把写好的全套管理方法及制度交给他校对，核实数据，斟酌词句，然后再交给乡长观阅，农历正月初八日，干部们前来报到，我组织召开乡党委、乡政府领导成员会议，首先就讨论目标管理责任书，然后统一思想，打印成册，我和乡长签字，每个干部签字，大家的共同职责、共同指标，每一个领导到干部的具体职责、具体目标，一目了然责任分明，每人一册，我检查你，你也监督我，分工明确、职责明确、指标明确、时间明确、奖惩兑现明确。

1991 年实施有效以后，1992 年更加完善，县文明办对我乡的各项指标、任务，我在年前就已经主动了解，每年的农历正月 12 日，大部分的乡镇还在互相拜年，三五成群，中午在这个干部家里喝酒，晚上又到那个干部屋里碰杯，按照乡里的老套套，不出正月 15 的元宵节，还不算正式上班，而我乡的各项工作已经对号入座，热火朝天开展起来了。我的精力和时间又抢先抓起大事、重要事了。可以说：一着先，步步先，工作主动人休闲。

正如我在 1991 年 3 月 24 日填的一首词，表露了我的心情，特摘抄如下：《江城子·安排枫木团苗族侗族乡工作后，闲兴即赋》：

苗寨无处不风光，
蕊飘香，
鸟鸣簧。
林茂粮丰，
绿海舞霓裳。
基础教育誉三湘，
创业绩，
震四方。

承前启后奔苗乡，
党信任，
重担扛。
开拓创新，
拼搏奋腾攘。
指点山河如画美，
铺锦绣，
再开张。

第十三录　清晰的工作思路，超常思维必了解

从我得知担任乡镇府党委书记的那一刻起，我认为看问题，想事情就不能以在武阳镇担任管企业的党委副书记和在黄土矿乡任党群副书记的角度去看去想了，必须要十里高山望平地——观看远景，站在全局的角度，全乡的位置去考虑，去思虑。我的经历得出的经验：只要你担任一个部门的一把手，不管是当厂长、当经理，还是任局长，任乡镇党委书记，都要有自己清晰的工作思路，我曾经在县公安局工作时，傅秀勇局长每次讲话作报告都有指导思想和一段精

辟的总结；后来参加县三级扩干会，原县委书记屈家海同志也往往在年初把全县的工作浓缩成几句话，十几个字，让大家清楚重点，明确目标。我任乡党委书记后，在不违背党的方针、政策和国家法律的前提下，结合省、市、县对乡镇工作的要求，根据所在乡的实际情况，也有我自己的一套工作思路，现归纳如下，供新上任和继续在任的乡镇党委书记参考。

1.枫木团苗族侗族乡的工作思路：党建领先，科教引路；综合治理，狠抓计育；多种经营，优化管理；粮林并举，繁荣经济。

2.枫木团苗族侗族乡"八五"期间实现"八化"目标：

（1）党建工作成效化；

（2）农林管理科学化；

（3）科教文卫质量化；

（4）计划生育服务化；

（5）综合治理网络化；

（6）多种经营普及化；

（7）内务管理规范化；

（8）苗乡侗寨特色化。

3.制定目标管理岗位责任制的原则：健全机构、明确职责，工作到位，高效运行。

4.制定目标管理岗位责任制的办法：岗到人，人定职，职联责，责计筹。

5.对我自己的要求：公公正正地当公仆，诚诚恳恳地待群众，扎扎实实地办事情，兢兢业业地干工作。

6.我赠给乡政府全体干部的对联：上联：有德有才有胆有识方为乡镇合格干部；下联是：能想能讲能干能写应是工作全能标准；横批是：当人民公仆。

第十四录　齐心协力修房子，超常思维筑巢忙

我在1993年制定计生委的十件大事，第一件就是修房子。为了修房子，我受到县里个别领导的批评，认为计生委没有钱，不应该修建房子；为了修房子，我也受到一些好心人的劝告，认为你当主任的有房子住，不必要急急忙忙修房子；当然，还有一些关心我的人，了解计生委家底的人，为我捏一把汗，担心房子修到中途建不下去，会成为半拉子工程。

真实情况又是怎么回事呢？首先还要感谢我的前任老领导戴恩义主任，他在经费极度困难下，挤出二十多万元，买下一块四亩多的地，打好围墙。其次，我接手正好碰上住房改革，干部职工可以集资修建住房，修得愈早，造价就愈低，

对干部职工也就愈好。其三，从退休的老领导、老同志到在职的全体干部职工，可以说是群情激扬，士气高涨。我也认为，一个普通干部或工作人员参加工作后，最起码的条件是安居乐业四个字，如果没有一个起码的，最基本的安居地方，怎么谈得上爱业、敬业、干事业。更何况计划生育是第一件大事，又是天下第一难事，委机关办公挤在县计生医院里面，相当部分干部、职工没有一套住房，有的住在单间里，有的借住外单位的房子。

为此，我迅速组织召开主任办公会和全体干部及工作人员会，反复讨论，征求大家的意见，摊派亮出存在的实际困难，即：在委里可用资金只有 4 万多元，却要完成 120 多万元的建房工程。怎么办呢？常言说：人心齐，泰山移。只要是顺民心，顺民意的事，群众的智慧和力量是无穷无尽的。大家一致统一思想，积极想法解决资金困难，三个臭皮匠，顶个诸葛亮。也想出一系列的办法，首先，我们几个主任带头，每人集资 6 千元，一般干部及工作人员集资 5 千元，筹集到 94000 元；其次以县计生医院名义贷款 10 万元；其三以县房产公司名义贷款 10 万元；其四，由基建工程队垫资 20 万元修建到二楼才付款；其五，打报告请求县里拨款 6 万元……，就在我上任 20 天的时间里，房子修建破土动工，在短短 10 个月里，五层楼计二十套住房竣工验收，创造了当年在县里所有建房工程的三个之最：一是时间最快，总共花了九个月的时间；二是造价最低，每平方米 280 元；三是质量最好，当年获市建筑优良工程。

现在来回想，我很赞叹全体干部、职工齐心协力的干劲和决心，在修建房子的同时，全力以赴抓好自己的本职工作。虽然给后来的领导还债造成一定的困难，但当时拍板决策是正确的，后来的造价远远不止每平方米 280 元，干部、职工们每户也要多出一万甚至数万元。更重要的是：当主任办公会上最后拍板修建房子，全体干部及工作人员有了安居的盼头，有了安家的希望，大家反而更加安心工作，努力工作，发奋工作了，也为计生委机关以后修建办公楼，打下一个好的基础。

第十五录　解开调往省城之谜，超常思维往上走

说起这个谜也很简单，还是我 18 岁在农村立下的志愿之——到省城工作。当我该经历的都已经经历了，如学、农、工、警、党、政、企、商等，那么，到省城工作，我必须要争取，要努力，不能安于平庸，流于世俗，半途而废，功亏一篑。我也知道，如果不去，时不待我，就意味着永远没有机会调入省城工作。我对自己说的话是：心里想做什么就要去做什么，不要问自己的年龄有多大和现在的工作状况如何，卒子过河——有进无退，这样才不会反悔，也不

枉到人世间走一趟。所以，从我调入县计生委第一天起，我就下决心调往省城，只是我感恩的心情太浓了，觉得组织上这么信任我，如果我调入县计生委就立即提出调往省城，似乎有点忘恩负义。我个人打算最多扎扎实实干两年，就一定要争取调往省城，此乃我的真实想法。由于省、市全面检查县、乡、村的计划生育工作都是在每年农历 12 月初左右，我作为县计生委一把手到那个时候调动，给县里的计划生育工作影响太大了，牵涉到全县工作的一票否决。将会对不起组织，对不起关心我、培养我的各级领导，也对不起所有辛勤工作在第一线的计划生育工作的兄弟姐妹们，这么讲不是危言耸听，突出我个人的作用，而是不管由谁担任县计生委一把手，在年底大检查中调动，都会给辛勤工作一年的计划生育事业带来不利的影响。为此，调入计生委一年后，我把各项工作安排下去，县计生委的房子已经修好，大家已经搬了进去，也到了 7 月时节，接我手的工作不会为县里的计划生育工作造成影响，我毅然下了决心，丢掉五子，即：一把手的位子，部、办、委级的牌子，工作专用的车子，享受正科级待遇的票子，暂离开妻子，调往省城——长沙。

第十六录　品阅天下名山河，超常思维万里行

巨川不拒涓滴。我是亿万中国人里的一员，似一条小鱼游荡在宽阔无比的大海，也像一只小鸟飞翔在辽阔无边的天空。我在省里工作时期，有幸走访了祖国山河的一些大中城市，游览了神州大地的一些名胜古迹。按照 18 岁时写下的志愿第三条："李白、杜甫周游天下，我也要多读书，至少到十个省以上的城市游览。"我先后到了北京、上海、河北、山西、辽宁、吉林、黑龙江、江苏、浙江、安徽、福建、江西、山东、河南、湖北、广东、海南、广西、四川、贵州、云南、陕西等 23 个省、市、区的一些大中城市和一些名胜古迹，旅游胜地观光游览。人生立志，贵在践行。我游览十个省以上的志愿提前完成了，我游览十个省以上的志愿也超额完成了。

我在 1996 年 6 月的一天，再次登岳阳楼，写下了几句话，即：

省城工作到巴陵，胜水名山总有情。

忧乐天下赞仲淹，闯荡江湖愧会鸣。

昔时鏖战干戈息，此日楼新栋宇宏。

放眼洞庭抒感慨，人间风月不须争。

我在 1997 年 8 月的一天，再次经过杭州时，想起两年前开发冰箱延时化霜定时器产品，来到浙江杭州、富阳、乐清、温州等市、县联系厂家洽谈生产配套件，心有感触，写下几句，即：

企业经营变化生，商海遨游任纵横。

品阅天下名山河，无悔人生万里行。

以上就是真实的我，也是我真实的想法。

第十七录　竞标三峡无悔日，超常思维有志成

在省城三年多的时间里，我在遵守国家，法律的大前提上，放开思路，无拘无束，经历了五花八门的行业，但我头脑里始终还记着一件事，修建三峡电站是我国最大的工程项目，也是一项跨世纪的宏伟工程，还是举世瞩目的向往地，有机会我一定要投身于三峡建设，无愧于人生的经历。

俗话说：有志者，事竟成。我也有幸以工程公司副总经理的身份进入了三峡，参加三峡水轮机发电机组制造厂六分厂厂房修建工程的招标。

全国各省市的施工队伍都有在三峡招揽工程的，项目竞争白热化，有的到了三峡几年都未搞到工程。"我也相信以上说法，只不过我想去试一试，能否从三峡项目的边角废料里找到细小的工程。当得知六分厂厂房招标，我赶到三峡，其中有：葛洲坝、湖北宜昌、江西、广东、山东、广西、湖南常德，加上我共八支队伍竞标，都是有头有脑的施工队伍，应了局里人和我说的话，区区几百万元，竞争白热化。还好，竞标项目上依照公开、公平、公正的原则，统一发放了标书，分为第一标段和第二标段。我带回找到中南设计院，按照要求做好标书交到业主手里，心里忐忑不安，能不能中标也不敢肯定，也算是在撞运气。

到了规定的时间，宣布中标结果，葛洲坝总公司下的工程公司夺得第一标段，我代表的工程公司夺得第二标段，另外六支队伍落了标。所以，我总结，三峡的大大小小的项目很多，给一些施工队伍带来了无穷商机，也给一些施工队伍带来无数伤机，市场就是这么残酷。

第十八录　回首志向细思量，超常思维显神威

进入三峡施工时，我就开始回首自己18岁时立下的志愿，即："到50岁时争取完成三件事：一、按照高尔基写的用眼睛阅读人间这部活书。我力争经历工、农、商、学、兵、政、党这些工作。二、我虽然现在在生产队，今后力争到公社、到县里、到省里工作。三、李白、杜甫周游天下，我也要多读书，

至少到十个省以上的城市游览。"时间过来22年，我满40岁之际，是沙滩上拉车——一步一个脚印，提前10年圆满完成三件事，下一步怎么办呢？

回首志向，自我以为，我是尽了心，尽了力的，正如宋代苏轼在《和子由渑池怀旧》的诗："人生到处知何似，应试飞鸿踏雪泥。泥上偶然留指爪，鸿飞那复计东西？"我从扫马路开始，进公安、调交通，搞企业、下乡镇、回机关、到省城、我做到了五点：

一是始终没有放弃学习，即使到了省城，我仍然到省委党校学习两年；

二是始终坚持记日记，记载自己的言行、体会、感悟；

三是始终心身投入。投入时间，十几个春节都是在工作岗位上度过；投入精力，把个人的精力全部投入自己所干的工作；

四是始终干好所干的工作，不管什么样的岗位，什么样的职务，什么样的工作，我都能干好；

五是始终不图名，不图利，大事能干，小事能做，思想稳、品德好，自我评价：党务工作上能当好党小组长，党支部书记，党总支书记，党组书记，党委书记；行政上能当好股长、局长；企业里能当好厂长，经理。

当我专心致志、一鼓作气干了22年，回首往事的成功时，我想起了《菜根谭》、《小窗幽记》、《围炉夜话》及古今中外名人的一些至理名言：

其一："知进退者为高士，识时务者为俊杰。"横批是"审时度势"。

其二："但看古来盛名下，终日困顿缠其身。""是非不到钓鱼处，荣辱常随名利人。"

其三："争名者于朝，争利者于市。""世上何事催人老，半是浮名半是钱。""越是有权势的人，越是容易生出烦恼，越是有钱财的人，越是欲望不能满足，""凡名利之地，退一步便安稳，只管向前便危险。"

其四："多忙则乱，过劳则疲。"欲无后悔须律己，各有前程莫妒人。""欲除烦恼须无我。想求康乐莫贪心。""进退有度，才不致进退两难；宠辱皆忘，方可以宠辱不惊。"

其五："富在知足，贵在知退。""知足常乐，终身不辱；知止常止，终身不耻。""能知道满足就算是富足的人。""对自己的欲望加以限制，就是知足与安身之道。""清闲无事，坐卧随心，虽粗衣淡饭，但觉一尘不染。忧患缠身，繁扰奔忙，虽锦衣厚味，但觉万状苦愁。"

其六："人在完成一种事业之后，最好激流勇进，例如春夏秋冬，都是在自己完成任务后让位。""事能知足心常乐，人到无求品自高。""清以自修诚以自勉，敬而不怠满而不盈。""荣辱本常事，看淡寿长存。""真读书人天下少，不如意事古来多。""能战胜困难的人只不过比较有力量；能战胜自己欲望的人才是最有本领的强者。"

其七："水惟善下能成海，山不争高自极天。""闹里赚钱，静处安身。""世间万物有盛衰，人生安得常少年。""闲从世外观今古，懒向人间问是非。""幸福在于自主自足之中。""谁不能主宰自己，永远是一个奴隶。""不求名的人，最有勇气。"

其八："所到总能增阅历，无求何处不神仙。""洞悉世事胸襟阔，阅尽人情眼界宽。""须教自我胸中出，切忌随人脚后行。""人活一辈子总是期待着自己的满足，但是究竟什么时候满足过呢？其实在人还未衰老的时候，能够得到清闲也就够得上知足了。""自得山林趣，而无车马喧。""林泉使我静，名利使人忙。""林间扫石安棋局，松下看云读道书。""其实世间的衣食来源本来是很广的，然而有些人往往却像苍蝇一样，奔过来又奔过去，只为贪图眼前一点小的利益，致使人的生路越来越狭窄；人的幸福大道是很长的，然而有些人却似海浪一样，一步紧随一步，急忙朝前赶，致使很快地加速了自己的死亡。"

一旦看了以上 36 句话，无需作任何解释，语言代表一个人的思维，一百年后你的家及你的家人是什么状况？实际上体现在一个"维"字上。思维指导一个人、一家人、数代人的行动。经过细细思量，我准备退出江湖，休闲隐退了。

第十九录　九溪翁的十年干了些什么？
超常思维践行图片录

超常思维能益世，
亲身经历无愧天。
　　　　——九溪翁

全国休闲农业与乡村旅游

示 范 点

中华人民共和国　农 业 部
　　　　　　　国家旅游局
二〇一一年二月

2011年2月，绥宁黄桑神龙洞被评为全国休闲
农业与乡村旅游示范点。

2012年12月，绥宁黄桑神龙洞被评
为湖南省四星级乡村旅游区，以上是铜牌。

2012年12月，绥宁黄桑
神龙洞被评为湖南省四星级乡
村旅游景区的证书。

2011年7月，绥宁县黄桑大鲵养殖繁殖专业合作社被评为湖南省科普惠农兴村先进单位。

2014年10月，绥宁黄桑神龙洞被中国老科协农业分会、中国农业部老科学技术工作协会评选为农业科技扶贫委员会大鲵驯繁推广示范基地。

带有神奇、神秘、仙气、灵气的绥宁县黄桑神龙洞远景。

九溪翁超常思维践行录，创业挖洞刨土。

九溪翁超常思维践行录，跪拜挖洞内土。

九溪翁超常思维践行录，深挖洞。

九溪翁超常思维践行录，修建娃娃鱼养殖一条街，提土出洞。

九溪翁超常思维践行录，挑石块出洞。

九溪翁超常思维践行录，揹沙子进山洞内。

九溪翁超常思维践行录，在山洞内打风钻凿岩石。

九溪翁超常思维践行录，在山洞内修建娃娃鱼养殖池。

九溪翁超常思维践行录，担砖修建神龙大殿。

九溪翁超常思维践行录，担砖上楼。

九溪翁超常思维践行录，高空砌坎。

九溪翁超常思维践行录，吊砖。

九溪翁超常思维践行录，扛水泥准备进山洞。

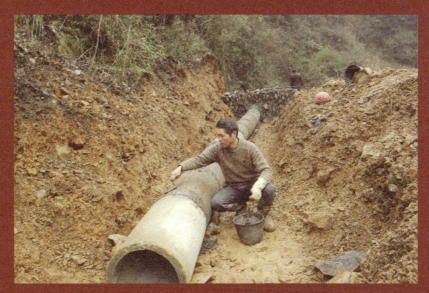

九溪翁超常思维践行录，安装鱼塘通水管。

九溪翁超常思维践行录，粉刷神龙大殿柱子。

九溪翁超常思维践行录，神龙大殿柱子刷油漆。

495

九溪翁超常思
维践行录，锯木头。

九溪翁超常思维践行录，凿石头。

九溪翁超常思维践行录，用电钻凿石头。

九溪翁超常思维践行录，神龙大殿楼层布板筋。

九溪翁超常思维践行录，刨板方修建神龙大殿。

九溪翁超常思维践行录，神龙大殿高空盖瓦。

九溪翁超常思维践行录，种菜栽辣椒。

九溪翁超常思维践行录，浇菜。

九溪翁超常思维践行录，摘野菜。

九溪翁超常思维发现景点，洞内神龙。

九溪翁超常思维发现景点，洞内神龟。

九溪翁超常思维发现景点，洞内乾坤宫。

九溪翁超常思维发现景点，洞内神龙阳柱。

九溪翁超常思维发现景点，洞内戒色耳。

九溪翁超常思维发现景点，洞内福田广种。

九溪翁超常思维发现景点，万年人参。

九溪翁超常思维发现景点，洞内龙椅。

九溪翁超常思维发现景点，洞
内银蛇起舞。

九溪翁超常思维发现景点，洞内神龙笔。

九溪翁超常思维发现景点，洞内发财树。

九溪翁超常思维发现奇观，电视台在洞内拍摄红蝙蝠。

九溪翁超常思维发现奇观，洞内万蝠宫。

九溪翁超常思维发现奇观，洞内红蝙蝠排队。

九溪翁超常思维发现奇观，洞内红蝠当头。

九溪翁超常思维发现奇观，洞内头顶闪闪发光的花蝴蝶。

504

九溪翁超常思维发现奇观，洞内亿年岩丝。

九溪翁超常思维发现奇观，洞内水中生物活化石大鲵（娃娃鱼）。

九溪翁超常思维发现奇观，洞内水中彩色金鲵。

九溪翁超常思维发现奇观，太极之源的大鲵（娃娃鱼）。

505

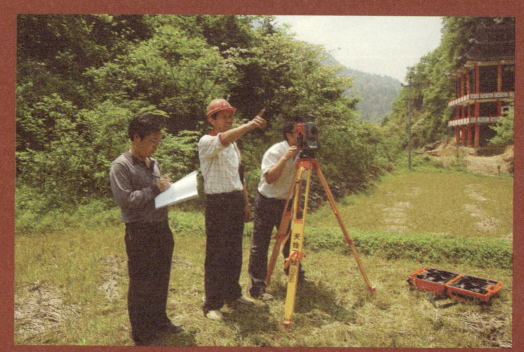

神龙洞景区的超常思维

2010 年修建的神龙殿

绥宁县大鲵拯救及养殖繁殖专业技术协会示范区

欢 迎 您

绥宁县大鲵拯救及繁殖养殖专业技术协会示范区建立在黄桑国家级自然保护区内，这里风景幽雅，树木葱郁，山清水秀，被省内外专家认定"是娃娃鱼驯养繁殖的好地方"。图为大鲵养殖繁殖示范区入口。

已建成的黄桑大鲵养殖繁殖专业技术协会科普示范区现场外围一角

神龙洞内第六层大鲵养殖一条街长300米，建有养殖池200多个，育苗池20个，养殖大小娃娃鱼2000多条。图为示范区入口。

507

基地自己孵化出来才半个月的大鲵幼苗

大鲵幼苗

一斤左右的大鲵

五斤左右的大鲵

72 斤左右的大鲵

508

九溪翁养殖的大鲵（娃娃鱼）

原绥宁县工商局长刘大立、原绥宁县科技局副局长苏进雄
与九溪翁考察大鲵项目。

509

绥宁县大鲵拯救及养殖繁殖专业技术协会
科普活动室

绥宁县大鲵拯救及养殖繁殖专业技术协会
科普培训室

绥宁县大鲵拯救及养殖繁殖专业技术培训班

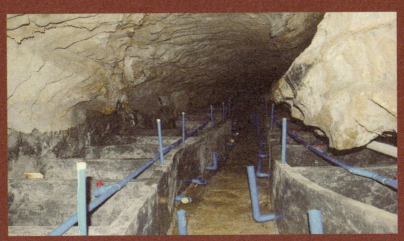

洞内养殖大鲵（娃娃鱼）一条街

九溪翁和大鲵（娃娃鱼）养殖专家陈久华先生共同观察大鲵的成长

湖南黄桑地质公园——神龙洞

九溪翁超前思维的 10 年：有舍才有得，有得必有舍。
进入深山老林打拼，有舍必有得；闯荡京城北漂奋斗，有
得亦有舍。

九溪翁超常思维的 10 年，担任绥宁县黄桑大鲵养殖繁殖专
业合作社法人留影。

九溪翁超常思维的 10 年，担任绥宁黄桑百合生姜种植
专业合作社法人合影。

九溪翁超常思维的 10 年，担任绥宁黄桑高山泉水甲鱼
养殖专业合作社法人留影。

九溪翁超常思维的 10 年，担任绥宁黄桑高山泉水鱼养
殖专业合作社法人留影。

九溪翁超常思维的 10 年，担任绥宁县大鲵拯救及养殖繁殖专
业技术协会会长留影。

　　九溪翁超常思维的 10 年，担任绥宁县神龙洞生态产业发展有限公司董事长留影。

　　九溪翁超常思维的 10 年，担任北京华易创远农业科技发展有限公司董事长留影。

九溪翁超常思维的 10 年，担任中国老科协农业分会
大鲵驯养示范基地主任留影。

九溪翁超常思维的 10 年，担
任中国老科协扶贫专家委员会主任
委员留影。

九溪翁超常思维的 10 年，担任中国
小城镇建设联盟监事会主任留影。

九溪翁超常思维的 10 年，担任中国休闲农业联盟执行主席留影。

九溪翁超常思维的 10 年，担任中国创意城镇投资建设联盟执行主席留影。

九溪翁超常思维的 10 年，担任中国高科技产业化
研究会营养源分会春元有机生活俱乐部副理事长留影。

九溪翁超常思维的 10 年，担任中奥伍福集团公司副总裁留影。

九溪翁超常思维的 10 年，担任伍福梦（北京）和平旅游景区总经理留影。

九溪翁超常思维的 10 年，担任北京宋氏宗亲常务副会长留影。

九溪翁担任《休闲农业》内参总编，与主编王龙泉先生合影。

九溪翁修建黄桑神龙大殿，与湖南省道教协会副会长、邵阳市道教协会会长吴理之道长合影。

九溪翁在神龙洞与湖南省、市、县三级道教协会管理部门负责人合影。

九溪翁在神龙洞打拼修建神龙大殿，
与圆明大师有缘相会洛阳白马寺，在河北
正定大佛寺结缘，到神龙大殿聚缘合影。

九溪翁和中国国际易联副主席盘仓预测
研究院院长肖早良先生留影

九溪翁写《福缘和平寺》一书，与北京市昌平区和平寺主
持南岳禅宗沩仰宗的第十代传人德禅法师合影。

九溪翁担任北京邵阳企业商会副会长，参加北京邵阳企业商会签字留影。

九溪翁和中国企划大师郑智仁先生游览神龙洞留影

　　九溪翁与中国健脊养生文化创始人、伍福藏龙舞养生法编创人
窦占国先生留影。

　　九溪翁和 MIFF 卓越家具大奖赛资深国际评委、GIA 全球家居创新大奖
（美国）资深国际评委，中国家具专业媒体人（杂志主编）王周先生（中）、
中央民族大学苏垣老师（右）留影。

九溪翁和春元有机生活俱乐部理事长黄春元夫妇合影

九溪翁和北京鑫泽园生态农庄董事长袁雄合影

九溪翁与中国小城镇建设联盟主席冯劲龙先生留影

九溪翁与清华大学教授、创意经济研究院院长王铁军先生、世界杰出华商副主席杨振华先生、绥宁县科技局副局长苏进雄先生留影。

2017 年，伍福梦和平景区、伍福园管理班子。

2017 年 3 月 20 日，德国国会议员阿道夫 G·里兹与德中艺术设计交流协会项目主管格尔哈特—菲利普在中奥伍福集团公司高管宋泽厚先生陪同下，考察伍福梦（北京）和平景区大鲵科普园。

九溪翁发明申请的三项专利

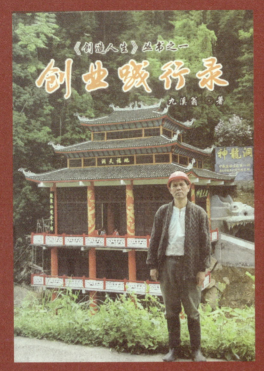

2009 年，九溪翁在神龙洞内洞下第六层，开始打电筒写书，写出《创造人生》丛书之一《创业践行录》。

从深山老林里一个又矮又窄、默默无闻的几十米山洞，为什么成为国家休闲农业与乡村旅游示范点？为什么成为省级四星乡村旅游景区？为什么成为湖南省地质公园？请看九溪翁在神龙洞内洞下第六层打电筒写出《创造人生》丛书之二《神龙洞景观录》。

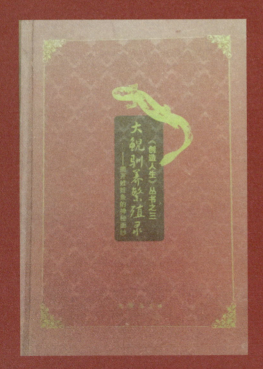

九溪翁在五十岁以前从未见过大鲵，立志养大鲵后，养了一批蝾螈，亦称二鲵，认识到没有资金，可以自己干，但没有技术，绝对干不好。

九溪翁以不要工钱，义务做工，以苦干行动感动大鲵养殖户主，学到大鲵养殖繁殖的实用技术，写出《揭开娃娃鱼的神秘面纱》一书。

九溪翁语：大鲵并不那么神秘，养殖繁殖大鲵的技术也并不是高不可攀，从我养殖大鲵的历程来看，不懂不要紧，外行不要紧，关键是要有决心、有恒心。你做到了，坚持下来了，从无可以到有，从小可以到大，一定可以成功！

九溪翁头顶安全帽，身穿破旧衣服，脚穿高筒雨鞋，在山洞里坚持日夜挖土挑石块五年。绝大多数人都是说：太苦了！太累了！太可怜了！九溪翁到底是什么心态呢？请看九溪翁在神龙洞内洞下第六层打电筒写出《创造人生》丛书之四《快乐工作访谈录》。

定理不是真理，所谓定理，即有一定的道理。

九溪翁所著《人生定理》一书，归纳为16个字。即：

做人原则，成家准则；

处世经典，立业宝典。

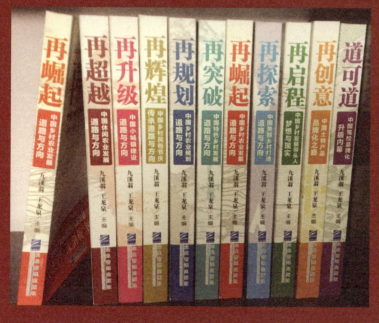

九溪翁任职中国休闲农业联盟执行主席期间，组织创作主编《再崛起》、《再突破》、《再探索》、《再启程》、《再创意》、《再超越》、《再升级》、《再规划》、《再辉煌》等休闲农业、观光农业、旅游农业、特色农业、品牌农业、城镇农业、民俗农业系列丛书。

再崛起
中国乡村农业发展道路与方向

再突破
中国特色乡村发展道路与方向

再探索
中国美丽乡村打造道路与方向

再启程
中国乡村发展带头人梦想与现实

再创意
中国土特产品品牌化之路

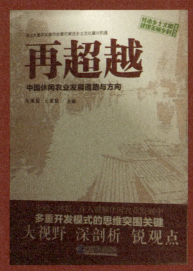

再超越
中国休闲农业发展道路与方向

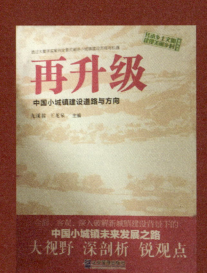

再升级
中国小城镇建设道路与方向

再规划
中国乡村农业规划道路与方向

再辉煌
中国乡村民俗节庆传承道路与方向

九溪翁任职中国休闲农业联盟执行主席期间，兼任《休闲农业》内参杂志总编，提出："中国休闲农业起航，做内容的王者！"

九溪翁任职中国创意城镇投资建设联盟执行主席与中国小城镇建设联盟监事主任期间，兼任《乡土观察》总编，提出："以《乡土观察》为基础，为有资金、智力、推广等需求的用户提供一个资源聚合平台，以最大限度协助与满足读者朋友的各方面需求。"

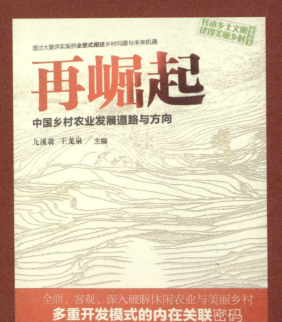

九溪翁任职中国休闲农业联盟执行主席期间，组织主编农业系列书籍，其中《再崛起》一书原定名为《问道休闲农业》，然而当写出几章后，九溪翁发现所写内容已经超出休闲农业的范畴，最后站在整个中国农业发展的历史高度来定义该书，取名为《再崛起》——中国乡村农业发展道路与方向。

本书最大的价值是将中国农业的发展定位为"医养回归"，归纳为九个字："大休闲、大农业、大健康！"

"先有和平寺，后有潭柘寺，再有北京城"的说法，足以印证和平寺其久远的历史。

和平寺位于北京市昌平区南口镇西五公里龙凤山南麓的花塔村，是历代北京佛事活动中心场所之一。

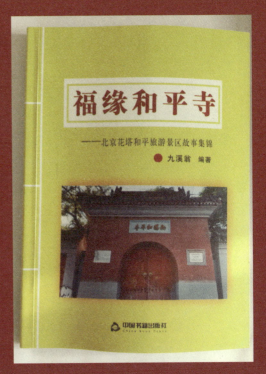

　　从《从赢在超常思维》开卷睁眼看世界，到结尾心系祖国，头连首都。简要归纳：

　　一、怎么评价九溪翁？

　　1. 人生的践行者！

　　2. 思想的学习者！

　　3. 行动的超常者！

　　4. 心灵的沟通者！

　　5. 伍福的传播者！

　　二、人生六十，自我总结。

　　1. 九溪翁最自豪的一本书：《经历无悔》！

　　2. 九溪翁的人生；

　　1）实践人生；

　　2）感悟人生；

　　3）创造人生；

　　4）快乐人生；

　　5）伍福人生。

　　三、九溪翁的悟：

　　利名淡泊精神有，荣辱宁静日月长。

后　记

　　尊敬的各位读者：

　　《赢在超常思维》一书终于准备印刷了，按我本意，书的开篇序言里写得非常明白，即："我不是一个超常思维理论派的学者，而是一名几十年以来体验学、农、工、警、党、政、企、商的超常思维的人生经历践行者！"我也不打算写什么后记了。

　　当我把《赢在超常思维》草稿请不同方面的专家学者审阅时，聆听不同的建议和意见，简直是读了赢在超常思维课题的研究生一样，受益匪浅。其中提得最多的是：能否在赢在超常思维的理论上从高度、深度、广度上引申阐述？我的回答是：赢在超常思维是否正确？我已用自身42年的人生证实了！至于在理论上是否能行得通？已超出我写这本书的范畴，一件事、一本书不可能什么都能说清楚，好比先有鸡还是先有蛋的论题一样，至今还是各执一词，各有其理。

　　不过，提醒了我，看来还是要写一篇后记，说明一下。

　　《赢在超常思维》此书洋洋几十万字，化繁为简，一言以蔽之："实现伍福人生！"

　　就此我接上序言的主题思维：我在本书封面上有一个若隐若现凸出凹进的"悟"字。

　　"悟"也：超常思维不能横着"心"去思考，这样会把"心"堵塞了，化堵必须要用"忄"心，一人一心，阴阳太极陪伴两旁，"吾"即我，"五"即伍福，五下有"口"，一人融太极智慧，用口以心修伍福人生，这就是"悟"！

　　怎么"悟"呢？

　　从我国数千年悠久历史文化来"悟"："道""儒""佛""伍福"

　　道家精髓：自然、不争、知止、自知、无为、守中、存思。

　　儒家精髓：仁、义、礼、智、信、忠、孝、廉。

　　佛家精髓：智慧、慈悲、空性、解脱烦恼。

　　伍福精髓：长寿、富贵、康宁、好德、善终。

　　由此，我依照中国当代国学大师南怀瑾先生写的一副对联和现代学者、医者、智者宋自福先生对伍福的浓缩总结而归纳超常思维的精髓：

佛为心，道为骨，儒为表，融太极智慧，大度看世界；
技在手，能在身，思在脑，修伍福人生，从容过生活。

当然，有的人说：不要伍福，同样有人活七十八十或更久，这也是长寿人生的伍福嘛。不错，人生七十古来稀，能活到七十八十至九十，都属长寿人生。但伍福长寿不单纯是生命的长寿，如果单纯是生命的长寿，即使千年乌龟万年鳖的说法真实存在，你还是愿意度过百年人生。因此，更重要的是长寿富裕、长寿尊贵、长寿健康、长寿安宁、长寿美好、长寿德行、长寿善始、长寿善终！不要伍福长寿，必然是不完善的长寿，并不是幸福的长寿人生！

有的人说：不要伍福，同样有人赚十万、赚百万、赚千万……这也是富裕人生的伍福嘛。不错，有钱就胆大，有钱好办事，有钱能办事，有钱能干成很多很多事。但伍福的富裕不单纯是金钱上物质上的富裕，改革开放几十年以来涌现出来的"财主""土豪"已充分验证，绝大多数富裕了，却更多劳累和烦恼了。因此，更重要的是长寿富裕、尊贵富裕、健康富裕、安宁富裕、美好富裕、德行富裕、善始富裕、善终富裕！不要伍福的富裕，绝对是一时的富裕，并不是幸福的富裕人生！

有的人说：不要伍福，同样有人当乡长，科长，局长，处长，县长，市长……这也是尊贵人生的伍福嘛。不错，当官尊贵，有位风光。但伍福的尊贵不单纯是当官有权，纵横观察所有当官有权者，终究返回凡尘，平淡自然。因此，更重要的是长寿尊贵、富裕尊贵、健康尊贵、安宁尊贵、美好尊贵、德行尊贵、善始尊贵、善终尊贵！不要伍福的尊贵，必将是有缺陷的尊贵，并不是幸福的尊贵人生！

有的人说：不要伍福，同样有人身体健康，无疾而终……这也是健康人生的伍福嘛。不错，健康是金，无疾是福。但伍福的健康不单纯是身体好，人无病，更重要的是长寿健康、富裕健康、尊贵健康、安宁健康、美好健康、德行健康、善始健康、善终健康！不要伍福的健康，肯定是有病毒的健康，并不是幸福的健康人生！

有的人说：不要伍福，同样有学习美好，生活美好，工作美好……这也是美好人生的伍福嘛。不错，在世界上不懂伍福的人很多很多，一样在学习、在生活、在工作。但伍福的美好不单纯是个人好，暂时好，更重要的是长寿美好、富裕美好、尊贵美好、健康美好、安宁美好、德行美好、善始美好、善终美好！不要伍福的美好，终将是局部的美好，并不是幸福的美好人生！

有的人说：不要伍福，同样为人忠厚，品行端正，遵纪守法，不干坏事……这也是德行人生的伍福嘛。不错，世上好人还是多，坏人还是少。但伍福的德行不单纯是人老实，不做坏事，更重要的是长寿德行、富裕德行、尊贵德行、健康德行、安宁德行、美好德行、善始德行、善终德行！不要伍福的德行，终究是狭隘的德行，并不是幸福的德行人生！

有的人说：不要伍福，同样做人有模有样，做事有模有样……这也是善始人生的伍福嘛。不错，很多人开始的热情是很高的，理想是很多的，志向是很大的，干劲是很足的。但伍福的善始不单纯是个人的善始，工作的善始，更重要的是长寿善始、富裕善始、尊贵善始、健康善始、安宁善始、美好善始、德行善行、善终善始！不是伍福的善始，只会是片面的善始，并不是幸福的善始人生！

有的人说：不要伍福，同样是人生一辈子，人生一家子，人生过日子……这也是善终人生的伍福嘛。不错，世上所有的人都是人生一辈子、人生一家子、人生过日子。但伍福的善终不单纯是一辈子、一家子、过日子，更重要的是长寿善终、富裕善终、尊贵善终、健康善终、安宁善终、美好善终、德行善终、善始善终！不是伍福的善终，必定是短暂的善终人生，并不是幸福的善终人生！

所以，《赢在超常思维》一书的终极目标是引导读者们实现伍福人生！

由此，请读者游览第二部分，超常的 99 条人生建议。

怎么才能做到信念坚定呢？我以自己的亲力亲为写了 13 点，供读者参考。

第十七条、超常思维的快乐简单建议。

你快乐吗？

当今，人们忙忙碌碌，我问"你快乐吗？"有些人的回答是："我忙得焦头烂额，为生计奔波，那里有快乐？"

我说："不对！每个人都有快乐，请你沉下心来，看我领悟的简单快乐建议。"

第三十六条、人生路上影响身体健康的建议，第三十七条、超常的身体健康思维建议，第三十八条、寿命延长的超常思维建议。

我为什么自嘲："60 岁的年龄，30 岁的心脏，20 岁的心态。"以上三条就是我的写照。

第四十条至第四十八条，是我亲身经历感受，也是每一位成家立业所面对的。

第四十八条至第九十三条，计 45 条，就是我和走上管理岗位的人们说的："一个人并不是天生就能搞管理，也不是一概不能搞管理，而是看你是否到了那个位置上，就好比我，经历的部门多了，也就总结出这么多的条条框框。"

以上都是我超常思维的经验之谈。

第三部分，九溪翁超常思维的 10 年，干了些什么？

我在乡镇任党委书记时，对待每一位乡镇干部，提出要求当合格干部和具备全能标准，我曾经写过一副对联。

上联是：**有德有才有胆有识方为乡镇合格干部；**

下联是：**敢想敢讲敢干敢写应是工作全能标准。**

横批是：**当人民公仆。**

由此，联想到我看到很多书籍时，发现不少作者理论上可以写得头头是道，条条有理，到了实处却行不通，不接地气，没有实用价值；到京城后我也参加各行各业的讲座，其中号称为企业管理的经营大师不懂"人、财、物；路、水、电；产、供、销"；大讲特讲休闲农业、现代农业、旅游农业、观光农业等。所以，为了写好《赢在超常思维》一书，我写出第三部分，前面18录是我50岁以前超常思维的践行实例，用一个"行"字，说明一个人的十年能干点什么事？从十九录开始是我从50岁开始至60岁超常思维的图片展现，用自身行动证实《赢在超常思维》的正确性与可行性。

当然，我也知道，写《赢在超常思维》一书，由于自身水平有限，尚存在很多不足之处。我很欣赏习近平总书记提出"空谈误国，实干兴邦"这一具有特殊意义的重要论断，我希望在有生之年通过《赢在超常思维》一书，能够带动成千上万的经营者提高社会价值和经济效益，我则心满意足矣！

同时，为了写好《赢在超常思维》一书，我要感谢的人太多了！

首先，我要感谢学者、医者、智者宋自福先生，是他帮我找到了赢在超常思维的主题灵魂——"超常的伍福正能量思维！"使我懂得了：

个人遵循伍福，将富而有贵！
家庭遵循伍福，将代代兴旺！
行业遵循伍福，将昌盛繁荣！
众人遵循伍福，将平和吉祥！
国家遵循伍福，将普天皆福！

其次，我要感谢著名书法家李德彪先生，他写的钢笔书法用在我每篇文章的名言上，又是我们之间超常思维新的合作。

其三，我感谢王超和段保庭两位，从二〇一七年正月初二日开始至正月十五日，我闭关在房里创作，每天睡三个小时，是他们每天送三餐到房里，使我顺利完成《赢在超常思维》一书的初稿。

其四，我感谢宛世忠老兄、刘宝玫大姐，他们认真的审稿，是我学习的老师。

其五，我感谢王静怡女士，她不厌其烦地校稿，细致而又用心地排版，为《赢在超常思维》一书增色不少。

其六，我还要感谢帮我修改《赢在超常思维》的粉丝们，书还没有印刷出来，他们就预订，使我增加满满的正能量信心！

最后我写上《赢在超常思维》一书的寄语：**不是理论锦上添花，只为践行雪中送炭。**

——践行者·九溪翁

2017年4月1日夜于黄桑神龙洞内